JN170298

はじめまして物理

吉田 武 著

東海大学出版部

Hello Physics!

Yoshida Takeshi
Tokai University Press, 2017
Printed in Japan
ISBN978- 4- 486- 02061- 5

本文読了後に読むとよく分かる 前書

本書は，『はじめまして数学・リメイク』に続く「はじめましてシリーズ」の第二作です．科学全体の基礎としての物理学を“人生ではじめて”“本格的に学ぼう”と決意した皆さんのために書きました．その気持ちを「はじめまして」という新鮮な言葉に込めています．

“はじめまして物理”“Hello Physics ！”

本書をきっかけに，一人でも多くの読者の方に「はじめました，物理」といって頂けるように，様々な工夫をしてまいります．

法則や定理，公式を暗記するのではなく，身近な具体例に親しみながら，大自然の働きを体感していきます．多種多様な話題を網羅的に扱うのではなく，基本的なものに絞って，その本質に迫っていきます．

のんびり学ぶ

ただし，そうして得た結果にも，それを導くために利用した考え方や道具にも，できるかぎり“名を与えず”，重要項目を箇条書きによりまとめることも，枠囲みで視覚的に印象附けることもしません．練習問題もありません．この方法は，受験参考書などにみられる「最短の時間で，最大の成果を得ようとする試み」の対極にあります．

しかし，これは効率的な学習法を否定しているのではありません．それだけでは「手の届かない部分」があるからなのです．物事の本質に迫ろうとすると，効率第一の方法がかえって非効率になってしまう，近道をしたつもりが遠回りになってしまうことがあるのです．

攻略本に頼って勝利しても，そのゲームから学ぶことは少なく，また本当に楽しんだことにもならないでしょう．それは名場面の「つまみ食い」になるからです．確かに，つまみ食いでも「旨い料理は旨い」，その値打ちだけは分かります．しかし，一度はゆっくりと全体を味わいたいと思うでしょう．それが本当に旨いものであるならば．

受験参考書による「要点」と「暗記」により得た成功は，攻略本による勝利に似ています．実際，分野を問わず，本質的に重要な事柄を書いたものならば，一読しただけで理解できるものではありません．

ところが，効率第一の本ばかり読んでいると，この感覚が狂ってきます．頁を開いた瞬間，目に文字が飛び込んできた瞬間に理解できないものは遠ざける，という悪い癖が身につきます．そこで，「はじめて読む専門書」は，結果のみを追求しないものが必要になるのです．

独りで学ぶ

はじめて学ぶ人は，その内容を知りません．この「知らない」ということが大切です．知らなければ，どれだけゆっくりと話が進んでも，その内容に集中して，無意味に焦ることもないでしょう．

重要なことは知識の豊富さではありません．「知っている」「覚えている」というのではなく，対象について深く考えることが重要なのです．そして，その考える能力を育むのは，美を感じる心，不思議を感じる心，謎に挑もうとする心，すなわち，知的な好奇心なのです．

難しいのは，既に何かを知っている人です．「攻略本」に慣れた人です．常に効率よく学ぶことを追い求める人は，ゆったりとした大きな流れに身を任せることに耐えられないのです．結果が分かっていることを，自分で考えるのは無駄だと考えてしまうのです．

効率的に学んだ内容は，それが効率的であればあるほど，重要な部分が欠けています．その欠けた部分を補うことを，本人の努力に委ねているからこそ，攻略本は簡潔に書けるわけです．

その欠落部分とは，心静かに自分独りで考える過程，そしてその練習です．自分で考え，それをまとめて，何通りもの方法で他の人に説明できなければ，内容を本当に理解したとはいえません．

「まとめ」が書かれた本ばかり読んでいては，そうした能力が育まれないのは当然のことでしょう．「学ばなければ教えられない」ことは当然ですが，逆に「教えなければ学べない」こともまた真実なのです．

本格的に学ぶ

自転車の乗り方は，一度身につけると生涯忘れないものだと言われています．幼児の音感教育も同様です．音に対する感受性を充分に育み，楽譜との関係に慣れておけば，その能力は長く維持されます．

その一方で，スポーツや楽器の演奏などは，一日でも練習を怠ると大きくレベルが下がると言われています．寝た切りになると，ホンの数日で筋肉は痩せてしまいます．「長く維持できるもの」と「たちまち消えてしまうもの」，何よりも両者の違いに注意して下さい．

有り難いことに学問の基礎は，自転車や音感のように一度体得すれば，長い空白期間を経た後でも充分に取り戻せるほどシンプルで力強いものです．それは時に「常識」という言葉で表現されます．

「知っている・知らない」「覚えている・忘れた」ではなく，「何も知らない」「すべて忘れた」というところからでも常識，すなわち，当たり前の考え方を少しずつ重ねていって，およその答まで辿り着くことができる，それが学問の基礎が身についたということなのです．

ただし，基礎が分かるとは，「基礎とは何であるか」が分かることですから，何も学んでいない段階から，「これが基礎だ」と自覚できるわけではありません．色々と勉強した後に，一番大切なことが見えてきて，「なるほど，これが基礎，これが基本だ」と納得できるのです．

知識を増やすのではなく常識を身につけること，そのために「急がば回れ」という格言にしたがって，急がず焦らず学んでいこうというわけです．以上が本書での“本格的”という言葉の意味です．

曲線的に学ぶ

数学が，小さな定理を積み重ねて大きな結論に辿り着く，短く言えば「成功の積み重ね」であるのに対して，物理学は「失敗を積み重ねた結果」，その場所に成功は無いと結論附けることから，まとめられてきた近似的な知識の体系であるといえます．

自然現象にヒントを得ながらも，人が内容を定めていく数学と，大自然の姿そのものを追い求める物理学では，学問のあり方が根本的に違うのです．したがって，“すべてを理解するまでは，先には進めない”と考える傾向が強い人には，物理学は大変難しいものになります．

本も，頁を繰るごとに順に難しくなっていく，というわけではありません．特に物理学においては，一番最初が一番難しく，読み進むにしたがって易しくなっていくことが，よくあります――この前書も同様に，本文読了後により鮮明に分かるようになると思います．

小さな疑問は，大きな疑問が解けるまで残して前へと進むのです．もちろん，何が小さくて，何が大きいかは，人によって異なりますが，誰にとっても大切なことは，どんな疑問点も疎かにしないことであって，疑問の大小や，それを解決する順番ではないのです．

数学は，一つひとつブロックを積み上げるようにして，順に理解していくことも可能ですが，物理学ではそれは不可能です．アーチ橋を架けるように，最後の部品が収まるまで全体は安定しません．

物理学は，右往左往しながら“曲線的”に学んでいくものなのです．誰も“直線的”には理解できません．分からないことも少しの間は我慢して，そのまま受け入れていく必要があるのです．

学習を進めていくと，何度も同じ問題に出会いますが，その時には，少しだけ前より理解できるようになっているはずです．こうしたことの繰り返しから，ようやく自然の仕組が分かってくるのです．

したがって，物理学は，慌てず騒がず，のんびりと学ぶ必要があります．そのためには，基本的な部分だけは，学校の授業もテストも無い頃からはじめて，繰り返し体感しておくことが望まれます．

また，なるべく早い段階で「何故？」を，「如何に？」という疑問に切り替えていくことが大切です．物理学は，この「如何に起こるか」という“大自然のカラクリ”に対する答を追求する学問だからです．

そして，そのカラクリ，仕組が理解できた時，「ならば何故？」という一段深い意味での疑問が湧いてきます．したがって，「如何に」に対する答を理解できない人には，より深い疑問は持てないわけです．

楽しいから学ぶ

先にも述べましたように，「知ること」よりも「考えること」が大切です．「知らないこと」は何の不利益にもなりません．「知らない」からこそ湧いてくる勇気もありますが，それを維持するためには集中力が必要です．「知っている」がために感じる恐怖もありますが，それを克服するためには洞察力，すなわち，周りを見る力が必要です．

学問は，ひらめきやセンスでするものではなく，何としても学ぶのだという「強い気持ち」でするものです．それを支えるのは，「分かったぞ」という感激，新しい発見に伴う鋭い喜びです．

簡単に言えば，“楽しい”という気持ちです．留まる覚悟も前へ進む勇気も，集中力も洞察力も，すべては数学や物理学を学んでいく中で湧き上がってくる喜びによって，ごく自然に育まれていくのです．

その理由は分かりませんが，人の気持ちには，「好きなことをするのは楽しい」「楽しければ続けられる」「続けるともっと好きになる，もっと楽しくなる」という「プラスの循環作用」があるようです．

さらに不思議なことに，「繰り返し試みている中に好きになる」こともあるのです——好きなことが見附からないという人は，何に対しても「繰り返しの回数が少ない人」なのかもしれません．つまり，最初の一歩さえ正しく踏み出すことができれば，後は知らず識らずの中に，この現実の世界に対する豊かな感情が湧いてくるわけです．

大切なことは，熱中することであって，上達することではありません．問題を解決することではなく，問題を発見することです．「できる」ことではなく，「分かる」ことです．「分かる」ことのその前に，「あこがれる」ことです．「あこがれ」こそがすべてのはじまりです．

何かを「知っている・知らない」という過去の話ではなく，「できる・分かる」という結果を追い求めるのでもなく，目の前の謎に対して，「不思議だなあ」と思い，「凄いなあ」とあこがれ，そして「これを解き明かしたい」という強い気持ち，強い好奇心を持つこと，「今この瞬間に心に火を点けること」こそが大切なのです．

それでは，はじめましょう，物理学を！

目次

本文読了後に読むとよく分かる前書 iii

第一部：図形の科学

1章 「矛盾」からはじめよう 2
- 格言の相補性 …… 2
- 理想と現実 …… 4
- 数学と物理学を同時に学ぶ …… 6

2章 物理学の本質 8
- 物理学者の立場 …… 8
- 数学者の立場 …… 10
- 自己の表現と自然の理解 …… 12
- 物理学と実験 …… 14

3章 定木と定規 16
- ユークリッド幾何学 …… 16
- 図形の科学を目指して …… 19
- 楽に大きく大量に書くために …… 20

4章 長さを測ろう 24
- 定義された数と誤差 …… 24
- 測定値と不確かさ …… 26
- 定規を使おう …… 28
- ノギスを使おう …… 30

5章 折紙から導く 32
- 紙のサイズと精度 …… 32
- 積の理由 …… 33
- 同じ形と似た形 …… 35
- 正方形の面積の和 …… 37

6章 合同と相似Ⅰ：円の場合 38
- 円の定義 …… 38

文字と記号の選び方 …… 40
円は似たもの同じもの …… 42
7章 円周率Ⅰ：パイプと定規 44
円周を測る …… 44
分数では表せない数 …… 45
変数と定数 …… 47
8章 次元Ⅰ：物理における意味 48
長さの次元 …… 48
面積・体積の次元 …… 50
足せる量・足せない量 …… 52
9章 次元Ⅱ：数学における意味 54
複数の要素をまとめる …… 54
数学における空間 …… 55
物理における空間 …… 57
ベクトルの分解と座標系 …… 60
10章 円周率Ⅱ：注射器とノギス 62
体積から面積を求める …… 62
工学では直径を使う …… 64
古代の技術 …… 66
11章 度数法と弧度法 68
暦法と角度 …… 68
単位円と角度 …… 70
単位円の落とし穴 …… 73
度・分・秒 …… 74
12章 星空の二等辺三角形 76
折紙と二等辺三角形 …… 76
鏡と二等辺三角形 …… 77
天文学と二等辺三角形 …… 80
13章 円と三角形の関係 82
正三角形の対称性 …… 82
正三角形と円周角 …… 83
急がば回れ …… 85
方位磁石とサイクリング …… 86
外角の和・内角の和 …… 88
中心角と円周角 …… 90
14章 合同と相似Ⅱ：三角形の場合 92
同じ形・同じ大きさ …… 92
本質と別表現 …… 93
ピタゴラスよりも古い式 …… 96
テアイテトスの三角形 …… 100

自在三角形 …… 102
15章 作図から計算へ 104
輝く数・黄金数 …… 104
黄金比から正五角形へ …… 106
旗を描こう …… 109
アナログ計算機を使おう …… 112
幾何学で無理数計算 …… 114
16章 数と幾何学 116
自由に考える …… 116
自然数の和を求める …… 117
自然数の二乗の和を求める …… 119
正三角形をひねって重ねる …… 120
17章 三角形の心 122
前口上 …… 122
その1：外心 …… 123
その2：垂心 …… 125
その3：内心 …… 126
その4：傍心 …… 127
その5：図心 …… 128
五心の求め方 …… 129
18章 正多角形と微分・積分 134
正多角形を連続的に描く …… 134
接線から円に迫る …… 135
弦から円に迫る …… 137
輪ゴムの長さ …… 138
19章 円周率III：方眼紙と正方形 140
相似の効用 …… 140
大きな円の効用 …… 142
20章 分数I：二階建ての数 144
分数の仕組 …… 144
比と分数 …… 146
約分と情報 …… 148
21章 分数II：式変形とグラフ 150
舞台を作る …… 150
線の傾きと分数 …… 151
比例と逆比例 …… 152
変化と不変 …… 154
分数とグラフ …… 155
式変形の基礎 …… 156

22 章　三角関数 I：影を追い影を測る　158
回転する半径が作る影 …… 158
円と三角形 …… 160
三角関数 …… 162
23 章　三角関数 II：近似とグラフ　166
相互の関係 …… 166
近似の関係 …… 168
グラフを描こう …… 170
接線の傾きと微分 …… 172
波の性質 …… 174
24 章　地平線の近似計算　176
ムサシを探せ …… 176
地平線までの距離を求める …… 178
Bring me the horizon …… 180
25 章　図形の数学　182
記述の作法 …… 182
内心の存在 …… 184
面積と辺の分割 …… 186
内心・傍心と相似比 …… 188
ヘロンの式 …… 190

第二部：重力の理論

26 章　「言葉」からはじめよう　196
力学の名が附いた分野 …… 196
ドーナツの穴を知る …… 198
27 章　四つの相互作用　202
重さは力 …… 202
原子の世界 …… 204
「相互」の意味 …… 206
28 章　比較する言葉　210
身近な重力相互作用 …… 210
相反する言葉 …… 212
29 章　力と長さ　216
重さを生み出すもの …… 216
重力質量と力の関係 …… 218
力を長さで測る …… 219
30 章　重力相互作用の性質　222
対称性と力の性質 …… 223
相似と力の性質 …… 224

万有引力の法則 …… 227

31 章　地球をはかる　230
小文字の定数 g …… 230
力に関わる二つの要素 …… 232
地球を知るために …… 233

32 章　時間と時刻　236
時間・時刻，そして再び時間 …… 236
時を表す記号について …… 238

33 章　平均の速度　240
位置の変化 …… 240
様々な表現 …… 243

34 章　瞬間の速度　248
凝った割り算 …… 248
接線の傾き …… 251
速度と速さ …… 253
速度を“定める” …… 255

35 章　加速度と力　260
速度の変化を捉える …… 260
慣性系 …… 262
物質の慣性 …… 264

36 章　重力質量と慣性質量　268
等速度運動と慣性 …… 268
慣性力を感じる実験 …… 270
落下実験を“考える” …… 272
質量の原理 …… 274

37 章　重力の“音”を聴く　278
実験方法の概略 …… 278
実験装置の作り方 …… 282

38 章　実験とデータ処理　286
音に関する注意事項 …… 286
実験開始 …… 288
録音データの複写と処理 …… 290
表計算によるデータ処理 …… 292

39 章　速度の測定・速度の計算　296
設定・測定・計算，そして不明 …… 296
運動から微分へ …… 299
位置と速度・加速度の関係 …… 302

40 章　式を操り数値を求める　306
定義された重力加速度 …… 306

暗算で求める …… 308
式はすべてを知っている …… 310

41 章　時間の平行移動　312
記号を操る …… 312
基準の移動 …… 314
結果の確認 …… 318

42 章　位置の平行移動　320
ベクトルの数学・ベクトルの物理 …… 320
影絵の手法 …… 323
力学と幾何学の関係 …… 326

43 章　自由落下の宴　328
実験の意味 …… 328
実験装置の概略 …… 330

44 章　落下の藝術　334
横から縦へ …… 334
儚さを愛でる …… 336

45 章　落ちるエレベータ　340
物は落ちない …… 340
密室の悲劇 …… 341
一般相対性理論 …… 344
曲がった空間における“自由”の意味 …… 347
潮汐力 …… 351

46 章　保存量を探す　352
変化と不変 …… 352
自由落下の保存量 …… 353
エネルギーを定義する …… 355
質量とエネルギーの関係 …… 358

47 章　エネルギーと「仕事」　360
便利なエネルギー …… 360
「仕事」の定義 …… 363
関取の「仕事」 …… 366
機長の仕事 …… 368

48 章　重心と運動量　370
打上げの思い出 …… 370
運動量の定義 …… 372
質点の重心 …… 374

49 章　多質点の重心　378
運動から重心へ …… 378
平均値としての重心 …… 382

ベクトルとしての重心 …… 383
再び打上げ基地へ …… 385
50 章 **ゆりかごと乳母車** **386**
ニュートンのゆりかご …… 386
ニュートンの乳母車 …… 389
物理シミュレータ …… 392

第三部：力の理解と応用

51 章 「原子」からはじめよう 396
物理学者の考え方 …… 396
アナロジーを用いる …… 398
問題の発見 …… 399
双対性と相補性 …… 400
具体的・抽象的 …… 402
志を立てる・式を立てる …… 404
52 章 原子の仕組 406
電磁相互作用 …… 406
電子は回らない …… 408
強い相互作用 …… 410
電荷の保存 …… 411
物質の性質 …… 412
モデルの変遷 …… 414
53 章 原子の働き 416
境界を探る …… 416
摩擦の本質 …… 418
自然はシンプルとは限らない …… 420
熱と運動 …… 422
54 章 **静中の動・動中の静** **424**
静止状態と力の均衡 …… 424
重量を体感する …… 426
重心と“不倒”の条件 …… 428
重心とトルク …… 430
数学的事実と物理的現実 …… 432
55 章 振子の周期 434
次元解析の威力 …… 434
数学と物理を結ぶ等式 …… 437
調和振動子の運動 …… 438
振子の運動 …… 441

56 章　**地震：宿命を手懐ける** 444
慣性を体感する …… 444
振子の感受性 …… 446
マグニチュードの意味 …… 448
Nippon2061 …… 450

57 章　**様々な振子** 452
フーコーの振子 …… 452
角速度の振舞い …… 453
角速度を操る：差動ギアの仕組 …… 456
ねじれ振子 …… 458
X 字振子 …… 460

58 章　**調和振動子のエネルギー** 462
解の線型性 …… 462
バネがする「仕事」 …… 464

59 章　**二次元の調和振動子** 468
一次元から二次元へ …… 468
楕円の性質 …… 470
Y 字振子 …… 475

60 章　**三角形の重心** 478
三質点の重心 …… 478
三角板の重心 …… 479
三角枠の重心 …… 480
剛性のバランス …… 482
身体の重心・文字の図心 …… 484

61 章　**剛性を知る** 486
力と負号の問題 …… 486
成立範囲と応用範囲 …… 488
力と位置の双対性 …… 490
ベクトルの双対性 …… 494

62 章　**剛性を与える** 496
直列・並列 …… 496
ロボット・アームの剛性 …… 499
剛性の異方性 …… 501

63 章　**剛性を整える** 504
二関節筋のモデル …… 504
無任所の存在 …… 506
腕の長さゼロのアーム …… 508
剛性の自動調節機構 …… 510

64 章　**力を創る** 512
硬い機械 …… 512

柔らかい機械 …… 514
双方向性・同時性 …… 516
位置は位置にして位置にあらず …… 518

65 章　力を送る　520
力の編集 …… 520
実世界ハプティクス …… 522
科学・技術と魔法 …… 525

66 章　数値解析 I：調和振動子の場合　528
数値解析の威力 …… 528
計算技法の改善 …… 533
二次元の問題 …… 538

67 章　二種類の掛け算　540
三平方の定理の拡張 …… 540
三角形の面積 …… 544
面積速度と角運動量 …… 546
静の安定・動の安定 …… 548

68 章　数値解析 II：逆二乗力の場合　550
力の分解と計算手法 …… 550
結果の検討 …… 552

69 章　バネの自由落下　556
重心位置を実測から求める …… 556
重心位置を計算から求める …… 558
自由落下と重心の動き …… 562
仮説をグラフにする …… 564
平面上のバネの運動 …… 566

70 章　科学者になろう　568
名を避ける …… 568
名を集める …… 569
物語の縦糸・横糸 …… 571
扱った内容 …… 572
科学者の喜び …… 576

先に読みたかった後書　578

引用に関する謝辞　586

索引　587

第一部で学ぶこと

第一部は，数学と物理学の関係からはじまります．物理学の本質を明らかにすることで，物理学における“数学の意味”が見えてきます．

物理学は，“頭”で考えたことを“手”で実現し，それを“目”で確かめて，再び“頭”の中に戻す，この繰り返しによって，自然を模写していく学問です．そうした循環を，コンパスと定木により描かれる初等幾何学の世界を通して体験します．

折紙から入って，合同と相似の考え方を学びます．円周率を，具体的な実験から求めて，数の意味に迫ります．三角形の持つ様々な性質を学び，図によって計算が代行できることを示します．

微分と積分の考え方を知り，三角形と円の組合せから，三角関数と呼ばれる“数と数の関係を定める機能”が導き出せることを学んでいきます．

初等幾何学は，頭の中で完結する単なる論理の学問ではなく，手を動かして心で感じる，実験科学としての一面を持っています．これを数学の入門ではなく，初等実験科学として，物理学の基礎として採り入れたい，それが第一部の狙いです．

【第一部】

図形の科学

幾何学を知らざる者は……

1 「矛盾」からはじめよう

人生とは，“矛盾”との附合い方を学ぶための長い授業のように思われます．皆さんもそろそろ気が附いてきた頃でしょうか，日々の暮らしの中で出会う直接的な矛盾もあれば，書物の中，とりわけ“格言”としてまとめられた言葉の中に，矛盾を感じることもあるでしょう．

格言の相補性

格言，名言，教訓，諺などと色々な名で呼ばれていますが，思い悩んだ時に，生きる指針を与えてくれる“短い言葉”は非常に大切です．

しかし，よく知られている格言の多くには，まったく正反対の意味を持つ別の格言が存在しています．「何も考えず，全力で駆け抜けろ！」と教えるものもあれば，「よく考えろ，焦ってはダメだ！」と教えるものもあります．一体どうすればいいのでしょうか．

例えば，『**徒然草**』には，相反する格言がいくつも書かれています．それを理由に，否定的に捉える人もいますが，格言にはそれぞれ持ち場があるので，それを単純に比較しても意味がないのです．

人生の不可思議に立ち向かうには，矛盾する格言さえ必要になるのでしょう．むしろ，それを受け入れることで，言葉が持つ力が活きてくるのかもしれません．これら矛盾しながらも一つの組をなす関係を“相補的”，あるいは“**相補性を持つ**”と表現することがあります．

理想と現実

理想と現実という言葉も，一つの組として語られますが，「理想と現実は違う，現実は甘くない」といって怒られることもあれば，「現実は現実として，理想を失ってはいけない」といって諭されることもあります――理想か現実か，**シェイクスピア**の主題はここにあります．

では，どうすれば怒られることも諭されることもなく，その本質が学べるのでしょうか．それには，先ず数学と物理学を学ぶことです．

数学は，どんな空想をも許す自由な世界を，自分の力で創っていく学問です．数学は，時代を超えて万人と共有できる“理想”を描くことができます．数学を研究する推進力は，理想への憧れなのです．

一方，物理学は大自然の仕組を学び，その“似姿”を作ります．しかし，試みは常に“不完全な模写”に終ります．問う相手も“現実”なら，その審判もまた“現実”から受ける，それが物理学の特徴です．

物理学は科学の中心に位置しています．しかし，数学は如何なる意味でも科学ではありません．計算機の基礎分野も「計算機科学」と称していますが，実際は工学です．科学か否かは，その価値とは無関係なのですが，何故かその名を附けている分野が，他に幾つもあります．

よく「何の役に立つの？」といって，数学を遠ざける人がいますが，これは問う相手が違います．それが“現実との関わり”に対する疑問なら，物理学にこそ問うべきなのです．数学は芸術に近い分野だと理解する人が増えれば，こうした勘違いも少しは減るかもしれません．

数学と物理学を同時に学ぶ

数学は，数学自身のために存在します．自らの枠組を定め，人間の理想を描きます．より統一されたものを，より美しいものを求めて．

しかし，数学は“物理学の言葉”として，現実とも関わっているのです．元々は，土地の区分だとか，影と太陽の位置だとかいった，日常的な問題から生まれた“筋の通った考え方”の集まりが数学ですから，アイデアの根本は“大自然の仕組”にあったといえるわけです．

ここまで戻れば，数学は，物理学の言葉として“役立っている”といえます．実際，数学の効能は，その教育的効果（考える能力を育む）を除けば，ほとんどは科学・技術の成果を通して語られています．

相反する格言が一つの組として，より重要性を増すように，“理想と現実”を一つの組として捉えること，そして同様に，数学と物理学を一つの組として学ぶことが，非常に大きな意義を持つのです．

数学を学ぶには，子供の持つ純粋性が必要です．一方，物理学では大人の持つ包容力が重要です．これは，厳密に考えようとする精神と，近似も厭わず前へ進もうとする精神の違いともいえるでしょう．

数学は真一文字に前だけを見て学ぶことができますが，物理学は周囲全体を見回しながら学ぶ必要があります．したがって，数学から物理学へと歩を進める教育は，充分な正当性を持っているわけです．

ところが，幼児は止まっている物よりも，動く物に興味を持ちます．“描かれた三角形”よりも，“跳ねるボール”に心を奪われます．

洗練されたものよりは，泥臭いものを好みます．何にでも変わる万能機械よりは，単機能機械を集めることに喜びを感じます．そして，“集めた部下”のリーダーとして，その世界を統治したいのです．

転けた痛みは“重力の存在”を教えてくれます．考えただけでは分かりません．幼児は“現象”を通して，転ばぬ技術を学ぶのです．物を算えて，そこに法則性を見出すのは，より成長した後の話です．

本能は知性に先んじます．ここから，物理学が扱う“現実世界の体験”から，数学の学習へという順序にも意味が出てくるのです．

幼児から子供へ，子供から大人へと，数学と物理学の学習は，車の両輪として縦横に働き，共に人間精神の育成に大きく寄与していきます．本来，切り離せない数学と物理学を，無理に切り離して学ぶことこそ，本当の意味での“効率の悪い勉強法”なのです．大切なことは，両者の違いをよく理解した上で，同時に学ぶことなのです．

2 物理学の本質

引き続き，数学と物理学の違いについて考えていきましょう．ここでは，その本質を示した次の言葉を紹介します．

食器洗いは言葉と同じようなものだ．われわれはきたない洗い水と，きたないふきんとで，それでも結局は，皿やコップをきれいにすることに成功している．同じように，われわれの言葉の場合にも，不明確な概念とその適用範囲についての限界さえはっきりしない論理しかもたずに，われわれはそれを使って，われわれの自然の理解を明白にすることにともかく成功している．

物理学者の立場

これは，二十世紀最高の物理学者として，**アインシュタイン**と並び賞されている**ニールス・ボーア**の言葉です．1933年の復活祭の休暇中，ボーアは仲間とスキーを楽しみ，カードに興じ，自炊した料理を食べながら，自然現象を言葉で表すことの難しさに悩んでいました．

これは，食後の片附けの際に，実際にボーアが皿を洗いながら語ったことを，**ハイゼンベルク**が自著（『部分と全体』）に記したものです．山小屋での自炊ですから，食材も水も満足いくレベルのものは揃えられなかったでしょう．それでも食事は美味しく，会話は有意義なものでした．中でもこの発言は，物理学の本質を見事に捉えています．

自然現象を表すのに，日常生活に密着した言葉は，決して便利なものではありません．しかし，それでも何とか，それをやり遂げています．手元にあるもので工夫していくしか，他に方法はないわけです．

ガリレイは『**自然という書物は数学の言葉で書かれている**』と言いました．物理学が，数学を言葉に選んだ理由は，“少しでもきれいな水で皿を洗いたかった”からなのです．確かに，物理学は複雑な数式で表されていますが，この“言葉”が理解できなければ，ただ暗い迷宮を彷徨うだけで終り，真理を見出すことなどできないでしょう．

数学者の立場

では，数学者は，物理学を容易に理解するのでしょうか．もちろん，数式を“読む”ことに苦労はしません．しかし，そのことと内容を理解することは，別の話です．これはどんな分野でも同じでしょう．

数学者は，常に“純水”を求めています．完璧な“清浄”を求めています．そして，その望みは理想の世界，概念の世界においてのみ達成されます――これを**プラトン**は**イデア界**と名附けています．

混乱した現実から無用のものを取り去り，本質的部分のみを残して理想化する．こうしてできた透明な世界こそがイデア界であり，人間が知性により描いた，生身の人間とは離れた世界なのです．

したがって，現実を相手にする物理学者の“寄せ集め・貼り合わせ”を嫌います．“汚水の皿洗い”に耐えられないのです．その結果，枠組の理解に留まってしまい，中身の理解へは進めなくなるのです．

この辺りの事情は，数学から物理学に転じて大きな業績を挙げた**フリーマン・ダイソン**と，知人との会話によく示されています．

知人：**僕は物理学を捨てて数学に行こうと思っているんだ．物理学は煩雑だし，厳密さは足りないうえ捉えどころがないからね．**
ダイソン：**僕はその同じ理由で数学を捨てて，物理学に移るのさ．**

数学者は理論を発明し，物理学者は真理を発見します．しかし，数学者もまた，自らの創造した世界があまりにも美しいと感じた時には，それを真理と見做して，発見という言葉を用います．さて皆さんは，数学者になりたいですか，それとも物理学者を目指しますか．

多くの人は，この中間に位置しています．数学の厳密さに耐えられない時には，直観の利く物理学に頼り，物理学の設定の難しさに疲れた時には，スッキリとした議論ができる数学に憧れます．どちらか一方の立場に徹底したい人が，数学者になり，物理学者になるわけです．

数学は理想を，物理学は現実を扱います．そして，物理学は，数学の言葉によって，現実の中に理想を，現実の似姿を見出すのです．物理学には，現実そのもの，自然そのものは決して扱えません．それが物理学の宿命であり，私達人間の限界なのです．

自己の表現と自然の理解

数学において，証明された定理は，成立する範囲の中で永遠の価値を持っています．一方，自然の観察からはじまる物理学は，観察精度が上がるにしたがって，常に更新されていきます．理論の枠組そのものまで改められることもあります．そして，より本質的なものへと改善されていくのです．これが物理学に終りが無い理由です．

数学は，自己を表現するためにあります．画家が絵筆で，彫刻家が鑿一本で自分を表すように，数学者は数式で自らの理想を描きます．数学は自立しています．その枠組も事の成否も，自らで決めます．

物理学は，自分の外の世界を理解するためにあります．世界のありようを学び，それを模写します．細かな違いは大胆に切り捨て，本質のみを取り出します．そして，その審判を自然に委ねるのです．

物理学は直観により進歩し，数学はその直観を排除することで深まります．したがって，数学の発展には，先ず“排除すべき直観的内容”が必要になります．数学もまた，大自然の姿を模写することからはじまったのは，こうした理由によるわけです．

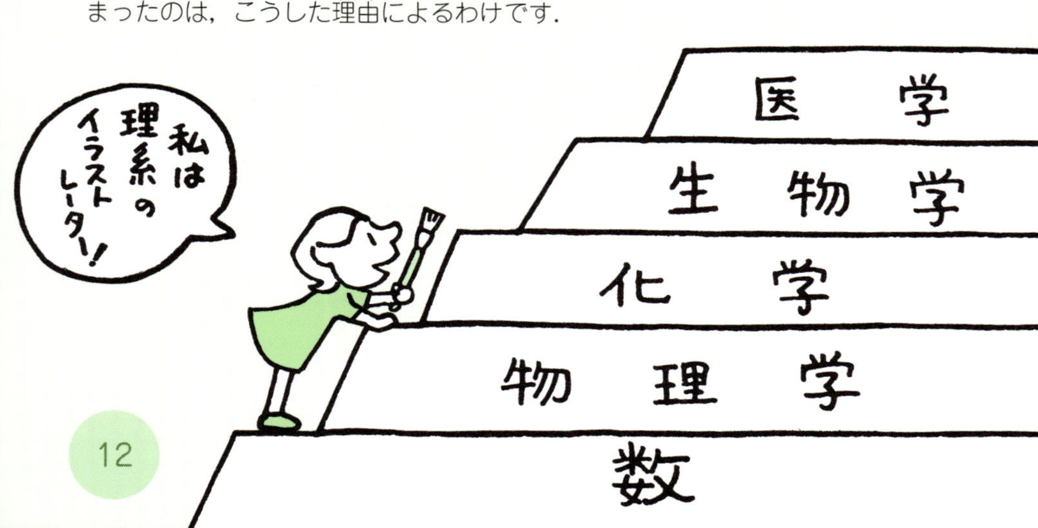

物理学が科学の“基礎”であることは，次に示す関係がよく示していると思います．高校から大学，大学から大学院へと進むに連れて，“専門研究の基礎”が変わってくるのです．すなわち

医学の高度な研究に関わりたければ，生物の基礎が必要になり，

生物の高度な研究に関わりたければ，化学の基礎が必要になり，

化学の高度な研究に関わりたければ，物理の基礎が必要になる

のです．また，工学のどの分野においても，より高度な研究を目指せば，物理学の基礎が絶対に必要になります．そして，物理学の先端研究に関わろうとすれば，高度な数学が必要になり，高度な数学の研究には，対称性や統一性を感じる美的感受性が何より必要になります．

これは，具体的なデータを軽視しているわけではありません．医学では臨床，生物では収集，地学では調査など，生のデータがあればこそ，理論研究の方向が定まるのです．ただ，如何なる分野に進んでも，数学・物理学が無駄になることはない，と強調したいだけなのです．

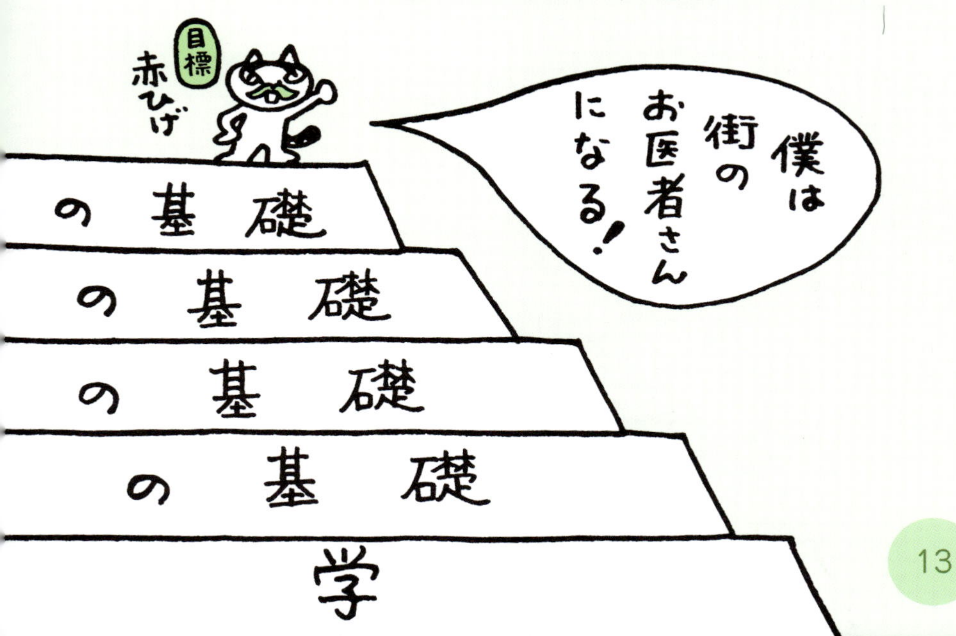

物理学と実験

数学は，ある対象を徹底的に“考察すること”からはじまりますが，物理学は，ある対象を徹底的に“観察すること”からはじまります．

そして，結果を数値として残すために，測定を行います．繰り返し観察・測定するために，実験を企画します．数学の学習が，“数の体験”からはじまるのと同じ意味で，物理学の学習は，自然の観察と記録，すなわち，“見ること・測ること”からはじまるのです．

物理理論の検証は，実験により行われます．逆に見れば，実験には検証すべき理論が必要なのです．その前提は，**仮説**と呼ばれています．そして，実験の結果から，より高度な仮説が立てられて検証が進むわけですが，実際は，最初の仮説を立てることすら，難しいのです．

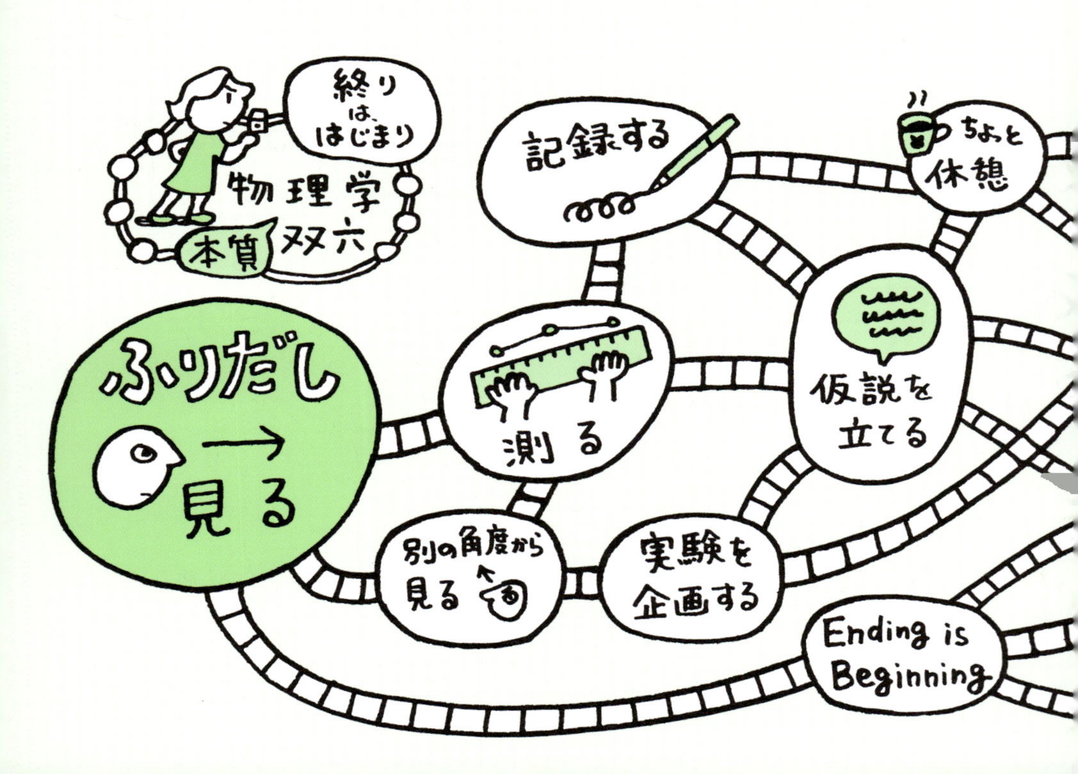

先ず，“見る”ことが，すべてのはじまりです．観察，あるいは観測と呼ばれる“詳しく見ること”が，仮説を立てるために必要な，すなわち，実験を企画するためにもっとも重要な行為なのです．

長く見る，繰り返し見る，見たものを頭に刻む．見る角度，見る方法，見る環境を変えてみる．その結果，それまで見えなかったものが，忽然と現れてきます．今まで見えなかったことが，不思議なほどに．

こうして観察は，終ることなく続くわけです．それは順序正しく直線的に進むものではなく，何度も振り出しに戻り，時には逆方向へも進む，まったく曲線的なものです――これが物理学の本質です．

何よりも忍耐強く見る必要がありますが，これには不思議を感じる心が必要です．長く見続けなければ，仮説は立てられず．仮説が無ければ確かめるべき対象が定まりません．すなわち，実験を企画するには，「不思議さを感じる感情の働き」が必要なのです．

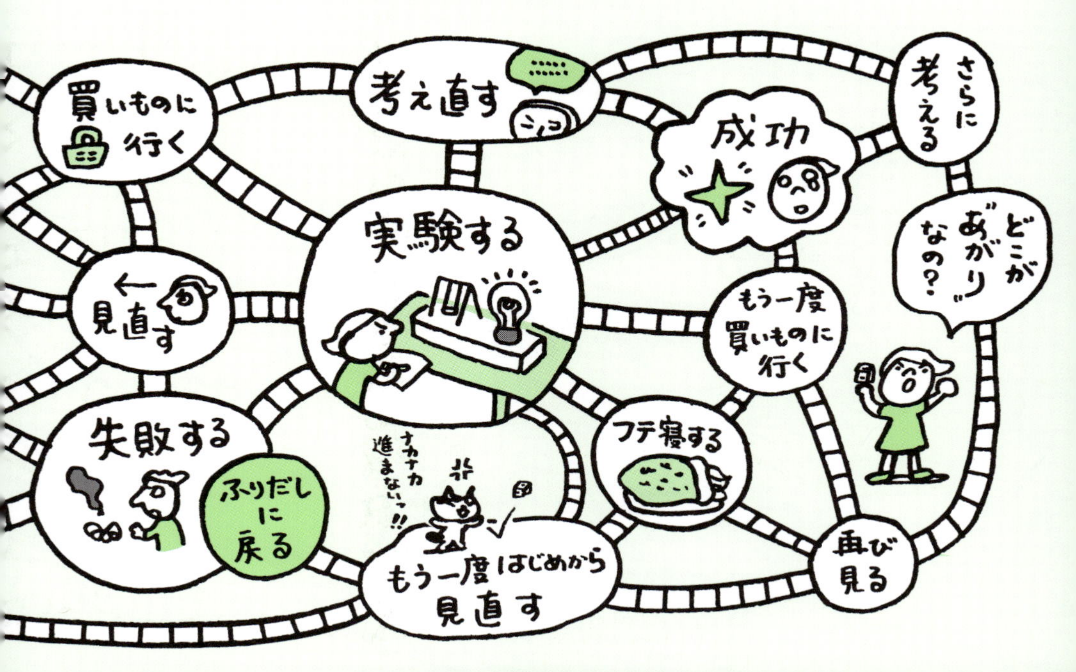

定木と定規

物理学における観察と実験の意味について説明してきました．一番簡単な観察は，目で見ることです．肉眼で足りなければ，虫眼鏡や顕微鏡，あるいは望遠鏡などの道具を使って拡大します．また，腕の長さや歩幅，心臓の鼓動などを利用して測ることもあります．

こうしたレベルを超えた観察を行うためには，実験装置が必要になります．それには費用が掛かります，実験に伴う危険性もあります．

ユークリッド幾何学

ここでは，道具を使って測ります．費用も掛からず安全で，誰にも勧められる測定実験は，身長や体重，視力や聴力などの身体測定です．

しかし，そうした測定の前に，知っておくべきことがあります．そもそも長さとは，重さとは何でしょうか．人間の体と何を比べているのでしょうか．それを知るためには，もう少し基本的なものを測ることからはじめなければなりません．そこで，図形に注目しましょう．

紀元前の昔から，人類は様々な図形を描き，その中に非常に美しい法則性があることを見出してきました．それをまとめたのが伝説の人，ギリシアの**ユークリッド**です．主に図形の性質を研究する数学の分野は**幾何学**と呼ばれていますが，これから御紹介するのは，**ユークリッド幾何学**とも，**初等幾何学**とも呼ばれている一つの分野です．

使う道具は**コンパス**と**定木**だけです．コンパスは円を描くこと，他の場所に長さを写すことのみに，定木は線を引くことのみに用います．

この制限によって，作図の限界を見極めます．それが，数学としての価値を高めます．制限があればこそ限界が明確になり，それによって制限の意味も見えてくるのです．この制限が“初等”の意味です．

さて，注意深い人は気附いているでしょう．ここで“定木”と表し，“定規”とはしていないことです．この使い分けは絶対的なものではありませんが，線を引く以外の用途を持たない，目盛の無いものを**定木**，何らかの目盛があるものを**定規**，と呼ぶ習慣があるのです．

数学において，数とは“同種の量の比”の意味を持つもので，**メートル**（記号は m）や，**ヤード**（記号は yd）といった単位は附いていません――例えば，数3は，「長さ3mの直線」が「長さ1mの直線」の三つ分であること，を表現するために利用されます．

その後，数は独自の発展を遂げ，“比では表せない数”や，“非現実的な数”まで仲間入りしましたが，“単位を持たない”というところは変わりません．**数学は，絶対的な尺度には関心が無いのです．**

したがって，「長さを1として」とあれば，1mでも1ydでも自由に設定して構いません．初等幾何学での作図もまた，基準になる長さを自分で決めて，それをコンパスで写すことから，他を決めていくのです．よって，定木は“線を引く道具”としてのみ用いられるわけです．

図形の科学を目指して

さてさて，“数学が科学ではない”以上，初等幾何学もまた科学ではありません．点や線という概念を操り，イデアの世界で結論を出していく，まさに数学の基礎中の基礎を学ぶに相応しいものなのです．

しかし，ここでは安価で安全な観察，あるいは実験としての“作図”を考えています．数学においては，点とは位置だけがあって大きさが無いもの，線とは点を結ぶ幅の無いものと定義されていますが，具体的に描いた点には必ず大きさがあり，線には必ず幅があります．

したがって，紙の上に図形を描き，測ることは“科学実験そのもの”になるわけです．要するに，イデア界の幾何学を，作図と測定による**図形の科学**として扱いたいのです．道具も制限しません．定木も定規も使います．コンパスと共に，角度を測る**分度器**も使います．

また，“一目で分かる”ことに関しては証明をしません．できるだけ正確な図を描いて，後は**直観により判断**します．本来，数学では，すべてのことに証明が必要です．どんなに当たり前のことに思えても，証明無しでは受け入れません．**直観はしばしば裏切られる**からです．

ここでは，こうした数学の厳しさから離れて，“大枠での正しさ”を求めていきます．それは決してデタラメではなく，物理学の精神に適うものです．そして，この方法によって**直観を磨いていく**のです．

問題は図の精度です．精度が高ければ，イデア界での答も予想できます．極端に低ければ，何のヒントも得られないでしょう．そのためには，精度の高い道具が必要です．筆記用具の選択も重要です．

先ずはコンパス，定規ともに，五百円程度のものが適当でしょう．鉛筆も柔らかめの「B」程度のものの方が，描くのも消すのも楽です．実験計画などを記録するのも，シャープペンシルではなく，芯の柔らかい鉛筆を使った方が，疲れが少ないように思います．

楽に大きく大量に書くために

鉛筆の“正しい持ち方”も研究して下さい．問題は，「書ける・書けない」ではなく，「大量に書けるか・書けないか」なのです．

硬い芯が好きな人も，この問題を一度考えて下さい．沢山の字を書き，沢山の図を描いた人が，そうでない人よりも，より深い理解に達するのは，ごく普通のことだと思います．であれば，用具の選択や使い方の研究は，理解に直結するほど重要だということになります．

大量に書くためには，楽に書けなければなりません．一筆で大きく書けなければなりません．そこに“正しさ”のヒントがあります．

人それぞれに肉体的な違いがあるとはいっても，骨や筋肉の数，その働きなどは変わりません．したがって，それらを一番効率よく使う動きは，誰にとってもほぼ同じものになります．鉛筆や箸の持ち方にも，手の構造や筋肉の働きに応じた基本的な方法があるわけです．

それは誰に教わらなくても，**自分の手に聞いてみれば分かる**ことです．たとえば，何も持たずに，砂の上に自分の名前を書いてみて下さい．器の中の豆を手でつまんでみて下さい．その時，どの指を，どのように使いましたか？　その手の動きを思い出して下さい．

私達の指は，人差し指から小指に向かって，順に動き難くなっています．そして，親指だけが，これら四本の指と正対しています．したがって，物をつまむという動作は，親指と他の指とのペアで行います．

親指と人差し指のペアが一番楽につまめるでしょう．また，豆のように丸い物は，二本では逃げられやすいので，中指を添えた三本でつまみます．**“影絵のきつね”に似たこの形が，物をつまむ基本です．**

砂の上ならば，文字も図形も，人差し指一本で充分に書けます．このことから，鉛筆もペンも筆も，すべての筆記用具は，**人差し指の延長として扱えればよい**ということが分かります．よって，**鉛筆は三本の指でつまんで，人差し指に沿って動かせばよい**わけです．

先ずは，コンパスの柄の部分を“三本の指でつまんで”クルッと回してみて下さい．そして，それと同じ要領で鉛筆の端をつまみ，そのまま手首を下げます．これが“鉛筆の持ち方”の基本形です――この形を作ってから，自分が一番楽に書ける指の位置を模索して下さい．

このように持てば，肘と手首を机の上に固定したまま，手先だけで字が書けます．そのままで，大きな円が描けるはずです．同じようにチョークを持てば，黒板に長さ 1 m の水平線も楽々描けます．手先だけで書けない人は，それだけ腕全体に無駄な動きを強いているのです．それでは長い線も大きな円も描けません．しかも，疲れます．

上手く持てない人は，ゴム手袋の人差し指の腹の部分に，両面テープで鉛筆を固定したものを利用すれば，残りの指は“補助として添えているだけだ”ということが実感できるでしょう．

他人と比べるのではなく，自分と比べて下さい．より楽に，より大きく文字や図形が書ける方法を探して下さい．**人間の持つ能力を最大限に発揮できる身体の使い方こそが“正しい方法”なのです．**

箸の場合も，固定する一本を，中指・薬指・親指でつまみ，もう一本を鉛筆とほぼ同様に持ちます．これで箸が指の延長になります．

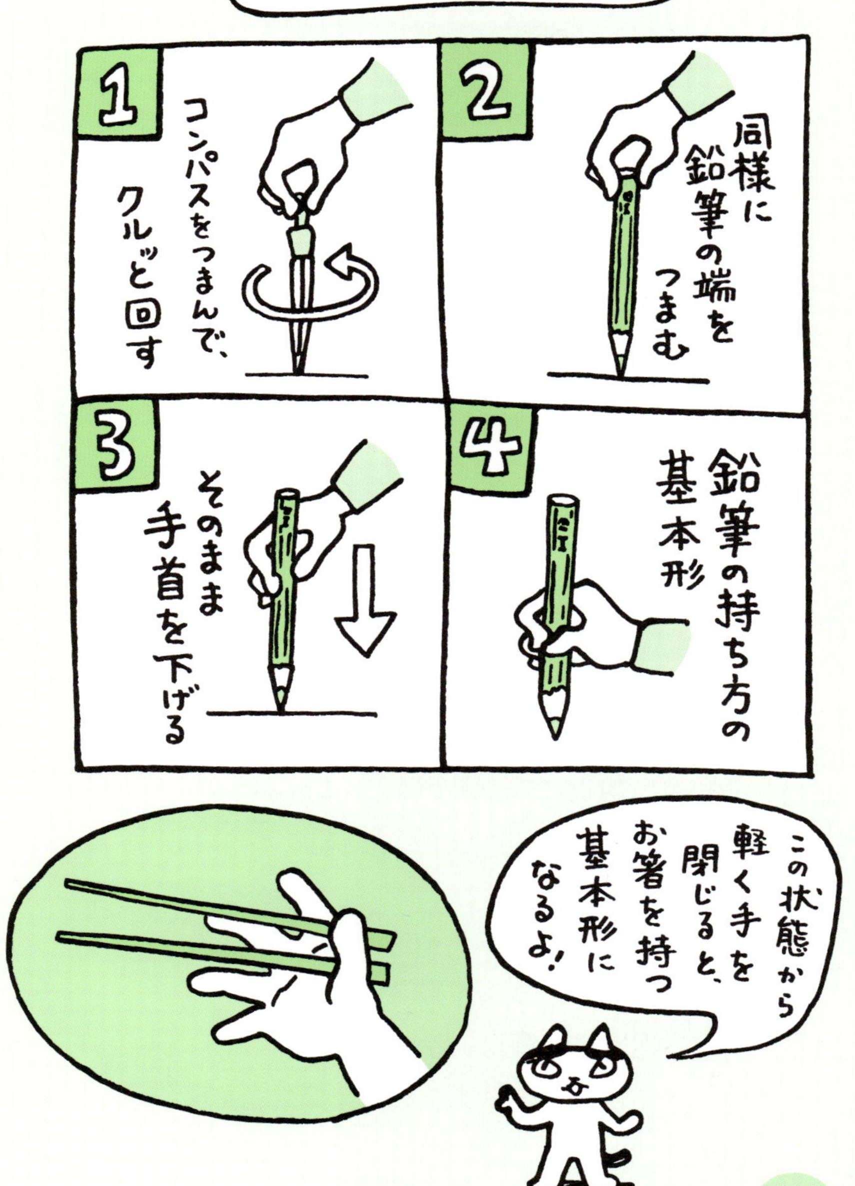
鉛筆の持ち方の目安
1
コンパスをつまんで、クルッと回す
2
同様に鉛筆の端をつまむ
3
そのまま手首を下げる
4
鉛筆の持ち方の基本形
この状態から軽く手を閉じると、お箸を持つ基本形になるよ!

4 長さを測ろう

では早速，"図形の科学" を学んでいきましょう．具体的に図を描いて各部の測定をすることが，初等的な物理実験の基礎になることを示していきます．最初の実験は，"直線の長さ" の測定です．

定義された数と誤差

さて今，"直線の長さ" と書いたばかりですが，数学において，**直線**とは単なる "真っ直ぐな線" ではなく，両側に無限に続くものと定義されています．そして，一方に端があるものを**半直線**，両端のあるもの，言い換えれば有限の長さを持つものを**線分**と呼んでいます．

この定義から明らかなように，決して "本物" の直線，半直線は描けません．具体的に描けるのも，測れるのも線分だけなのです．

数学者は，常に用語の定義にまで戻って考えます．しかしながら，日常用語の転用の場合には，限界があります．実際，「点が小さくて見えない」とか，「線の幅が太すぎる」とかいった，定義に矛盾したことを言っても疑問視する人は居ません．当たり前の話です．

さて，次の計算に困る人はいないでしょう．答は 10 ですね．

$$1 + 2 + 3 + 4.$$

では，四つの数値を足す順番を変えればどうなるでしょうか．また，二つの数値を組にして，計算を進めればどうなるでしょうか．

$$1 + 4 + 2 + 3 = 10,$$
$$(1 + 2) + (3 + 4) = 10,$$
$$(4 + 1) + (3 + 2) = 10.$$

どの場合も“当然”同じ結果 10 になります．これらの関係に何の不思議も，何の不信感も持つ人はいないはずです．数学において，数は定義されたものであり，それ以外の要素は何も含みません．余分も不足も無く，「1 といえば 1，10 といえば 10 そのもの」です．

これこそが「定義」の効能です．例えば，1 yd は 0.9114 m と定義されています．これを，約 0.9 m としても，間違いだとはいえません．二数の違いが，“約”という言葉の中に収められているからです．

しかし，数式で表す時には，“等しくない”記号「≠」を用い

$$0.9114 \neq 0.9$$

として，両者に違いがあることを示します．このような“数学的な定義に基づく明確な違い”のことを，**誤差**と呼んでいます．

測定値と不確かさ

しかし，実験による測定値を扱う物理学においては，話が少々変わってきます．「1 なら 1，10 なら 10」とは言えなくなるのです．

例えば，数学においては，以下は当たり前の関係です．

$$1 \neq 1.0000000001.$$

しかし，この違いを“赤道の長さ 4 万 km”に当てはめれば，両者は僅かに 4 mm の違いになります．もちろん，4 mm でも違いは違いですが，では赤道は，mm のレベルで測られた値なのでしょうか．

さらに，1.00000000000000000001 はどうですか．これは原子のサイズ以下の違いです．人類は，この桁の測定方法を知りません——普通の意味での“長さ”が通用する世界なのか否かも分かっていません．したがって，これは“物理的には 1 に等しい”といえるわけです．

実際の計算では，ホンの数桁程度で，こうした問題が生じます．例えば，ノートに地球を模した円を描いて下さい．円周上に富士山や，エベレストを描こうと考えても，線の幅の中に埋もれてしまいます．

僅かに一桁の違いでも大問題です．5 人乗りの車に 50 人乗ればどうですか．20 本の乳歯が 200 本もあれば，歯を磨くのも大変です．

人間の瞬きは約 0.1 秒，一桁下は 0.01 秒．車のエアバッグは，この桁で作動します．作動中のエアバッグは見えません．滑らかに見える動画も，この桁での変化です．これ以下の桁は感知できないのです．

測定値は，問題に応じた桁数で扱うべきものです．数学的には異なっていても，実験の限界を超えた数値を操ることは無意味なのです．よって，物理学は，必要な桁数にまで“丸めた数値”しか扱いません．また逆に，測定値には必ず背後に“省略（丸め）”があります．

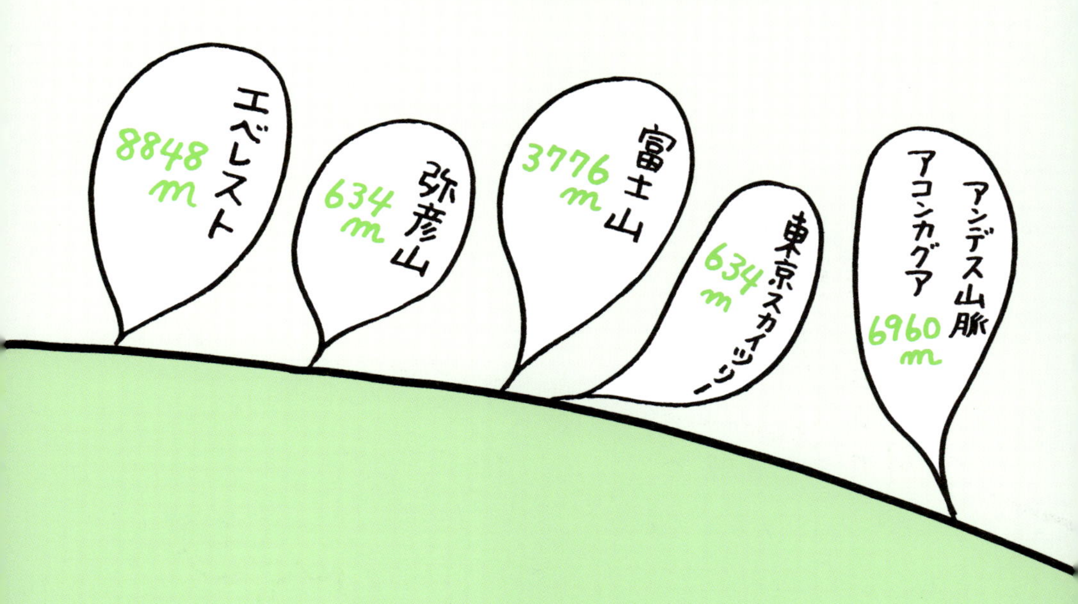

こうした測定値に関わるズレのことを，**不確かさ**と呼んでいます．数式に伴う差は“誤差”，測定値に伴う差は“不確かさ”として，使い分けるのです．また，誤差のより少ない計算を**正確**，不確かさのより少ない処理を**精確**として，使い分けることも行われています．

数学では定義値に，物理学では測定値に関して議論をします．測定は，測定装置や手法が改善される度に，その精度を増していきます．両者の違いを学ぶことが，物理実験の基本中の基本なのです．

定規を使おう

では定規を使って，実際に測りましょう．目に附くものを，次から次へと測って結果を書いて下さい．記録することが何より重要です．

定規に刻まれた目盛に対して，**真上から正対して視線を合わせます**．そして，**最小目盛の 1/10 までを“目分量”で読み取ります**．

斜めから見ては，目盛の数値を読み損ねます．昔，東京の千住に，方向によって本数が違って見える，不思議な煙突がありました．この例からも，“正しい方向から見ること”の重要性が分かります．

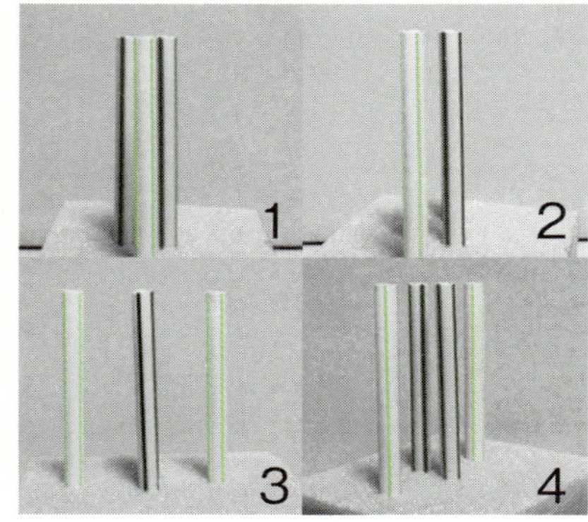

左：煙突の模型，右：方向によって本数が変わって見える

さて，1 cm，2 cm，3 cm，4 cm の線分があれば，それらを直線に沿って隙間なく並べた結果，その“計算値”は以下のようになりますね．

$$1 + 2 + 3 + 4 = 10.$$

これに対して，最小目盛が 1 cm の定規を用いた“測定値”から

$$1.1 + 2.2 + 3.3 + 4.4 = 11.0$$

を得たとしましょう．ここで，結果を 11 ではなく，小数点以下一位の 0 まで書いているのは，長さを cm の 1/10，すなわち，mm まで測ったことを意味しています——全体の表記を，mm に揃えると

$$11 + 22 + 33 + 44 = 110$$

となって，0 を明記することの意味がよく分かるでしょう．

さらに，mm まで測れる定規――市販の定規の大半はこのタイプです――を用いれば，より詳しい値が得られます．例えば

$$1.15 + 2.25 + 3.35 + 4.45 = 11.20$$

を得たとしましょう．この場合も，小数点以下二位まで測定したことから，結果は末尾の 0 を省略しないで，11.20 と表すのです．

このように，不確かな桁の数値まで含めた測定値の表記を**有効数字**といいます．すなわち，1 と 1.0 は異なる測定値であり，後者は前者の“一桁下まで測定された”ことを示しているわけです．この場合，1 は有効数字一桁，1.0 は有効数字二桁の測定値であるといいます．

また，先の足し算の順序変更も，測定値の場合には要注意です．線分の長さを個別に測って足すのではなく，複数の線分を合わせた結果を測る方法を採れば，合計値が変わってくる可能性があるのです．

ノギスを使おう

定規よりも，さらに高精度の測定をするために，**ノギス**を使いましょう．工具店などで，千円程度で購入できます．ノギスは**本尺**と，その上を滑る**副尺**（バーニヤともいいます）から構成されています．

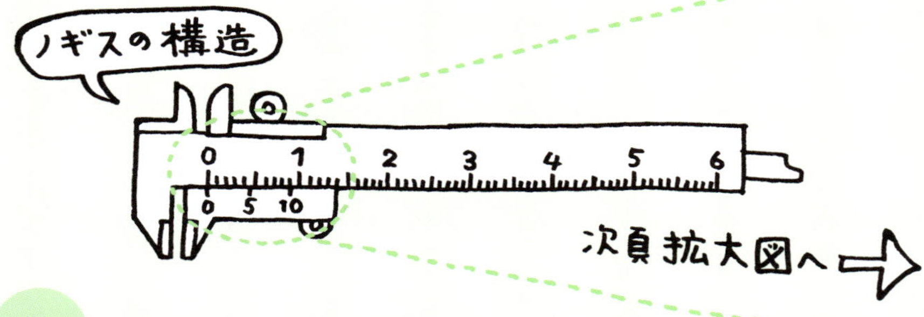

ここでは，本尺の目盛の単位が 1 mm，その本尺の 9 mm を 10 等分したもの，すなわち，**一目盛 0.9 mm の副尺を持つノギス**について説明します．このノギスは，0.1 mm を読み取ることができます．

本尺と副尺を目盛ゼロで合わせますと，「本尺の目盛 **1**」と「副尺の目盛 *1*」の差は 0.1 mm，「本尺の **2**」と「副尺の *2*」は 0.2 mm となり，二つの目盛の差は，0.1 mm 刻みで順に増えていくことが分かります．

ここから，副尺を右に 0.1 mm 動かせば，本尺と副尺の「**1** と *1*」が，0.2 mm 動かせば「**2** と *2*」が一致します．すなわち，両尺の目盛が揃った場所を探すことによって，0.1 mm を単位とした測定ができるわけです．なお，19 mm を 20 等分したノギスも広く使われています――この場合の最小読取値は 0.05 mm になります．

ノギスの仕組

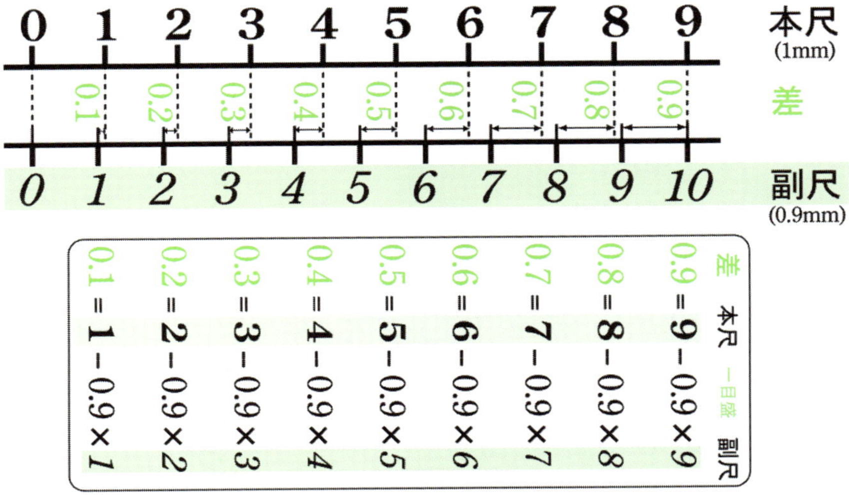

本尺 (1mm)　**0 1 2 3 4 5 6 7 8 9**

差　0.1 0.2 0.3 0.4 0.5 0.6 0.7 0.8 0.9

副尺 (0.9mm)　*0 1 2 3 4 5 6 7 8 9 10*

差 = 本尺 − 一目盛 × 副尺

0.1 = **1** − 0.9 × *1*
0.2 = **2** − 0.9 × *2*
0.3 = **3** − 0.9 × *3*
0.4 = **4** − 0.9 × *4*
0.5 = **5** − 0.9 × *5*
0.6 = **6** − 0.9 × *6*
0.7 = **7** − 0.9 × *7*
0.8 = **8** − 0.9 × *8*
0.9 = **9** − 0.9 × *9*

5 折紙から導く

長さを測ることに伴う問題について，紹介しました．本章では，後に続く内容を“先取り”して，幾つかの**折紙実験**を試みます．

紙のサイズと精度

コンビニで折紙を買ってきました．百円でした．商品の表には「150 mm × 150 mm」と書かれていました．これは，縦横の長さを mm で表したものでしょう．本当でしょうか．測ってみましょう．

結果は，「14.95 cm × 14.95 cm」となりました．mm に直せば「149.5 mm × 149.5 mm」です．さて，少し違いがでましたが，これは“工業製品の品質”としては，どうでしょうか．

コピー用紙も測ってみました．結果は「29.62 cm × 20.98 cm」でした．A4 サイズの規格は，「297 mm × 210 mm」と定められています．

工業製品の精度の基準は，その利用目的によって変わります．公称値とは少し違いましたが，一般的な折紙の目的から考えれば，充分な精度です――何より大切なのは，縦横の長さが等しいことですから．

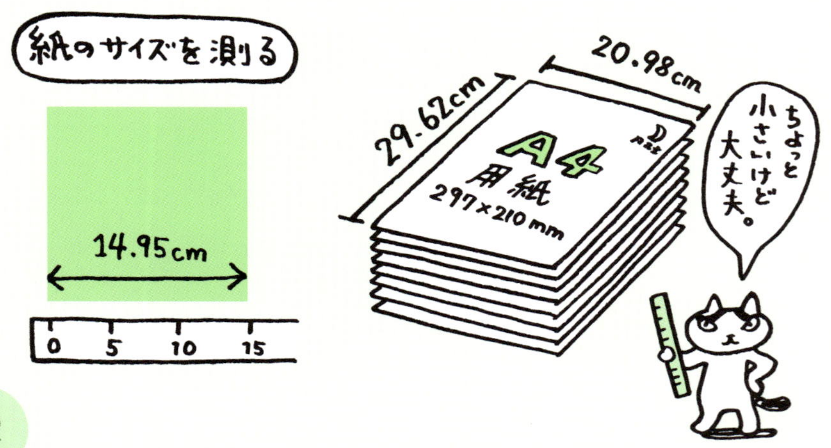

こちらも百円で買ってきた物差しを，高精度な物差しで測ってみたところ，150 mm の目盛は，ズバリその位置に刻まれていました．同じ価格でも，その利用目的によって，要求される水準は異なるのです．折紙や印刷用紙では許されたものも，物差しでは許されません．

積の理由

さて，折紙の用紙のような形を**正方形**と呼びます．横に二枚並べれば，**長方形**になります．半分に折れば，そこには**三角形**が現れます．

正方形・長方形は，共に“方形”です．中でも縦横が等しいものに“正”を，その一方を引き延ばしたものに“長”の字を附けて表しているわけです——“真四角”は正方形，“矩形”は長方形の別表現です．

“方形”の面積は，縦横の長さの“積”として求められます．そこで，積になる理由について，折紙を使って考えてみましょう．

先ずは，二つに折ります．それをさらに二つに……と続けて，四回折ります．紙は棒状になり，拡げれば十六本の折り目が見えます．

折る回数を増やせば，もっと細く，もっと細かく折り目が附きます．何処まで折れるかは，“物理的な制約”で決まります．分厚い紙ではダメですし，幾ら薄い紙を使っても，それほど多くは折れません．

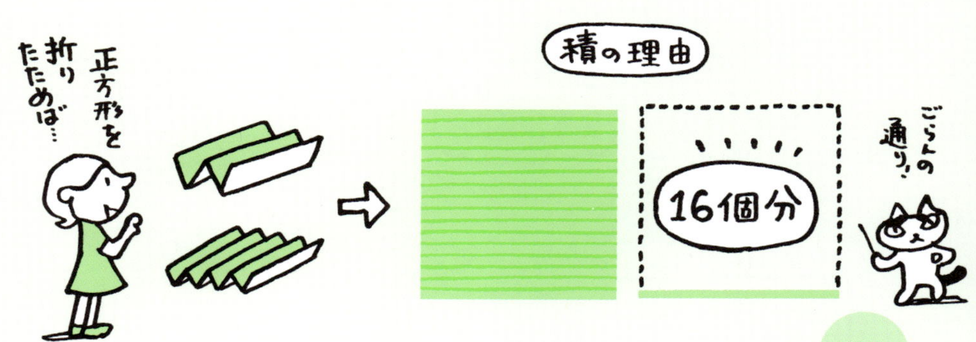

しかし，“数学的には”折る回数に制約はありません．幾らでも細く，幾らでも細かい折り目が附けられます．そこから，「正方形は，細い細い長方形が集まったもの」という考え方に至ります．

元の折り目とは直角の方向にも，折ってみましょう．同じく四回折れば，十六本の折り目が附きます．これも“物理的な制約”を超えて折り進めれば，細い長方形が，小さな正方形の集団に分割されます．

紙を拡げれば，全体が $16 \times 16 = 256$ 個の小さな正方形に分解されているのが見えるはずです．すなわち，面積とは，小さな要素の個数を算える作業だったのです．これが「縦 × 横」の理由です．

体積も同様です．対象を小さな面積に“スライス”し，それを集めて元へ戻すという“双方向のイメージ”が持てれば，そこから，「底面積 × 高さ」ということの意味も自然に見えてきます――紙一枚の厚さを調べる時には，何枚も重ねたものを測り，その枚数で割り算して結果を得ますが，この方法からも体積の計算式の意味が分かります．

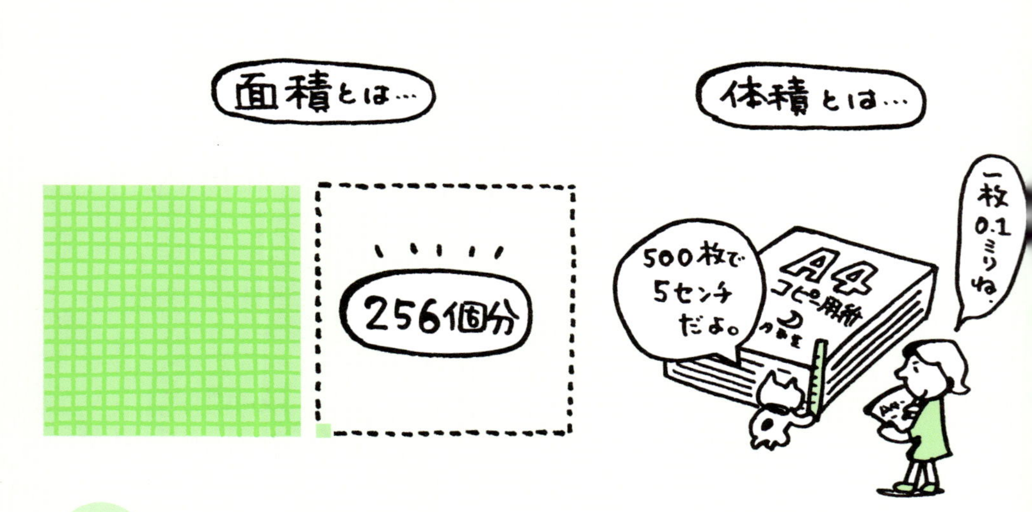

同じことを，レゴを使ってやってみましょう．レゴの“4ピン・ブロック”を一つの単位として，横に四つ並べましょう．長方形ができました．同じものを四組作って並べれば，正方形になります．

こうして一度並べてしまえば，もう縦も横もありません．同じブロックが並べられているだけですから，そこから横向きの長方形を取り出すか，縦向きを取り出すかは自由です．このことから，「縦 × 横」も「横 × 縦」も同じ結果を与えることが分かります．

同じ形と似た形

今度は，斜めに折ります．折り目に鋏を入れて，三角形を二つ作ります．そして，同じものをもう一組作って，図のように並べて下さい．

長方形の中から，三角形を二つ抜き出せば，そこに大きな三角形が残ります．この三角形の面積は，明らかに長方形の半分です．これが，“三角形の面積が，長方形の二分の一”になる理由です．

面積の仕組

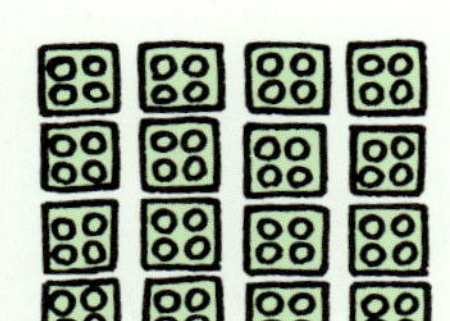

「横×縦」も「縦×横」も、結果は同じ。

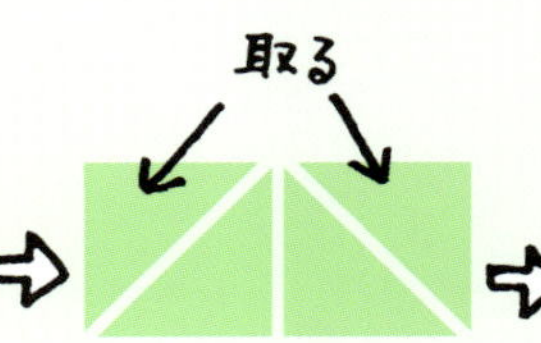

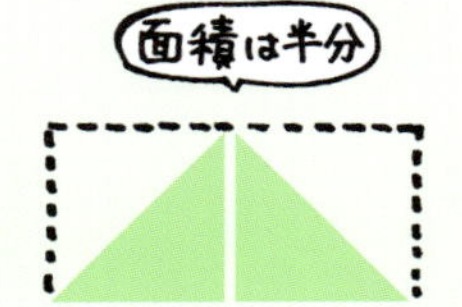

折紙を二回，異なる方向に折って，面積“四分の一”の小さな正方形を作ります．正方形は，すべて“同じ形”をしています．

小正方形が枠一杯になる写真を撮り，その時のカメラとの距離を測ります．その二倍の距離を取れば，拡げた折紙が枠一杯になります．

この二枚の写真は，折り目さえ見えなければ，まったく区別が附きません．これが“同じ形”の意味です．現物の大きさは異なりますが，カメラのズーム機能で，その差は隠せます．よく“似ている”のです．

小正方形に三本の直線を引き，そこに鋏を入れます．これで，四枚の“同じ大きさ”の三角形ができます．そして，図のように並べます．

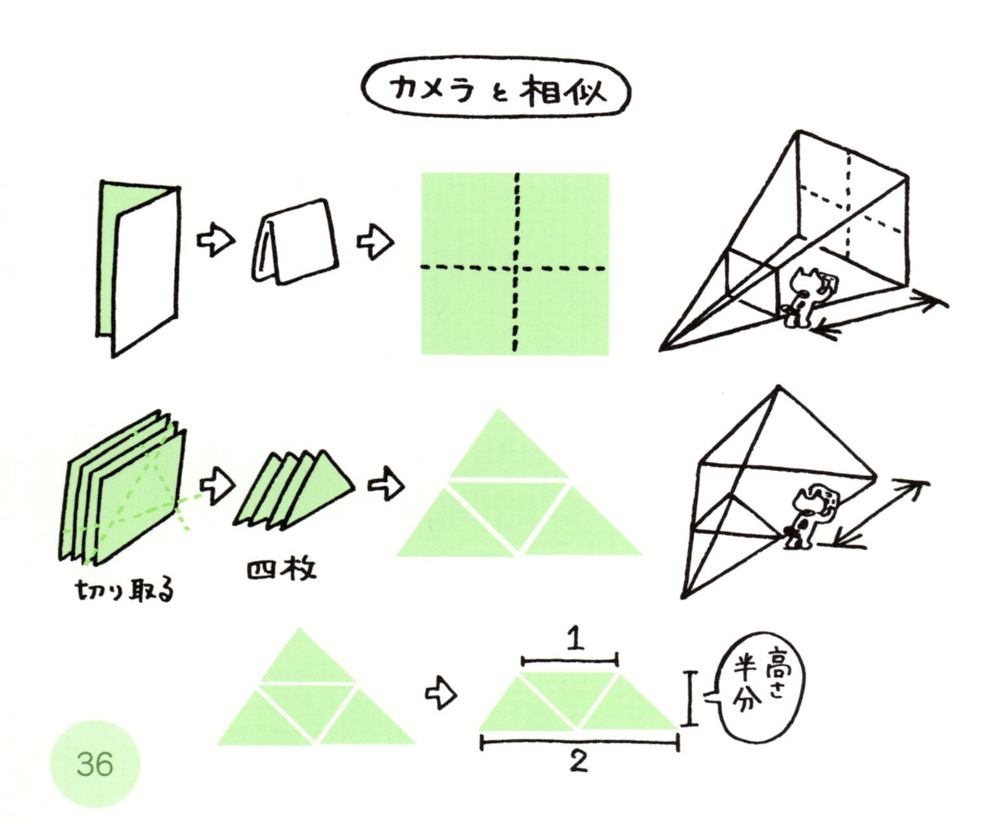

大三角形は，小三角形の四倍の面積を持っています．そして，両者は，よく似ています．カメラを使って，先と同様に撮って下さい．正方形の場合と，まったく同じ結論が得られます．

上部の小三角形を取ると，残りは**台形**になります．上底と下底は平行で，長さは半分です．高さも大三角形の半分になります．四枚が同じ大きさでさえあれば，この結論は三角形の形にはよりません．

正方形の面積の和

次は，先の小正方形より，もう一段階，小さな正方形を折ります．元へ戻せば，十六個の小さな正方形の折り目が附いているはずです．

そこで，もう一度折り直して，小さな正方形から三角形を作ります．折り目を附けたら元に戻して，それと直交する方向にも折ります．

拡げれば，十六個の正方形の中に“×印”のように斜めの折り目が入っています．3 × 3 個の正方形を残し，他を裏側に折り返します．

最後に，色鉛筆で図の部分を塗り分けて下さい．中央に位置する三角形の周囲に正方形が三つ．その二つの面積の和（小三角形八つ）は，残る正方形の面積に等しいことが一目で分かります．これは一体？

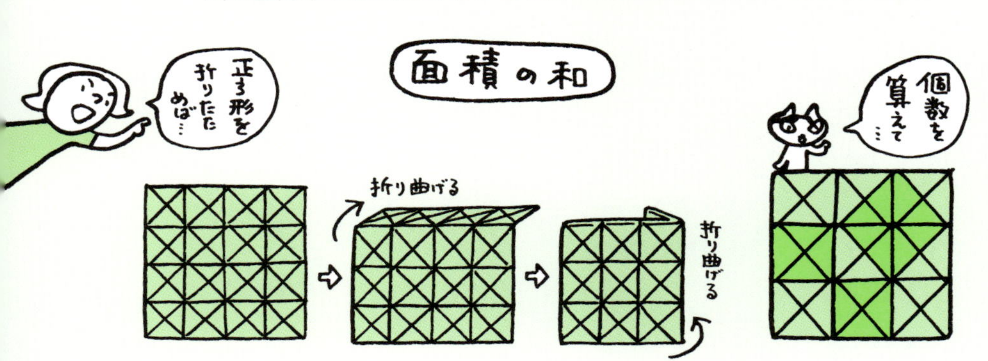

6 合同と相似Ⅰ：円の場合

定木で線を引くこと，定規で線分の長さを測ること，ノギスを使うことができました．ここからは，初等幾何学における二番目にして最後の道具であるコンパスを使います．先ずは円からはじめます．親指，人差指，中指の間に挟んで，クルッと回して下さい．

円の定義

数学における円の定義は，「ある点からの距離が等しい点，その全体」というものですが，これはコンパスの機構そのものが体現しています．定義における“ある点”とは，円の中心であり，コンパスの針先に対応します．また，針先と鉛筆の間の距離を，円の**半径**といいます．定義における“距離”とは，この半径のことです．

さて，円に関連して，**円周**，**円板**という言葉があります．円周とは，円の周囲を指すわけですから，これは“線”です．円板とは，円で切り取られた平面の一部を指すわけですから，これは“面”です．したがって，本来なら面積の対象となるのは円板のはずです．

英語では，円はサークル（**circle**），円板はディスク（**disc**）です．**サークル**といえば，同好の士が集まって輪になっている印象があります．音声・映像の媒体であるCD，BDのDは“disc”のDです――なお，コンピュータの世界では，ハードディスク（Hard disk）など，米国流の綴り“disk”が広く用いられています．

一般に，平面図形の定義は，円の場合と同様に，その境界線により定義され，内部までは含んでいません．そのイメージは，“針金で作った枠”のようなものです．こうした違いを理解した上で，「簡潔さや語呂の好さを優先して混用している」というのが現状です．

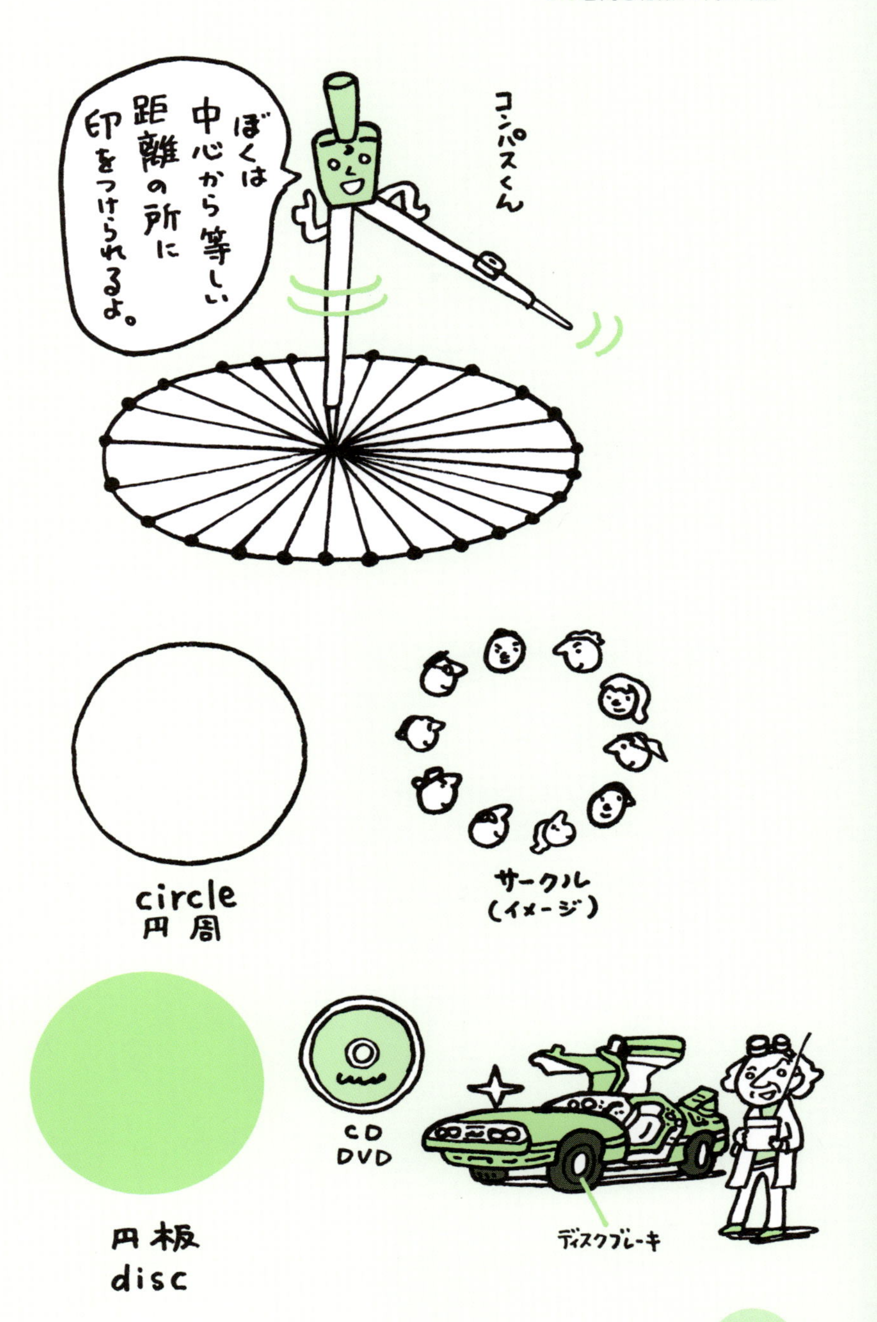
ぼくは
中心から等しい
距離の所に
印をつけられるよ。
コンパスくん
circle
円周
サークル
(イメージ)
CD
DVD
円板
disc
ディスクブレーキ

文字と記号の選び方

円に関連する要素を紹介します．先ず，半径ですが，これは「円の中心と周の一点を結ぶ線分」と言い換えられます．また，周上の二点を結ぶ線分を**弦**，弦に切り取られた円の一部を円弧，あるいは簡単に**弧**と呼びます．円の中心を通る弦を，特に**直径**といいます．直径は，半径の二倍の長さを持ちます．円を直径で切断したものが**半円**です．

さて，数学でも物理学でも，英文字やギリシア文字，その他の記号を大量に使いますが，文字選びのポイントが両者でやや異なります．

数学では，対象の性質を配慮せず，むしろなるべく無関係な記号を選ぼうとする傾向があります．したがって，文字はアルファベットから無造作に選ばれます．一方，物理学では，常に直観が働くように，対象の性質を取り込んだ，“匂い”を感じさせる文字を選びます．

数学では，半径を意識することが，むしろ自由な発想を阻害すると判断すれば，単純に a という文字を選ぶでしょう．物理学では，半径の英語訳 **radius** からその頭文字を取って，r とするでしょう．

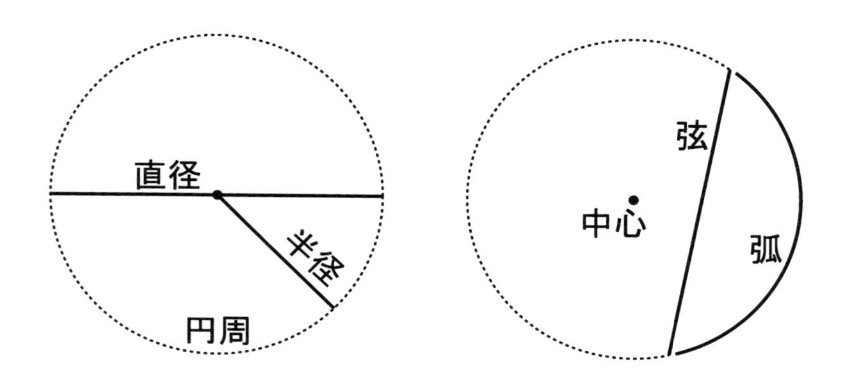

物理学者は，高さを h，幅を w と表します．英語の **height**，**width** を意識してのことです．したがって，別の文字を選ぶことはあっても，自ら進んで，高さ w，幅 h などと書くことはありません．

物理学は，直観に訴えるために，こうした細かい工夫を常にしています．片手に林檎を持ちながら，物理学者は

$$ma = F$$

と書くかもしれません．記号に託されたその意味が重要なのです．

m が二倍になれば，F は二倍になる．a が三倍になれば，F は三倍になる．二つのことが同時に起これば，F は六倍になる．ただこれだけの関係を主張したいのなら，$xy = z$ と書いても充分です．

そうではないところに，物理学の難しさ面白さがあるのです．記号が示す意味まで理解した人には，こうした数式が絵画同様の藝術的価値を持ち，額に入れて飾りたくなるほど，心に迫るものになります．

もちろん数学においても，直観を重視した工夫をする場合もありますが，物理学と比較すれば消極的です――**数学は，直観を排除することによって，より精密にしていく学問なのです**．

また，同じ文字を使っても，その書体や太さを変えることで，まったく異なるものを示す場合がありますので，注意して下さい．例えば

i	**i**	*i*
ローマン書体	ローマン太字	イタリック書体

などです．これらの記号が異なる式の中で使われている場合には問題は生じませんが，一つの式の中に混在する場合もあります．それでも他の文字を選べない，実際的な理由があるのです．書体を意識する面倒よりも，文字を代えて直観が利かなくなる方を恐れるのです．

円は似たもの同じもの

平面の幾何学においては，図形を分類すること，特に“同じもの”と“似ているもの”を定義することがもっとも大切です．

図形の，**移動**，**回転**，**裏返し**を認めるという条件で，二つの図形が完全に重なることを，**合同**と呼びます．これは“同じ”に対する数学的な定義です．折紙や，鏡に映る像などを思い浮かべて下さい．

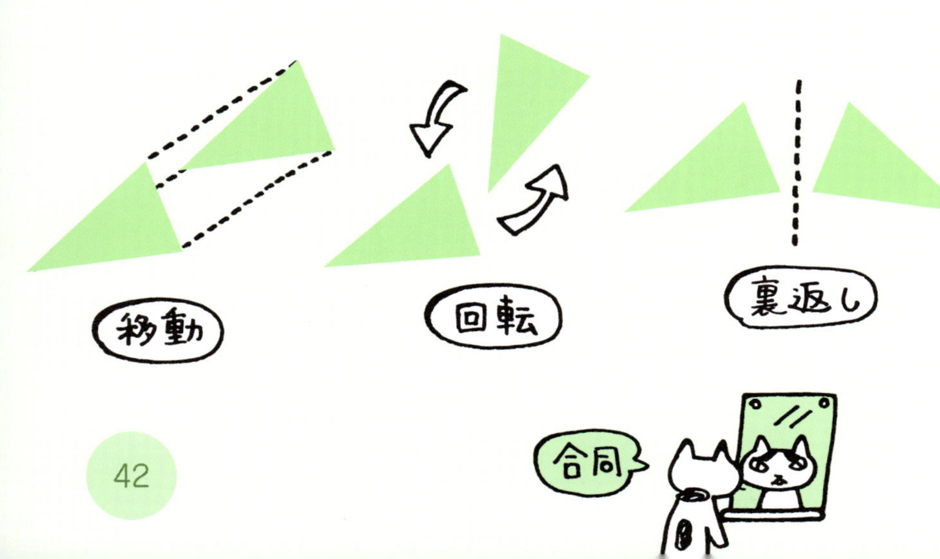

また，二つの図形が拡大（あるいは縮小）の関係になっており，倍率を調整するだけで合同になる図形を**相似**，その倍率を**相似比**と呼びます．これは“似ている”に対する一つの定義です．合同とは「相似比が1の相似である」ということもできます．

合同と相似の本質は，“合同でも相似でもない図形”を考えれば分かります．それは“形が違う”ということです．合同と相似は，形が変わらない関係，遠近不明の正面写真では区別不能の関係なのです．

この定義から，**すべての円は相似**だと分かります．半径の比が相似比です．同じ半径を持つ円は合同です．そこで，二つの円の半径を r, R で表しますと，相似は $r < R$，合同は $r = R$ の場合になります．

ここでは「大きい円を R，小さい円を r とする」ことを“暗黙の了解”としています．大文字と小文字が持つ印象を利用したのです．

しかし，大小関係の入れ替わりなどを心配する人は，r_1, r_2 などを用いて記号の個性を消すでしょう——記号横の小記号を，**添字**といいます．このように，記号選びは大変難しいものなのです．

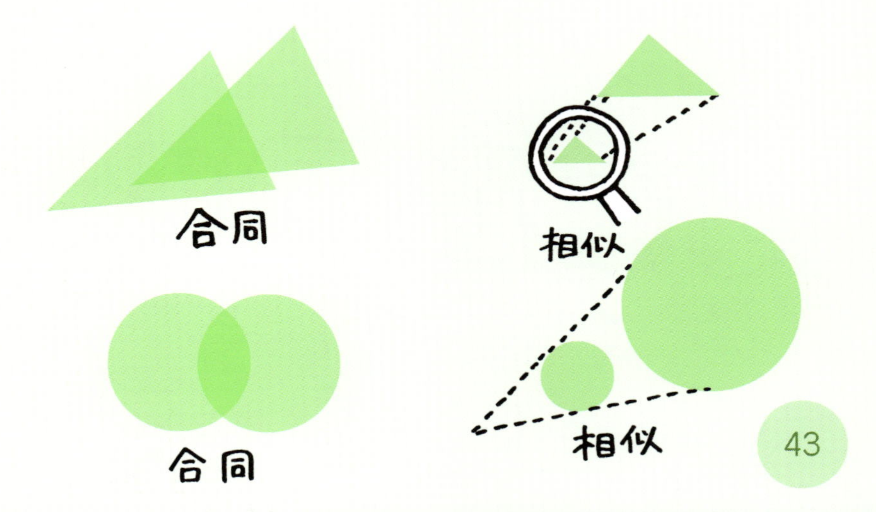

7　円周率Ⅰ：パイプと定規

円について調べると，必ず**円周率**という言葉に出会います．円周率とは，円の周囲の長さと直径の比のことです．この比を表す記号として，ギリシア文字 π を用います——これはパイと発音します．

円周を測る

すなわち，円周率 π とは，「**円周の全長 ÷ 直径**」により定まる数です．また，“すべての円は相似”でしたから，円周も直径も同じ比率で変わるので，**円周率は円の大きさによらない**ことが分かります．

では，その値を実験により求めましょう．直径 1.50 cm のパイプに細い線を 10 回巻くには，47.7 cm 必要でした．これより，近似値：

$$\frac{47.7/10}{1.50} = \frac{4.77}{1.50} = 3.18$$

を得ます——紙の厚みの場合と同様に，複数回巻いた後，その回数分を割り算することで，測定の精度を上げました．

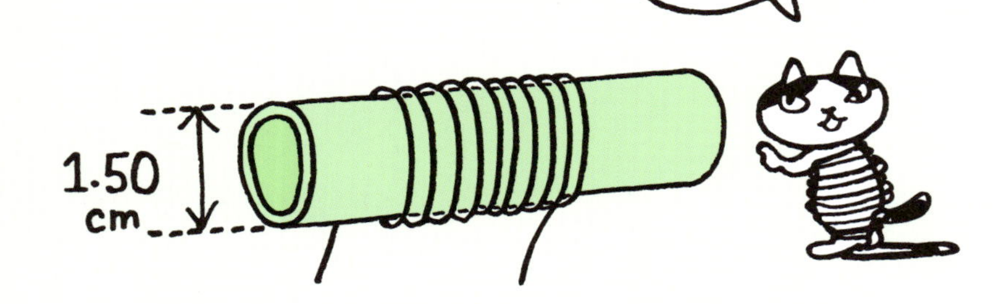

分数では表せない数

円周率の詳しい値は，計算により以下のように求められています．

$$\pi = 3.14159265358979323846264338327 95\cdots$$

この数は，小数点以下に，**同じ数字が繰り返すことなく無限に続く**のです――末尾の「…」にこの性質を象徴させています．

これは数字がデタラメに続いて，次の数字が“予測できない”という意味ではありません．例えば，無限に1を加えていく数の列：

$$1, 2, 3, 4, 5, 6, 7, 8, 9, 10, 11, 12, 13, 14, 15, \ldots$$

の場合，次の数字は 15 ＋ 1 より 16 です．また，同じ数字は二度と登場しません．そこで，これらの数字を一つにまとめて作った小数：

$$0.123456789101112131415\cdots$$

は，“同じ数字が繰り返すことなく無限に続きます”が，次に並ぶ数字は，16171819202122… と確実に求めることができます．

円周率も同様です．小数点以下を何桁並べても，近似値にしかなりません．どんなに工夫をしても，二つの自然数による分数の形では表せません．このような性質を持った数を**無理数**といいます．

無理数は，具体的には書けない数なのです．記号により表現するか，近似値とするか，そのどちらかしかありません．したがって，実際的な問題には近似値を用いますが，**それには三桁：3.14 で充分です**．

数の紹介を続けましょう．分数の形に“表せない”無理数に対して，“表せる”数を**有理数**といい，この両者を含む数を**実数**といいます．

実数は連続です．連続とは，数と数の間に切れ目が無いことを意味しています．この性質から，実数を直線に見立てて，幾何学的なイメージを借用することができます――これを**数直線**と呼びます．

なお，物理学に登場する数は，断りが無い限りは実数です．もちろん，実数とはいっても，それは数学的に定義された何桁でも続くものではなく，扱う問題に応じて桁が決まる，制限されたものです．

変数と定数

話題を戻して，先の測定結果を，“円周を求める形式”に変形します．

$$4.77 = 3.18 \times 1.50 = 2 \times 3.18 \times 0.75.$$

円周　　直径　　半径

こうして，半径と円周の関係に書き換え，さらに実験値3.18をπに，半径をrに置き換えることで，広く知られた以下の式を得ます．

$$2\,\pi r.$$

この式の二つの文字は，それぞれで使用目的が異なります．rは，様々な半径に対応し，その値で置き換えることで，結果を導くために用いられます――こうした役割を担う文字を**変数**と呼びます．

一方，πは変わらない値で，何かで置き換えるものではありません――これを**定数**と呼びます．さらに，これには，無限に続く小数を“記号として一つにまとめる”という役割があります．

以上から，この式は次の構造を持っていることが分かりました．

$$(2 \times \pi) \times \quad r$$

定数　×　変数

なお一般に，文字同士の掛け算の場合，記号「×」は省略されます．何か特別の理由がある場合以外には，$2 \times \pi \times r$などとは書きません．

この約束から，逆に，二文字以上の文字を記号にするのは危険だということが分かります．例えば，内部の量，外部の量を区別するつもりで，*“IN”* *“OUT”*などと書いても，「これは二つの要素の掛け算：$I \times N$の意味だな」と誤読される可能性が高いからです．

8 次元Ⅰ：物理における意味

本章では，長さが持つ“物理的な意味”について考えます．それをメートルで測るか，インチで測るかは，**単位**の問題です．尺度，基準が変われば，表す数値も変わりますが，その換算は簡単です．考えたいのは，単位の問題ではなく，長さそのものが持つ性質です．

長さの次元

例えば，長さと重さは足せません．一方，長さ同士，重さ同士は足しても引いても大丈夫です．物理学では，このような量の性質を**次元**と呼びます．次元を持つ対象を**物理量**といい，その大きさを数によって表し，次元の前に位置させます．この数を**係数**と呼びます．

次元にも加減乗除があります．同じ次元の量のみ，加減が可能です．また，乗除によりできた量は，元とは異なる次元を持ちます．先ずは，長さの次元を，ローマン太字 **L** で表すことからはじめましょう．

例えば，ここに長さ2メートルの棒があるとします．これを簡潔に，「長さ2 m」と書くわけですが，これは“長さの次元”を持つ量を，メートルを“単位”として測った結果を意味しています．そこで

$$2\,\mathrm{m} \quad \rightarrow \quad 2 \times [1\,\mathrm{m}]$$

と二つの要素に分解すれば，「1メートルの棒の二倍の長さを持つもの」という表記の本質的意味が，より鮮明に表現されます．

逆に，「これは1 mの棒の何倍か」という問ならば，それは

$$\frac{2\,\mathrm{m}}{1\,\mathrm{m}} \quad \rightarrow \quad 2$$

より導くことができます．ここで2は，次元を持たない単なる数です．

この割り算の関係から，先の掛け算の表現に戻れば，その奥にある意味に気が附くでしょう．次元の無い数であることを特に強調したい場合には，**無名数**という用語を使います——円周の“長さ”と直径の“長さ”の比で定義された円周率は，まさにこの形式の無名数です．

こうして，次元と係数を分離することを学びました．その意義は

$$2\,\mathrm{m} + 3\,\mathrm{m} \quad \rightarrow \quad (2+3) \times [1\,\mathrm{m}]$$

により，さらに明瞭になります．つまり，私達は“長さという物理的な性質”を，“次元”として後ろにまとめ，前に位置する“係数の計算”と合わせることで，結果を得ているわけです

この計算は，次元の部分だけを取り出せば，以下のようになります．

$$\mathbf{L} + \mathbf{L} \quad \rightarrow \quad \mathbf{L}.$$

これは，「長さと長さは足し算ができて，結果もまた，長さの次元を持つ」ことを印象的に示しています——引き算の場合も同様です．

面積・体積の次元

次は，広さの量的な表現である**面積**と，その次元について考えます．縦・横が共に1mである正方形に囲まれた部分の面積計算から

$$1\,\mathrm{m} \times 1\,\mathrm{m} \quad \rightarrow \quad (1 \times 1) \times [1\,\mathrm{m} \times 1\,\mathrm{m}] = 1 \times [1 \times \mathrm{m}^2]$$

にしたがって，“長さ × 長さ”より，面積の次元：

$$\mathbf{L} \times \mathbf{L} \quad \rightarrow \quad \mathbf{L}^2$$

を定義します．文字の右肩の数は，同じものを掛け算したその個数を示すもので，**指数**といいます．一般には，「mの二乗」「$\mathbf{L}$の二乗」などと読みますが，単位の場合は，特にこれを“平方メートル”と読みます．m^2とは，「一辺1mの正方形の個数」で面積を測ることです．

左上の**ラミエル19**（4ピン×19個）を
展開すると日本列島になる

なお，指数がゼロの場合には，数に関わらず 1 に等しく，例えば，$2^0 = 1$ となり，負の数の場合には，$2^{-3} = 1/2^3$ などとなります．

因みに，日本の面積は約 **38** 万平方キロメートルですが，四国の面積を 2 とする時，およそ九州 4，北海道 8，本州 24 の割合になるので，その和 **38**(＝2＋4＋8＋24) より，四島の各面積が簡単に分かります．

さて，**体積**は物の嵩の量的な表現です——容れ物の場合には，これを**容積**といいます．体積（容積）とは，拡がりに加えて，高さも含めたものになりますから，“長さ × 長さ × 長さ” より，その次元は

$$\mathbf{L} \times \mathbf{L} \times \mathbf{L} \quad \rightarrow \quad \mathbf{L}^3$$

となります．メートルを単位とする場合には，体積には記号 m^3，用語 “立方メートル” が用いられます——これは「一辺 1 m の立方体の個数」で体積を量ることです．なお，$1\,\mathrm{m} = 10^2\,\mathrm{cm}$ ですから，$1\,\mathrm{m}^2 = 10^4\,\mathrm{cm}^2$，$1\,\mathrm{m}^3 = 10^6\,\mathrm{cm}^3$．室温での水の重さは，$1\,\mathrm{cm}^3$ で約 1 g ですから，$1\,\mathrm{m}^3$ では 1000000 g，すなわち，1000 kg（＝1 ton）もあるわけです．

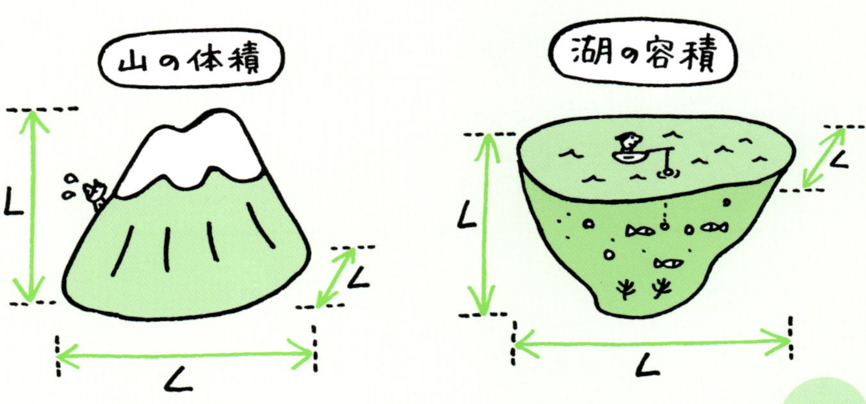

足せる量・足せない量

ここまでの議論は，一般的な次元 $\mathbf{A}$ の加減乗除を

$$\mathbf{A} + \mathbf{A} \to \mathbf{A}, \qquad \mathbf{A} - \mathbf{A} \to \mathbf{A}$$

$$\mathbf{A} \times \mathbf{A} \to \mathbf{A}^2, \qquad \frac{\mathbf{A}}{\mathbf{A}} \to 1 \ (\text{無名数})$$

と定めることで，上手くまとめることができます．

数的な評価の前に，物理量の次元を調べることで，議論の“成否”が判断できます．また，次元の加減乗除を明記するだけで，計算ミスを大幅に減らせます．こうした考察のことを**次元解析**といいます．

例えば，一般の次元 $\mathbf{A}$ を，面積・体積の次元に取れば，その加減は

$$\mathbf{L}^2 \pm \mathbf{L}^2 \to \mathbf{L}^2, \qquad \mathbf{L}^3 \pm \mathbf{L}^3 \to \mathbf{L}^3$$

だけが可能だということが分かります――記号「±」は，「＋」「－」をまとめたもので，**複号**と呼ばれています．また，次元の乗除計算：

$$\mathbf{L} \times \mathbf{L}^2 \to \mathbf{L}^3, \qquad \frac{\mathbf{L}^2}{\mathbf{L}} \to \mathbf{L}$$

などにより，新たに構成された量の物理的な意味が分かります．

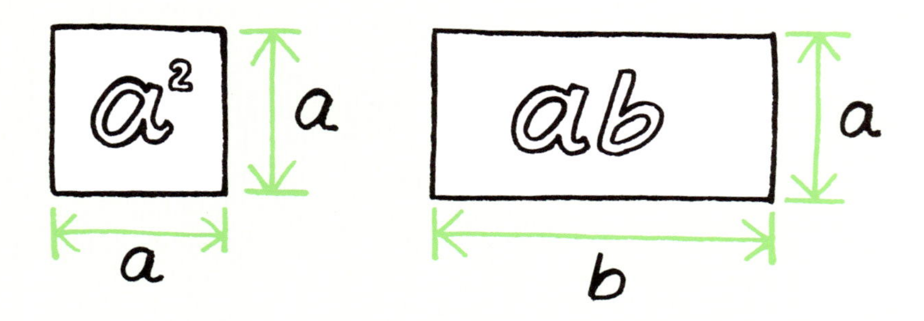

両辺の次元が等しいことが，物理量を扱う数式の絶対的な条件です．

数学は，主に無名数が対象なので，次元に対する注意を怠りがちです．その分だけ“奇妙な計算”をしてしまう危険性が高いわけです．

一般に，面積は次元 $\mathbf{L}^2$ を持つことから，すべての図形の面積は，その“代表長さ”を ℓ，係数を K として，$K\ell^2$ と表されます．

例えば，縦横の長さが共に a である正方形の場合には，面積は a^2 で与えられますから，$\ell = a$ と置いた結果，$K = 1$ と定まります．

縦横の長さが a, b である長方形の場合，面積は ab となりますが，この場合にも $\ell = a$ と置けば，係数 K は以下のように決まります．

$$ab = Ka^2 \quad \text{より，} \quad K = \frac{b}{a}.$$

如何なる平面図形でも，面積は必ず，$K\ell^2$ という形式に書けます．残る仕事は，代表長さを探して，この K を求めることだけです．

さて次なる問題は，円の面積はどうなるか．円の場合の K は，“どのような値になるか”というものです．

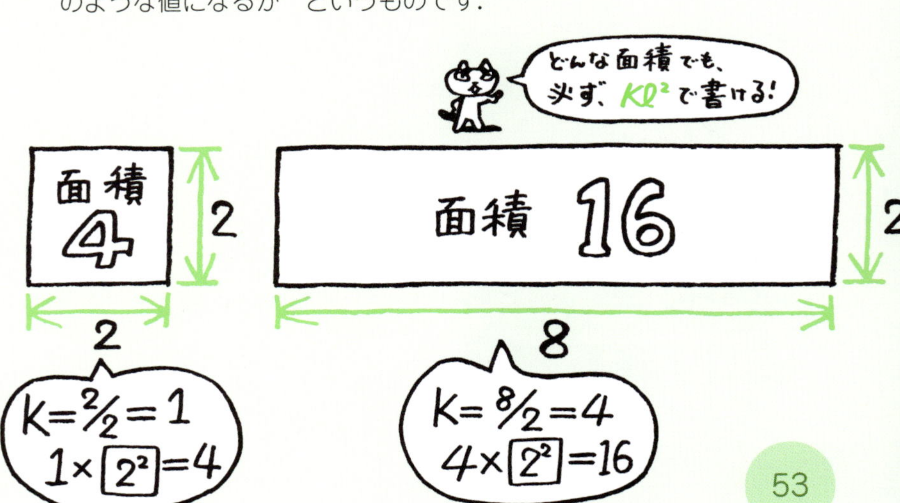

9 次元 II：数学における意味

前章では，物理学での“次元”について説明しました．同じ用語が，数学では，**一括して扱う要素の数**の意味で使われています．例えば，前後と左右の二要素を一括して扱う車は“二次元”．飛行機なら“三次元”．前後しか選べない鉄道は，“一次元”の乗物だといえます．

複数の要素をまとめる

一次元の例である鉄道の場合から，もう少し詳しく説明しましょう．

線路は平面に敷設されますが，上を走る列車には，前進・後進・停止の何れかしかありませんから，**一つの変数で充分です**．プラスの値なら前進，マイナスなら後進，ゼロなら停止とすればいいわけです．

車の場合は，前後に加えて左右が選べます．これを表現するには，**二つの変数が必要です**．飛行機や潜水艦は，前後左右に加えて上下の運動も可能なので，**三変数が必要になります**．鳥や魚も同様です．

すなわち，数学における次元とは，**対象を漏れなく表現するために，最低限必要な変数の個数**なのです．これを，“変数の組”として，丸括弧により一つにまとめることで，(x)，(x, y)，(x, y, z) などと表します．一次元は二次元に，二次元は三次元に含まれますが，要素の数が違うことから，直接的な加・減の対象にはなりません．

数学では，変数の組を，対象を表現する“場”を与えるものと考えて，**空間**と呼びます．枠組を先ず定めて，その中の話に限定します．

例えば，「三次元空間において」と書いてあれば，「三変数が組になっている」と思えばいいわけです．その中を飛行機が飛ぶのか，潜水艦が潜るのか，単なる三つの数字が連動しているのか，そんな具体的なものとは関わりなく定義された“容器”のことなのです．

したがって，「平面は何次元空間か」と問われれば，「二次元だ」という答になりますし，また「面積の次元は」と問われれば，「$\mathbf{L}^2$ だ」という答になります．混乱しそうにも思えますが，質問の意味をしっかりと捉えていれば，それほど間違うものでもありません．

単純にまとめれば，**空間的な意味での“次元”には，その前に，一とか二とかいった“要素の個数”が附いて，はじめて意味が確定しますが，物理量としての次元には，そうした数字は附きません．**

数学における空間

したがって，数学における次元には限りがありません．単に変数の個数を増やすだけですから，何次元の空間でも定義できます——変数の個数に限りがない**無限次元空間**というものも定義されます．

例えば，数学，物理，化学，国語，歴史といった五科目を一括して扱うためには，“五次元空間”が必要です．入学試験の合格戦略を考える時には，誰でも“頭の中に高次元空間を作っている”のです．

ピアノは白鍵と黒鍵，全部で 88 個の鍵盤からなるので，“88 次元空間”の存在だといえます．なお，現代のピアノは弦楽器などとは異なり，一音程・一鍵盤の対応があり，同じ音程を別の鍵盤で出すことはできません——これを数学では，**独立**といいます．

もし，五次元の空間が望みなら，変数の文字を x に揃えて

$$(x_1, x_2, x_3, x_4, x_5)$$

とすれば，もうこれで準備は万端です．n 次元空間ならば

$$(x_1, x_2, x_3, \ldots, x_n).$$

無限次元空間ならば，$(x_1, x_2, x_3, \ldots\ldots)$ とすればいいだけです．

ここには何の神秘も不思議さもありません．

物理における空間

その一方で，私達が認識できる空間は三次元，時間を加えても四次元です．数学的空間と，私達の居る宇宙空間とは異なるのです．数学の世界は広すぎます．物理学は，広すぎるその定義に対して，様々な制約を導入することで，現実の似姿に変えようと試みているのです．

物理学は，私達の直観が働くように，常に表現を工夫しています．具体的に考えるために，目に見える姿を追い求めています．“変数の組”という姿のないものに，幾何学的な姿を与えるのが“矢印”です．

例えば，一次元の運動なら，前進・後進を**矢印の反転**で表します．速さを**矢印の長さ**に託します．静止は，**長さゼロの矢印**と考えます．

二次元の運動なら，矢印は平面内を自由に動き回ります．三次元の運動に，躍動する矢印を連想することは，もはや容易いことでしょう．

こうした物理的なイメージから定義された矢印を，**ベクトル**と呼びます．ベクトルもまた，“空間”と同様に，直観的な定義から数学的な定義へと進んでいく過程で，より広い考え方に修正されました．

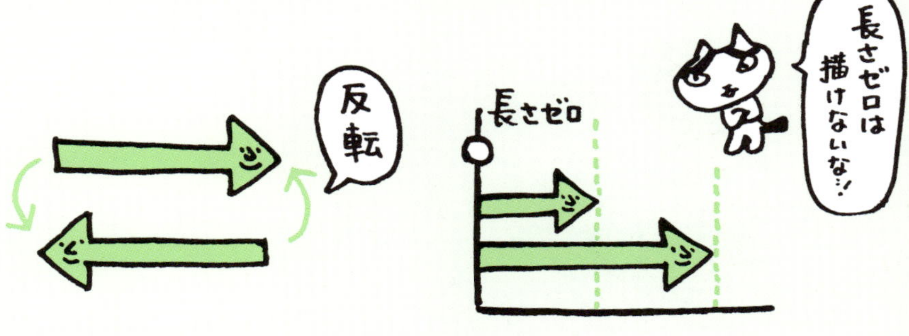

しかし，物理学では，こうした数学の広すぎる定義を制限して，再びその発祥の地である“運動を表現する実体”として扱います．

この矢印は，加・減ができます――後で“乗”も登場します．

二本の平行な直線二組により切り取られる図形を，**平行四辺形**といいます――長方形をある辺に沿って歪ませたものともいえます．

二つのベクトルの和は，この平行四辺形の対角線として与えられます．差は，反転させたベクトルとの和の形で求めます．これらは，二つの異なるベクトルを，一つにまとめることなので，**ベクトルの合成**と呼ばれています．以上が“矢印の加算”の方法です．

ベクトルを文字によって表す場合には，ローマン書体の太字を用います．例えば，**A**, **B**, **C**, **a**, **b**, **c** などです．特に，長さがゼロのベクトルは，**ゼロベクトル**と呼ばれ，記号 **0** で表されます．

文字の上に「→」を描く記法もありますが，ベクトルは単なる矢印の代用ではないので，必要以上に“直観的なイメージ”に頼っていると，その本質を見失うため，本書ではこれを用いません．

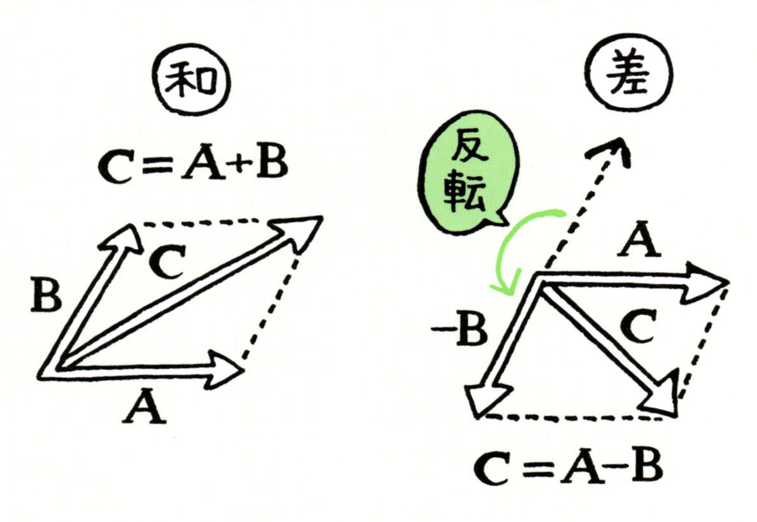

結果がゼロベクトルになるように書き替えることで，意味が明瞭になる計算が多くあります．例えば，当たり前の関係：**A** = **A** も

$$\mathbf{A} = \mathbf{A} \text{ より，} \mathbf{A} - \mathbf{A} = \mathbf{0}. \text{ さらに，} \mathbf{A} + (-\mathbf{A}) = \mathbf{0}$$

と書き替えることで，ベクトルの減算の意味が見えてきます．これは矢印のイメージに戻れば，二本の矢の「片方の矢先」に「もう一方の尾」を，逆に「尾」には相手の「矢先」を重ねることに対応します．

加算の結果が **0** になる場合は必ず，矢，尾，矢，尾……という形式が繰り返されて，閉じた図形が描かれます．これは，「平行移動してもその性質は変わらない」というベクトルの特徴の表れでもあります．

この立場から，二つのベクトルの和に対しても，同様の変形：

$$\mathbf{A} + \mathbf{B} = \mathbf{C} \text{ より，} \mathbf{A} + \mathbf{B} - \mathbf{C} = \mathbf{0}. \text{ さらに，} \mathbf{A} + \mathbf{B} + (-\mathbf{C}) = \mathbf{0}$$

が可能です．この場合も同様に，矢印を用いて表せます．

多数のベクトルを扱う場合には，常にこの「ゼロベクトルを作る方法」を採れば，平行四辺形を弄ぶよりは間違いが少なくなります．

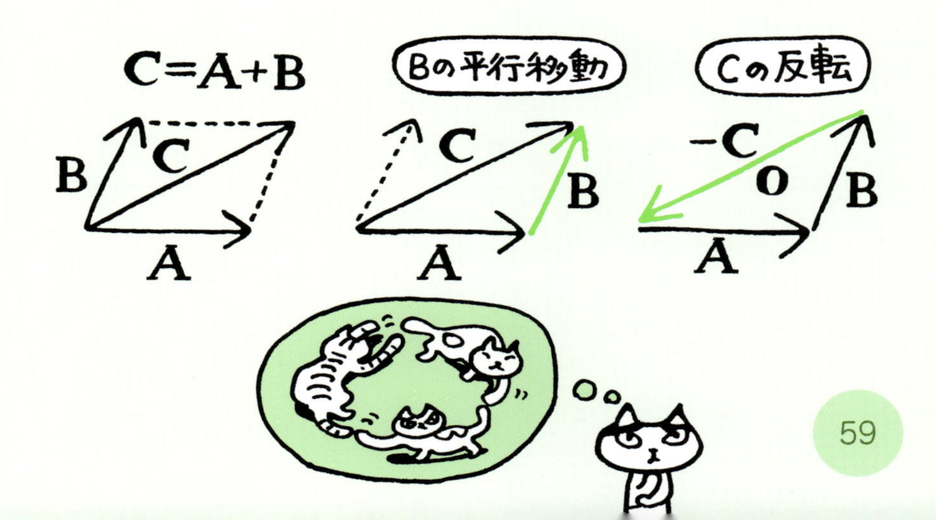

ベクトルの分解と座標系

この逆向きの作業，すなわち，一つのベクトルを二つに分けることを，**ベクトルの分解**といいます――分解の仕方は限り無くあります．

その理由は，平行四辺形を決めれば対角線は一つに決まりますが，同じ対角線を持つ平行四辺形は，幾らでも描けるからです．それは一本の棒が光の方向によって，様々な影を落とすことと同様です．

この矢印の影が映る枠組，それが**座標系**です．物理学では，対象をベクトルで表し，その影を測定します――数と幾何学を融合させる“舞台”である座標系に関しては，後で改めて説明します．

対象は，自然現象そのものですから，見方によらず“不変”です．一方，それを測る枠組は，見る人の立場によって自在に“変化”します．“変化と不変”，この組合せによって，物理学は記述されています．

数学と物理学で，名称を共有している“空間”や“ベクトル”の扱いに差が出てくるのは，この辺りの事情によるのです．

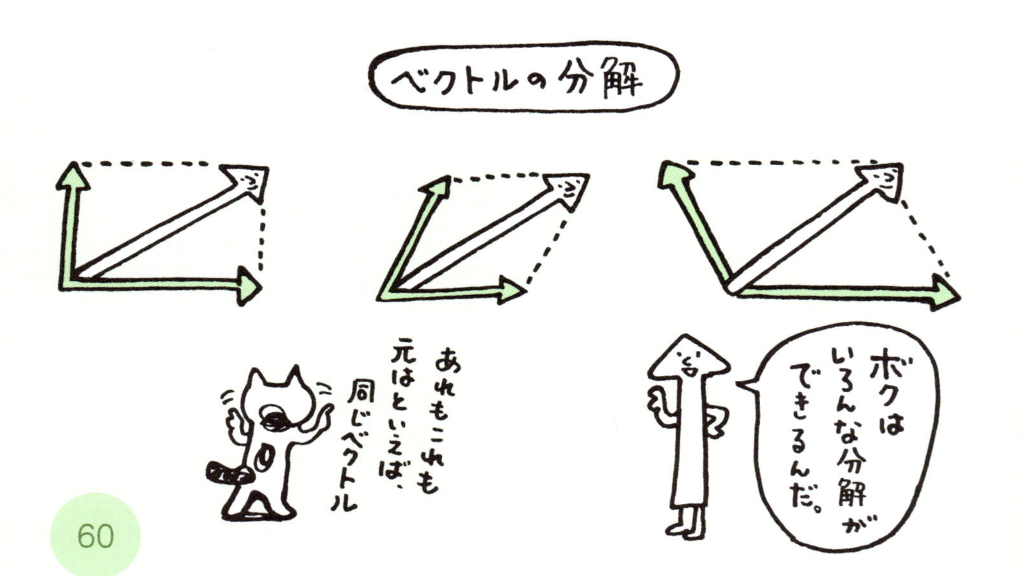

昔は，SF 小説やアニメなどで用いられる，「四次元」「五次元」という言葉の持つ響きに，何か特別な舞台を「期待」したものでした．「背伸びしたい」年頃には，心地よく使える魔法の言葉だったのです．

しかし，最近の物理学では，九次元であるとか，十次元であるとかいった途方も無い空間も扱っています．それは，知覚できる四次元の物理的な空間と，知覚できない数学的な空間の混合物です．

物理学者は，そうした複雑な空間を頭に描いて，現象を記述しようと試みています．しかし，それは実験では観測されないものです．今だけではなく，遠い未来においても無理なのかもしれません．

それでも，何か別の道筋から，そうした空間の実在性が確かめられるかもしれません．直接が無理なら，間接に調べるのです．果たして，千年後の物理の教科書は，どうなっているか，見たいものです．

10 円周率 II：注射器とノギス

本章では，円板の面積を通して円周率に迫ります．円板の代表長さを半径 r とすれば，$\ell = r$ より，Kr^2 がその面積になります．残る問題は，定数 K を具体的に求めて，その意味を探ることです．

体積から面積を求める

ここでは，市販の注射器を利用します――二百円程度です．円筒状の注射器の“容量目盛”を利用して，定数 K の値を求めます．円筒の容量は，「底面積 × 高さ」であることから，底面である円板の面積，そして，それを定める“定数”に迫ろうという計画です．

購入した注射器は，容量 10 ミリリットル（mL）で，5 mL 分の目盛の長さが 2.60 cm のものでした．内径をノギスで測定したところ，1.56 cm という値を得ました――これより半径は 0.78 cm となります．

また，1 mL とは 1 cm^3 のことなので，2.60/5 = 0.52（cm）だけ押子を引けば，注射器の内部容量は 1 cm^3 になります．これらより

$$\underbrace{(K \times 0.78^2)}_{\text{底面積}} \times \underbrace{0.52}_{\text{高さ}} = 1$$

が成り立ちます．K について解いて，およその値 3.16 を得ます．

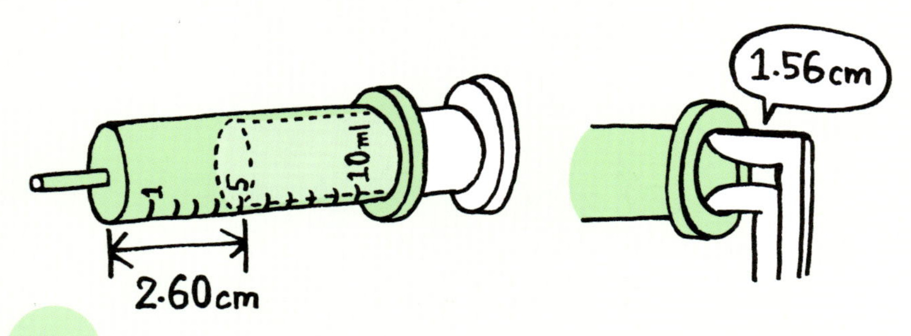

さて，これは π の値によく似ています．そこで，これを π で置き換えて，“円周”の全長と，“円板”の面積をまとめますと

$$\text{全長}：2\pi r, \qquad \text{面積}：\pi r^2$$

となります．この二式をそのまま覚えようとするのではなく，両者の関係，特に「面積における r の肩の 2 が，形式的に前に降りれば，全長の式になること」に注目して下さい．この問題は後でも触れます．

ここでは，簡単な図解によって，両者の関係を示しておきましょう．

円周の長さが $2\pi r$ の円を，小さな扇状に分割し，交互に入れ替えて並べます．こうしてできる図形は，その分割を細かくすればするほど，「長さ πr，高さ r の長方形」に似てきます．この長方形の面積は，両者を掛け算したもの，すなわち，πr^2 になるというわけです．

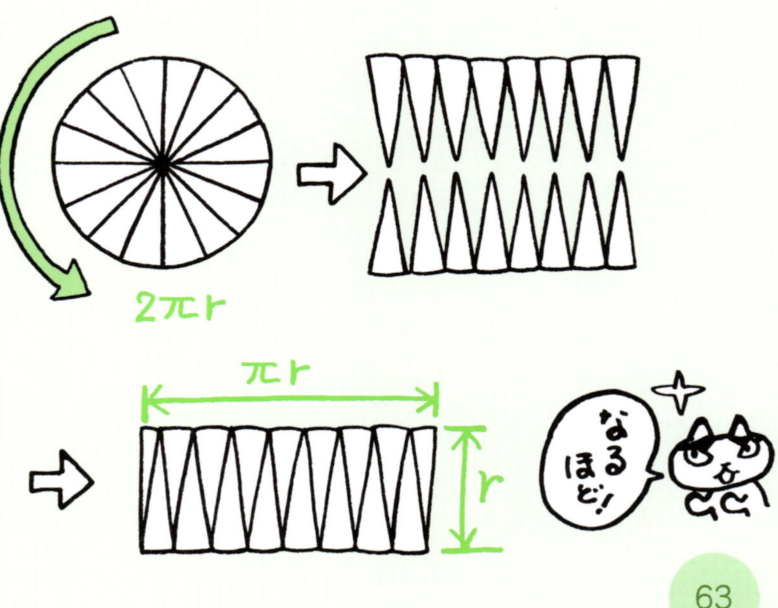

工学では直径を使う

ここでは，半径と直径の違い，その使い分けについて考えます．

そもそも円は，半径により定義されました．しかし，円周率は直径との比として定義されるのが一般的です．何故でしょうか．

半径と直径は，単に倍の関係にあるだけではなく，**半径は理論的問題を扱う時に，直径は実用的問題を扱う時に便利な表現**なのです．

半径は円を定義し，円を描くためには便利な考え方です．実際，コンパスは半径を元に円を描く道具です．直径では描けません．もしも，円周の半分を“半周”と名附け，“半周÷半径”を元に“半周率π”と命名できれば，すべてが“半”に統一されて気分爽快でしょうね．

一方，円を測るには，直径が好都合なのです．ノギスを使えば，簡単に円の直径を測ることができます．パイプの外径も内径も一瞬です．円の中心位置が必要な半径では，そう上手くはいきません．

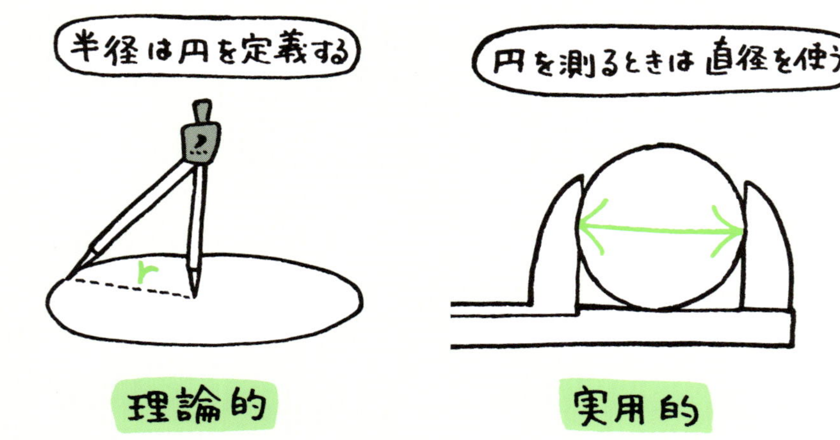

実際，工業系の分野では，主に直径を用いて議論がされています．

旋盤は，コンパスのように，中心と半径を元にして物を作る工作機械ですが，与えられる設計図は直径で表記されています．“ピストンの外径”“シリンダーの内径”等々で，半径は影に隠れています．

数式の場合でも，直径の英語訳である **diameter** からその頭文字を取った d，あるいは D が非常によく用いられています．したがって，先に示しました周と面積の関係も，工学においては

$$\text{全長}：\pi D, \qquad \text{面積}：\frac{1}{4}\pi D^2$$

と表す場合が多いのです．その式が半径表記なのか，直径表記なのかを見誤ると，大きな失敗をしてしまいます．

そうした間違いを避ける意味からも，文字選びが非常に重要になるわけです．したがって，「半径を D」とするような設計図面は許されません．図面を読むのはあなたではなく，現場の製作者だからです．

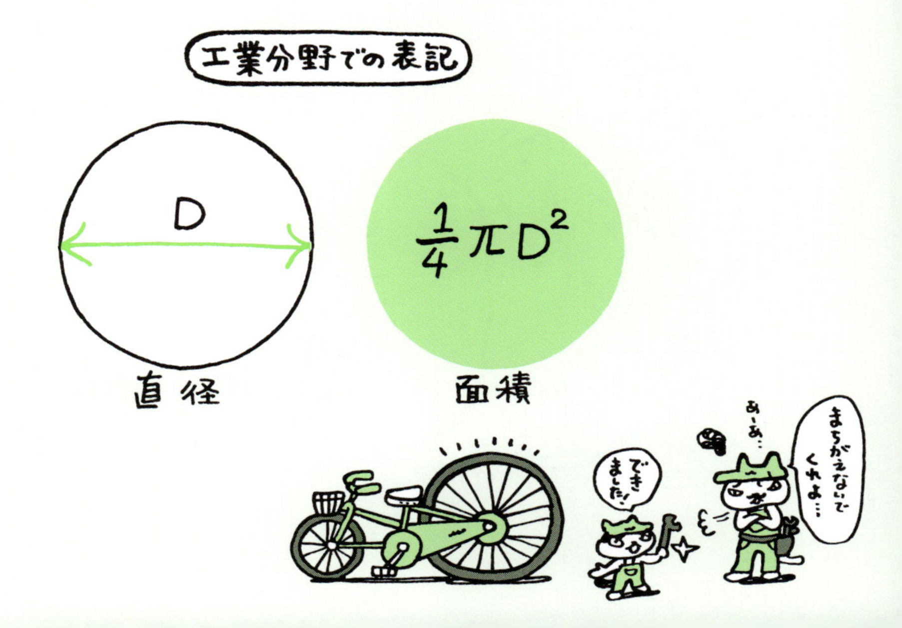

古代の技術

さて，話題は古代ギリシア，その建築へと変わります．

ギリシア神殿の柱は，直径約 2 m，重さ 1 ton を超える“円柱用胴材”を積み上げて作られています．彼等は，如何にしてこの巨大な建築用資材を切り出し，運び，設置したのでしょうか．

偉大な王がいたからでしょうか．統率力に秀でた将軍がいたからでしょうか．それとも，一言の不平も言わずに働き続ける大量の作業員がいたからでしょうか．少し考えてみましょう．

円柱の周りに配置できる人数を考えましょう．直径 2 m の円柱の周囲の長さは 6 m あまりです．一人当たり 0.5 m の幅が必要だとすれば，「関われる人数は 12 人ほどだ」ということになります．

総重量が 1 ton，すなわち，1000 kg の石材ですから，一人当たり 80 kg 以上を真上に持ち上げるだけの“腕力”が必要です．

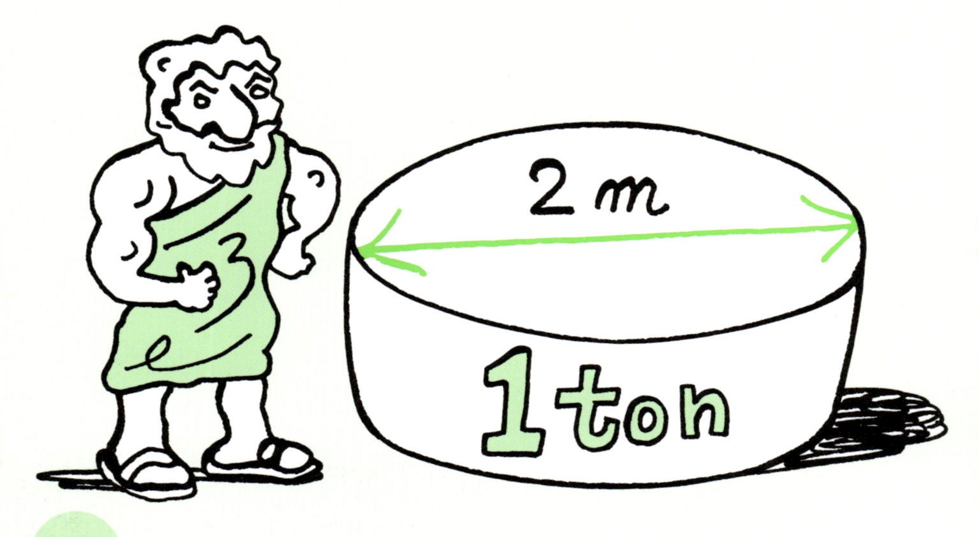

筋肉隆々たる古代の猛者達であっても，これは限界に近い数値でしょう．ましてや，持ち上げるだけではなく，定位置まで運ばなければならないのです．これは無理な注文ではないでしょうか．

こうした検討から，その時代にあっても，何らかの道具，何らかの機械が使われていたと考えることができます．ギリシアに限らず，巨石建造物あるところには，古代の技術が垣間見えるのです．

五千年を超える太古の昔に作られたイギリスの**ストーンヘンジ**は，唯そこに存在するだけで，私達に当時の技術力を想像させてくれます．

ギリシアに行けなくても，イギリスに行けなくても，**式年遷宮**により二十年に一度，すべてが作り替えられる**伊勢の神宮**に行けば，大小様々な鳥居や，素晴らしい宝物に出会えます．

近所の神社やお寺に行くだけでも，「昔の人がどんな工夫をしていたか」を想像する楽しみは味わえます．科学の発展史を学ぶとは，こうした文化遺産の物言わぬ声に耳を澄ますことでもあるのです．

11 度数法と弧度法

半径と直径が，分野によって使い分けられていることを知りました．実際，数学や物理学など，理論的な問題を扱う分野では半径が非常に便利ですが，ここではその理由を具体的に示していきます．

暦法と角度

一年は365日です．そして，四年に一度，**閏年**には366日になります．より具体的に表せば，四年を一つの組とした

365 ＋ 365 ＋ 365 ＋ 366,　すなわち，1461日

が周期をなすわけです．よって，一年のより精確な日数は365.25日であり，一日分の増加は，四年の月日の積算だと考えられます．

さらに詳しい日数は……と一日以下の調整が続きますが，時を遡れば，一年を“360日”とする暦法が使われていた時代もあったのです．

一時間が60分，一日が24時間であることは，日常生活を便利にしています．これらは皆，約数が非常に多い数なので，割り算の結果に端数が出ません．そのことが，生活のリズムを演出します．交通機関の時刻表を，単純な覚えやすいものにしています．

約数の個数は非常に重要です．360は24個の約数を持っています．10以下に，7を除く1, 2, 3, 4, 5, 6, 8, 9, 10の九つ，さらに

12, 15, 18, 20, 24, 30, 36, 40, 45, 60, 72, 90, 120, 180, 360

です――約数7の不在が，毎年の曜日がズレる原因です．

暦の一巡とは，地球が太陽の周りを一周した結果，元の位置関係が再現されることです．こうして，円の一周と暦の一巡がつながります．数学的な定義と，天文学の関連が見えてくるわけです．

この暦という生活の重大事と，約数の多さが考慮されて，「円周を360等分した弧の中心に対する角度」を定める方法が考案されました．これが一周を360度，半周を180度とする**度数法**です．丸印を肩に乗せて360°，180°と表します——これを全角，平角とも呼びます．

平角の半分を**直角**，直角より小さな角度を**鋭角**，直角よりは大きく平角よりは小さい角度を**鈍角**といいます．すなわち

0° ＜ 鋭角 ＜ 直角 ＜ 鈍角 ＜ 平角 ＜ 全角
　　　　　　90°　　　　　180°　360°

という関係にあります．なお，記号「＜，＞」を**不等号**と呼びます．

このように，直角は分類の基準になる重要な角度なので，その表現も対象に応じて様々に変化します．二本の直線が直角をなす場合を**直交**する，あるいは**垂直**に交わる，あるいは**垂線**であるなどといいます．

角度のもっとも簡単な測定方法は，**分度器**を使うことです．土地の測量などでは，分度器の仲間達が縦横無尽に活躍しています．

分度器の問題点は，その精度にあります．しかし，定規と同様に，およその値を得るためには，非常に便利な道具です．壊れることもなく，長く使えるものなので，信頼できる会社の製品を購入して下さい．

確かに，度数法は暮らしを便利にしています．しかし，便利さではなく，もっと円の性質に沿った，本質的な意味を持つ定義はないのでしょうか．そこで，半径 1 の円を元に，度数法とは異なる角度の定義を試みます．それは**弧度法**と呼ばれています．

単位円と角度

円はすべて相似ですから，半径に絶対的な意味はありません．そこで，計算の便のために半径を 1 にします．これを**単位円**と呼びます．

先に示しましたように，“半周”を元にすると円周率の定義は簡潔です．特に，単位円の場合には，半周の長さが π の値に一致します．例えば，半径が 1 m ならば，半周は約 3.14 m となりますが，この長さによって円周から切り取る弧の大きさが決まるわけです．

弧度法とは，弧の両端と中心を結ぶ二本の線分のなす角，すなわち，**中心角**を，半径を単位とした弧の長さにより定義する方法なのです．

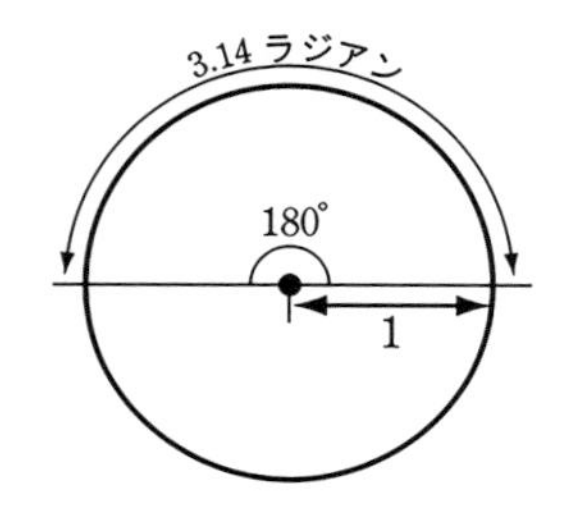

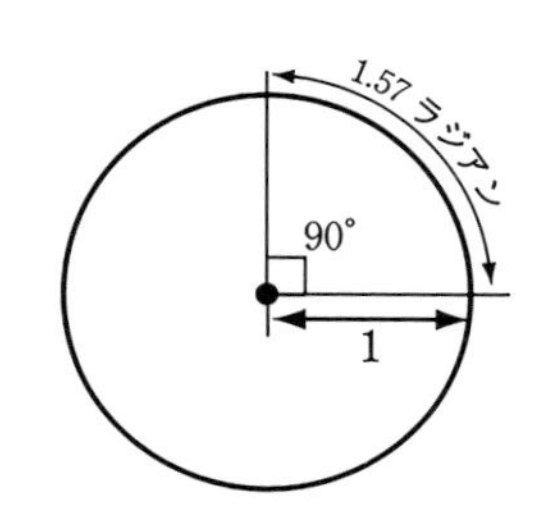

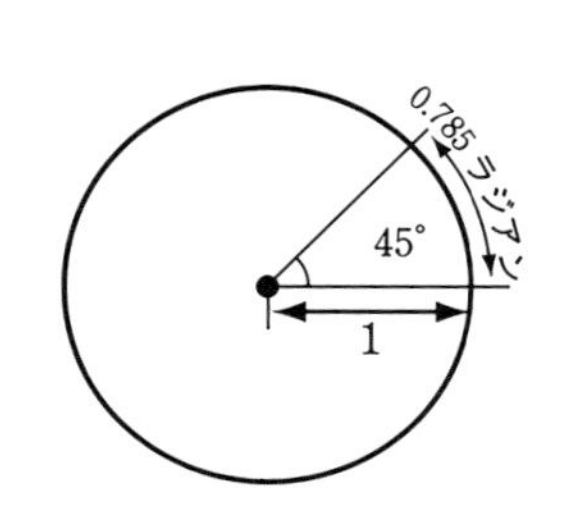

では，角度を測る基準を決めましょう．一般的には，単位円の 3 時方向の半径を基準線とします．ここから半径が，反時計回りに回転する様子をイメージして下さい．これを角度の増加方向とします．

度数法は“度”を用い，数値に丸印を添えて表しましたが，弧度法は**ラジアン**（radian），記号は［rad］を用います．ただし，これは単なる数値，すなわち，無名数なので省略する場合も多くあります．

円周率を 3.14 とすれば，180 度は 3.14 ラジアン，90 度は 1.57 ラジアン，記号では「180° は 3.14 rad」「90° は 1.57 rad」となります．

度数法と弧度法の変換は，180 度が π ラジアン，具体的な数値としては，3.14 ラジアンに対応していることを理解していれば簡単です．

要するに，弧度法とは，円周上を“半径の何倍歩いたか”で，見込む角度を決める方法ですから，1 ラジアンは，ちょうど半径分だけ歩いた時の角度として，180/3.14 より約 57.32 度となるわけです．

以上のことを実感するために，半径 10 cm の木製半円盤に長さ 30 cm の“曲がる定規”を貼り附けました――比較のために，中央に分度器を配置しています．これを**弧度器**と呼んでいます．

円周上，右端から 10 cm のところが，1 rad（約 57.32°），15.7 cm の目盛が見える方向が，底部の線に直交する方向（90 度）になります――30 cm 定規なので左端までには約 1.4 cm 足りません．

これより，「角度は長さの比（周長 ÷ 半径）で表される」こと，無名数が「角度の表現（ラジアン）になる」ことが実感できるでしょう．

なお，完全に一回転した結果，状況が元に戻る場合は，後は繰り返しになるだけです．この場合には，0° と 360°，あるいは，0 rad と 2π rad を同じ値と見做します．このような角度による制限は**等号附きの不等号**，記号 ≦ を用いて，次のように表します．

$$\text{度数法}：0° \leqq \theta < 360°, \qquad \text{弧度法}：0 \leqq \theta < 2\pi.$$

これは，「角度は 0 度**以上**，360 度**未満**である」ことを表しています．

ここで，**以上・以下**と**未満**の意味も，一緒に学んでおきましょう．

前者は“以て上”“以て下”に由来する言葉で，その値を含めて上下という意味です．記号は「≦，≧」を用います．後者は，“未だ満たさず”の意味なので，その値は含みません．記号は「<，>」になります．

また，角の大きさには，ギリシア文字の小文字がよく使われますが，θはもっとも使用頻度の高い文字で，シータと読みます．

単位円の落とし穴

さて，大変便利な単位円ですが，計算が簡単になることに慣れ過ぎて，あまり油断していると，そこには“落とし穴”が待っています．

例えば，「単位円の周の長さは？，それが囲う面積は？」と問われた時，先に求めた式：$2\pi r, \pi r^2$ に，$r = 1$ を入れて

$$\text{全長}：2\pi, \qquad \text{面積}：\pi$$

を得ます．確かに，これで正解ですが，何か危険な香りがしますね．

全長，面積という説明が無ければ，どうですか．説明があったとしても，「全長は面積の二倍もある！」という酷い間違いをする人もいるかもしれません．例えば，次はどう読みますか．

$$\pi, \qquad \pi, \qquad \pi$$

最初は「角度を表す π rad」で，次は「長さを表す π m」で，最後は「面積を表す π m^2」だと，書いた本人は思っていても，誰もそう都合よくは読んでくれません．これは次元を明記しないことで起こる混乱ですが，数式や数値に説明を付けておかないと，自分自身が書いたものであっても，“読めなくなる”ことはよくあります．

度・分・秒

度数法の「**度**」以下には，その 1/60 である「**分**」，さらにその 1/60 である「**秒**」があります．弧度法との関係は，以下のようになります．

$$一分：\frac{\pi}{180 \times 60}, \qquad 一秒：\frac{\pi}{180 \times 60 \times 60}.$$

この表記は，時刻における“分・秒”と間違いやすいので，その利用を積極的には勧めませんが，次のような身近な具体例があります．

先ず，地球上の位置を特定する**緯度・経度**です．これは，「北緯 35 度 1 分 34 秒・東経 135 度 46 分 51 秒」といった形で使われています．記号としては，「北緯 36° 1′ 34″・東経 135° 46′ 51″」と書きます．

視力検査でお馴染みの“英文字 **C** に似た記号”は，**ランドルト環**と呼ばれるものです．視力は，5 m 離れた位置から，この記号の開口部が“見えるか否か”により判断されます．

開口部は，半径 5 m の円周上の“角度一分”に対する弧の長さ：

$$\frac{\pi}{180 \times 60} \times 5 \approx 0.00145\,[\mathrm{m}]$$

より，1.5 mm の大きさのものが基準になっています．

そして，この隙間が見える視力が 1.0，二倍の大きさの隙間が必要なら 0.5，五倍の大きさが必要なら 0.2 と決められています．すなわち，“倍数と視力の積”が常に 1 になるように定義されています．

このように，長さを角度と関連附ける表現を，**視角**と呼びます．

太陽と月の“見た目の大きさ”は，ほぼ同じですが，地球と月の公転運動に関連して，太陽の場合には，視角が 31′ 28″から 32′ 32″まで，月の場合には，29′ 28″から 33′ 32″までの間で変動します——これは手を伸ばした位置に見える，“五円玉の穴”と同程度の大きさです．

この動きが，二種類の日蝕（皆既と金環）が存在する理由です．

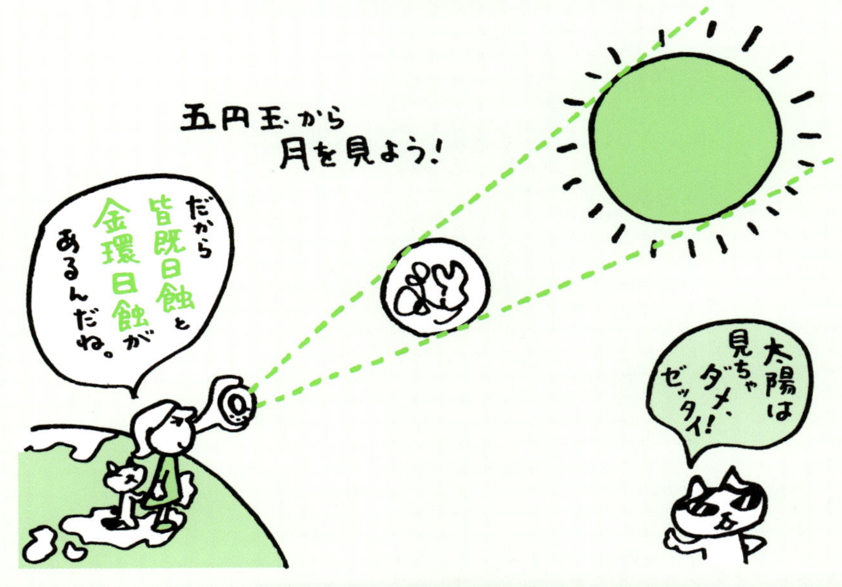

12 星空の二等辺三角形

円が持つ基本的な性質について学んでいます．本章では，単位円から導かれる三角形の性質と，その応用について調べていきます．

折紙と二等辺三角形

では早速，コンパスで円を描き，二本の半径を加えて下さい．弧の両端を結び，弦を描きます．これで，単位円内に三角形が描けました．

次に，二本の半径が，互いに重なるように，紙を折って下さい．半径が重なっていれば，弦も綺麗に重なっているはずです．三角形が半分の大きさになっていることが確認できれば，作業は終了（図A）．

僅かにこれだけのことでも，色々なことが分かります．用語を紹介しながら，その内容を説明していきましょう．

一般に三角形は，異なる長さを持つ三つの線分で構成されています．この線分を**辺**，辺の交点を**頂点**と呼びます．

二辺の長さが等しいものを，**二等辺三角形**と呼び，長さの異なる一辺を**底辺**，底辺の両端の角を**底角**，底辺の正面に位置する角を**頂角**といいます――“特殊な配置”を前提にした“底”と“頂”ですが，辺と角を特定するために，“配置とは無関係”に，この名称が使われます．

なお，**頂角の等しい二等辺三角形は，すべて相似になります**（図B）．

さて，元の三角形は，半径が二辺なので二等辺三角形になり，弦がその底辺に相当します．また，折り重なった三角形は合同ですから，両底角は等しく，頂角を二等分する線は，底辺を垂直に二等分します．以上は，二等辺三角形一般に成り立つ性質です（図C）．

折紙は合同の実験室です．色々な図形を描き，その図形を切ったり折ったりすることで，何かが見えてきます．それが発見です．

鏡と二等辺三角形

鏡を利用して，折紙の代用とすることもできます．

鏡を，円の中心を通るように置いて半径を見れば，鏡の中にそれが映って，全体で二等辺三角形が描かれたように見えるでしょう．

また，底辺に沿って置けば，ひょうたんのような形が見えます．そこでは，二つの円に描かれた二等辺三角形が，その底辺を共有しており，円の中心同士を結ぶ線分が，底辺を垂直に二等分しているでしょう――以後これを，**垂直二等分線**と呼びます（図 D）．

二等辺三角形の作図

以上から，コンパスを用いて，「与えられた**線分を二等分**する方法」「与えられた**角を二等分**する方法」が分かります．すなわち

(1)：線分の両端から，その半分よりも長い半径で円を描き，二つの円の交点を結べば，これは与えられた線分の垂直二等分線になります．

(2)：与えられた角の頂点から円を描き，円と線分の交点から，さらに弧を描けば，二つの弧の交点と頂点を結ぶ線分は，角を二等分します．

これらは共に，「二等辺三角形は，頂角の二等分線により，合同な二つの直角三角形に分割できる」という性質を利用した作図技法です．

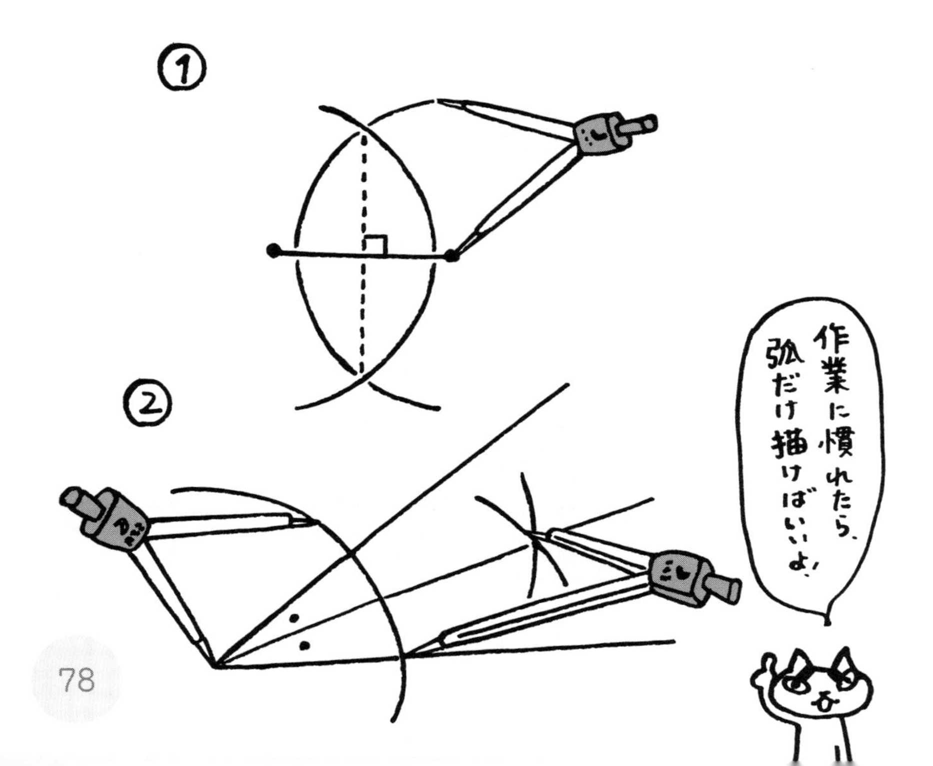

初等幾何学において，コンパスは単に円を描くためだけではなく，様々な場所に同じ半径の弧，すなわち，二等辺三角形の拠点を作ることによって，与えられた線分や角を等分するための道具なのです．

ここで，与えられた辺の垂直二等分線と，角の二等分を“自動的に”求める小さな道具：**辺の二等分器・角の二等分器**を紹介しておきます．どちらも，「同じ品質，同じ長さの輪ゴムを二本結んで引っ張れば，結び目がその中央になる」ことから発想したものです．

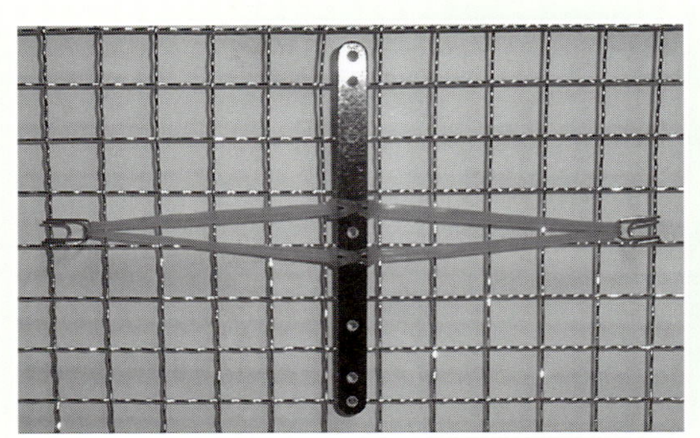

辺の垂直二等分線

角の二等分

シャキーン!!

天文学と二等辺三角形

物理学を学ぶ上で，何よりも覚えておくべきことは，数式や法則の名前などではなく，自然界の姿を表す各種の定数です．**いくら考えても導き出すことができないもの，それこそ覚えるべきものです．**

先ずは，長さの基準として地球のサイズ，「**赤道の長さ約 4 万 km**」です．その歴史は，地球を完全な球体と見做し，北極から赤道までの経線に沿った距離を「1 万 km と定義した」ことにはじまります．

ここから“何が導ける”でしょうか．地球は一時間当たり 15°（＝360° /24）自転していますが，それは赤道上の距離にして，「約 1667 km」だと分かります．これより，各国間での時差が把握できます．

地球半径は，2π で割って概算値：6369 km を得ます——実際は，球ではなく楕円体であるため，「**6378 km**」の使用が推奨されています．

光速は，もっとも重要な物理定数の一つです．現在，光速は過去の測定値を参考にして決められた定義値になったため，正確な値が存在しますが，およその値として記憶すべきは「秒速 **30 万 km**」です．

地球と太陽間の距離は，**天文単位**（astronomical unit）と呼ばれ，記号 au で表されていますが，これは「光で約 500 秒」掛かる距離です．

光速に所要時間を掛けることで，“距離の単位”を作ることができます．光が一年掛かる距離が“一光年”，光が一秒間に進む距離を“一光秒”とすれば，「**1 au は約 500 光秒**」ということになります．

天体観測には，二等辺三角形が非常によく使われます．

アメリカのアポロ計画は，人類の月旅行を実現しました．月の石も持ち帰りました．宇宙飛行士は，地球と月の間の距離を精密に測定できるように，月面にレーザー光線の反射板を設置してきました．

この反射板に対して，地上からレーザー光線を向けますと，その反射波が約 2.5 秒後に観測されます．すなわち，「**月・地球間の距離は約 1.25 光秒**」だということです．このことから，太陽・地球間距離は，月・地球間距離のおよそ 400 倍（= 500/1.25）あることが分かります．

日蝕が示しているように，月と太陽の見掛けの大きさは同じなので，二つの相似な二等辺三角形を描くことができます．その結果，太陽の直径は，距離と同様に月の直径の 400 倍だと分かります．

天体の距離測定のために，地球の直径を底辺とする二等辺三角形を利用する場合も，地球の公転軌道の直径を底辺とする場合もあります．地上でも天上でも，三角形の活用こそが，測量の基本なのです．

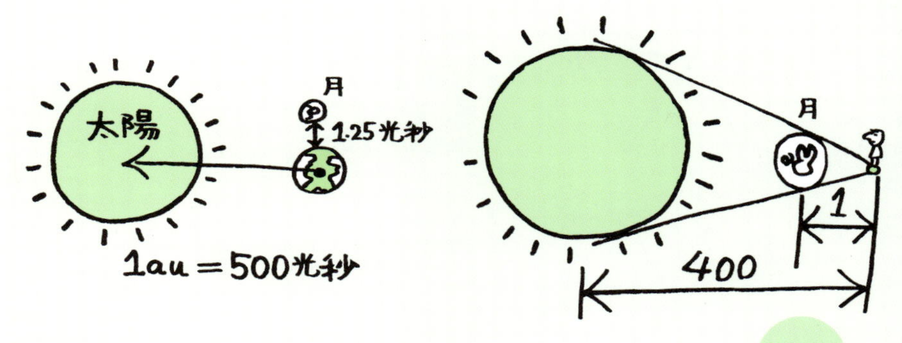

13 円と三角形の関係

辺が三つしかない三角形です，“二等辺”の次は，残る一つも等しくしましょう．正三角形と角，そして弦と弧の関係について調べます．

正三角形の対称性

コンパスで，半径に等しい長さの弦を描き，その弦の端と中心を結ぶ線を引けば，三辺が等しい**正三角形**が描けます．これは，二等辺三角形の特殊形なので，両底角は等しくなりますが，どの二辺を取っても二等辺三角形になるので，結局，三角すべてが等しくなります．

すべての正三角形は相似です．すなわち，その形は一種類しかありません．これは円と同じ特徴です．したがって，「正三角形の面積は?」と聞かれれば，円の場合と同様に，代表長さ一つで決まります．

四角形，五角形と角の数が増えても，そこに“正”の字が附く多角形は，すべて一つの形しか持たず，互いに相似の関係にあります――この話題は，後でもう少し詳しく紹介します．

また，二等辺三角形の場合には，“対称の軸”は一本だけでしたが，正三角形の場合は，それが三本になります．折紙として考えれば，二つ折りにして，ピタリと重なる折り方が三種類あるわけです．

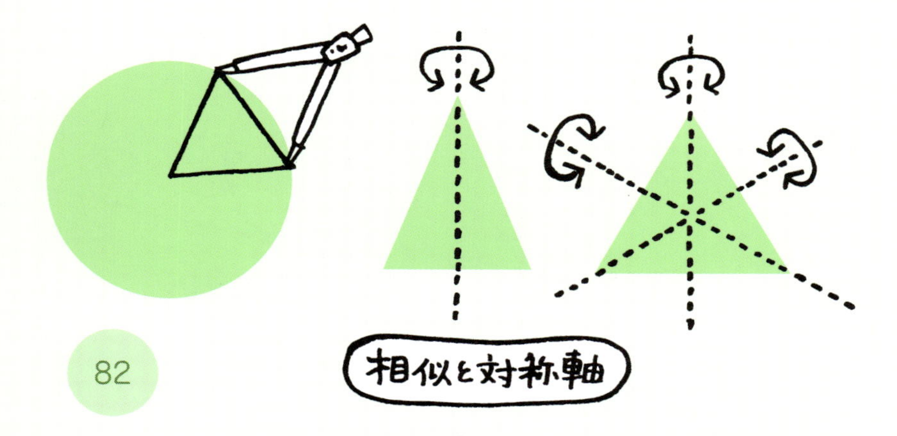

このように，対称の軸が多い図形を，“対称性が高い”といいます．もっとも対称性が高い平面図形は，無限の対称軸を持つ円です．

正三角形と円周角

本当に，正三角形の角はすべて等しいのでしょうか．分度器で測って確認してみましょう．確認作業が済んだ後は，円周上の好きな場所に点を打ち，その点と最初に描いた弦の両端を線分で結んで下さい．この二本の線分がなす角を，**円周角**といいます．この円周角も測って下さい．何度になりましたか．中心角との関係はどうでしょうか．

中心角は約 60 度，円周角は約 30 度．円周角は，中心角のちょうど半分という結果になりましたが，それは点を打つ場所によって変化するでしょうか．実際に，場所を変えて何回か測って下さい．

さて，これは正三角形に特有の性質なのか，そうではないのか．様々な中心角に対して，調べて下さい．そして，その結論が「円周角は中心角の半分である」となるならば，次のことが成り立つはずです．

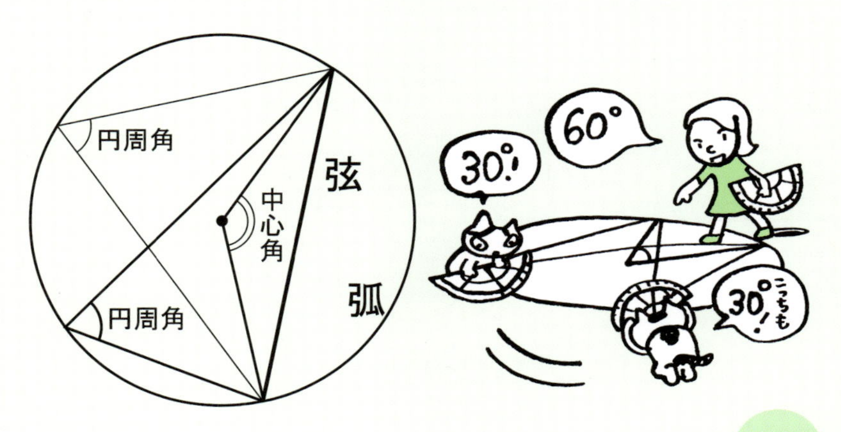

三本の半径を描けば，そこに三つの中心角が現れます．その和は当然 360 度です．そこで，半径が円周と交わっている三つの点を結んで三角形を描けば，その内側の角（これを**内角**と呼びます）は，三つの中心角のそれぞれの円周角になっているはずです．

その三つの円周角の和は，どれも中心角の半分であることから，全体では 360 度の半分，すなわち，180 度になっていると予想できます．すなわち，「三角形の内角の和は 180 度」ではないかということです．

では，実際に三角形を描き，三つの角を測って下さい．そして，その和を求めて下さい．そこには測る難しさも，足し算の難しさもありますが，何とかやり遂げて下さい．測定に不確かさはつきものです．有効数字も，その処理の問題も含めて，ゆっくりと考えて下さい．

このように，実際に測った経験のある人は，本当に少ないものです．多くの人は「面倒だから，無駄だから」と避けるでしょう．しかし，本物の実験ともなれば，当たり前にも思えることを何百回と繰り返すのです．子供の頃に，面白いから，図が綺麗だからという理由で，同じ作業を何度も繰り返した経験は，将来必ずどこかで活きてきます．

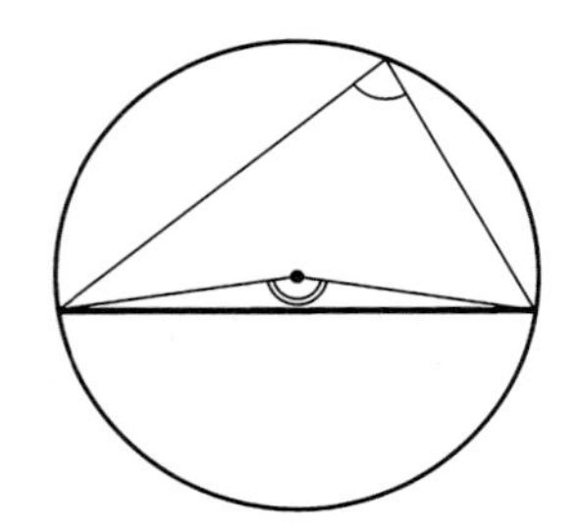
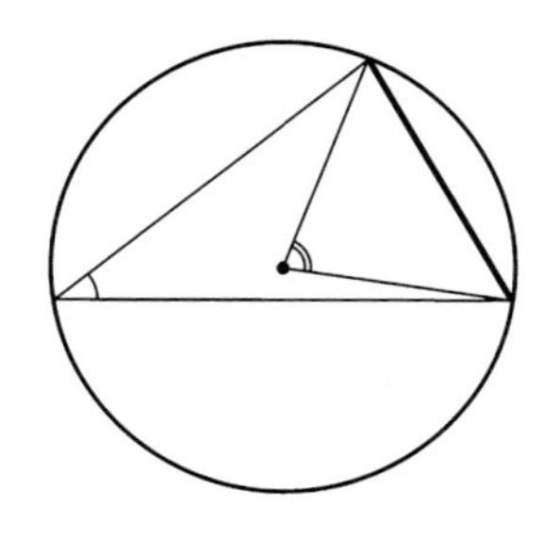
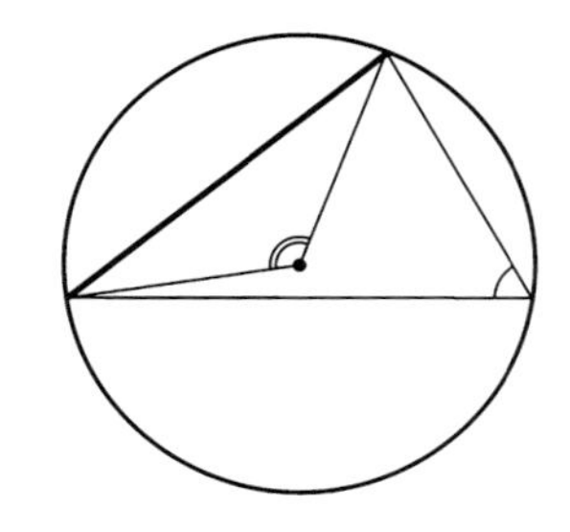

中心角と円周角の関係

急がば回れ

さて，一点を単位円の中心に持つ正三角形が描けました．その一辺が，中心角 60 度に対する弦となり，弧を切り取っています．この弦と弧の長さの差を求めましょう．弦の長さは，半径と同じ 1 です．

続いて弧の長さ．度数法，弧度法の出番です．度数法での中心角は，一周 360 度に対する 60 度ですから，全体の 1/6 だと分かります．

一方，弧度法によれば，単位円の全周の長さは 2π．その 1/6 が弧の長さになるわけですから，結局，弦と弧の長さの差は

$$\frac{2\pi}{6} - 1 = 0.04666\cdots$$

ということになります——ここでは π を 3.14 と近似しています．

この弦と弧の長さの違いを実感しましょう．弦を直線，弧を迂回路と見立てて歩いてみるのです．今，どちらも同じ速さで歩ける人が，直線道路を歩いて一時間掛かったとすると，迂回路では

$$\frac{6.28}{6} \times 60 = 62.8 \text{（分）}$$

すなわち，「1 時間 2 分 48 秒」掛かります．差は 2 分 48 秒でした．

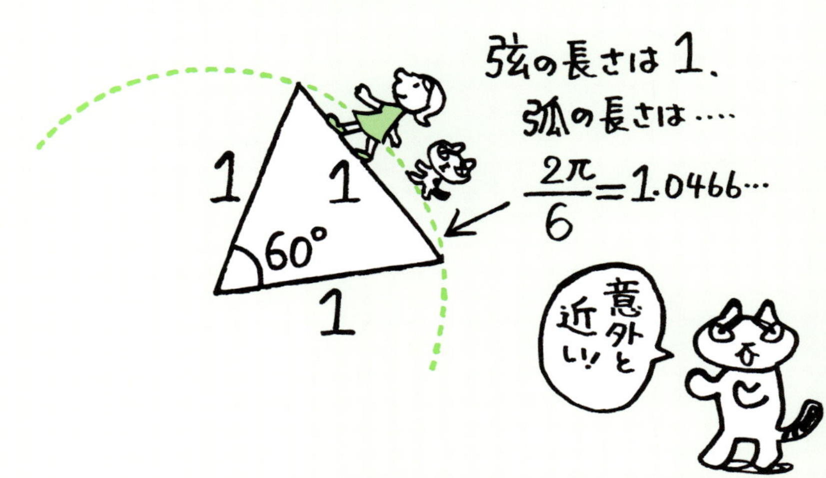

一時間歩いてこの差なら，案外“弦と弧の長さは近い”，そんな感じがしませんか．この結果を知って，遠回りをする気になりましたか．先に示しました**弧度器**と，下図の**角の等分器**を用いて，角と弧の関係を体感すれば，弧度法の特徴がより鮮明に分かるでしょう．

方位磁石とサイクリング

皆さんの家の近くに公園はありますか．公園の外側を自転車で走ってみましょう．ここでは，三角形の形をした公園の周囲を一周します．このときに，ハンドルを切った角度を求めたいと思います．

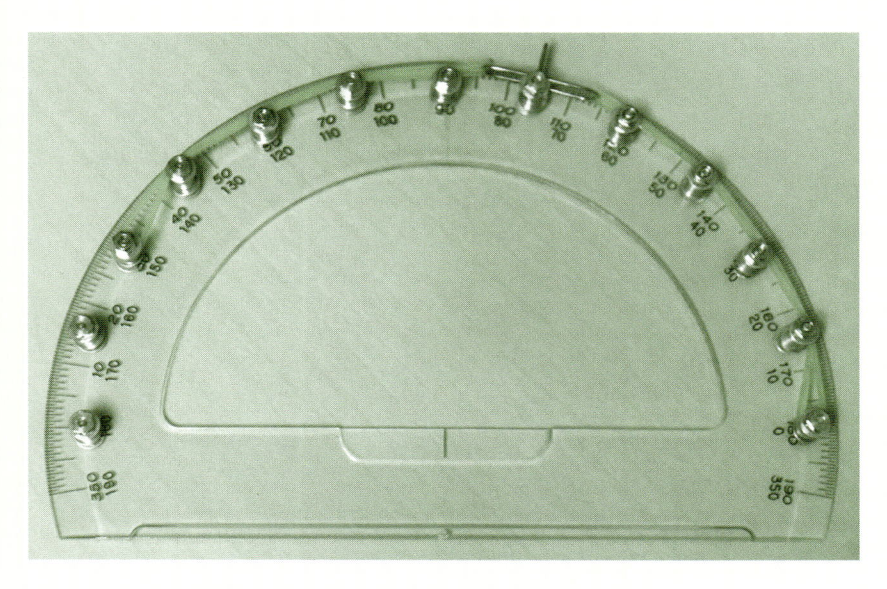

角の等分器円盤型（15度間隔で回転軸が附けられた分度器）
例えば，150度の軸までゴムを張ると，ピンが75度を指す

辺の延長と，隣の辺のなす角を**外角**といいます．三角形の場合，三つの外角があります．この外角が鍵を握っています．

外周に沿って走るためには，「ハンドルを切って方向を変え，ハンドルを戻して直線を走る」という操作を，三回繰り返す必要があります．この一回当たりの“ハンドル角”が，外角に対応します．そして，一周後は，自転車は最初の向きに戻ります．これは，三つの外角に対して，ハンドル角の総和が 360 度になったことを意味しています．

しかし，毎回の角度をメモするのは面倒です．そこで，**方位磁石**を使いましょう．方位磁石には分度器同様の目盛が刻まれています．磁針は自転車の動きに追随せず，常に同じ方向を示しています．その結果，ハンドル角は“加算される”ので，メモの必要がなくなるのです．

結果は，公園の形が四角でも，五角でも，円の場合でも変わりません．外周道路に沿って走る場合，ハンドル角の総和はすべて 360 度になります．当然のようにも思えますが，非常に重要な結果です．

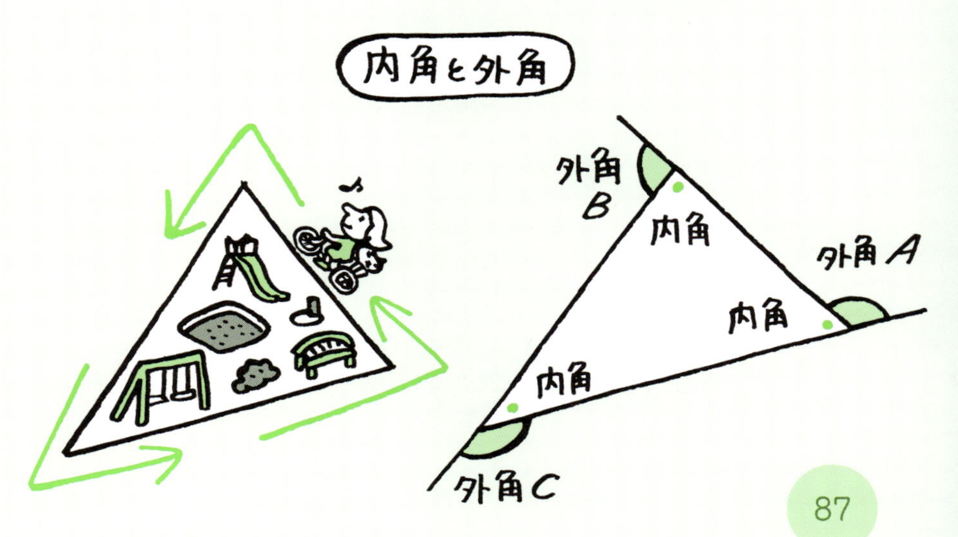

外角の和・内角の和

さて，外角と“対応する内角”の和は，定義により180度になります．ここで，三角形に話を戻し，その外角をA, B, Cで表せば

$$A + B + C = 360^\circ$$

が成り立ちました．対応する内角を，それぞれa, b, cで表せば

$$A = 180^\circ - a, \quad B = 180^\circ - b, \quad C = 180^\circ - c$$

が成り立つということが，両者の基本的な関係でした．したがって

$$(180^\circ - a) + (180^\circ - b) + (180^\circ - c) = 360^\circ$$

より，外角を“内角で表すこと”ができます．項を整理して

$$\mathbf{3} \times 180^\circ - (a + b + c) = 360^\circ.$$

よって，内角の和$(a + b + c)$は“予想通り”180度になりました．

この結果から，角度の配分による三角形の分類ができます．直角，鈍角は二つは取れません．そこで，直角を含むものを**直角三角形**，鈍角を含むものを**鈍角三角形**，他を**鋭角三角形**と区別できるわけです．

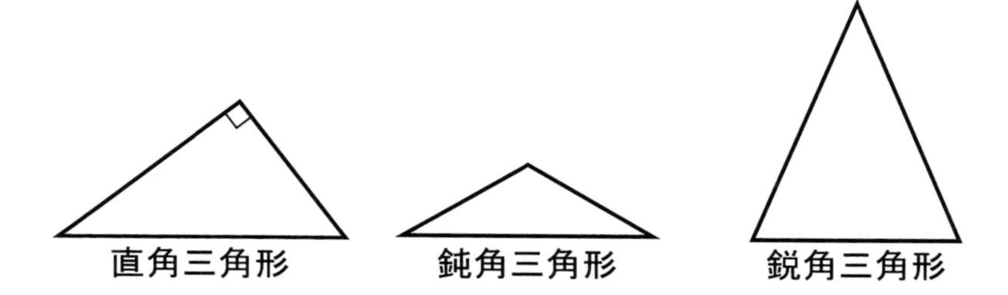

特に，直角三角形は応用例が多いので，各辺に名前が附けられています．直角を挟む二辺をそれぞれ，**底辺**，**対辺**と呼び，残る一辺を**斜辺**と呼びます——斜辺は確かに“斜めの辺”ですが，底辺と対辺の用語の割り振りには，見た目以上の理由はありません．

外角の和は，“四角形でも五角形でも変わらない”ことから，対応する内角の和の式も容易に求められます．例えば，四角形なら，その内角を a, b, c, d で表し，まったく同様の変形をすることによって

$$(180^\circ - a) + (180^\circ - b) + (180^\circ - c) + (180^\circ - d) = 360^\circ$$

より，$\mathbf{4} \times 180^\circ - (a + b + c + d) = 360^\circ$

を得ます．ここで，180°の前の数値に注目すれば，三角形の場合には3，四角形の場合には4と続いていることから，n 角形の場合の式：

$$n \times 180^\circ - 360^\circ$$

を得ます．これより，具体的に n を定めて，180° ($n = 3$)，360° ($n = 4$)，540° ($n = 5$)，720° ($n = 6$)……などと求められるわけです．

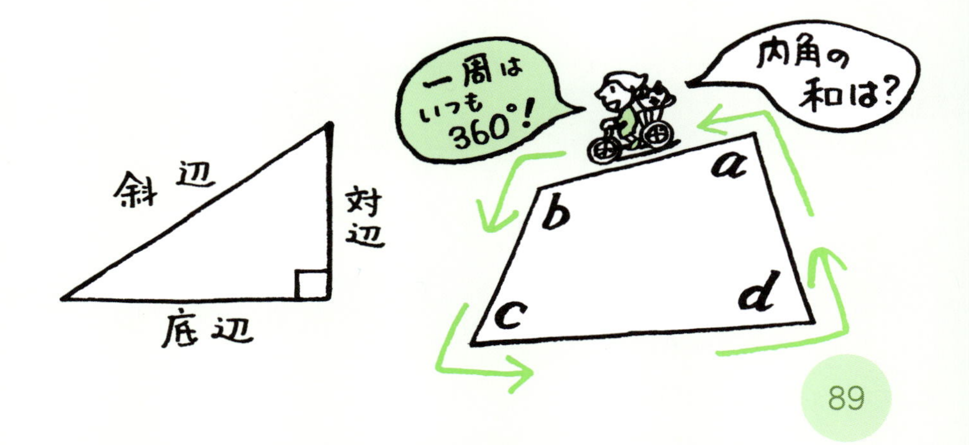

中心角と円周角

続いて，中心角と円周角の関係を求めます．後で詳しく扱いますが，大きさを別にすれば，どのような三角形も，円周上の三点により再現できます．この時，三点を示す半径が360°を分割しています．その結果，三角形は「三つの二等辺三角形の組合せ」で表されます

円の中心は，直角三角形なら辺上に，鈍角三角形ならその外部に，鋭角三角形なら内部に位置します．順に説明していきましょう．

図のように，円周角を二つの二等辺三角形のそれぞれの底角 A，B の和：$A+B$ として表します．この時，その頂角は，内角の和である180°から両底角を引いたものとなり，$(180°-2A)$，$(180°-2B)$ と表されます．これを一周360°から引き算したものが，中心角：

$$360° - (180° - 2A) - (180° - 2B) = 2(A + B)$$

になります．これは，確かに円周角の二倍になっています．

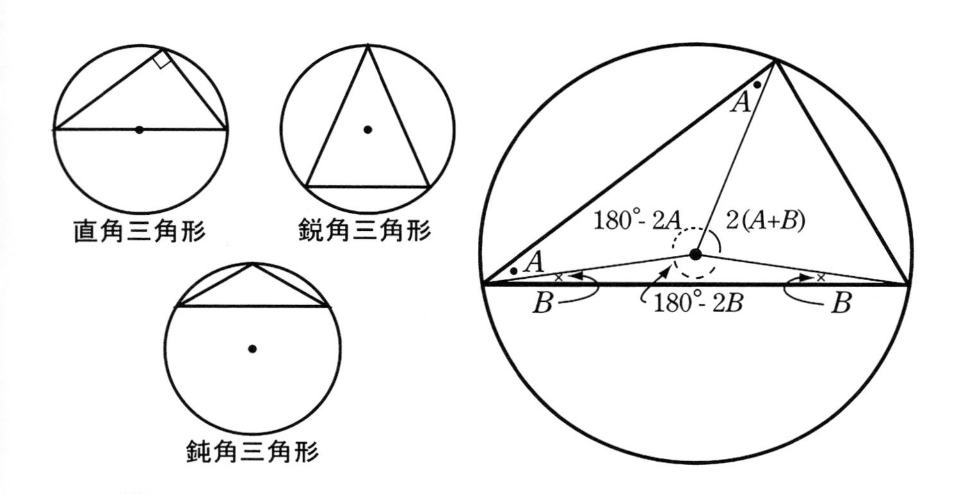

この関係は，$(A + B)$ を組としていますので，和が一定であれば，個別の A，B に関わりなく，二つの角の大きさは不変です．したがって，円周角の大きさは，頂点が円周上を移動しても変わりません．

特に，$B = 0$ を選べば，二等辺三角形が一つ潰れて，一辺が円の直径そのものになります．その中心角は $180°$，対応する円周角は $90°$ となり，直径を一辺とする直角三角形がそこに現れます．

この結果を利用すれば，三角定規で円が描けます．また逆に，直角を利用して，円の直径を見附けることもできます――工作などで，丸棒の中心を決めるときにも，この手法は応用されています．

ここでは，鋭角三角形を「三つの二等辺三角形の和」として再構成しました．直角三角形の場合には，その一つが潰れました．鈍角三角形の場合には，潰れたその一つが外部で復活しますが，その“差を取る”ことで再構成ができて，角に関する計算が可能になります．

14　合同と相似 II：三角形の場合

本章では，相似と合同の話題を再び採り上げます．**対象は三角形に限定しますが**，これさえ分かれば，他の直線図形は，もう掌の中です．

同じ形・同じ大きさ

では，相似と合同，その成立条件から，もう一度考えます．相似とは，**同じ形をしている**ことを意味しました．合同とは，**同じ形であり，同じ大きさである**ことを意味しました．ここから，話をはじめます．

相似とは，拡大・縮小の操作に対して，形を変えない関係のことでした．合同とは“相似比が１の場合”に相当しますので，相似さえ理解すれば，すべて解決です．それでもなお．合同という言葉が使われるのは，“まったく同じ”という考え方が直観に訴えるからです．

三角形に限定した議論では，条件は極めて簡潔です．

相似条件：**三角相等**　　　合同条件：**三辺相等**

しっかりと学ぶべきことは，以上の二つです――ここで“相等”とは，対応する二つの要素が互いに等しいことを意味します．

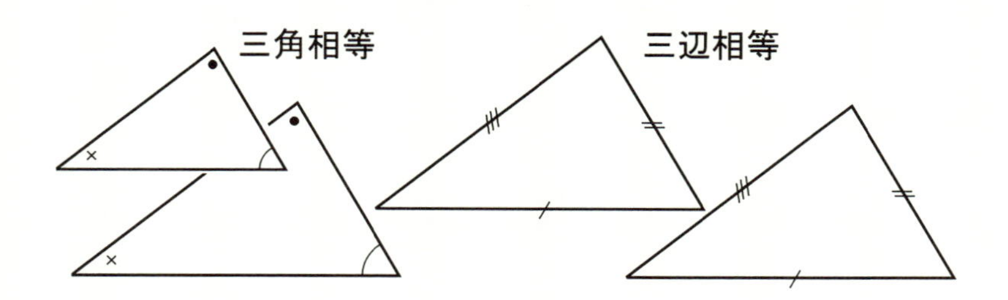

拡・縮の操作に対して，角度は不変ですが，辺は伸縮します．したがって，“対応する角度がすべて同じ”であれば，形が保たれます．“対応する辺の長さがすべて同じ”であれば，大きさも同じになります．

本質と別表現

以上のことが理解できたなら，“三角相等”“三辺相等”という言葉を頭の隅に収めて下さい．三角形だから，三角・三辺なのです．相似，合同に関するすべてのことを，この言葉から導き出すのです．

ここで，「二角相等なら残りも等しいから，二角で充分だ」と気を回す必要はありません．それが分かる人なら，いつでも導き出せるでしょう．ならば“小振り”で“語呂の良い方”を選んで下さい．

この二条件は，それぞれ様々に言い換えられます．解くべき問題に応じて，どのような条件が便利か，有利か．それは，場合に応じて“自分自身で考える”もので，事前に暗記しておくものではありません．

例えば，相似条件は，「**三辺の比・相等**」とも言い換えられます．相似の本質が“拡縮に対して不変”であったことを思い出して下さい．さらに，三辺の比を「**二辺の比と間の角**」に置き換えても同じです．これらは，三角相等と同じもの，その別表現なのです．

合同条件も同様です．三辺相等における三辺を，「**二辺と間の角**」に置き換えても，「**一辺と両端の角**」に置き換えても，その本質は，「同じ形・同じ大きさ」を示すための別表現だということです．

鋏か，包丁か，カッターか．道具が三種類あるようなものです．目の前の物を切るのに，どれが便利か有効か，その違いがあるだけです．どれか一つでもあれば，後は“工夫で乗り切れる”でしょう．

それよりも，三辺が決まることで，“三角形は揺るぎない”存在になることを，強く意識して下さい．多角形の中で，辺の長さが決まるだけで，形が崩れないのは三角形だけです．三角形は“固い”のです．この固さが建築をはじめ，様々な分野で応用されています．僅かに一本の斜交いを入れるだけで，建物は飛躍的に固くなります．

ここまでは，相似図形の“縮尺率”としてのみ，相似比を考えてきました．しかし，相似比が与えられれば，図形は一つに決まるので，面積や体積など，他の要素もこれによって計算できるはずです．

先に，どのような図形であっても，その代表長さをℓとする時，面積は$K\ell^2$の形式で書かれることを示しました．そこで，相似比がmである二つの相似図形を考えた場合，一方の代表長さは$m\ell$で表されます．この時，両者の面積の比は，以下のようになります．

$$\frac{K(m\ell)^2}{K\ell^2} = m^2$$

すなわち，すべての図形において，**面積比は相似比の二乗**になるわけです――同様にして，体積比は相似比の三乗になります．

ピタゴラスよりも古い式

数学で，「一つの例外もなく」ということを表すために，「一般の」「すべての」「どのような」「任意の」といった言葉がよく使われます．

(1)：**一般の**三角形を，辺に平行に切ると相似な三角形ができる．
(2)：頂角の等しい**すべての**二等辺三角形は相似である．
(3)：**どのような**二等辺三角形も，合同な直角三角形に二分できる．
(4)：**任意の**直角三角形は，二つの相似な直角三角形に分割できる．

どの表現が選ばれるかには，確たる決まりはありません．

(1)：複数の平行な直線を横切る直線は，それらすべてと同じ角度で交わるので，辺に平行に切られた三角形の三つの角は不変です．よって，三角相等で相似になります．これは“一般”に成り立ちます．

(2)：当然，二等辺三角形は，“一般”の三角形の中に含まれます．ある二等辺三角形を底辺に平行な直線で切り取れば，頂角の等しい“すべての”二等辺三角形を実現でき，それらは相似になります．

(3)：頂角，辺の長さを問わず，二等辺三角形であれば，底辺の垂直二等分線は必ず頂点を通るので，合同な直角三角形に分割できます――この切り分けた直角三角形の斜辺を背中合わせに貼り附けますと，凧のような形になりますが，これは直角三角形の場合には，「斜辺と他の一辺が等しい」ことが，合同の条件になることを示しています．

ただし，(4) における「任意の」には，「すべての」という語感はありません．本来は，“あなた任せ”で“御自由に”という意味なのですが，「あなたに任せた以上，こちらに選択権は無いので，結果的にすべてが対象になる」という考え方なのです．

① 辺に平行な直線で切る

② 頂角の等しい二等辺三角形

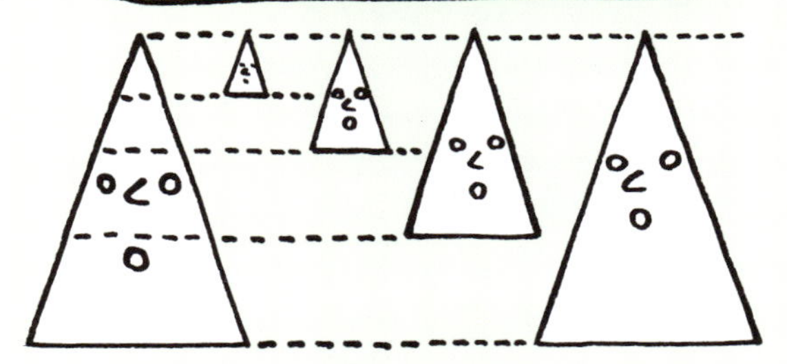

③ 合同な直角三角形

※直角三角形の合同の条件

では，この場合を証明しましょう．

任意の直角三角形 S に対して，その底辺を a，対辺を b，斜辺を c で表し，斜辺を下にして置きます．そして，辺 a, b の交点から，辺 c に向けて垂線を降ろします．この垂線によって，S は図に示す s_1, s_2 に二分割されます．これら三つの図形は相似になります

紙に三角形を描いて，鋏で切り取り，重ねてみれば“相似だ”と分かります――これは，互いの“辺と角の関係”からも明らかです．

結果が見やすいように，三つの三角形を横一列に並べおきましょう．

さて，この図より，S の底辺 a が s_1 の斜辺に，対辺 b が s_2 の斜辺になっていることが分かります．したがって，s_1 は「S の辺 c を，a に置き換えたもの」，s_2 は「S の辺 c を，b に置き換えたもの」になりますので，s_1 の相似比は a/c，s_2 の相似比は b/c と決まります．

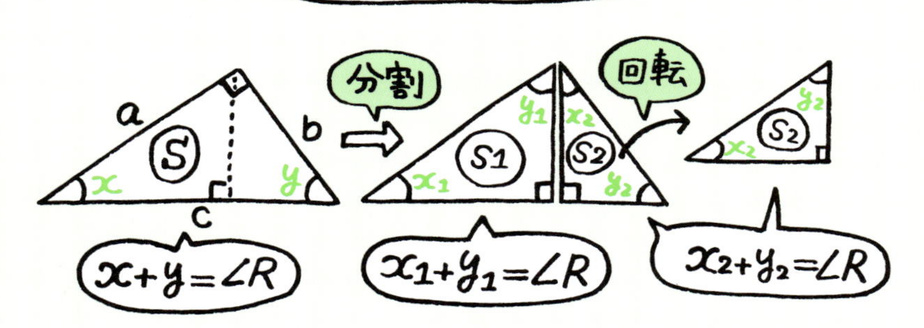

面積比は，相似比の二乗でしたから，S の面積を 1 とすれば

$$s_1 = \left(\frac{a}{c}\right)^2, \quad s_2 = \left(\frac{b}{c}\right)^2, \quad S = 1$$

となりますが，s_1, s_2 は，S を二分割したものですから，その面積の和は，S の面積である 1 に等しいはずです．よって

$$\left(\frac{a}{c}\right)^2 + \left(\frac{a}{c}\right)^2 = 1 \text{ より，} a^2 + b^2 = c^2.$$

これは**三平方の定理**とも，ピタゴラスの定理とも呼ばれている，初等数学における“もっとも有名な式”です――この関係は，実は“ピタゴラスが生まれる遙か前”から知られていました．

基本的な関係は，折紙でも示せたことを思い出して下さい．

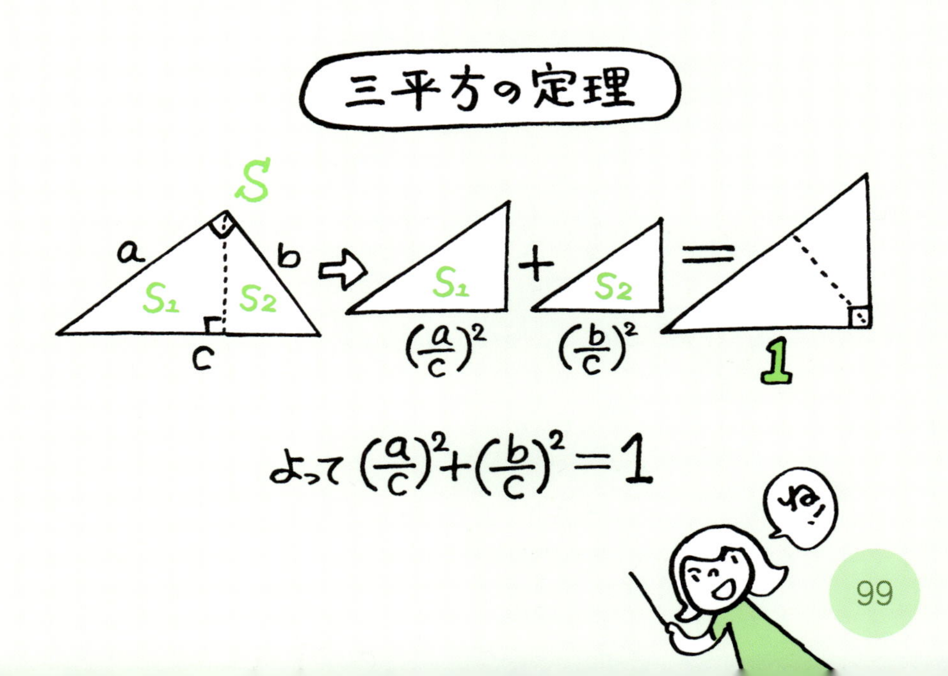

テアイテトスの三角形

では早速，典型的な直角三角形の斜辺の長さを求めてみましょう．

先ずは，正方形の対角線に相当する，$a = 1, b = 1$ の場合：

$$1^2 + 1^2 = 2 = c^2 \text{ より，} c = \sqrt{2} \approx 1.414.$$

これは**2の平方根**，あるいは，“ルート2”と読む無理数です．平方根を求める計算を**開平**といいます．実際に，一辺10 cmの正方形を描いて，対角線の長さを測って下さい．これが幾何的な開平の基本です．

次に，その斜辺に長さ10 cmの垂線を立てて下さい．そして二点を結べば新しい直角三角形が，元の斜辺の上に描かれます．これは，$a = \sqrt{2}, b = 1$ の場合に相当しますので，先の場合と同様にして

$$(\sqrt{2})^2 + 1^2 = 3 = c^2 \text{ より，} c = \sqrt{3} \approx 1.732$$

を得ます．図では，17.3 cmぐらいになるでしょう．同様の作図を続ければ，“渦”が一周する$\sqrt{17}$ までは，線が重ならず綺麗に描けます．

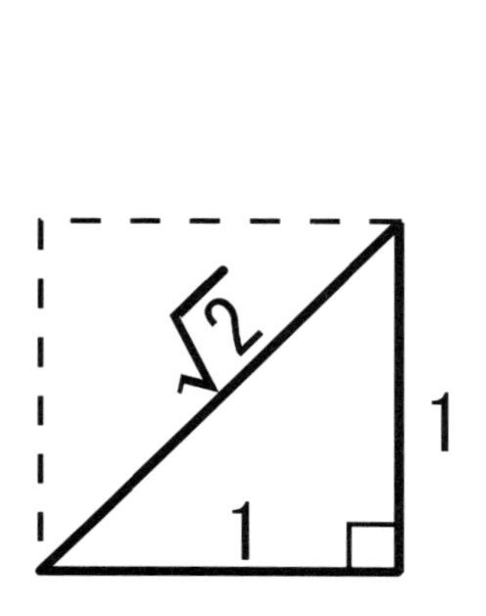

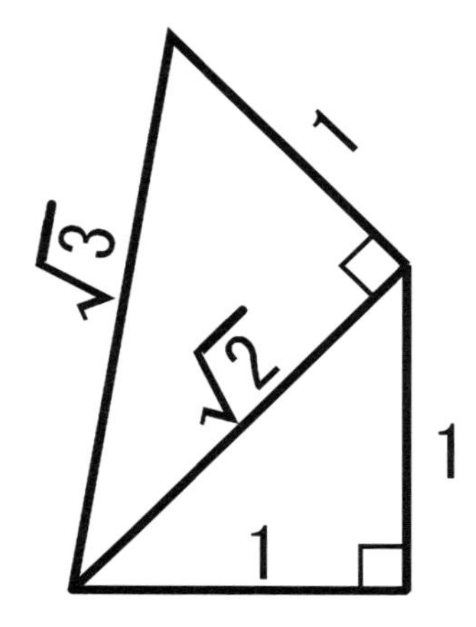

平方根の求め方

これを，ギリシアの哲人・プラトンが自著において，この作図法の紹介者として記していた人物の名を取って，**テアイテトスの三角形**と呼ぶことにしましょう．これで，以下の値は図から得られます．

$$\sqrt{2},\quad \sqrt{3},\quad \sqrt{4},\quad \sqrt{5},\quad \sqrt{6},\quad \sqrt{7},\quad \sqrt{8},\quad \sqrt{9},$$
$$\sqrt{10},\quad \sqrt{11},\quad \sqrt{12},\quad \sqrt{13},\quad \sqrt{14},\quad \sqrt{15},\quad \sqrt{16}\quad \sqrt{17}.$$

特に，$\sqrt{4} = 2$，$\sqrt{9} = 3$，$\sqrt{16} = 4$ は有理数なので，長さの“確認”に利用できます．また，このような有理数を挟んだ大小関係をヒントにして，平方根を“試行錯誤”的に求めることができます．例えば，$3 < \sqrt{13} < 4$ より，先ずは $\sqrt{13} \approx 3.6$ などと仮定して，二乗が 13 に近づくように修正していきます．これが計算による開平の基本です．

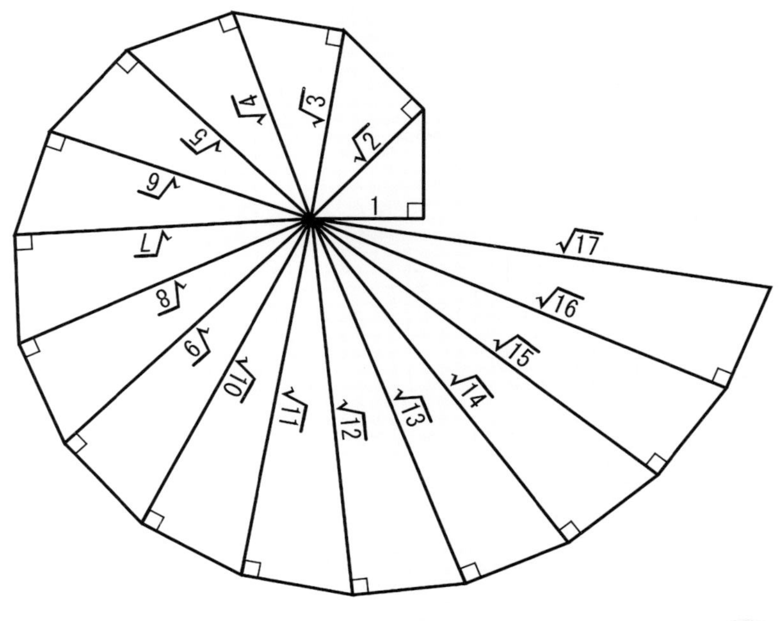

テアイテトスの三角形

自在三角形

直角三角形で，何より便利なのは，三辺の長さがすべて整数：

$$3^2 + 4^2 = 5^2$$

である，**通称“345”**です．辺の長さが整数である三角形は，“非常に作りやすく・理解しやすい”ので，色々な応用が考えられるのです．

辺と角の関係などを理解するには，実際に描いてみる方法が一番優れています．**さらに良いのは，作ってみることです**．写真は，視覚障碍者の皆さんにも，角度と辺の長さの関係を，実際に“触って理解して貰いたい”と考えて開発しました，その名も**自在三角形**です．

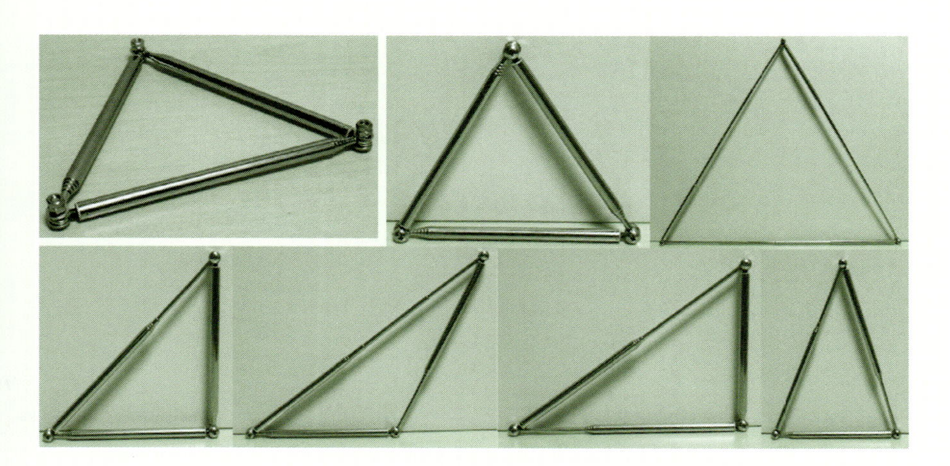

上段左から，自在三角形の全体，正三角形（最小），正三角形最大，
下段左から，直角二等辺三角形，鈍角三角形，345，二等辺三角形

これは「ピックアップツール」の名で市販されている，金属製品を拾うための道具を元に，五段重ねのロッド部分の両端に，吊り用のヒートンを埋め込み，相互にビスでつないだものです．総費用は五百円程度です．最小で一辺 15 cm の正三角形から，最大 55 cm まで，その間の好きな形の三角形を“自在”に作ることができます．

各段の長さはほぼ同じなので，三段分，四段分，五段分とロッドの長さを固定し，わずかに調整すれば，“345 の三角形”が実現します．また，定規を併用すれば，テアイテトスの三角形も再現できます．

合同・相似に関しては，折紙において示しましたように，合同な図形を四つ作って組合せることで，非常に多くのことが理解できます．自在三角形を四組並べるだけで，“中点連結”の意味や，面積比・相似比との関連性が，明確に分かるようになるのです．

つなぎ目を親指と人差指の間に挟んで，直角はどれくらい，45 度は，60 度は，と簡単に角度を体感することができます．使わない時には，“鍋敷き”にもなる優れ物です．皆さんも作って楽しんで下さい．

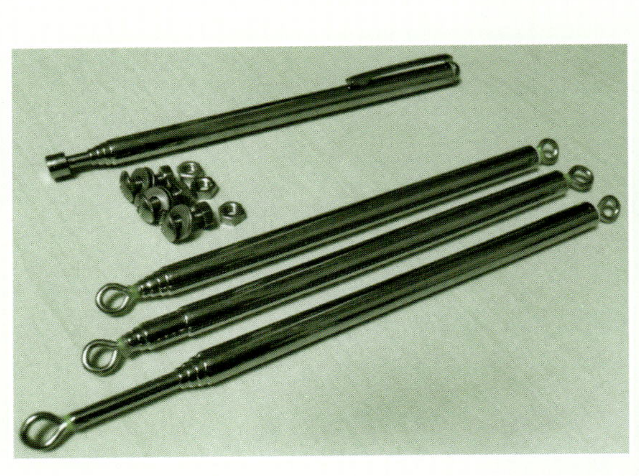

15 作図から計算へ

楽しい作図を続けましょう．図形と数の間には，密接な関係があります．美しい数が，美しい幾何学的な関係を導くのです．そして，美しい図形は，強く深い印象を多くの人の心に刻みます．

輝く数・黄金数

黄金数（golden number）という“凄い名前”を持つ無理数：

$$\phi := \frac{1+\sqrt{5}}{2}$$

があります．この数は，数と図形の両方の世界で，その名に違わぬ“輝きに充ちた性質”を示します――ϕ はギリシア文字で，ファイと読みます．なお，記号「:=」は，左辺を右辺で**定義する**という意味です．

数としての性質からはじめましょう．ϕ の二乗を計算しますと

$$\phi^2 = \frac{3+\sqrt{5}}{2} \text{ より，} \phi^2 = \phi + 1$$

となります．この性質から，黄金数は何乗しても，ϕ と整数の組合せで書けます．例えば，三乗の場合なら，$\phi^3 = \phi \cdot \phi^2 = \phi(\phi + 1)$ より

$$\begin{aligned} \phi^3 &= \phi^2 + \phi = (\phi + 1) + \phi \\ &= 2\phi + 1 \end{aligned}$$

となります．同様の性質は何処までも続くのです．

幾何学において，ϕ は**黄金比**と呼ばれる比の値として登場します．黄金比とは，もっともバランスの取れた美しい長方形を定義するものです．それは，長方形の内部から，最大の正方形を取り除いた時，そこに残った長方形が，元の長方形の相似図形になる比のことです．

そこで，図のように辺の長さを取りますと，元の長方形では，短辺を x 倍したものが長辺になっています．仮定により，この関係が残された長方形にも成り立つので，その短辺の長さ $(x-1)$ を x 倍した $x(x-1)$ が長辺の長さになります．ところが，これは1に等しいので

$$x(x-1)=1 \text{ より， } x^2=x+1$$

を得ます．これは，先の $\phi^2=\phi+1$ と同じ関係ですから，この長方形の辺の長さ x は，黄金数 ϕ そのものになります．

実際に，作図によって求めることは簡単です．先ずは，一辺の長さ1の正方形を描き，辺の中点を求めます．そして，中点と頂点を結び，その長さを底辺に写します．これで x が求められました——正しい値になっているか否か，三平方の定理を使って確かめて下さい．

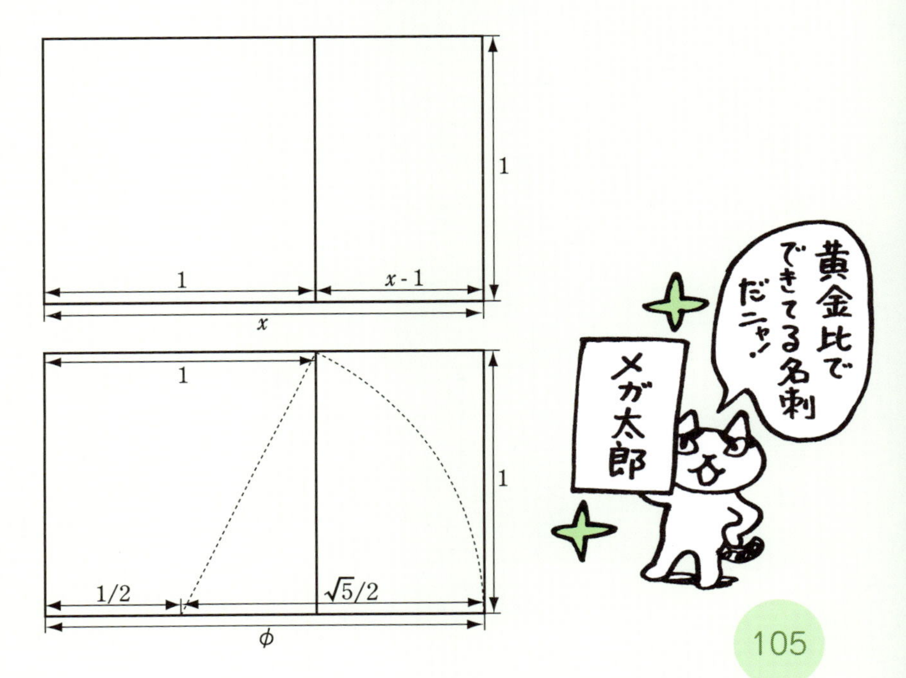

黄金比から正五角形へ

次は，**五芒星**と呼ばれる星型「★」の基礎ともなる正五角形を描きます――林檎を輪切りして下さい，そこにも正五角形と★が見出せますよ．これは中心角：72度（＝360/5）を分度器で取れば簡単です．
完成後は，これを如何にしてコンパスと定木で描くかを考えます．精確な図があれば，各辺の長さ，角の関係は一目で分かります．

先ず，この図形は“弦と円周角の関係”により，多数の合同，あるいは相似な二等辺三角形から構成されていることが分かります．
正五角形の内角の和は，先に求めた関係から，540度になりますから，その頂角は36度（＝540/15），よって底角は72度と決まります．

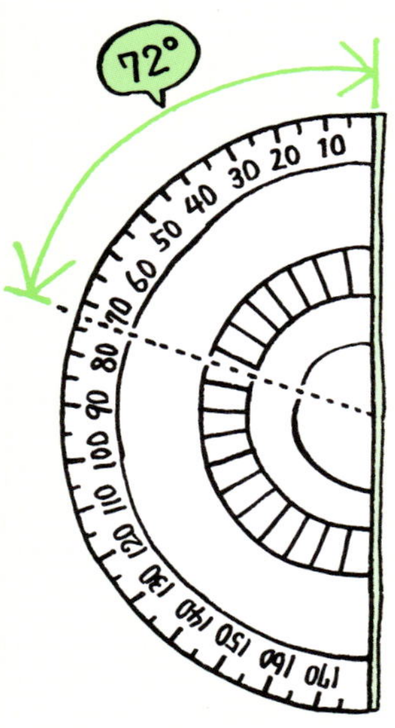

リンゴはなんにも言わないけれど…

内部の小さな正五角形の上に，小さな二等辺三角形が棘のような形で五つ配置されているわけですが，その一つの底辺の長さを a，斜辺を b とすれば，各辺の長さは，すべて a, b によって表されます．

また，角についても，36 度，72 度，108 度の三種類のみです――さらに，これらは $72 = 2 \times 36, 108 = 3 \times 36$ より，36 の倍数です．

以上より，一辺の長さ 1 $(= a + b)$ の正五角形の対角線の長さ x $(= 1 + b)$ を求めます．下図より，辺を底辺とする二等辺三角形と，対角線を底辺とする二等辺三角形は，“三角相等”により相似です．

よって，斜辺の長さ b の x 倍が 1 になります．すなわち

$$bx = 1 \text{ より，} x(x - 1) = 1.$$

ここで，関係：$b = x - 1$ を利用しました．これは，辺の長さ 1 の正五角形の対角線の長さが，黄金数であることを示しています．

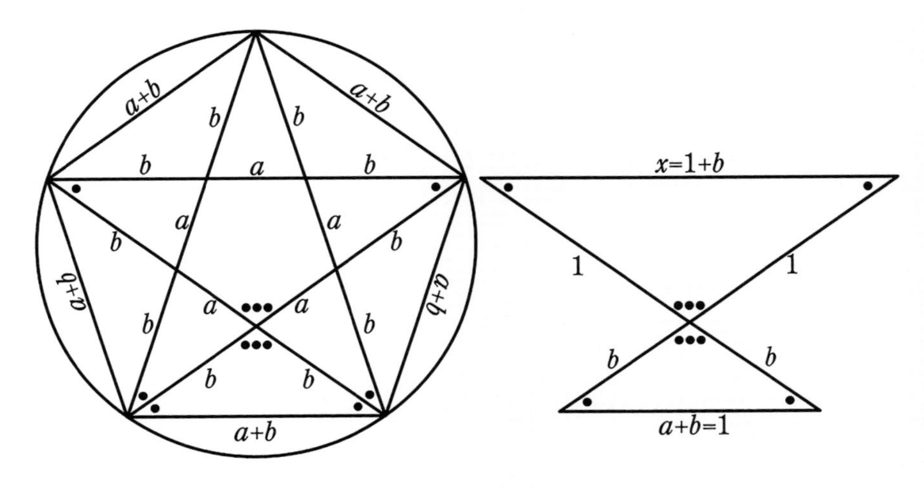

星型の秘密

そこで，先の黄金比の図に，底辺を１とし，斜辺を ϕ とする二等辺三角形を描き加えます．そして，各頂点から長さ１の円弧を左右に描けば，必要な五点が決まり，それらをつないで正五角形が描けます．

また，単位円に正五角形を描きたい場合には，下図の対角線の長さ：$\sqrt{3-\phi}$ (≈ 1.18)を弦の長さとして下さい．

なお，等分割は三角定木が二枚あれば，自由にできます．三角形を辺に平行に切れば，相似な三角形になります．それを応用します．これで，第４章で紹介しました，バーニヤも簡単に作れます．

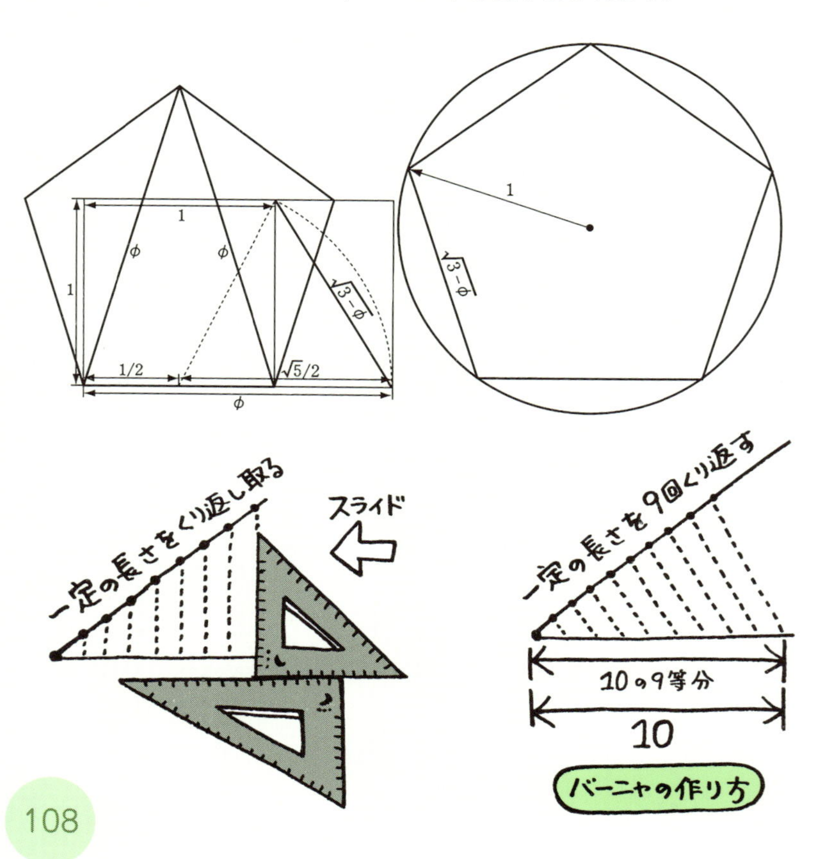

旗を描こう

世界の国旗の多くは，幾何学図形を元にしています．先ず，外枠になる長方形，そして，円．それから今求めました星型などが，各国の歴史を象徴するように，様々にアレンジされています．

国旗には，基礎となる配置，図形の比率が決まっています．先ずは，我が国の国旗からはじめます．日章旗は，横 3，縦 2 の長方形の中央に，縦の 3/5 となる直径の円を配置することと決められています――バングラデシュやパラオの国旗も，ほぼ同様の設定になっています．

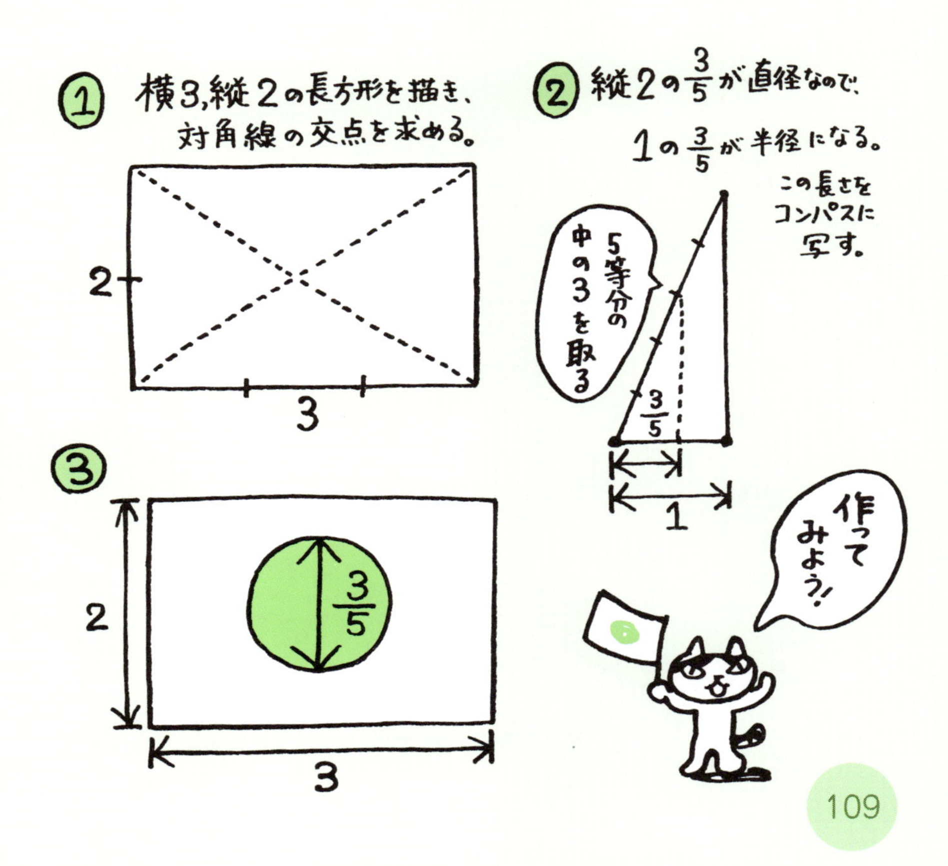

ベトナムの国旗は，ズバリ五芒星そのものです——ちょうど日章旗の日の丸と同じ比で描かれた中央の円の中に，五芒星を収める形式になっています．ソマリアの国旗も同じ形式を持っています．

広島県章は，カタカナの「ヒ」をイメージしたもので，中心をズラした四つの円の組合せで描かれています．図には，外側の円の半径を 50 とした時の，各円の中心位置と半径を記しておきました．中心を O_2 に持つ円の半径は，O_1 と O_3 の円の交点との距離から定めます．

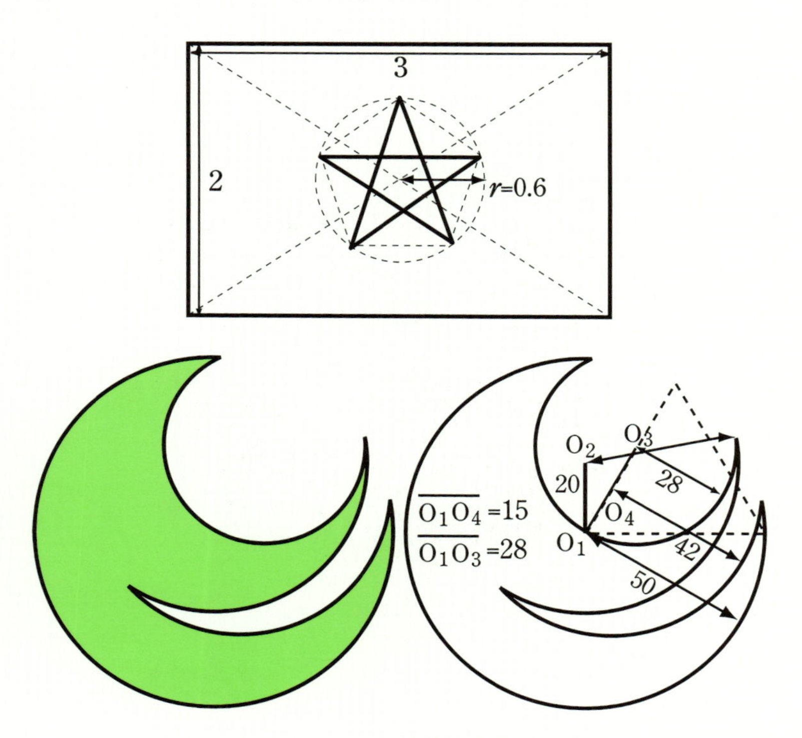

ベトナム国旗と広島県章

下図は，日本航空のロゴマーク，通称“鶴丸”です．これは「森家の家紋」を参考にしたものとされていますが，その何よりの特徴は，ほぼコンパスだけで描ける図形だという点です．現在に至るまで，何度かデザインの微調整が行われていますが，円を前提にした，その方針はまったく変わっていません．まさに，日本国を代表するロゴです．

次は，こうした計算の元になる加減乗除の一般論を紹介します．それは，“紙の計算機”により，3/5 や$\sqrt{6}$ を直接見出す方法です．

日本航空・鶴丸

アナログ計算機を使おう

デジタル・コンピュータなら身近にあって，その使い方も知っているけれど，「アナログとは？」と不思議に思う人も多いでしょう．

アナログ計算機とは，今のデジタル方式とは異なり，“物理的な現象そのもの”で計算を代行するシステムです．主要な方法は，数式の代わりになる電気回路を作って，その測定値を答とするものでした．

例えば，車のサスペンションを設計する際に，希望する乗り心地を実現するまでには，大量のバネやダンパーを試作して組合せなければなりませんでした．そこで，それを模倣する電気回路を作って，そこから生じる波形から，最適な答を導いていたのです．

計算の自動化は，古くから人類の夢でした．私達は，夢を現実に変えましたが，もちろん，その開発は容易いものではありませんでした．

今日のデジタル方式に至るその過程で，算盤やら，計算尺やら，手回し計算機など，“物の動きで計算を代行する計算機”が生み出されました．

右は，四十年前までは現役だった計算機です．

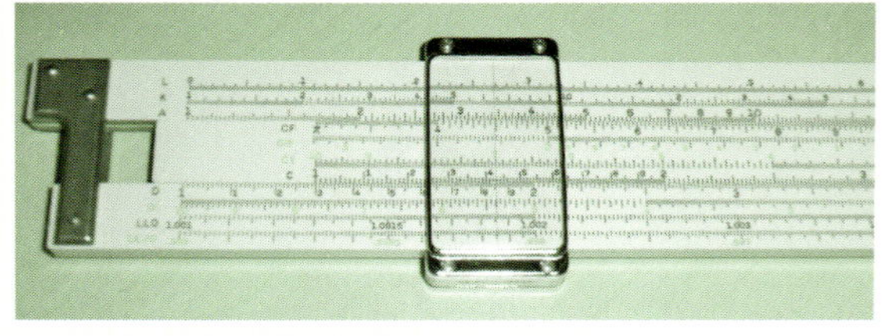

今でこそ，アナログとデジタルは，連続と不連続を表す対義語として有名ですが，本来，アナログ（analog）は「似ている」，デジタル（digital）は「指を折って算える」という意味の言葉です．ここでは，このアナログ本来の意味に相応しい，定規とコンパスによる四則計算を行います．その鍵は“似ている”，すなわち，相似比です．

足し算と引き算は簡単です．対象となる二つの数値を，長さに置き換えて定規で線を引きます．後は，それをコンパスで写し，長さの和，あるいは差を取って，計算終了です．これで，加減ができました．

二数 A, B の掛け算と割り算は，直角三角形が答を出します．先ず，1 とする長さの基準を決め，それを底辺にします．対辺の長さは A に取ります．そして，底辺を長さ B まで延長し，そこから垂線を上げて相似三角形を作れば，その対辺の長さが積：AB に対応します．

割り算の場合は，底辺 B，対辺 A の直角三角形の底辺上に，長さ 1 の基準点を作り，そこから上げた垂線の長さが A/B になります．

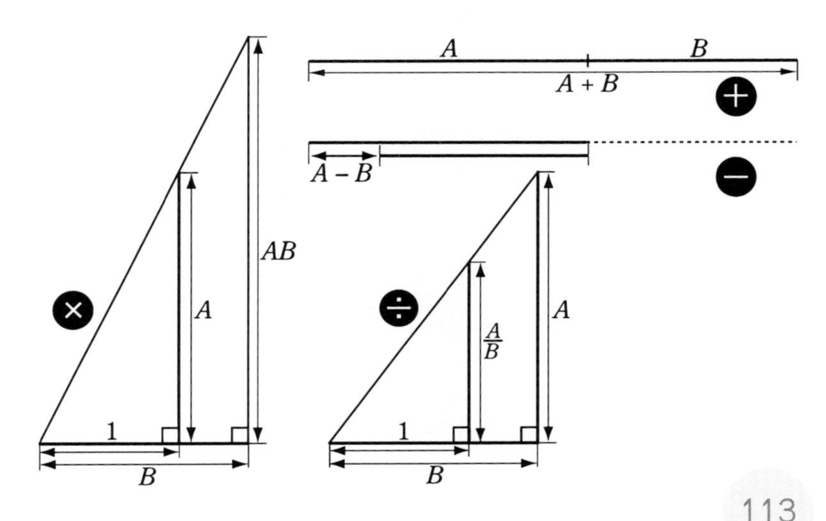

幾何学で無理数計算

加減乗除が“図解”できました．続いては，前章で示しました円周角と，直角三角形の相似分割を用いて，平方根の大きさを求めます．

図のように，斜辺を下にした直角三角形を描き，垂線で分割された辺の長さを，それぞれA, B，高さをxとしますと，左側の「底辺A，高さxの三角形」と，右側の「底辺x，高さBの三角形」は相似です．

そこで，その相似比をkとして，次の辺同士の対応関係を得ます．

$$k = \frac{x}{A} = \frac{B}{x} \text{ より，} x^2 = AB. \text{ すなわち，} x = \sqrt{AB}.$$

元の直角三角形は，斜辺を直径とする円周上に乗りますから，明らかにその高さが，半径：$(A + B)/2$を超えることはありません．よって

$$\frac{A + B}{2} \geqq \sqrt{AB}$$

の“図解”を得ます．左辺を**相加平均**，右辺を**相乗平均**と呼びます．

例えば，直径を 10 cm として，直径上の端から 2 cm の所から垂線を立てれば，垂線の長さは，$\sqrt{2 \times 8}$ より 4 cm になっているはずです．

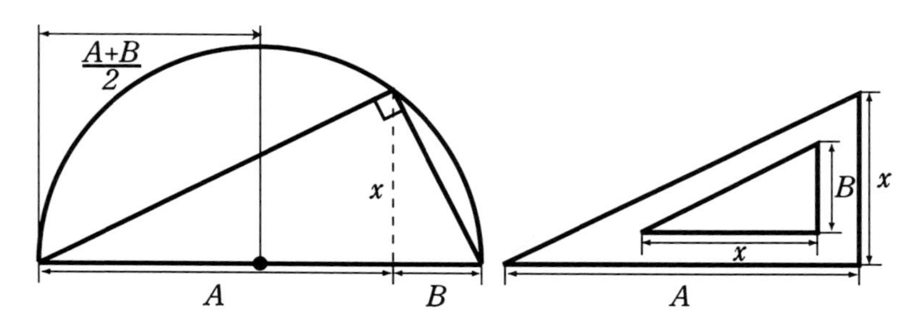

相加・相乗平均の図解

このように，図形によって多くの計算が代行できるということは，図形の中に多くの計算結果が隠されているということです．そこで，最後に総合的な“作品”を紹介しておきましょう．

ただし，「A, B」の一組に対して，一枚の図が必要です．「同じ計算だから，値だけを変えて」という方法を採れないのが，アナログ計算の弱点です．しかし，無理数が何であるかを知らなくても，それを求めることができました．この長所は，今もなお魅力充分です．

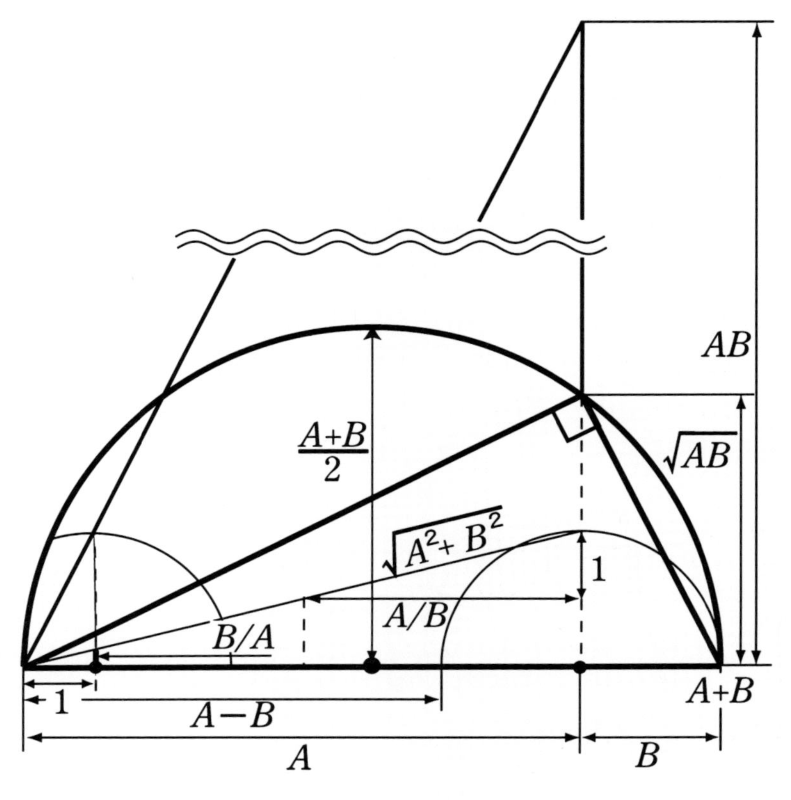

紙の計算機

16 数と幾何学

前章では，数の計算は，幾何学的な方法によっても可能であることを示しました．しかし，そこから皆さんが本当に学ぶべきことは，具体的な計算処方などではなく，アイデアの相互活用です．

自由に考える

真理に“分野の区別”などありません．学問の名前や区分など，人間が勝手にしていることです．文学も歴史も経済も，生物学も物理学も，すべては人間の都合で分けられたものであって，分類の便利さを利用することはあっても，それに**縛られる理由など無い**のです．

必要なものはアイデアです．アイデアは，経験によるものもあれば，無知によるものもあります．知らないことから生まれる自由さが，切り札になることも多いのです．では，色々な異なる見方ができ，豊かなアイデアが出る人になるには，どうすればいいでしょうか．

もちろん，特効薬などありませんが，先ずお勧めするのは，科学者の伝記・随筆を読むことです．それは同時に，文学を読むことでもあり，歴史を学ぶことにもつながります．人生の意味を知ることにもなります．その結果，物事の区分を前提にせず，常に自分の頭で考え，自分の腕で実行する，真に自由な人になれる……かもしれません．

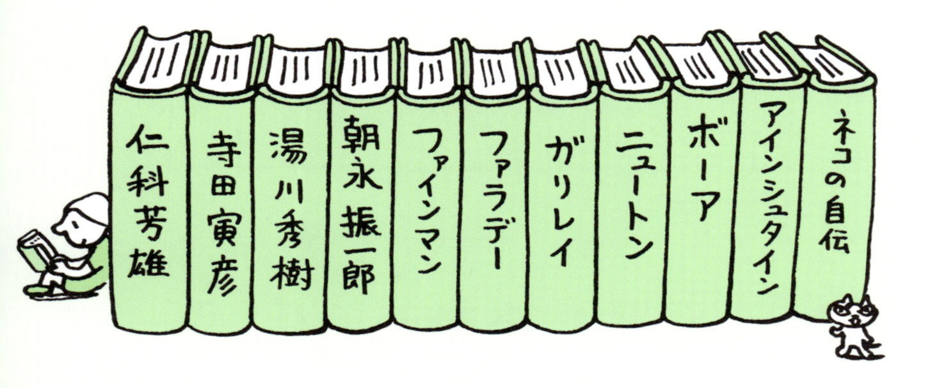

自然数の和を求める

代数は，数の計算や文字・記号による処理法を学ぶ分野，幾何学は，図形の性質やその変換を学ぶ分野，**ということになっていますが**，そんなことは一度確認すれば充分です．皆さんは，数学という“一つの学問”を学んでいるのです．名前や区別のことは忘れて下さい．

そこで一つの例として，数の和を“幾何学の発想”で求めてみましょう．先ずは，自然数の和から考えます．いきなり数全体を考えることはせずに，限定した範囲の中から話をはじめます．

では，1 から 5 までの総和 S はいくつでしょうか．

$$S = 1 + 2 + 3 + 4 + 5$$

の和は，単純に足し算をすれば 15 になります．これで正解ですが，和を求める数の上限が大きくなった時，この方法では手間が大変です．

そこで，同じ数の列を逆順に並べて足し合わせてみましょう――足し算の結果は並び順によらないことを利用するのです．

$$\begin{array}{rl} S = 1 + 2 + 3 + 4 + 5 & \\ S = 5 + 4 + 3 + 2 + 1 & (+ \\ \hline 2S = 6 + 6 + 6 + 6 + 6 = 30 & \end{array}$$

となり，両辺を 2 で割ることで $S = 15$ が得られます．

逆順に並べることによって，縦の足し算がすべて 6 になり，総和が簡単に求められたわけです．以上の計算過程を，次のように，上限値 5 だけによって表せば，この結果を直ぐに一般化することができます．

先ず上限値5に対して，最小値1を組合せることで，$5+1=6$を作り，それが他の四ヶ所でも同様に成り立つことから，$2S=6\times 5$となったわけです．そして，2で割ってSを得ました．すなわち

$$S=\frac{1}{2}\times 5\times (5+1).$$

この上限値を文字nに変えることで，総和を求める一般的な式：

$$S=\frac{1}{2}n(n+1)$$

を得ます――$n=10$の結果を，具体的な計算結果と比較して下さい．

さて，この関係をシールによって示します．ここで白丸は1，黄は2，赤は3，緑は4，青は5を意味しています――前列左からの順です．同じものを二枚作り，**180度回転**させて串で貫きました．前後に重なる「白＋青」「黄＋緑」「赤＋赤」の組は，確かに6になっています．

自然数の総和シート：一枚がSに相当

自然数の二乗の和を求める

続いて，二乗の和を求めましょう．

同じく総和を S で表し，数値は 5 までに限定します．すなわち

$$S = 1^2 + 2^2 + 3^2 + 4^2 + 5^2$$

ですが，これも単純に計算すれば，$1 + 4 + 9 + 16 + 25 = 55$ と求められます．しかし，ここでは一般化を目指して，少し工夫をします．

先ずは，“二乗”の意味にまで戻りましょう．二乗とは，同じ数を二回掛け合わせることでした．そして，掛けるということは，その数の回数だけ足し算を繰り返すことでした．例えば，5 の二乗とは

$$5^2 = 5 \times 5 = 5 + 5 + 5 + 5 + 5 \quad (= 25)$$

を意味していたわけです．この足し算の表記を利用します．

S の数値を縦に並べ，この表記を用いて正三角形状に配置します．

$$S = \left\{ \begin{array}{ll} 1^2 = 1 \times 1 = & 1 \\ 2^2 = 2 \times 2 = & 2 + 2 \\ 3^2 = 3 \times 3 = & 3 + 3 + 3 \\ 4^2 = 4 \times 4 = & 4 + 4 + 4 + 4 \\ \underline{5^2 = 5 \times 5 =} & \underline{5 + 5 + 5 + 5 + 5 \quad (+} \end{array} \right.$$

この足し算をすべて行った結果，$S = 55$ が得られるわけです．

前例と同様に，何か工夫をして，同じ数が並ぶようにできれば，その和は簡単に求められます．自然数の和の場合には，一列に並んだ数を 180 度回転させて逆順に足していきました．さて，この場合にはどうすればいいでしょうか．問題を幾何学的に見たいところです．

正三角形をひねって重ねる

そこで，前例同様に五色のシールを使って，数の三角形を作りましょう．数と色の関係も同じです．同じものを三枚作ります．

自然数の場合には二枚を 180 度回して重ねましたが，二乗和の場合には，**三枚を順に 120 度ずつ回転させて重ねます**．その結果，数の配置は，前（左端）から順に次のようになります．

	120 度 ↻		120 度 ↻			
1		5		5		11
2 2		4 5		5 4		11 11
3 3 3	+	3 4 5	+	5 4 3	=	11 11 11
4 4 4 4		2 3 4 5		5 4 3 2		11 11 11 11
5 5 5 5 5		1 2 3 4 5		5 4 3 2 1		11 11 11 11 11

対応関係を明示するために，各シールを串で貫きました——見易さのために三本に限定しましたが，15 本あると思って見て下さい．

二乗数の総和シート：一枚が S に相当

対応する前後のシール三枚の色，例えば，「白＋青＋青」「黄＋緑＋青」「赤＋赤＋青」「赤＋緑＋緑」など，これらを数値に戻せば，どの場合もすべて 11 になっていることが分かります．

串一本当たり 11，串の本数は 15 本（これは 1 から 5 までの自然数の和に相当）ですから，全体で 165 となります．これが三枚分（$3S$）の和ですから，3 で割って $S = 55$ を得ます．式としてまとめれば

$$\frac{1}{3} \times \underbrace{\left[\frac{1}{2} \times 5 \times (5+1)\right]}_{\text{串の本数}} \times \underbrace{(2 \times 5 + 1)}_{\text{一本当たりの和}} = 55$$

となります．これを一般化して，以下の二乗和の式を得ます．

$$S = \frac{1}{6} n (n+1)(2n+1).$$

このように，ここで用いたのは，正三角形や回転といった“幾何学的な発想”であって，特定の定理や公式などではありません．結果や具体的な計算方法などは忘れても，回転やひねりといったことから生まれた発想は，**一度納得したら二度と忘れようがありません**．また，それこそが転用可能なアイデアの基になります．

ただし，自然数や二乗数では上手くいった幾何学的なアイデアも，三乗に対しては苦しくなります．それ以上の問題に対しては，まったく異なるタイプのアイデアが必要になってきます．

すべて上手くいく便利な方法が存在しない御陰で，アッと驚くような素晴らしいアイデアも生み出されていくわけです．

17 三角形の心

三角形の“形”について調べてきました．さて，**ここで取り扱うものは心，三角形の心でございます**．何故か三角形には“五つも心がある”そうです．では，その“心のスキマ”から埋めていきましょう……

前口上

三角形は円と同様に，あるいは，それ以上に重要な図形です．その重要性は，数学的な意味に留まらず，実用面にまで及びます．

先ず，複雑な曲面を三角形で分割・近似していくことができます．最近では，コンピュータ・シミュレーションの技術無しには，何も設計できなくなりました．車の衝突シミュレーションなどで見られるメッシュ模様は，曲面を三角形で近似したその痕跡なのです．

空間の三点には，それらが属する平面が唯一つ存在します．そこで曲面を小さな平面の集まりとし，その平面を三点（三角形）に代表させることで，大規模な計算が効率よくできるようになったのです．

また，このことによって，三脚の椅子ならば，必ず安定したものが作れることも分かるでしょう．四脚の場合，非常に高い技術で製作しなければ，どれかの脚が浮いてしまいます．脚の底のゴムには，座り心地の問題に加えて，その過不足を補う意味もあるのです．

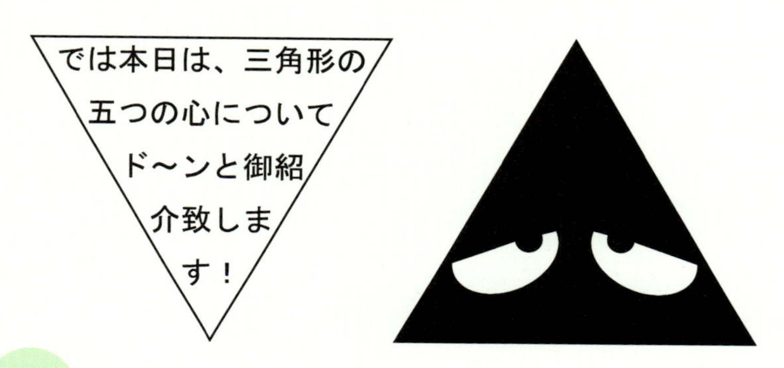

三輪車は簡単に作れますが，四輪車は難しいのです．カメラの支持台も「三脚」です．このことからも，鍋の蓋など，無数の接触点を持つものを，隙間が無いように削り出すことの難しさが分かります．

したがって，三角形が持つ様々な性質を学んでおくことは，非常に意味があるのです．その三角形の“心”が，ここでの主題です．

三角形の心を知るためには，その本質，意味に迫る必要があります．そのものの“**定義**”と，それを“**求める方法**”は異なります．そこに心のスキマがあることを，これから示していきます

その1：外心

先に，円周上の三点により，三角形を描きました．逆に，すべての三角形に対して，三点を通る円が描けます．この円を，三角形の外部から接するという意味で，**外接円**と呼びます．

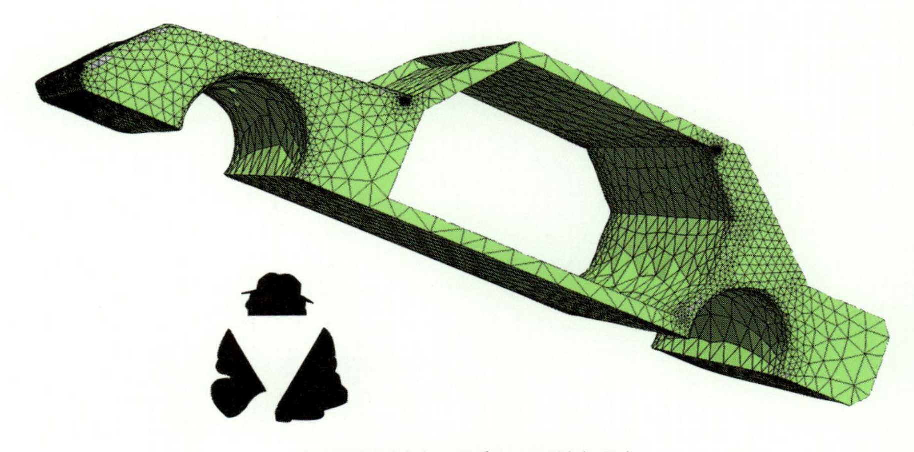

有限要素法と呼ばれる近似手法

外接円の存在は，**三点から等距離にある点**が存在することを意味しています．この点を，“外接円の中心”という意味から，**外心**と名附けます．平等に，三点と等しい距離を取る，それが“外心の心”です．

実際に，外心を求めることは簡単です．その“心”に沿って，**外接円が書けそうな点を見抜いて，印を附ければいいだけです**．

そして，その点とどれか一つの頂点の距離をコンパスに写して，各頂点から円弧を描きます．その結果，三つの円弧は中央附近で交差して，“中の島”ができるでしょう．次は，その内部の“気に入った所”に印を附けます．後は，同じことの繰り返しです．

三度もやれば，中の島の面積が，“まさに点のように”小さくなるでしょう．作図の限界に達したら，その点が外心です．こうした手法を，**繰り返し近似による解法**といいます．実際に，それが外心になっているか否かは，その点を中心にコンパスで円を描けば分かります．

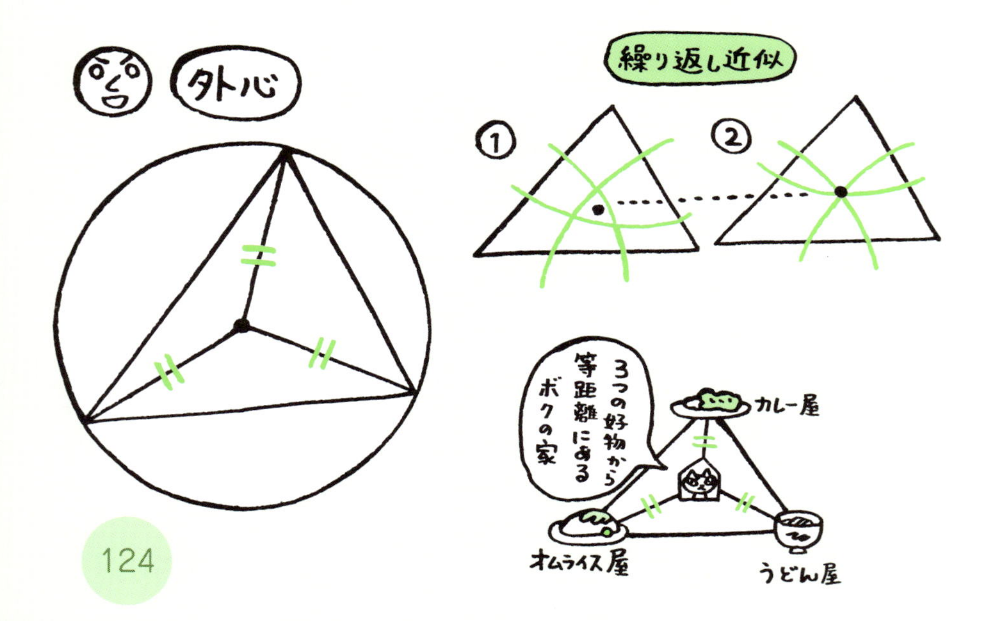

その 2：垂心

合同な三角形を四つ用意します．そして，それらをパズルのように組合せて，元の三角形と相似な“大三角形”を作ります．その時，中央部に，配置が上下反転した“逆三角形”が一つあるはずです．

そこで，大三角形の外心を求めます．そして，逆三角形の各頂点から，その外心を通るように直線を引きますと，それは，自らの各辺と垂直に交わります．垂直に交わることから，これを**垂心**と呼びます．

すなわち，**大三角形の外心は，逆三角形の垂心**なのです．垂心と外心を，一つの組として扱うこと，それが“垂心の心”です．

三角形に外接する円が存在することを知れば，内部にちょうど収まる円はないか，と考えるのは自然なことでしょう．さて，その心は？

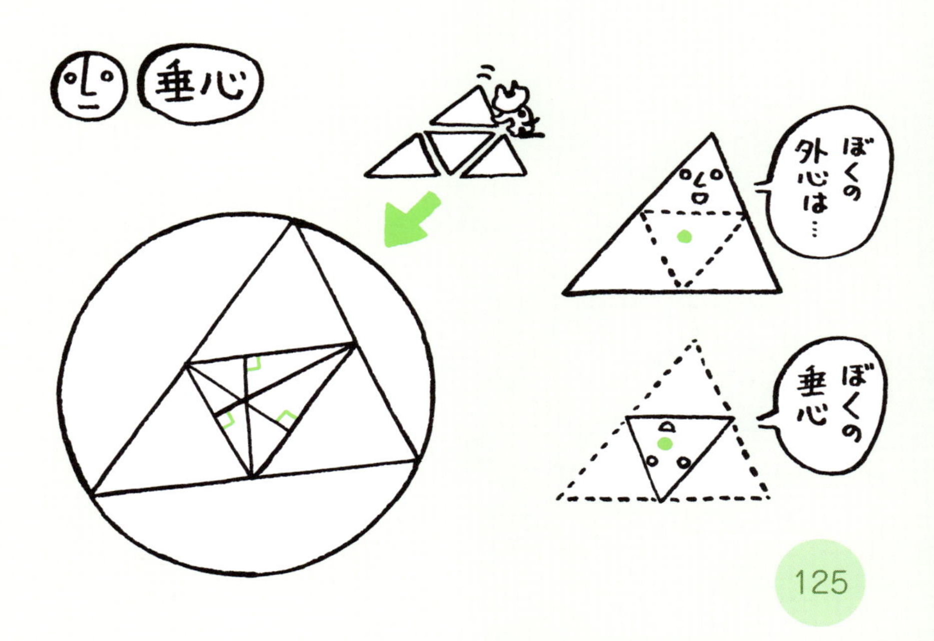

その 3：内心

もし，**三辺と等距離の点**があれば，それを中心にして“内部から接する円”が描けるはずです――辺との距離とは，辺と直交する直線の長さのことです．これを**内接円**と呼び，その中心を**内心**と呼びます．

平等に，三辺と等しい距離を取る，それが“内心の心”です．

内心を求めることも簡単です．**この辺りが内心だろうと見抜いて，適当に印を打ちます**．そして，その点を通り，一つの辺に平行な線を定規を使って引いて，間の距離を測っておきます．

他の二辺に対しては，測った距離だけ離れた平行線を引きますと，中央附近に“三角形の中の島”ができます．次に，その内部の“気に入った所”に印を附けます．後は，同様の繰り返しです．

三度もやれば，中の島の面積が，“まさに点のように”小さくなるでしょう．作図の限界に達したら，その点が内心です．コンパスで上手く内接円が描けたら，繰り返し近似の作業は終了です．

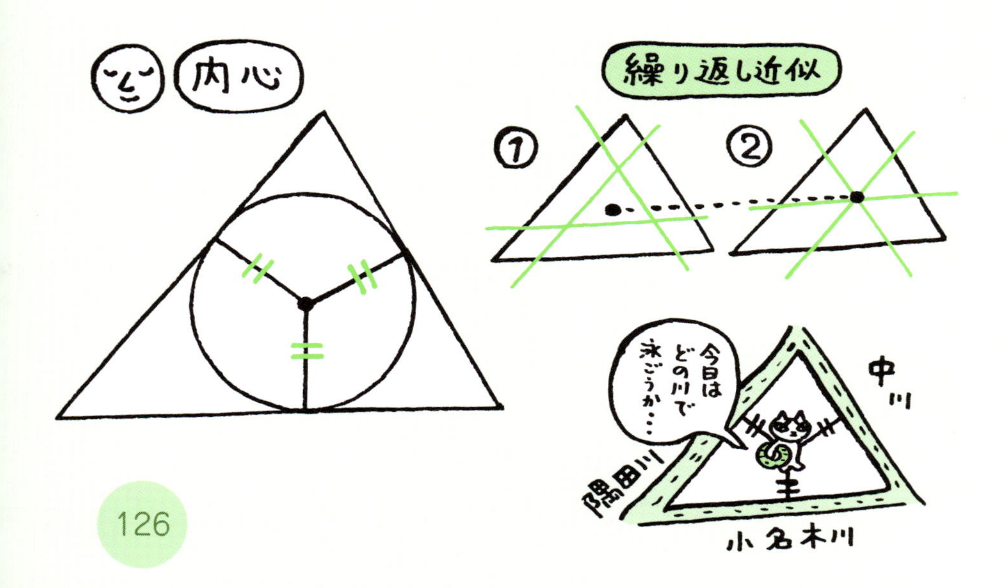

その 4：傍心

内接円を描いた三角形を用意します．そして，その内接円に接し，底辺と平行な直線を引きますと，三角形の上部に，相似な小三角形ができます．続いて，その小三角形の内心を求めて，内接円を描きます――これを何度も繰り返せば所謂“フラクタル図形”ができます．

ここで立場を逆転させて，小三角形を主役にしますと，大三角形の内接円は小三角形の**傍接円**，内心は**傍心**と呼ばれるものになります．傍心の“傍”は「かたわら」，すなわち，「そば」という意味です．“内心”に寄り添って，その傍らに居る，それが“傍心の心”です．

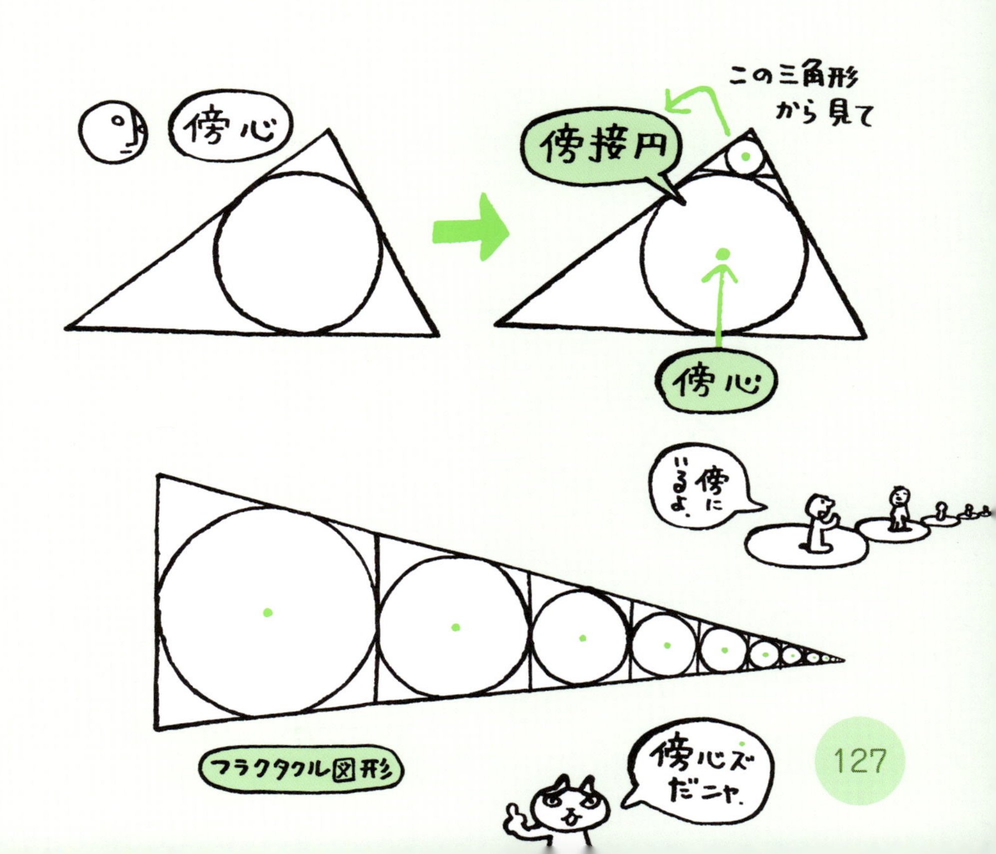

その5：図心

ある直線により，三角形の面積が二等分できたとします．異なる方向からこれを繰り返した時，その直線の交点が**図心**（centroid）です．

図心の心は，“面積がバランスする点”です．

ここで，「面積を対象にしている」所に注目して下さい．先に，“円と円板の違い”について述べましたが，この場合も同様に，三角形と三角形板は違うのです．面積を扱う以上，それは“板（plate）”であることが前提になっています．針金の“枠組”に面積はありません．

以上が，三角形の五心，その心でした．何れの場合も，三本の直線が一点で交わること，そうした点が存在することへの驚きを，「まさにこれこそが対象の核心である」との思いを込めて，“心（center）”という言葉により表しているのです．先ずは心を知ることが先決です．それさえ分かれば，後は自然に導き出すことができます．

五心の求め方

外接円の中心である外心の“定義”は，“三頂点と等距離の点”でした．“等距離”については，二等辺三角形から考えるのが基本です．

底辺の両端からの距離が等しい点の集まりが，二等辺三角形の対称軸であり，これは底辺の垂直二等分線でもありました．よって，三角形の各辺の垂直二等分線を引けば，それは一点で交わり，外心を表すことになります．そこで，外心の“求め方”として，“**各辺の垂直二等分線の交点**”ということが，はじめて出てくるわけです．

辺も角も“二等分”は，輪ゴムを使えば容易に求められました．そこで，五心に関する“存在の証明”を輪ゴムにやってもらいましょう．これぞ**力学的な初等幾何**，先ずは外心からはじめます．

これは，**辺の二等分器**を三組，その末端をフックにして，三辺に適応させるだけです．その結果，三本の棒は一点で交わります．

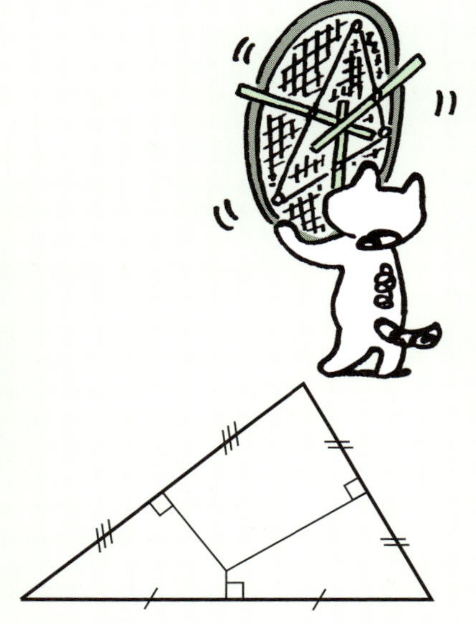

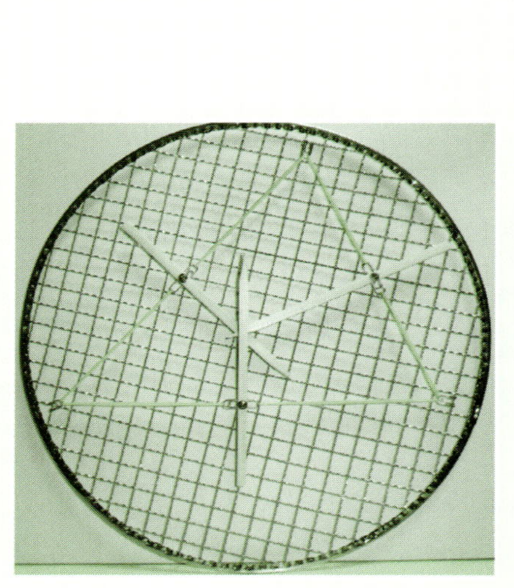

ゴムの張力が自動的に外心を求める

垂心の直接的な定義は，**"頂点から辺に降ろした垂線の交点"** というものです．これは，定義がそのまま，求め方にもなっています．

作図は，二枚の三角定木を用い，一方を辺に合わせ，もう一方を定木に沿ってスライドさせる方法で行います．

次に，辺の長さが"自在"に変えられる**自在三角形**を元に，垂心を導きます．自在三角形を一旦解体し，各軸に塩ビのパイプを通します．そして，全体を元に戻して，パイプと各頂点を輪ゴムでつなぎます．

パイプは辺の上を自由に動くことができますので，ゴムの張力は，結ばれた頂点と辺の最短距離を自動的に探します．その結果，ゴムは辺と垂直に交わることになります．その交点が垂心です．

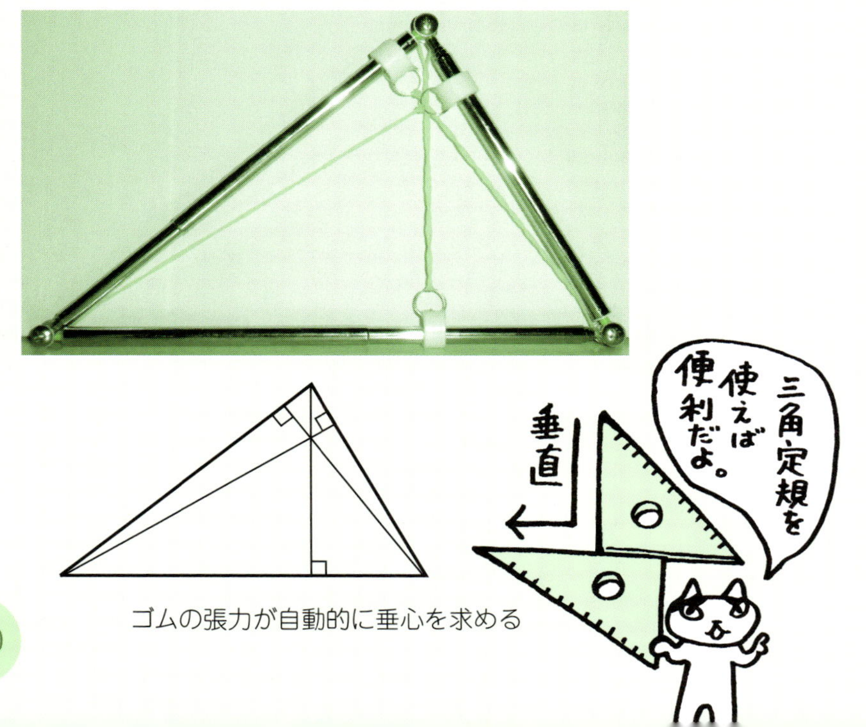

ゴムの張力が自動的に垂心を求める

内接円の中心である内心の“定義”は，“三辺と等距離の点”でした．異なる二本の円の接線の交点は，接点と結ぶことで二等辺三角形になります．よって，その対称軸は内心を通り，角を二等分します．すなわち，内心は，“**角の二等分線の交点**”により求められます．

力学的に内心を求めるには，**角の二等分器**を三組用います．三角形の形を自由に選ぶために，これら三個を，互いにストローでつなぎました．また，二等分器の中央の棒も，同様にストローで延長しておけば，先端が一点で交わることが見やすくなります．

傍心と内心の違いは，角の測り方だけです．すなわち，傍心は，“一つの内角と二つの外角に対する**角の二等分線の交点**”により求められます――辺の数“3”に対応して，三つの傍接円・傍心が存在します．傍心の持つ性質に関しましては，また後で詳しく扱います．

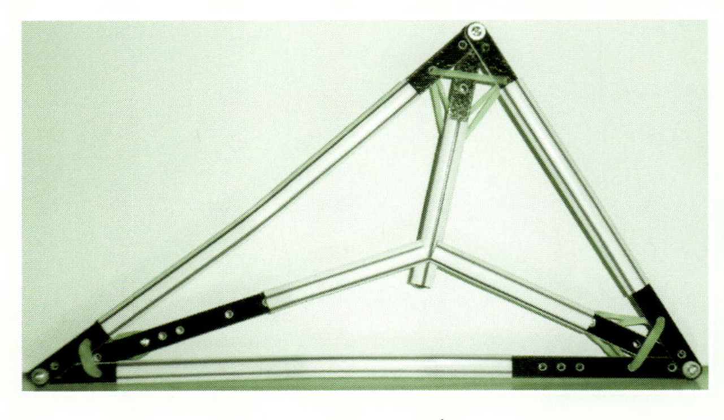

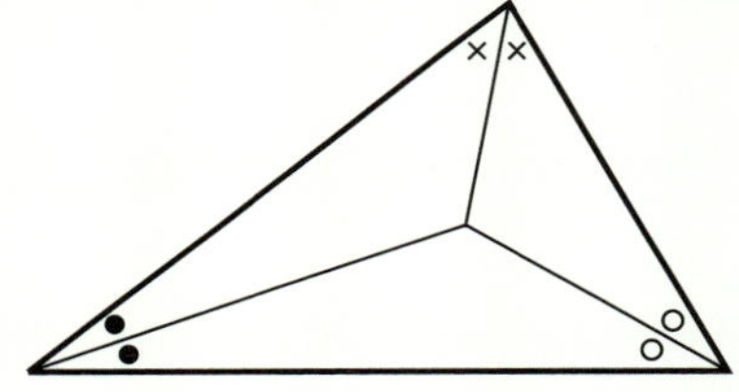

ゴムの張力が自動的に内心を求める

図心は，面積を等分します．三角形の面積は，高さが同じであれば，底辺の長さで決まりますから，各辺に対する**中線**の交点が図心になります——ここで中線とは，辺の中点と頂点を結ぶ線分のことです．

作図は，コンパス，あるいは定規によって辺の長さを二等分すれば，後はその二等分点と各頂点とを結ぶだけです．

力学的に図心を求めるのは，非常に簡単です．外心の場合と同様に，焼き網に輪ゴムをフックで掛けます．そして，三つの頂点それぞれに別の輪ゴムを掛け，その端を中央のリングに結びます．

三角形の辺を構成する輪ゴムに関しましては，単に見た目を整えるための形式的なものなので，同じ質，同じ長さでなくても構いませんが，リングを結ぶ三本に関しては，その質と長さを揃えて下さい．

三頂点を自由に選んで，網に掛ければ，自動的にリングが，輪ゴムによって描かれた三角形の図心に位置します．

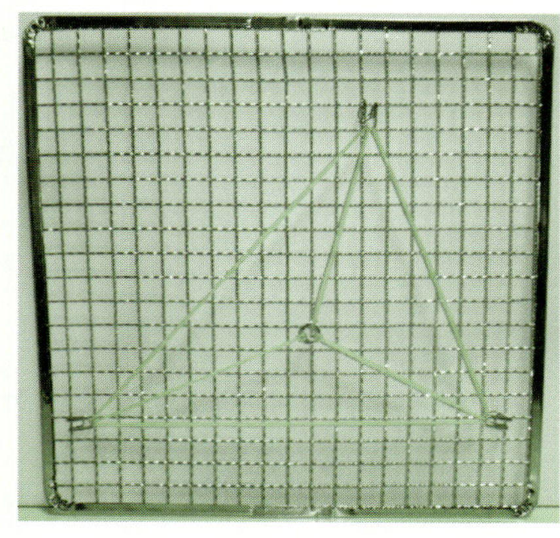

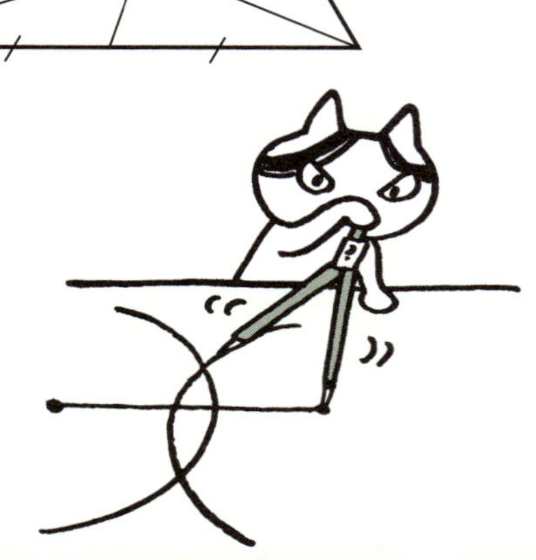

ゴムの張力が自動的に図心を求める

以上，**五心に関して，定義と求め方に分けて考えました**．それは，「二等分線だ」「中線だ」ということを幾ら知っていても，その交点の意味，三角形との関わりが分からなければ，意味をなさないからです．
求め方に関しましては，通常の図による方法と共に，新しく開発しました“小道具”を駆使した“力学的な方法”を紹介しました．

五心は，見方によって，色々なグループに分けられます．
例えば，本章で行った「外心・垂心」「内心・傍心」という分け方．
また，非常に明瞭な意味を持つ「外心・内心」という組合せ．
三角形の内部に常に存在する「内心・垂心・図心」に対して，鋭角三角形の時には内部に，鈍角の場合には外部に存在する「外心」．
正三角形の場合一致する「外心・内心・垂心・図心」等々．「円，辺，角，交点，二等分」を鍵として，これらは互いに絡み合っています．

しかし，何よりも異質なのは“図心”です．多くの本では，これを“重心”として紹介していますが，**重心は重力を前提にした用語です**．実際，無重力下で生きる生物は，図心しか理解できないでしょう．
数学と物理学の関連を，できる限り避けている我が国の初等教育において，重心は，天秤と共に誠に珍しい例外です．材料工学など，物の断面が重要な意味を持つ局面では，主に図心が使われていますが，これでは直観が働き難いと考えて，重心を採用したのでしょう．
重心に関しては，本書後半で順を追って扱います．そこでは，“外枠の三角形”と中身の詰まった“三角形板”では，その重心位置が異なることを示します．このように，三角形の場合，円と円板の場合よりも，その違いは大きく，より深刻なのです．

18 正多角形と微分・積分

すべての正三角形が相似であったように，“正”多角形は，すべて同様の性質を持っています．本章では，正多角形を実際に描き，それを“分解”し“再構成”します．それは微分・積分の考え方の原点です．

正多角形を連続的に描く

円周上にすべての頂点を持つ正多角形を描いていきます．

もっとも簡単な図形は，**正六角形**です．円周を半径で区切って六等分することで，各頂点が得られます．それらを結べば完成です．これは，先に弦と弧の長さの違いを考えた時，一点を円の中心に持つ正三角形を描きましたが，それを六個並べたものと同じものです．

このことから，正六角形の内角の和は，三角形六個分の内角の和から，中心角六個分を引いた：$180° \times 6 - 60° \times 6 = 720°$ になります．これは先に，一般的に求めたものの値と一致しています．

この正六角形の頂点を一つおきに結べば，**正三角形**が描けます――正三角形単独ならば，与えられた線分に対して，その両端から同じ長さの半径を持つ円弧を描けば，頂点が決まります．

こうして描いた正多角形の辺は，円の弦になっていますので，その弦の垂直二等分線と円周の交点を頂点として，新たな多角形が得られます．この方法で，正三角形から正六角形，正六角形から正十二角形と，二倍の角を持った正多角形を順次描いていくことができます．

直径の垂直二等分線が円周と交わる二点を結べば，直交するもう一つの直径が描けます．そして，円周上の四点を結ぶことで**正四角形**，すなわち，正方形を得ます――先の場合と同様の手法を使って，正八角形，正十六角形……を描くことができます．

接線から円に迫る

円周上に頂点を持つ正多角形の描き方を示しました．これらは，すべて円の内部に位置しているため，**内接多角形**と呼ばれています．

一般に，“滑らかな曲線”と一点で交わる直線を，その曲線の**接線**といいます．円の接線は，その点を通る半径と直交しています．すべての頂点を円の外部に持ち，円を内部に収める多角形は**外接多角形**と呼ばれます．これは，すべての辺が円の接線になっている図形です．

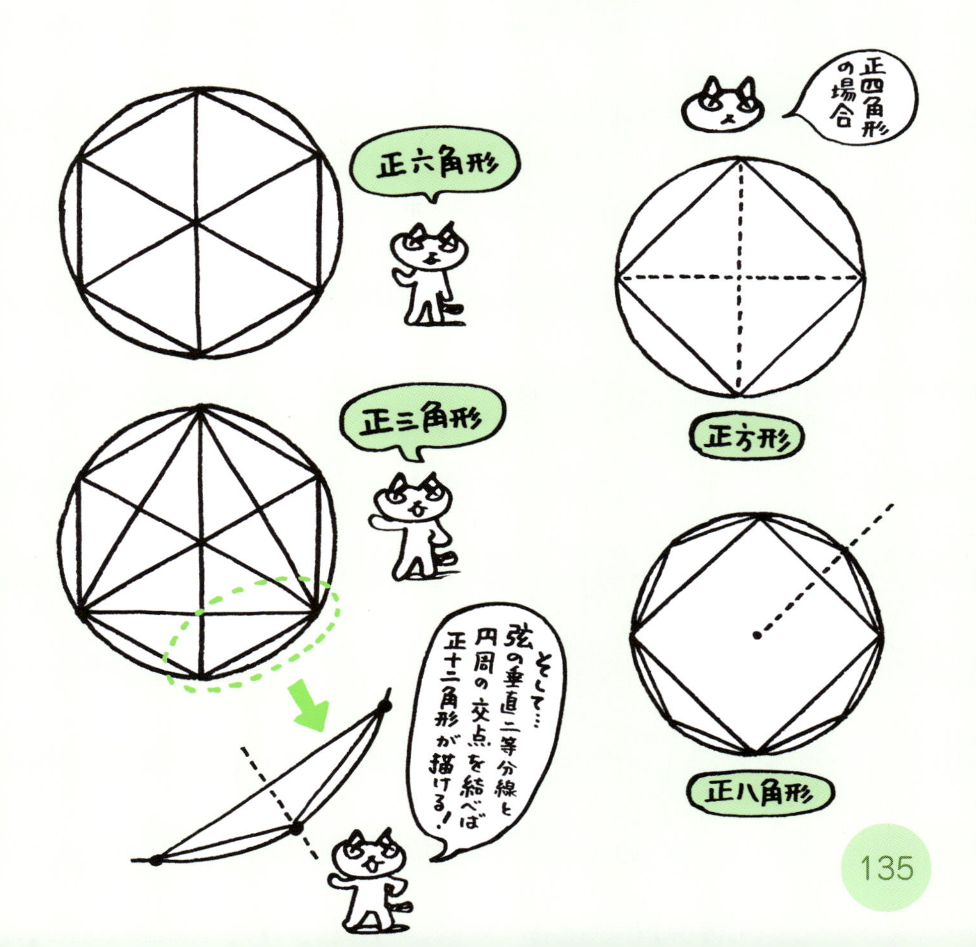

中でももっとも簡単に描ける例は，正方形です．同じ大きさの正方形を「田」の字に並べ，その中央を軸に，元の正方形の一辺の長さに等しい半径で円を描けば，外側の大きな正方形は，円に外接します．

ここで一つ，面白い試みをしてみましょう．アルファベットの大文字の「T」を四つ，“頭の中に”用意して下さい．一点を軸にして，これらを 90 度ずつ回転させて並べると，何が見えてくるでしょうか．「T」の横棒をもう少し伸ばせば，「田」の字が再現されますね．

今度は八つの「T」を 45 度ずつ回転させて並べます．そこには，正八角形らしきものが見えてくるはずです．

「T」の個数を増やしていけば，いくらでも角数の多い多角形が描けるはずですが，その前に図が込み入ってきて，凸凹した円のようになってしまうでしょう．大文字の「T」は，縦棒と横棒が直交しているため，縦棒を半径と見做したとき，横棒は接線に対応するのです．

このように，曲線を「短い接線の集まりと見做す技法」を，**微分**といいます．これは滑らかな曲線の一部を拡大すれば，「ほぼ直線に見える」という直観的イメージを，数学的に定義したものです．逆に，短い接線を集めて，元の曲線を再現する技法を，**積分**といいます．

ここでは，単位円を基礎に一番簡単な場合を考えましたが，微分・積分は，接線や曲線の扱いだけに留まるものではありません．

微分と積分は，それぞれバラバラに進化を遂げてきたものですが，実は紙の裏表であり，互いが逆の計算であることが証明されています．

微分は分割，積分は集積です．微分は割り算，積分は掛け算です．

どちらも無限を扱うところが，単なる乗・除とは異なりますが，その仲間には違いありません．したがって，普通の四則計算ができる人なら分かります．それほど難しいものではありません．

弦から円に迫る

ここでもう一度，内接多角形に話題を戻します．先ずは，単位円の周の長さの問題を，これまでとは別の発想で見直すことにしましょう．その全長が 2π，約 6.28 であることは何度も論じてきました．

では，この円周を等分割します．先ずは二等分，すなわち，$\pi+\pi$ です．これは，それぞれが中心角 180 度に対応する弧の長さです．

中心角 120 度で分割すれば三等分，$2\pi/3+2\pi/3+2\pi/3$，中心角 60 度なら，先にも取り上げた正六角形をイメージして

$$\frac{2\pi}{6}+\frac{2\pi}{6}+\frac{2\pi}{6}+\frac{2\pi}{6}+\frac{2\pi}{6}+\frac{2\pi}{6}$$

となります．このときの弦と弧の長さの差は，先に論じた通りです．

正360角形を考えれば，中心角は1度です．円周は360分割されて

$$\frac{2\pi}{360}+\frac{2\pi}{360}+\frac{2\pi}{360}+\cdots+\frac{2\pi}{360}\quad \text{(360 個の項の和)}.$$

確かに“等分する”としてはじめた計算ですから，当然の結果ではありますが，ここで注目したいのは，弦と弧の長さの違いです．

どんなに細分化しても，両者は異なるものですが，その差は正六角形の場合と比べれば，遥かに小さくなります．また，この細分化を遮るものはありません．実際に図が描けるかどうかは別にして，頭の中で何万何千角形を考えても，ここまでの議論はそのまま成立します．

そのような状況では，弧を弦で，曲線を線分で置き換えても大差なく，それを集めた結果は，2π に極めて近いものになるでしょう．これは先に紹介した微分と積分の考え方を，数値的に示したものです．ここでは，内接多角形を用いて，円の内部から迫ったわけです．

輪ゴムの長さ

このように割って割って，小さくして小さくして，その小さいものを，より簡単なものに置き換えて集めた結果は，近似的なものに過ぎないと思われるでしょうが，**限りなく小さいものを，限りなく集め尽くすこと**ができれば，それは近似ではなく正しい値を与えます．

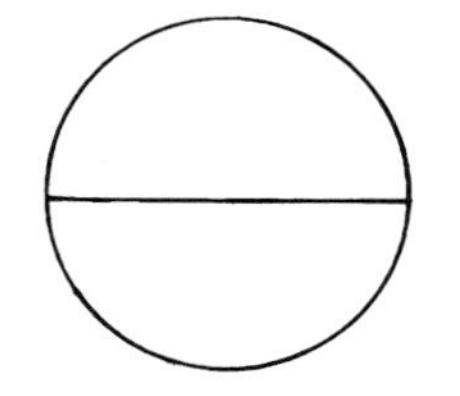
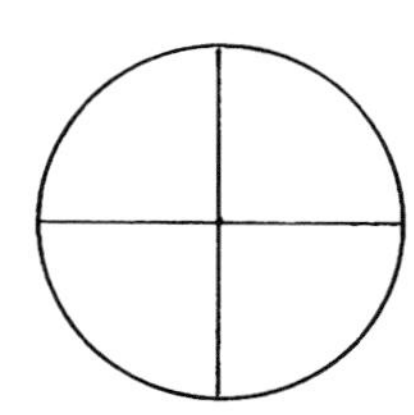
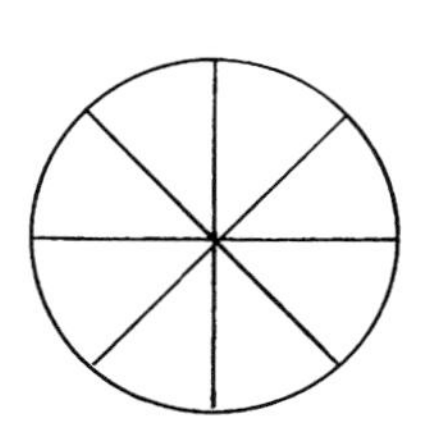
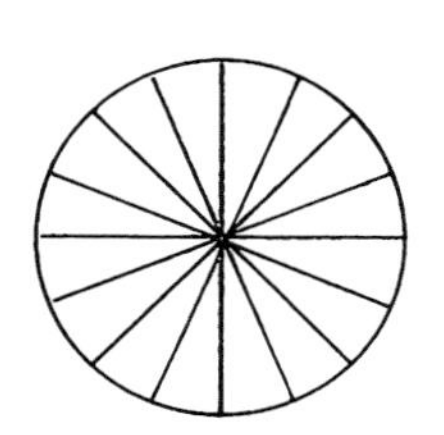

中心角の等分割

逆に，こうした総和の考え方を取りながら，荒く割って，荒く集めれば，それは近似値を求める便利な方法として使えるわけです．

例えば，輪ゴムの長さをコンパスで測ってみましょう．はじめは 3 cm 区切りで，次に 2 cm，そして 1 cm と区切りの長さを短くするほど，その合計値は輪ゴムの実際の長さに近づきます．最後に，鋏で輪ゴムを切って，その長さを測り，結果を比べてみて下さい．

こうした実測作業は，船舶免許の取得を目指す人には必須です．免許に必要な海図の分析には，より正確に，より効率良く測るために，コンパスの両方の脚が共に針になっている，**ディバイダー**を用います．船乗りにとって，三角定規とデバイダーは必携の道具なのです．

ここでは，幾何学的な例を基礎に考えましたが，微分と積分の考え方を理解しておかないと，“物の運動”を理解することは難しいのです．以後も，微分と積分については，繰り返し説明していきます．

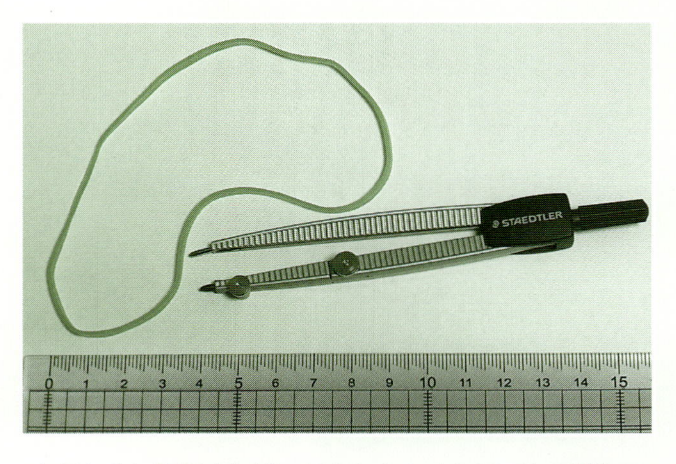

定規と共に撮影すれば，どんなものでも紙面上で測れる

19 円周率 III：方眼紙と正方形

本章では，方眼紙を使って，図形の面積を求める方法を紹介します．この方法は，簡単でしかも数学的な意味もある重要なものです．

では，方眼紙に円を描き，その内外をマス目で挟むことから，π の値に迫っていきましょう．そこには“積分の姿”が見えます．

相似の効用

方眼紙は A4，1 マス 10 mm 程度の目の粗いものを用意して下さい．先ずは，方眼紙上に単位円（半径 1）を描きます．ここでは，円と正方形（方眼のマス目）が，共に相似図形であることを利用します——このことから，単位円に対するマス目の個数を自由に選べます．

最初は「1 マス」を半径 1 と見做して，コンパスで円を描きます．ちょうど縦・横 4 マスの中央に円が位置します．

この時，面積 1 の正方形四つが，円を内部に収めているため，円の面積は 4 以下だと分かります．すなわち，単位円の面積（= 円周率）の近似値として，不等号による以下の関係を得たわけです．

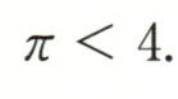

$$\pi < 4.$$

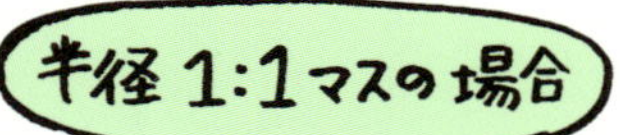

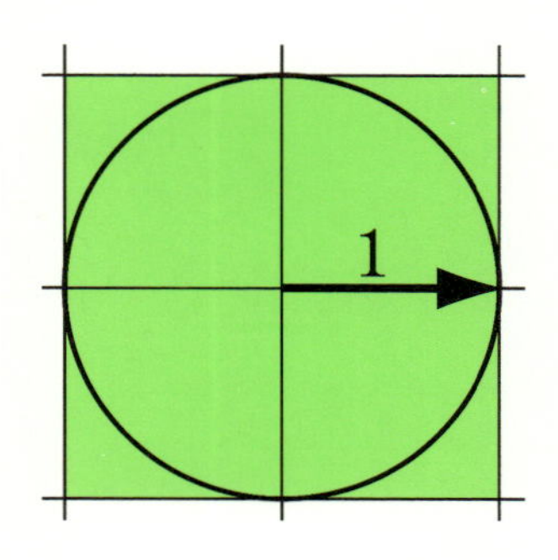

半径1：1マスの場合

これで**円周率の上限**が分かりました．僅かにこれだけのことで，「この数は決して 4 以上にはならない」ことが分かったわけです．手間に比べれば，充分な成果だといえるでしょう．

続いて，「2 マス」を半径 1 と見做しますと，16 個の正方形の中に円を描くことになります．この場合の一つの正方形の面積は，1 マスが長さ 1/2 に対応することから，その二乗である 1/4 になります．

円を包み込んでいる正方形の個数は 16 個，完全に内部にある正方形の個数は 4 個であることから，円内部の正方形の面積の総和は，$(1/2)^2 \times 4 = 1$ となります．このことから，以下の近似値を得ます．

$$1 < \pi < 4.$$

今度は，**円周率の下限**がわかりました．このように，上下を挟んでいくことが，未知の数の正体を見定めるための第一歩なのです．

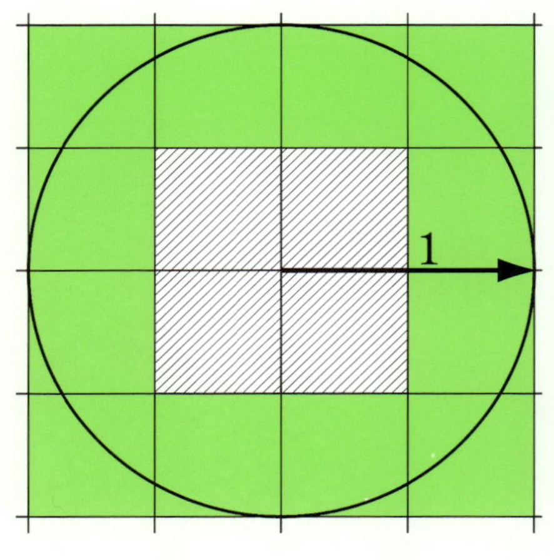

半径1：2マスの場合

大きな円の効用

同様に「5マス」を1と見れば，正方形一個の面積は，$(1/5)^2 = 1/25$ となります．円内部の正方形の個数60より下限値が，全体から「円周が横切らない外部の個数12」を引き算すれば上限値が，決まります．

$$\left.\begin{array}{ccccc} \left(\dfrac{1}{5}\right)^2 \times 60 & < \pi < & 4 - \left(\dfrac{1}{5}\right)^2 \times 12 \\ \| & & \| \\ \dfrac{60}{25} & < \pi < & \dfrac{88}{25} \end{array}\right\} \Rightarrow 2.4 < \pi < 3.52.$$

ここで，描かれた円の大きさに関わらず「半径は常に1」，円の外側を包む「全面積は常に4」であることに注意して下さい．

なお，60/25に関しては，できる約分をしていません．それは，二数の分母を25に揃えた方が，大きさの比較がしやすいからです．

A4・10 mm方眼紙に限定すれば，円全体が描けるのは「9マス」を1とする場合までです．しかし，ここまでの図から明らかなように，正方形が縦横二方向に対して対称な形をしているため，全体の1/4を描き，その結果を四倍すればいいことが分かります．

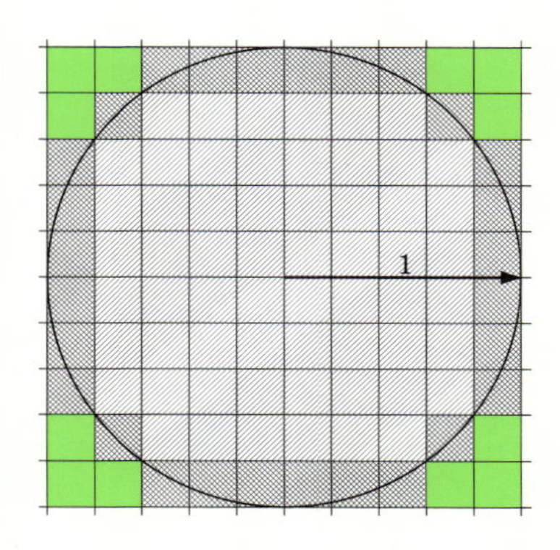

半径1：5マスの場合

この方法を採用すれば，「18 マス」を 1 とする円の 1/4 を描くことで，近似値を求めることができます．その結果は

$$\left(\frac{1}{18}\right)^2 \times 234 \times 4 < \pi < 4 - \left(\frac{1}{18}\right)^2 \times 55 \times 4$$

$$\frac{234}{81} < \pi < \frac{269}{81}$$

となります．ここで，上限・下限の平均値を近似値として採用すれば，より近い値：503/162 = 3.104… が得られます．

このように，半径 1 に対するマス目を増やせば増やすほど，得られる値は円周率に近づいていきます．内側と外側から，次第に円に肉薄していく正方形の大集団を楽しんで下さい．

この方法でもっとも大切なところは，これまでの実験的な方法とは異なり．求めるべき値を不等号によって上下から挟んでいるため，“確実に獲物を手にすることができる”ところです．

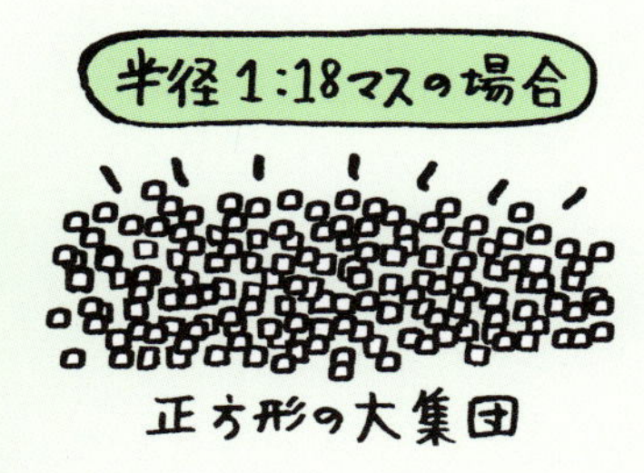

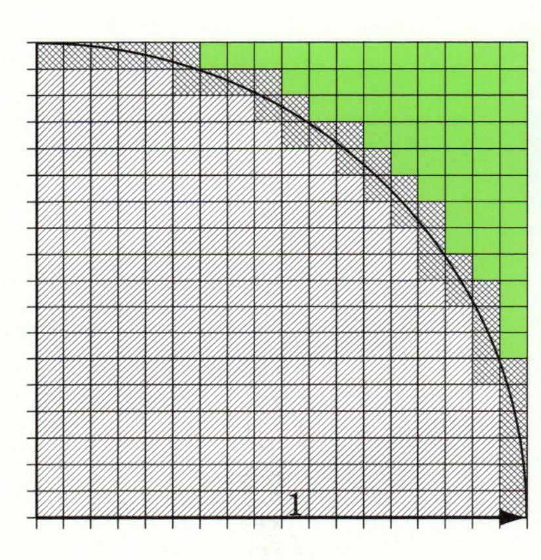

半径 1：18 マスの場合

分数Ⅰ：二階建ての数

ここまで，何も考えずに使ってきた分数ですが，さて分数とは如何なる数か，如何なる働きがあるのか，先ず，頭に浮かぶのは何ですか．

やれ約分だ通分だと，小数に比べれば，確かに複雑で面倒な数かもしれません．そこで少し脇道に逸れて，分数の意味を考えてみます．

分数の仕組

分数は，見た目からして，既に他の数とは異なっています．分数は，横棒を挟んで上下に位置する二つの要素からなる**二階建ての数**です．

その要素については，特に制限は無く，負の数でも，小数でも，横棒の上下に配置されれば，“分数の表記”にしたがったものと考えられますが，ここでは皆さんに馴染みのある形式のものだけを扱います．

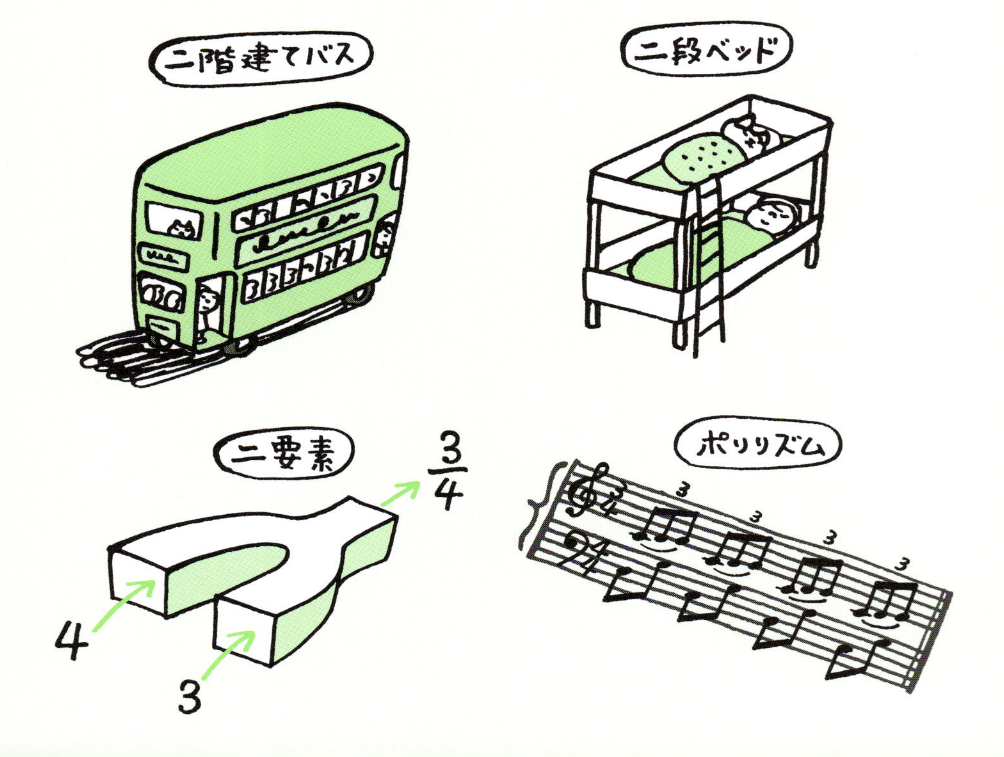

分数は，二つの数から，新たな数を定めているわけですから，“三つの数を関連附ける仕組”とも考えられます．例えば，分子を3，分母を4と取りますと，一つの値，小数で表せば0.75が決まります――分数とその“値”を区別するために，これを小数で表しました．

すなわち，二つの入力に対して，一つの出力があるわけです．これは，次のような図式で表すことができます．

入力 **1** →
[分数] → 出力
入力 **2** →

その計算方法まで含めるならば，分数の働きを記号 F で表して

$$F(\text{入力}\,\mathbf{1},\ \text{入力}\,\mathbf{2}) := \text{入力}\,\mathbf{1} \div \text{入力}\,\mathbf{2}$$

と記すことができます．この表記によれば，分子3，分母4の分数は $F(3, 4)$ となり，分数同士の足し算も，次のような形式で表せます．

$$F(3,4) + F(1,2) = F(5,4) \iff \left[\frac{3}{4} + \frac{1}{2} = \frac{5}{4}\right]$$

もちろん，このような書き替えをしても，計算が簡単になるわけではありません．しかし，一つの工夫，普通とは異なる面白い表現として試してみると，分数の仕組が見えてくることもあるのです．

分数を難しいと感じる人は，その仕組よりも式の運用，処理の手続きを重視しているのではないでしょうか．計算の技法だとか，語呂合せ的な暗記法だとかに頼ることが，むしろ理解を困難にしていると思います．何事に関しても，表面的な処理方法だけではなく，内部の仕組まで知らなければ，本質的な理解には届かないでしょう．

比と分数

続いて，分数と比の関係を調べます．物を分割する時，その分け方，割合が問題になります．この割合を表現する一つの方法が**比**です．

二等分すれば両者は同じ割合，すなわち，その比は等しくなります．これを一対一，あるいは**コロン**記号を用いて，「1：1」と表現します．

例えば，テレビ画面の横・縦の比は「16：9」，昔は「4：3」でした．

一般に，「$a:b$」という比が与えられた時，a 割る b，すなわち，分数 $a/b\left(=\dfrac{a}{b}\right)$ により定まる値を**比の値**といいます——a, b の順序が大切です．テレビ画面の場合なら，$16/9=1.77\cdots$ が比の値です．

ここで，コロンから分数へと続く記号の連鎖：

$$a:b \;\Rightarrow\; a/b \;\Rightarrow\; \frac{a}{b}$$

に注目して下さい．点々が斜線に，さらに回転して横棒になりました．

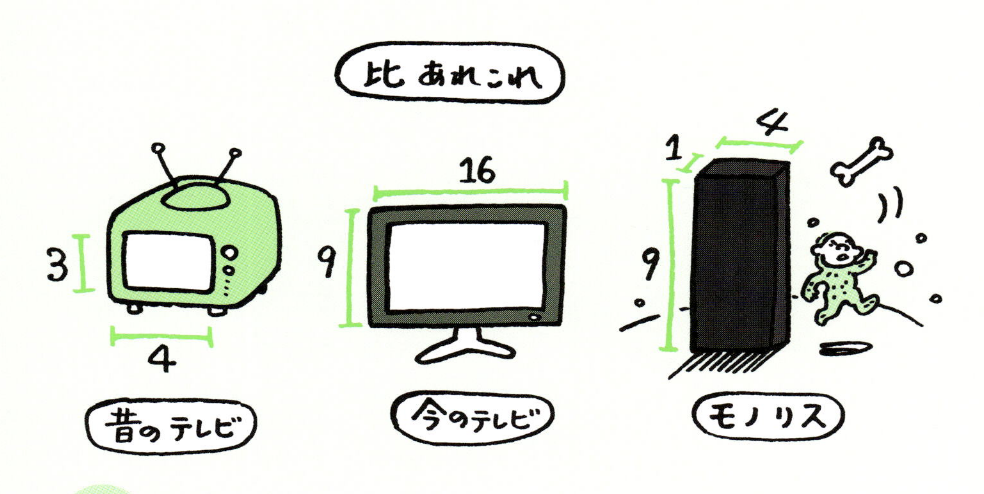

この流れを逆にします．特に通分可能な分数の場合，分子・分母に共通の数が隠れているはずですが，これを k とおき，$a = ka'$, $b = kb'$ という下準備をして，逆順に並べ替えれば，次の関係が得られます．

$$\frac{a}{b} = \frac{ka'}{kb'} \quad \Rightarrow \quad ka'/kb' \quad \Rightarrow \quad ka' : kb'.$$

これは比の値が，分数同様に“約せる”場合があることを示しています．例えば，15 : 10 の場合なら，5 × 3 : 5 × 2 より，3 : 2 となります．

また，等しい比の値を持つ二式は，これを等号で結ぶことができて

$$a : b = c : d$$

と表せます．前例を用いれば，等式：15 : 10 = 3 : 2 が成り立つわけです——確かに比の値：15/10 = 1.5，3/2 = 1.5 も一致しています．

さらに，表記を分数に変え，両辺に bd を掛けることで分母を払って

$$a : b = c : d \text{ より，} \frac{a}{b} = \frac{c}{d}. \quad \text{さらに，} ab = bc$$

を得ます．これは，比の式において，等号を挟んでこれに近い二数の積：bc と，遠い二数の積：ad が等しいことを表しています．

約分と情報

以上から明らかなように，二つの要素それぞれが，実質的な意味を担っている場合，安易にこれを約分すべきではありません——数の表記が簡潔になる代償として，元々の意味を失ってしまいます．

例えば，「8 人中 6 人」と「1000 人中 750 人」とでは，賛成の比率が同じだとしても，会議の規模が違い過ぎて，同列には扱えません．

すなわち，分子・分母に具体的な意味がある場合には

$$\frac{6}{8},\quad \frac{750}{1000} \;\underset{\not\longleftarrow}{\longrightarrow}\; \frac{3}{4} \;\underset{\not\longleftarrow}{\longrightarrow}\; 0.75$$

は互いに異なる，と考える必要があります．これを，小数 0.75 にまで変形してしまっては，元の情報は完全に失われてしまいます．下段に示しましたように，矢印を逆向きに辿ることは不可能なのです．

物理学に，**エントロピー**という考え方があります――“乱雑さの度合い”とも呼ばれています．例えば，砂糖と水が個別にある状態はエントロピーが小さく，砂糖水になるとエントロピーは大きくなります．混合物よりも個別状態の方が，より価値が高いと考えるのです．

すべての自然現象は「エントロピーが大きくなる方向へ，乱雑さを増す方向へと推移する」と考えられています．そして，これは“情報の価値”という考え方へ拡張されています．すなわち，自然現象は，その価値を次第に失う方向へ推移しているとも言えるわけです．

この意味で，各要素の内容をそのまま記した分数は，情報としての価値が高く，約分した結果は価値が低いということになります――“価値が低い小数”の計算が楽なのは，当たり前かもしれません．

しかし，これらのことを逆に考えれば，一つの値を定める分数の表記が，無限に存在することが改めて分かります．ここに分数の面白さがあります．この点を，もう少し掘り下げてみましょう．

21 分数II：式変形とグラフ

数の相互関係，その仕組を知るためには，数全体を“一望の下に見渡す”必要があります．そのためには，幾何学の手法が役立ちます．

幾何学的な舞台を作り，その上で存分に踊って貰うのです．その身のこなしは，**グラフ**と呼ばれる曲線によって見事に活写されます．

舞台を作る

先ずは，数直線を二本用意し，ゼロ点を互いに重ねて直交させます．数直線により四分割された無限に拡がる平面が“舞台”になります．

この舞台を**座標系**，より詳しくは**平面座標系**，あるいは，二次元直交座標系と呼びます．そこでの位置を表す二数の組を**座標**，二数が共にゼロになる点を原点，基準となる数直線を**座標軸**といいます．

座標軸の名称は，水平方向を x 軸，垂直方向を y 軸と定めたものが多用されています．四分割された領域は，反時計回りに，第一象限，第二象限，第三象限，第四象限と呼ばれています．

名称	x	y	名称	x	y
第二象限	負	正	第一象限	正	正
第三象限	負	負	第四象限	正	負

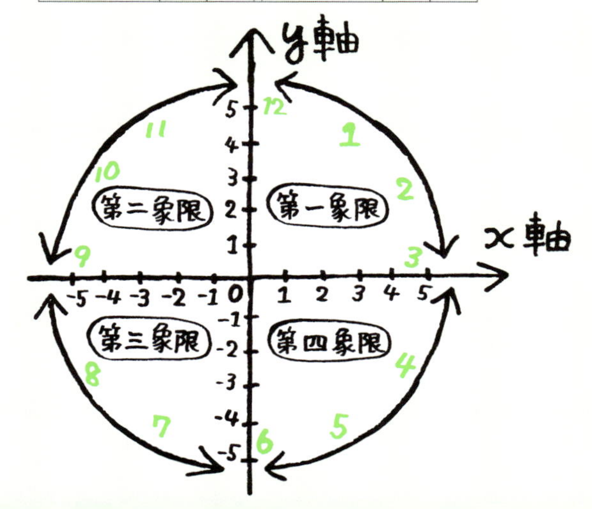

線の傾きと分数

では，座標系を用いて，分数を幾何学的に表現してみましょう．分数の分子を y 軸に，分母を x 軸に割り当てます．この二点から座標軸に水平・垂直に伸ばした線の交点は，元の分数の値を示しています．

以上の準備の下で，次の分数を記します．

$$\frac{1}{1},\quad \frac{2}{2},\quad \frac{3}{3},\quad \frac{4}{4},\quad \frac{5}{5},\quad \frac{6}{6},\cdots$$

図から明らかなように，これらはすべて値 1 の分数であり，右上がり 45 度の直線上に乗っています．逆に，この線は“分子＝分母”であるすべての分数により，描かれたものだとも言えるわけです．

ここで，分母に水平方向，分子に垂直方向の距離を割り当てますと，この分数の値は，階段の勾配を定めていると考えられます．この値を，線の**傾き**と呼ぶことにします．この場合なら，傾きは 1 であり，角度では 45 度ということになります．

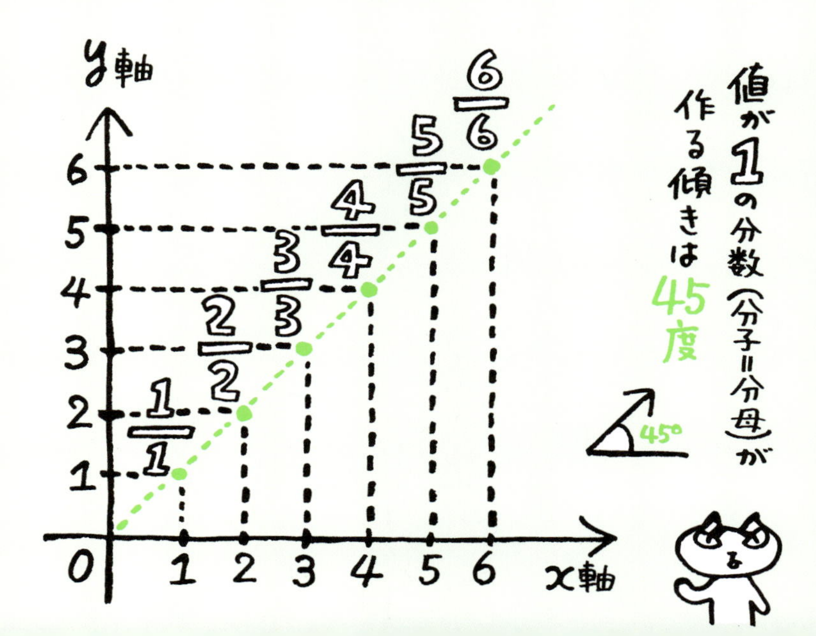

この議論は，幾らでも続けることができます．例えば

$$\frac{1}{2},\quad \frac{2}{4},\quad \frac{3}{6},\quad \frac{4}{8},\quad \frac{5}{10},\quad \frac{6}{12},\cdots$$

ならば，これらの分数の値はすべて 0.5 であり，横に 2 進んだ時，1 だけ上がる傾きの線上に乗っています．すなわち，戯れに引いた一本の線の上にも，同じ値を持った分数が無限に存在しているわけです．

逆に，傾きが与えられた場合，それは分数によって表現できます．ただし，分母がゼロ，すなわち，y 軸に平行なものは表せません．

比例と逆比例

このように，直線上に乗った二数の関係を，**比例**（proportion）と呼びます．“線”の上という幾何学的イメージを借用して，**線型**（linear）ともいいます．また，この時の傾きを**比例定数**と呼びます．

要するに比例とは，a が二倍になれば b も二倍に，三倍になれば三倍になるという二数 a, b の関係であり，その間に入った比例定数が，「二倍」「三倍」という部分を調整するという仕組になっているのです．

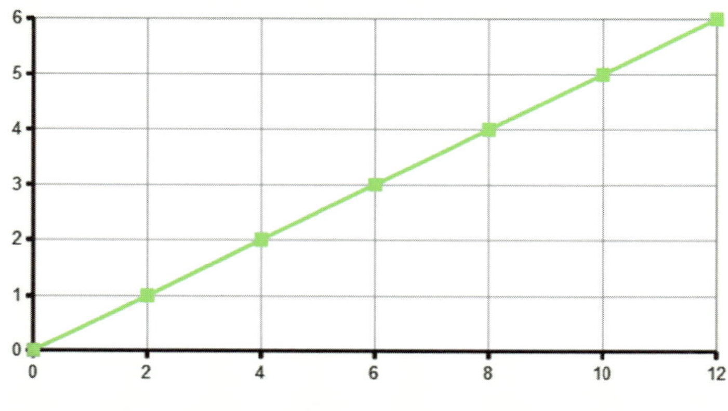

正比例のグラフ

以上の関係を，分数の形式を借りて書きますと

$$b = \text{比例定数} \times \frac{a}{1}$$

となります．もちろん，これは $b =$ 定数 $\times\, a$ と表せばよいのですが，この不思議な表記には，次に続く意図があります．

二倍になれば半分に，三倍になれば三分の一になる二数の関係を考えたいのです．それは，上の表記と同様の形式で

$$b = \text{比例定数} \times \frac{1}{a}$$

と表せることが直ぐに分かるでしょう．

ある数に対して，掛けて 1 になる数を，その数の**逆数**と呼びます．2 に対しては 1/2 が，3 に対しては 1/3 が，一般に a に対しては $1/a$ が a の逆数に，同時に $1/a$ に対しては a が逆数になります．

この表現を用いれば，上の式は**逆数に比例している**と表現できます．これを縮めて**逆比例**，あるいは反比例と呼びます．

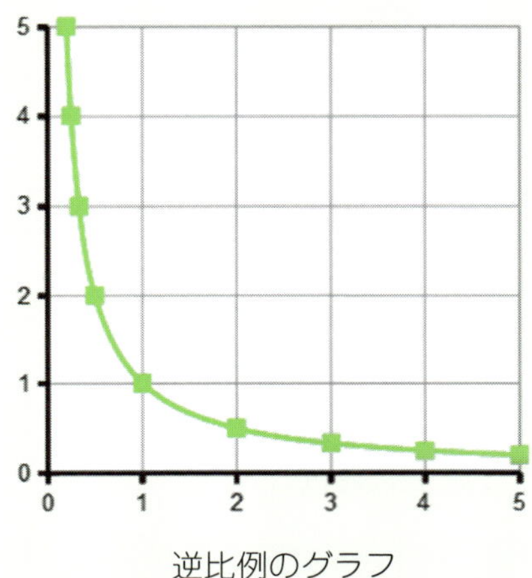

逆比例のグラフ

反比例の方がより一般的ですが，“反”の語感は定義に沿っていません．英語においても，“反”に対応する語ではなく，“逆”に対応する“inverse”を用いて，“inverse proportion”と表されています．

後で，二乗に比例する場合も，二乗分の一に比例（これは**逆二乗に比例**ともいわれます）する場合も登場します．

変化と不変

分数が導く数の関係について，さらに調べていきましょう．先ずは，ゼロではない三つの数を，記号 V, I, R で表します．そして，これらに，$V = IR$ なる関係があるとします．この時，三数の関係として

(1)：二つの数が決まれば，残る一つの“数”が自動的に決まるもの
(2)：一つの数が決まれば，残る二つの“数の関係”が決まるもの

の二種類が考えられます．これを順に調べましょう．

最初の関係（1）は，例えば，右辺の二数が決まれば左辺が決まる，という当たり前のことを述べているだけです．問題は（2）です．

数学全般において，「～の値を一定にする」「～を定数とする」「～を固定する」という表現は，すべて同じ意味：“不変”を持っています．逆に，「～」の部分以外には“変化”の可能性があるわけです．すなわち，それは「一定でなく」「定数でなく」「固定されて」いません．

例えば，$V = IR$ において，V を固定すれば，I と R は逆比例します．同じく，$V = IR$ において，I を固定すれば，V と R は比例します――この時，I は比例定数の役割を果たします．同様に，R を固定すれば，V と I は比例し，R が比例定数になります．

分数とグラフ

以上のことを整理して，グラフを描いてみましょう．

先ず，水平方向にR，垂直方向にIを取りましょう．このとき，$V = IR$において，Vを固定した状況とは，R, Iを二辺とする長方形の面積Vが一定である場合と考えられます．したがって，Vの大きさは，どちらの座標軸上にも直接的には現れません――“見るために描く”グラフですが，“見えないもの”も大切だというわけです．

このように，面積が一定値を取るように図形を変形する方法を**等積変形**といいます．これは，逆比例の図形による表現と考えられます．

ただし，R, Iが長さの次元を持たない場合は，軸は空間的な位置を与える基準ではなく，積Vも長さの二乗の次元を持ちません．また，Vが負になる場合でも，これを面積の名で呼びます．純粋な数の関係に，直観を刺激する座標や図形を持ち込んだために生じた問題ですが，本質を理解していれば，それほど混乱するものではありません．

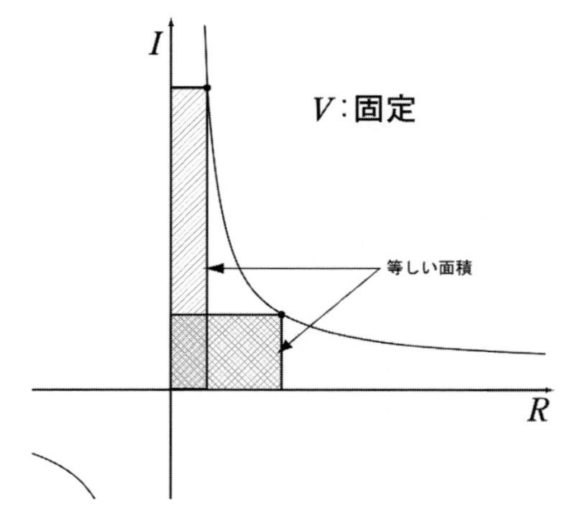

$I \cdot R$のグラフ

水平方向に R，垂直方向に V を取り，I を固定した場合には，V, R が比例することから，座標平面上に傾き I の直線のグラフが描かれます．水平方向に I，垂直方向に V を取り，R を固定した場合も同様に，I と V の比例関係から，傾き R の直線のグラフになります．

何れの場合も，グラフは第一象限にあれば，第三象限にも同じ形のものが写されます．第二象限にあれば，第四象限にも写されます．このことは，座標の正・負の組合せを考えれば分かるでしょう．

式変形の基礎

このように，一つの分数を採り上げても，関連する数の「どれを固定したものと考えるか」で，その意味するところは変わってきます．重要なことは，式変形の結果を覚えることではなく，式の意味を理解すること，全体の関係について考えることです．

結果を丸ごと覚えること”は，その背後にある理論について **“分かる機会を丸ごと失うことだ”** と考えて下さい．覚えるべきことは，導けないものが最優先です．覚えるべきことと，導くべきことの区別を先ず考え，両者を取り違えないように，最大の注意を払って下さい．

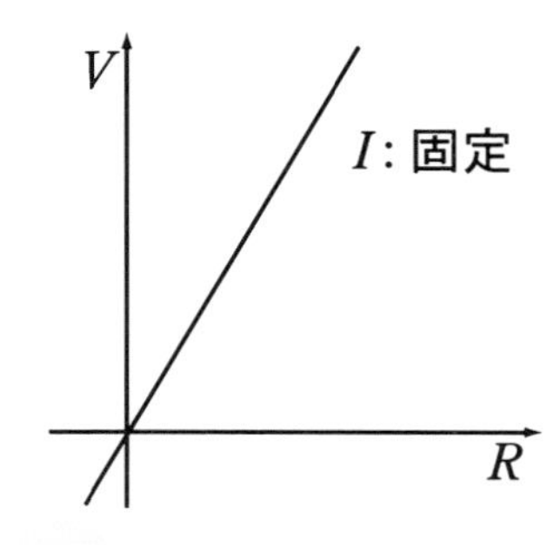

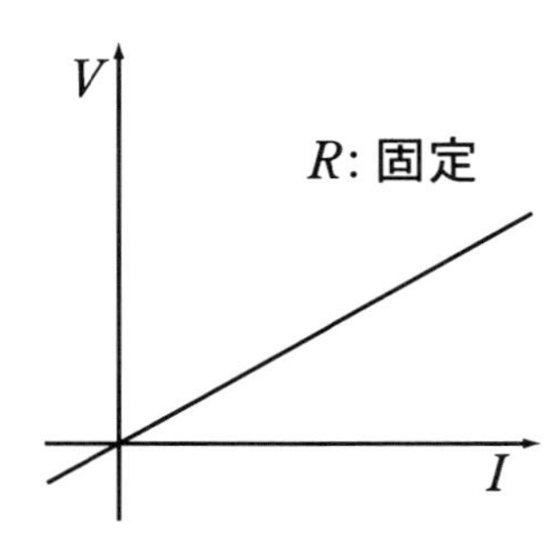

$V \cdot R$ のグラフ

例えば，$V = IR$ を元にした，次の式変形：

$$V = IR \text{ の両辺を } I \text{ で割れば，} \frac{V}{I} = R,$$
$$V = IR \text{ の両辺を } R \text{ で割れば，} \frac{V}{R} = I$$

で互いに移り変わる三つの形式：

$$V = IR, \quad R = \frac{V}{I}, \quad I = \frac{V}{R}$$

は，言うまでもなくまったく同等の内容を持っています．

ただし，数学的な内容，あるいは物理的な意味に応じて，選ばれる形式は変わります．また，ゼロを含む数の場合には，その説明があるはずです．そうした前提を把握した上で，自ら「両辺を〜で割れば……掛ければ」と変形をして，答を導いていくことが大切です．

22 三角関数Ⅰ：影を追い影を測る

さて，再び単位円の中に描かれた正多角形の話題に戻りましょう．本章では，単位円の半径が作る影を追っていきます．

回転する半径が作る影

単位円の半径を，一本の棒に見立てて反時計回りに回し，その影を測ってみましょう．影が影であるためには，地面なり壁なり，それが映る対象が必要です．光があり，それを遮る物があり，そしてそれを映す場所がなければ，影は存在することができません．

半径の影を映す枠組，すなわち，座標系を決める必要があります．

ここでは，平面座標系を用います．光は，水平方向の x 軸，垂直方向の y 軸に沿って，平行に入るものとします．角度の始点としては，x 軸の正方向を取ります．また，x, y は座標軸の名称であると同時に，二つ組：(x, y) によって，平面上の点を指定するためにも用います．

単位円と座標軸の交点は，$(1, 0)$ からはじまり，反時計回りに $(0, 1)$, $(-1, 0)$, $(0, -1)$ と続きます．なお，原点は $(0, 0)$ です．

では，はじめます．座標軸に平行な光線により作られる影ですから，その長さは 1 以下です．実体より長い影はできません．また，これはそのまま，「直角三角形の辺の比」を求めることでもあります．

この場合，斜辺は単位円の半径なので，その長さは常に 1 です．

底辺は，その名に相応しく，x 軸上に取りましょう．

辺の比として，「対辺：斜辺」「底辺：斜辺」「対辺：底辺」の三種類が考えられますが，斜辺の長さは 1 なので，「対辺：斜辺」の比は，対辺の長さそのもの，すなわち，y 軸に映る影の長さになります．

同様に，「底辺：斜辺」の比は，x 軸に映る影の長さに，「対辺：底辺」は，これら二軸に写る影の長さの比になります――この辺りは，既に分数の性質として調べてきたことが活用できます．

辺の比が決まれば，三角形の形が一つに決まり，角度も一つに決まります．そこで，斜辺（半径）と x 軸の間の角を θ で表して，両者の具体的な関係を探っていくことにしましょう．

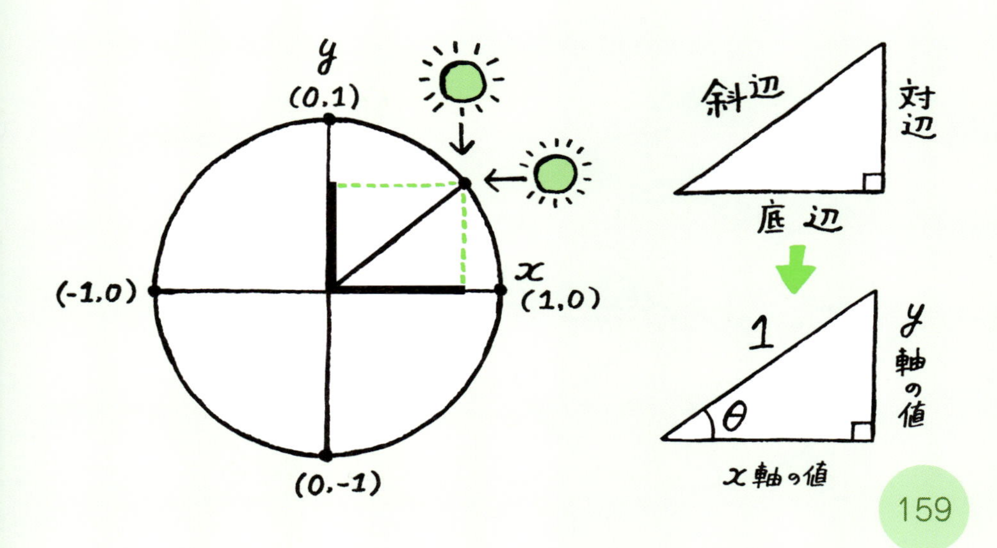

円と三角形

さて，この三角形を x 軸を対称軸にして反対側へ複写し，その結果を，今度は y 軸を対称軸にして反対側に複写しますと，四つの合同な直角三角形による“蝶ネクタイ”のような形ができます．四つの合同な図形が，四つの象限に一つずつ配置されているわけです．

図において，「対辺：斜辺」を意識しながら，半径を一回転させますと，この間に四回，y 軸上に同じ長さの影が差すことに気が附きます．そこで，「一つの三角形の辺の比」という制約から出て，連続的に変化する θ に応じて，四つの象限，四つの三角形に移っていきます．

この時，同じ影の長さが生じるのは

$$\theta, \quad 180^\circ - \theta, \quad 180^\circ + \theta, \quad 360^\circ - \theta$$

という四つの場合です．ただし，後半の二例は，長さとしては同じですが，第三，第四象限における影なので，座標は負の値になります．

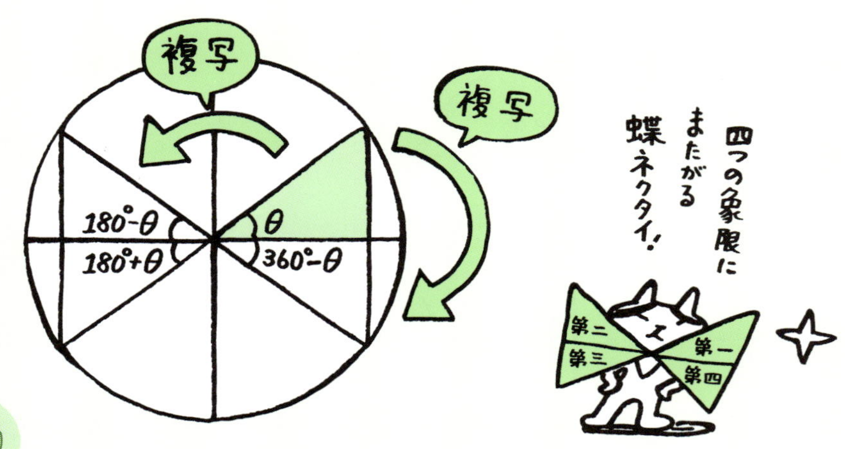

さらに，θを動かして，蝶の羽を閉じたり開いたりしてみましょう．羽の全閉，全開時に何が起こるでしょうか．それは，三角形の存在そのものが無効になる角度，$\theta = 0°, 90°$ について調べることです．

先ず，$\theta = 0°$ は羽を閉じた状態，三角形が潰れて，y 軸の影の長さが 0 になっている状態です．これを，四つの角度に当てはめますと

$$\mathbf{0°},\quad 180° - 0° = \mathbf{180°},\quad 180° + 0° = \mathbf{180°},\quad 360° - 0° = \mathbf{360°}$$

となります．よって，$\theta = 180°$ の場合もまた，影は存在しません．

次に，$\theta = 90°$ は両側の図形が合流して，羽が開いた状態です．y 軸の影の長さは 1，これは実体そのものです．先の場合と同様に

$$\mathbf{90°},\quad 180° - 90° = \mathbf{90°},\quad 180° + 90° = \mathbf{270°},\quad 360° - 90° = \mathbf{270°}$$

より，$\theta = 270°$ の場合もまた，影の長さは 1 になります．

以上，二つの特殊な場合（羽の全閉・全開時）には，異なる四種類の角度が重なって，二種類に減じます――このように，複数の状態が重なっていることを，**縮退している**ということがあります．

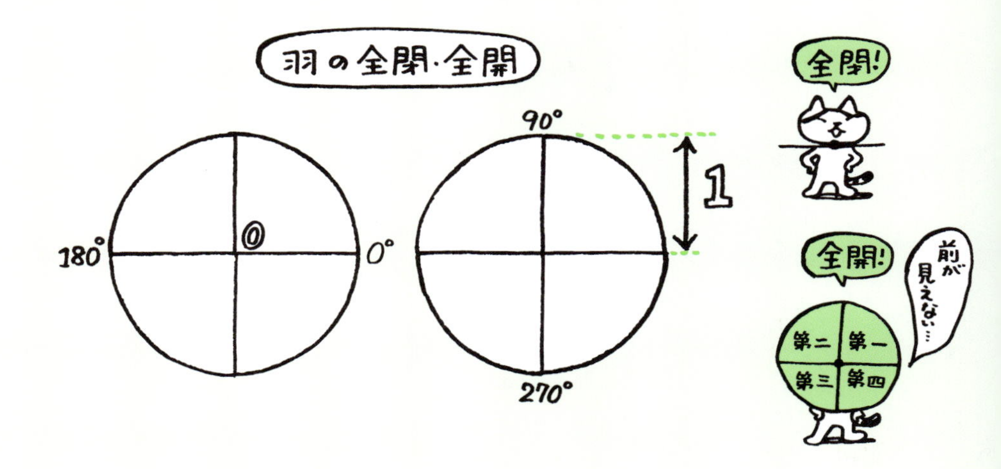

三角関数

ここで，「対辺：斜辺」の比と，角度 θ を結ぶ記号として

$$\sin\theta := \frac{対辺}{斜辺}$$

を**定義**しましょう．これは「sin」の三文字で一つの記号です――読みはサイン（sine）です．今，斜辺の長さは1なので，「$\sin\theta =$ 対辺の長さ」が成り立ちます．また，影の長さが実体を超えることはないので

$$-1 \leqq \sin\theta \leqq 1$$

であることが，直ぐに分かります．

さて，ここまでに得た結果から，辺の比と角度の関係は第一象限，すなわち，「0度から90度まで」を調べれば，後は複写できることが分かります．そして，それは一つのグラフとしてまとめられます．

ここでは，半径が回転する中での細かい値までは分かりませんが，半径の動きに連れて，滑らかに値が変化することは問題の性質上明らかなので，グラフも滑らかなものになると予想できます．

同様にして，x 軸に影を落とす関係を

$$\cos\theta := \frac{底辺}{斜辺}$$

により定義しますと，sin と類似した結果が導かれます――「cos」はコサイン（cosine）と読みます．この場合も，以下が成り立ちます．

$$-1 \leqq \cos\theta \leqq 1.$$

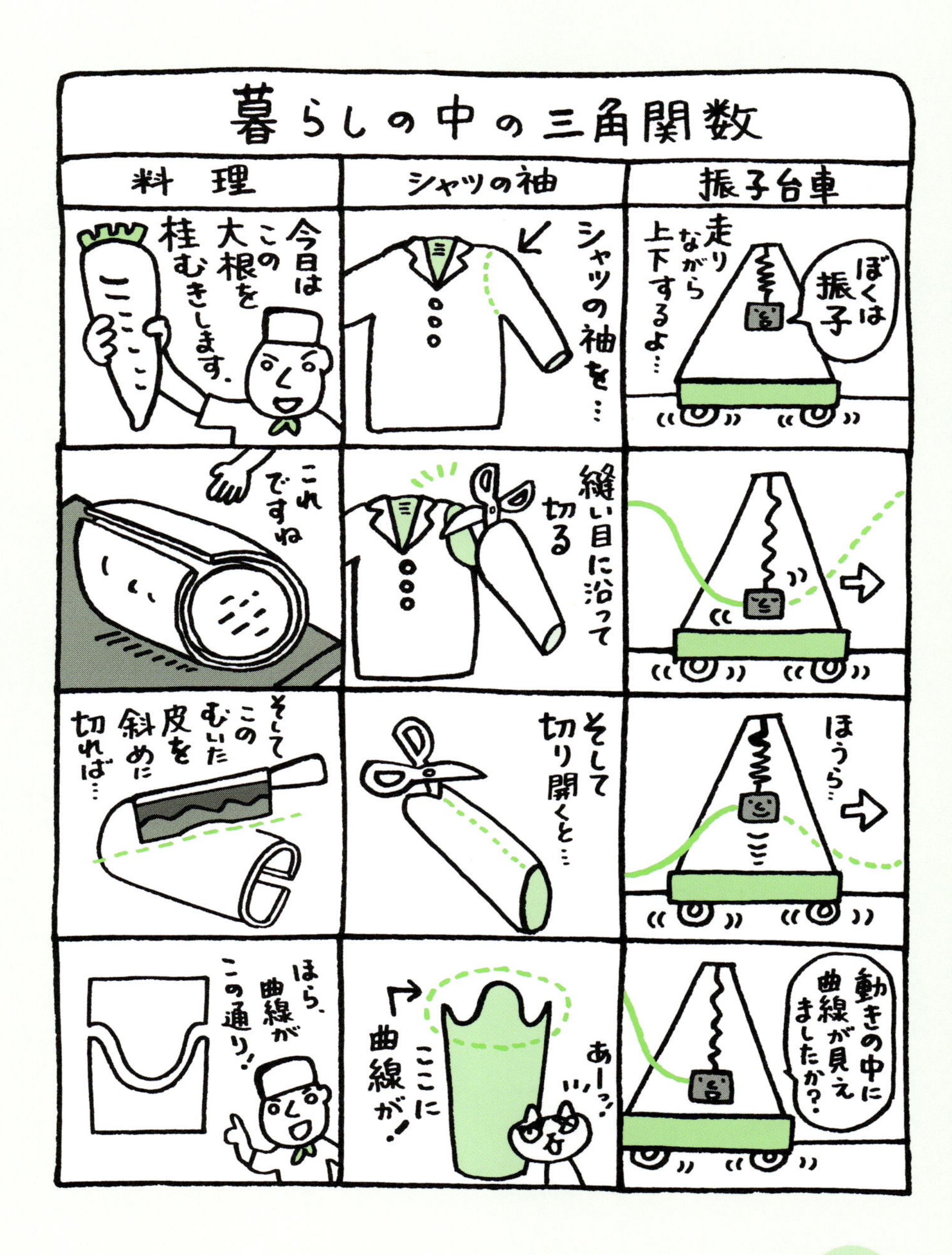
暮らしの中の三角関数
料 理
シャツの袖
振子台車
今日はこの大根を桂むきします。
シャツの袖を…
走りながら上下するよ…
ぼくは振子
これですね
縫い目に沿って切る
そしてこのむいた皮を斜めに切れば…
そして切り開くと…
ほうら…
ほら、曲線がこの通り!!
ここに曲線が!
あーっ!
動きの中に曲線が見えましたか?

同じ長さが登場するのは四回，当然，その角の大きさは同じですが，値の正・負が異なります．x 軸に落ちる影が，正の値を取るのは第一象限と第四象限，負の値を取るのは第二，第三象限になります

最後は「対辺：底辺」です．その定義は

$$\tan\theta := \frac{\text{対辺}}{\text{底辺}}$$

です――「tan」はタンジェント（tangent）と読みます．これは前二例と異なり，連続的な変化が，$\theta = 90°$ において途絶えます．

以上，角度と辺の比の関係を表す

$$\sin\theta, \qquad \cos\theta, \qquad \tan\theta$$

をまとめて**三角関数**といいます――もちろん，変数は θ に限らず，x など何であっても構いません．辺の比から定義された三角関数（特にタンジェント）には，分数の性質が強く反映しています．

なお，関数とは「ある値に対して，対応する値が唯一つ定まる関係」を指す言葉なので，複数の値を取る場合には用いません．

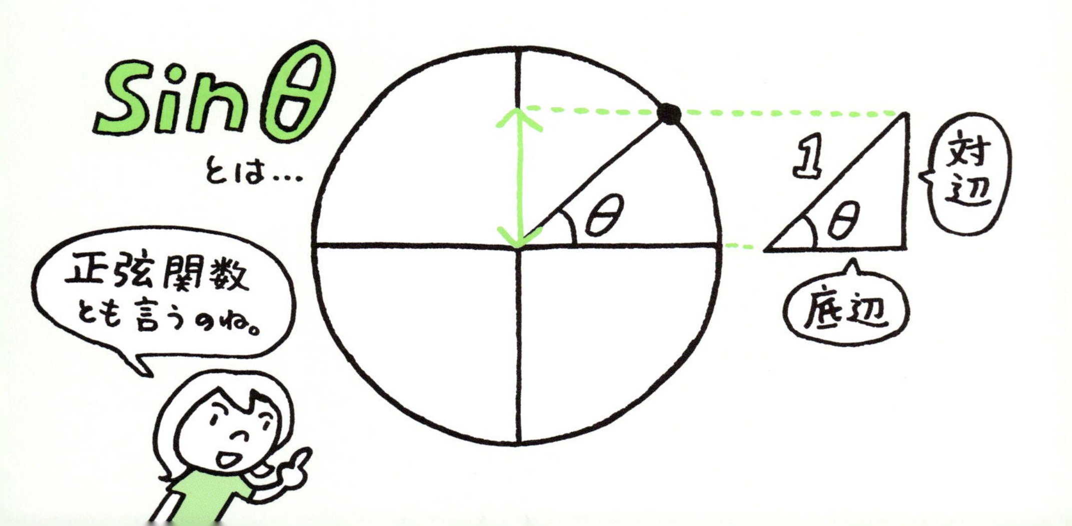

分子・分母を決めれば，分数の値は唯一つ決まりますが，逆は成り立ちません．この反映として，三角関数は確かに関数ですが，値を決めても対応する角は唯一ではないため，逆は関数にはなりません．

また，三角関数は三つ一組の形式にはなっていますが，グーチョキパーのような所謂“三竦み”ではありません．三者が同じ格を持った「正三角形的な関係」ではなく，$\sin\theta$, $\cos\theta$ だけを同格と見た「二等辺三角形的な関係」になっていることを，常に意識して下さい．

ところで，先に調べた通り，$\theta = 0°$, $90°$ においては，三角形そのものが存在しません．しかし，影の長さは連続的に変化していきます．したがって，影の長さの変化は三角形以上に，単位円と深く関わっているのです．この意味から，三角関数は**円関数**とも呼ばれています．

三角形と円の密接な関係が，ここにも現れているわけです．なお，サインは**正弦**，コサインは**余弦**，タンジェントは**正接**とも呼ばれます．

円との関係，台車の運動による再現などから，容易に想像することができるように，三角関数は，回転運動や振子の力学と極めて密接に関わっています．

この問題は，これ以降，各所において，少しずつ少しずつ示していきます．

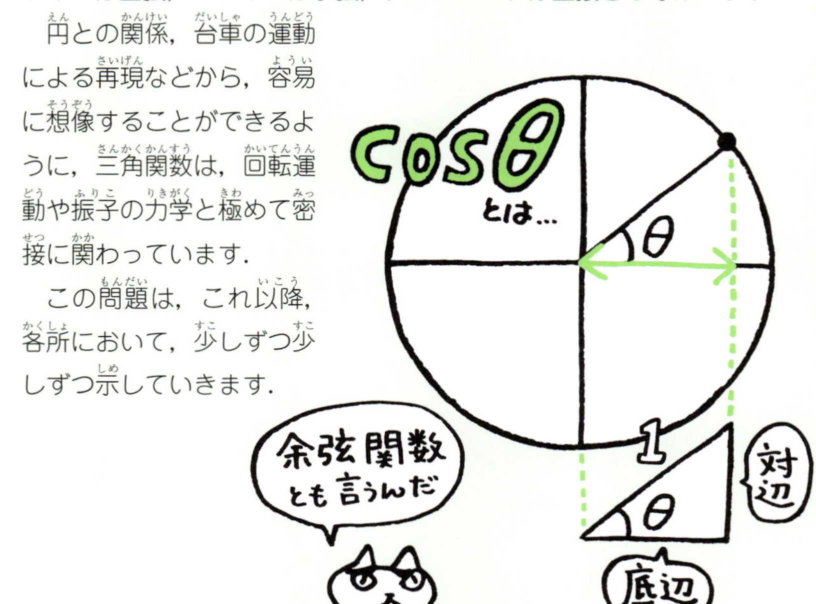

23 三角関数 II：近似とグラフ

三角形の辺の比からはじめて，三角関数を定義しました．本章では，三角関数の相互関係から，そのグラフまでを調べていきます．

相互の関係

三角関数の相互関係を調べていきましょう．これによって，各関数の本質が鮮明になります．先ず，対辺と斜辺が，$\sin\theta, \cos\theta$ によって

$$\text{対辺} = \text{斜辺} \times \sin\theta, \qquad \text{底辺} = \text{斜辺} \times \cos\theta$$

と書き換えられることを利用すれば，$\tan\theta$ は

$$\tan\theta = \frac{\text{斜辺} \times \sin\theta}{\text{斜辺} \times \cos\theta} = \frac{\sin\theta}{\cos\theta}$$

という形に変形できます．このことから，$\tan\theta$ については，$\sin\theta, \cos\theta$ を調べることで，大半の情報が得られることが分かります．

次に，$\sin\theta, \cos\theta$ ですが，両関数は直角三角形の直角以外の二つの角の選び方によって，互いに入れ替わる性質を持っています．例えば，$\theta = 30°, 60°$ の場合，底辺を a，対辺を b，斜辺を c とおけば

$$\sin 30° = \frac{b}{c} \quad = \quad \cos 60° = \frac{b}{c}.$$

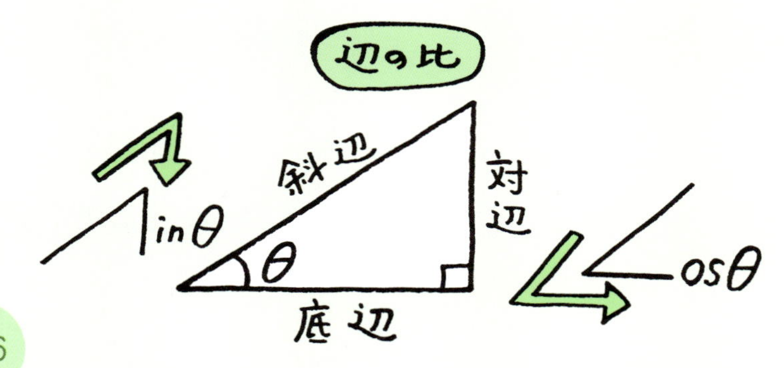

そこで，この関係にヒントを得て，以下のような変形：

$$\sin 30^\circ = \cos(90^\circ - 30^\circ) \text{ より，} \sin A = \cos(90^\circ - A)$$

をしてみたくなります．実際，右式が一般的に成り立つことは，具体的に図を描いて，対応する各要素を入れ替えれば直ぐに分かります．

次に，定義にまで戻って，二乗の和：

$$(\sin\theta)^2 + (\cos\theta)^2 = \left(\frac{\text{対辺}}{\text{斜辺}}\right)^2 + \left(\frac{\text{底辺}}{\text{斜辺}}\right)^2 = \frac{(\text{対辺})^2 + (\text{底辺})^2}{(\text{斜辺})^2}$$

を計算してみましょう．ここで，“三平方の定理”を思い出せば，分子と分母が等しいことが分かります．すなわち，θによらない関係：

$$\sin^2\theta + \cos^2\theta = 1$$

を得ます．なお，三角関数に限り，二乗を関数側に寄せて書きます．その理由は，もし$\sin\theta^2$と書けば，それは“θ^2のサイン”を意味し，全体の二乗である$(\sin\theta)^2$とは読めないからです．

以上の結果から，三角関数が取る値について詳細に知りたければ，この二つの関数のどちらか一方（例えば，$\sin\theta$）を，$0^\circ \leqq \theta \leqq 90^\circ$の範囲で徹底的に調べればよいことが分かります．

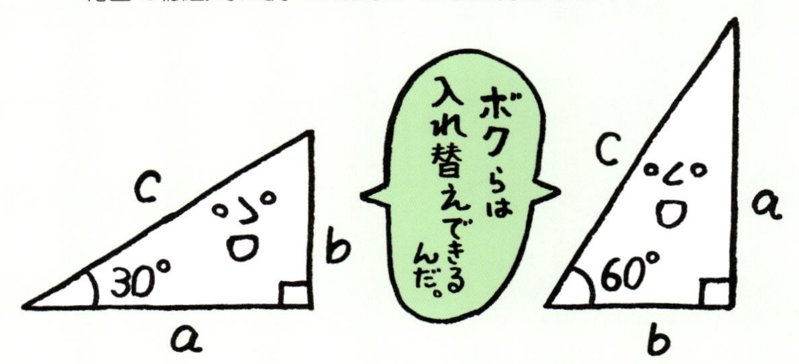

近似の関係

そこで，その $\sin\theta$ の定義に話を戻しましょう

前章の“蝶ネクタイ”の図において，単位円の右半分を見れば，定義の元になった三角形が x 軸を対称軸にして複写されています．

この二つの三角形の全体を見れば，対辺の長さの和が，単位円の弦になっていることがわかります．よって，その長さは $2\sin\theta$ です．

一方，その弦の中心角は，これも三角形二つ分の 2θ となり，単位円の場合には，これはそのまま弦が切る弧の長さになります．

そして，中心角が小さいとき，すなわち，短い弦・短い弧に対しては，弦と弧の長さの差も極めて小さいことから

$\sin\theta$ と θ は似ている

という結論を得ます——**これが近似計算の基本的な発想です．**

ただし，θ は**ラジアンで測らなければなりません．**これは弧の問題ですから，当然の話なのですが，それでも間違いが起こるのです．人が人に合わせて作った度数法は，こうした問題には不適当です．

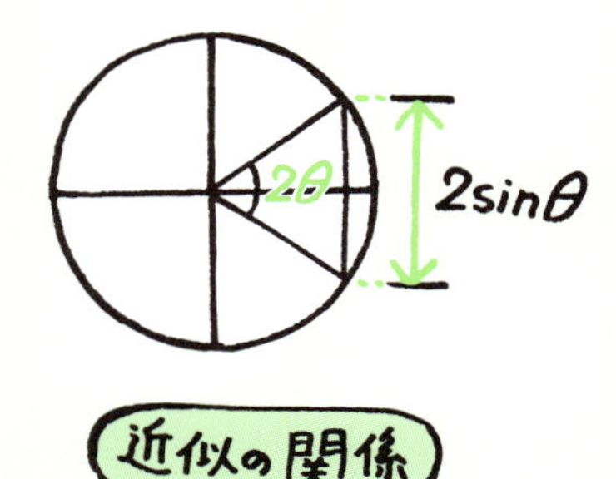

180°	$\pi = 3.14$ として…
18°	$\frac{\pi}{10} = 0.314$ $(\sin 18° \approx 0.3090)$
9°	$\frac{\pi}{20} = 0.157$ $(\sin 9° \approx 0.1564)$

例えば30度，$\theta = \pi/6$ の場合は，似ているでしょうか．

$$\sin\frac{\pi}{6} = 0.5 \quad と \quad \frac{\pi}{6} = 0.5233\cdots$$

の比較になりますが，どうでしょうか．

もちろん，“似ている・似ていない”は，要求される精度によりますが，この近似式は，θ が $\pi/20(= 9°)$ 以下なら，日常的な用途としては充分な値を出します——なお，同じ範囲で，$\cos\theta$ はほとんど1であり，その結果，$\tan\theta$ もまた，θ そのものでよく近似されます．

例えば，道路が3度傾斜している場合，これを高低差として表すには，$\tan 3°$ の値が必要です．そこで $\pi/60 = 0.05233\cdots$ を近似値として採用しましょう——これは小数点以下三桁目まで正しい値です．

その結果，この道路は「100 m につき約5 m」の高低差があるものだとわかります．道路標識では，これを「5％勾配」と表記します．

これからも直観に訴えるために，度数法を利用しますが，数学的な問題に対しては，必ず弧度法を用いて下さい．

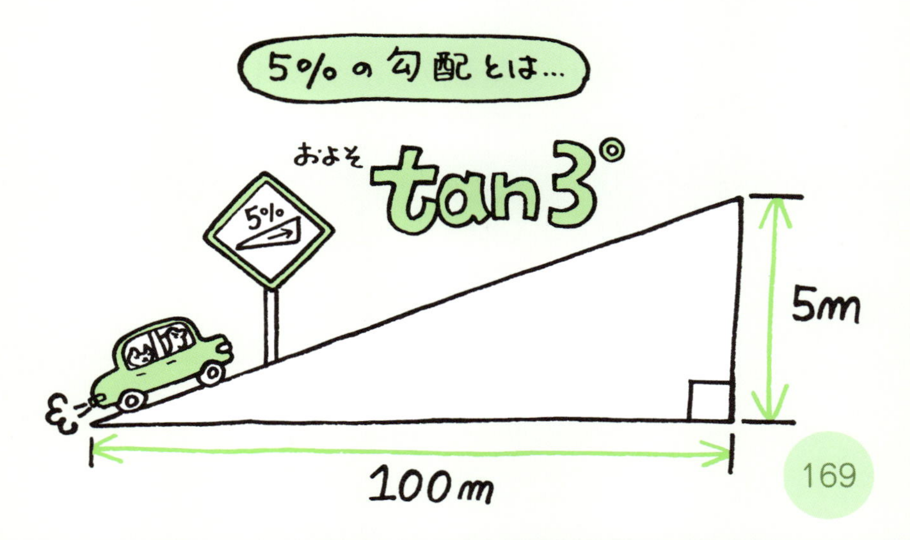

グラフを描こう

三角関数の値により，辺の比が求められます．具体的な辺の比を元に角度を計算すれば，グラフはより精度の高いものに変わります．ここでは，これまでに得た結果から分かることだけを，書いておきましょう．頂点を単位円の中心に持つ正三角形を思い出して下さい．

そこで，$\theta = 30°$ と選べば，あの蝶ネクタイが，ちょうど二つの正三角形が正対する形になります．このときの弦の長さは1ですから，その半分である対辺の長さは0.5となり，$\sin 30° = 0.5$ を得ます．

この値を四つの角度の式に当てはめ，正・負に注意して

$$\underbrace{30°}_{0.5},\quad \underbrace{180° - 30° = 150°}_{0.5},\quad \underbrace{180° + 30° = 210°}_{-0.5},\quad \underbrace{360° - 30° = 330°}_{-0.5}$$

を得ます．そして，求めたすべての数値をまとめて，表にすれば

θ	$0°$	$30°$	$90°$	$150°$	$180°$	$210°$	$270°$	$330°$
$\sin\theta$	0	0.5	1	0.5	0	-0.5	-1	-0.5

となります——合計八ヶ所での値が求められました．

さらに，$\theta = 60°$ と選べば，先の正三角形が30度，反時計回りに回転した形になり，x 軸に落とす影の長さが0.5になりますので

$$\underbrace{60°}_{0.5},\quad \underbrace{180° - 60° = 120°}_{-0.5},\quad \underbrace{180° + 60° = 240°}_{-0.5},\quad \underbrace{360° - 60° = 300°}_{0.5}$$

を得ます．これらを含め，すべてをまとめて次の表を得ます．

θ	$0°$	$60°$	$90°$	$120°$	$180°$	$240°$	$270°$	$300°$
$\cos\theta$	1	0.5	0	-0.5	-1	-0.5	0	0.5

表の結果を意識しながら，間の角に対する値も定規で測って下さい．それらの値は，定義から“連続的に変化する”はずですから，測定値の間を滑らかな曲線でつないで，グラフを完成させて下さい．

座標軸に平行な線分は，光の代役です．それは軸上に影を結びます．円周上に点を取り，その点と中心を結び，各軸に垂直な線分を描く．角度を分度器で測り，影の長さを定規で測る，その繰り返しです．僅かこれだけで，三角関数に関するほとんどのことが学べます．

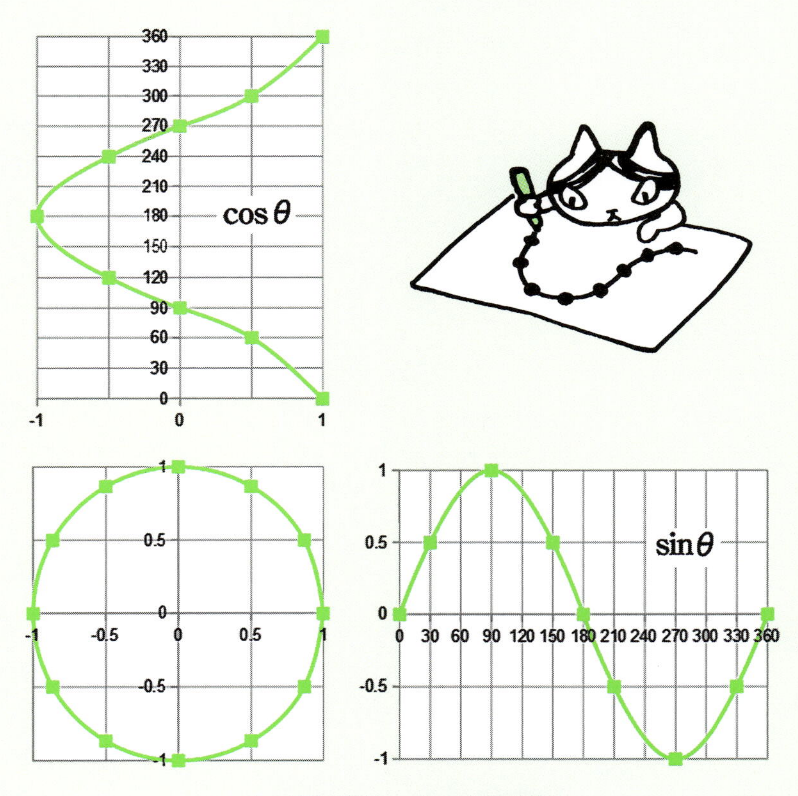

右：正弦関数，上：余弦関数

接線の傾きと微分

続いては，横軸に弧度法を採用し，$\pi = 3.14$ と近似して，二軸の刻みを等しく取った三角関数のグラフを描きます．この縦横比の変更によって，グラフの“接線の傾き”が持つ重大な意味が鮮明になります．

小さな θ に対しては，$\sin\theta$ は“θ そのもの”によく似ていたことを思い出して下さい．以後，関数名としての $\sin\theta$ と，その値を混同しないように，$f := \sin\theta$ とおいて両者を区別します．すなわち，$\theta \approx 0$ では $f \approx \theta$ と表せるわけです——また，接線の傾きを k で表します．

これは，$\sin\theta$ のグラフの $\theta = 0$ での接線が，「$k = 1$ の直線」で与えられることを示しています．縦横比を等しくすることによって，傾きが綺麗な数値になりましたが，値の操作が目的なのではありません．この「数値1」にこそ，三角関数の本質が現れるからなのです．

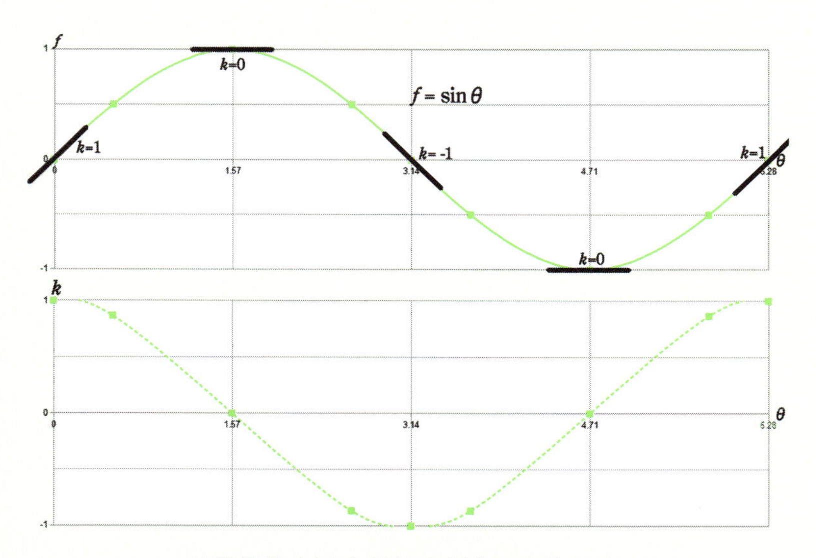

正弦関数（上）と接線の傾きの変化（下）

接線の傾き k は，1を最大値として，θ の増加に応じて小さくなり，$\theta = 1.57$ において接線は水平，すなわち，$k = 0$ になって，それ以降は負の値が続きます．そして，$\theta = 3.14$ において最小値 -1，$\theta = 4.71$ において再び 0 となり，$\theta = 6.28$ で $k = 1$ に戻ります．

そこで，θ を k と対応させるグラフを描きますと，そこには $\cos\theta$ の姿が現れてきます．接線の傾きを求めることは，微分することでしたから，これは $\sin\theta$ の微分が $\cos\theta$ であることを示しているわけです．

同様にして，$\cos\theta$ の傾きの変化を調べれば，その微分が $-\sin\theta$ になることが見えてきます．すなわち，両者には深い関係：

$\sin\theta$ を微分すると　$\cos\theta$ になり

$\cos\theta$ を微分すると $-\sin\theta$ になる

があり，これより**微分を二度繰り返せば，自分自身に負号が附いたものになる**ことが分かります．この性質は，三角関数が測量などの静的なものだけではなく，周期的な運動も表せることを示唆しています．

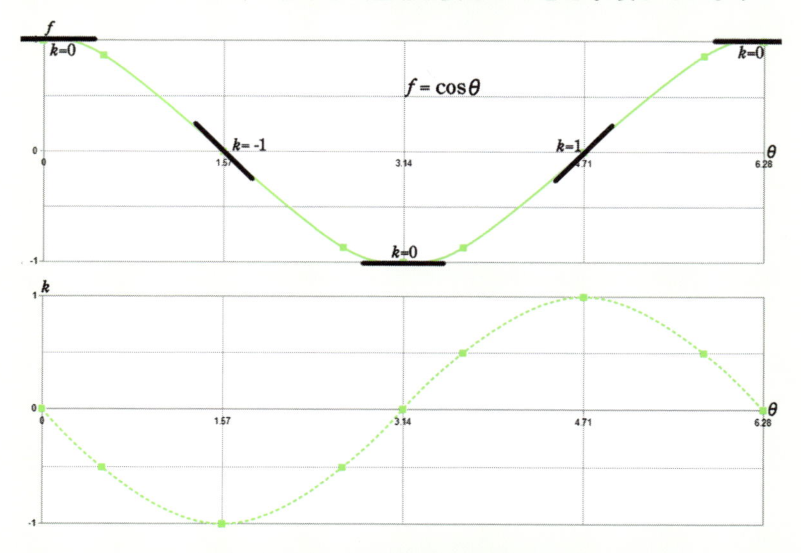

余弦関数（上）と接線の傾きの変化（下）

波の性質

一般に，波を“同形の曲線の無限の繰り返し”と見た時，その一つ分を波形，波形の長さを**波長**，振れ幅の最大値を**振幅**と呼びます．一波長に要する時間を**周期**，その逆数を**振動数**，あるいは，**周波数**といいます．すなわち，振動数とは，ある時間内の繰り返しの回数です——時間を 1 秒に取った場合の単位は，**ヘルツ**（記号 Hz）と呼ばれます．

そこで，$\sin\theta$ を波の典型例として採り上げ，変数部分を書き替えることによって，波形の何処が変わるか，変わらないかを調べます．

先ず，その波長は 2π，振幅は 1 です．長さ 2π を 1 秒に対応させれば周期は 1 秒，その振動数は 1 Hz になります．

次は，$f := \sin 2\theta$ を考えます．これは，$\theta = \pi$ で変数部全体が 2π に達することから，二倍のペースで波形が進んでいくことが分かります．実際にグラフを描けば，波長は半分の π，同じく周期も 0.5 秒，振動数は倍の 2 Hz，振幅は変わらず 1 であることが確かめられます．

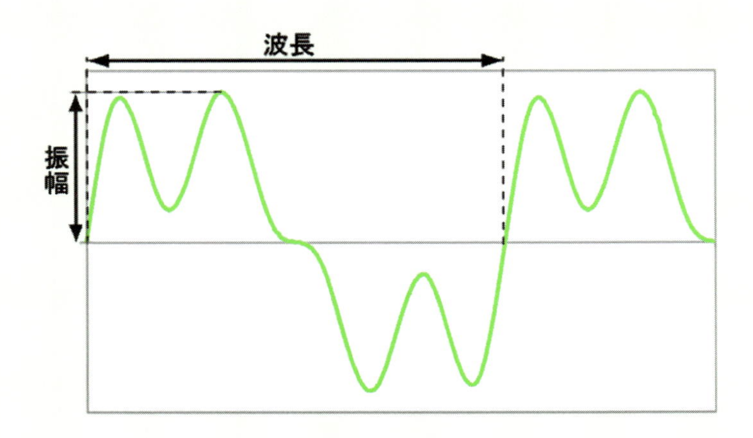

近似式は，$\theta \approx 0$ では，$f \approx 2\theta$ になりますので，接線の傾き k は 2 になります．これに続いて，先例と同様の手法でグラフを描きますと，そこには「振幅 2 の $\cos 2\theta$」の姿が現れます．また，$\cos 2\theta$ についてグラフを描けば，「振幅 2 の $-\sin 2\theta$」の姿が現れます．すなわち

$\sin 2\theta$ を微分すると　$2\cos 2\theta$ になり

$\cos 2\theta$ を微分すると $-2\sin 2\theta$ になる

という関係があるわけです．まったく同様の関係が，3θ においても，4θ においても成り立ちます．よって，これらは定数 A を用いて

$\sin A\theta$ を微分すると　$A\cos A\theta$ になり

$\cos A\theta$ を微分すると $-A\sin A\theta$ になる

とまとめられます――これは，任意の定数について成り立ちます．

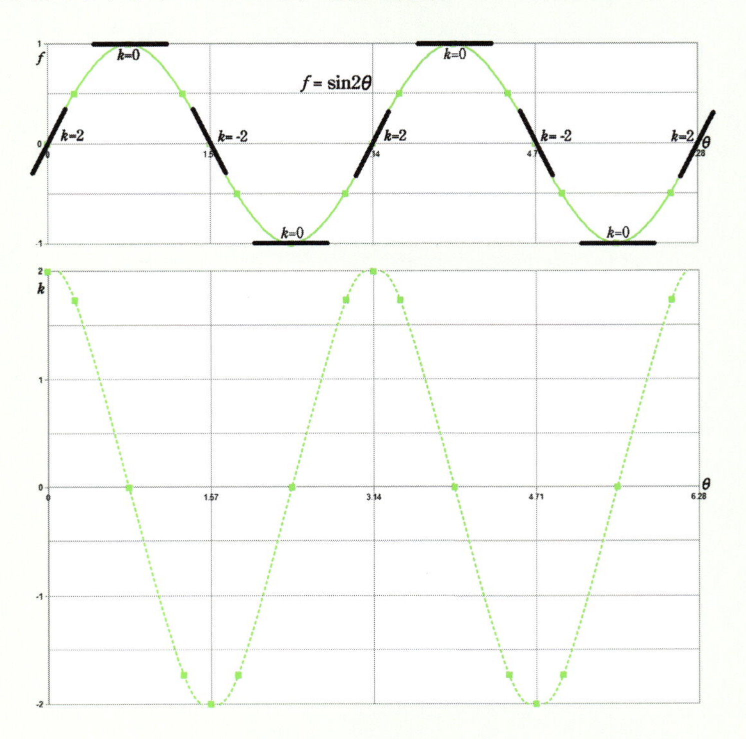

24 地平線の近似計算

地球の大きさを“実感”する方法には色々ありますが，やはり代表的なものは，水平線，地平線をじっくりと眺めることでしょう．“海の果て”を示す水平線，“地の果て”を示す地平線．共に視野の限界を示すこれら境界線の存在こそが，地球の“丸さ”の証です．

「地球は丸い」と誰もが“頭では”知っていますが，そのことを体感するためには，境界線を自分の目で見る必要があるわけです．

ムサシを探せ

墨田区押上一丁目１番13号，この地に，高さ634 mの電波塔「**東京スカイツリー**」が聳えています．語呂合わせで“ムサシ（634）”と読まれる，その高さそのものが，一つのシンボルになっています．

しかし，実際にその場に臨んで驚くことは，高さよりも，裾野の拡がりの少なさ，専有面積の小ささです．徒歩で周囲を一周しても，十分程度しか掛かりません．その狭い所に，あれだけの塔が建っているのです．まさに，我が国の建築技術の集大成といえるでしょう．

平面と球面による高さの違い

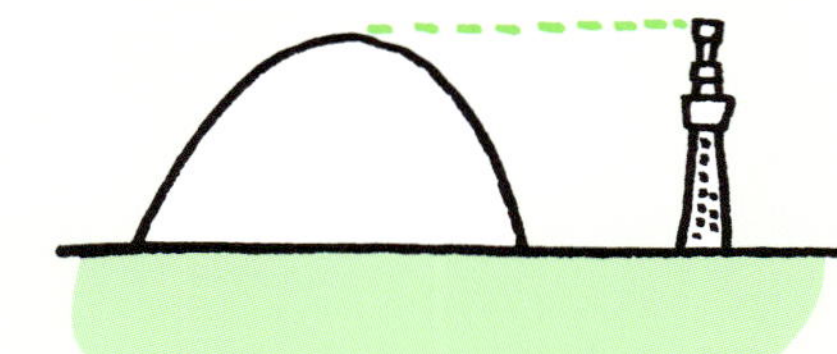

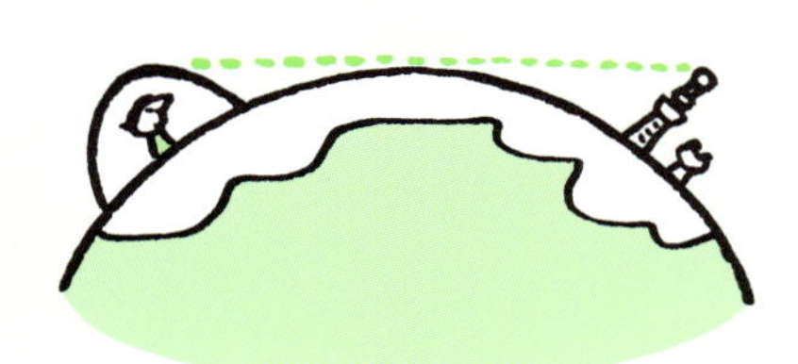

新潟県長岡市西蒲原郡弥彦村に，霊峰「**弥彦山**」があります．この山の頂上は標高 634 m，ちょうどスカイツリーと同じ高さです．そこには「**弥彦神社**」の祭神がまつられた御神廟があります．

山からの見晴らしは素晴らしく，それを理由に，地元の放送関係のアンテナが多く立っています．展望室が 360° 回転しながら，100 m 上昇するパノラマタワーと呼ばれる施設もあります．

さて，両者は共に 634 m の高さを誇っているのですから，一般的な印象としては，同一基準上の“背比べ”の図を思い浮かべるでしょう．

しかし，地球は丸いのです．さて，どれくらい丸いのか，先ずは，両者の距離をネットの地図で調べてみましょう．それは，地図という“平面上の直線距離”になりますが，考察の基礎とするには充分です．

例えば，「Google map」であれば，地図上の希望の場所で，マウスを右クリックをすることで，始点・終点間の距離を測定することができます．この場合，距離は 239.31 km となりました．そこで，スカイツリーと弥彦山山頂との距離は，約 240 km としておきましょう．

地図データ ©2017 Google, ZENRIN

東京都墨田区・長岡市西蒲原郡

地平線までの距離を求める

では，地上高 634 m の位置から，何処までが見晴らせるのでしょうか．地平線の位置は，どのようにして求められるでしょうか．これは，三平方の定理による簡単な計算により，答を得ることができます．

先ず，地球半径を $r = 6378$ km と定義し，地上高を $h = 0.634$ km として，すべてを km の単位に統一します．この時，以下の図における直角三角形の対辺 x が，求めるべきものになります．

そこで，直角三角形における三辺の関係から

$$(r + h)^2 = x^2 + r^2 \text{ より，} x^2 = 2hr + h^2$$

を得ます．この式に，各数値をそのまま代入して整理しますと

$$x^2 = 2 \times 0.634 \times 6378 + 0.634^2 = 8087.705956.$$

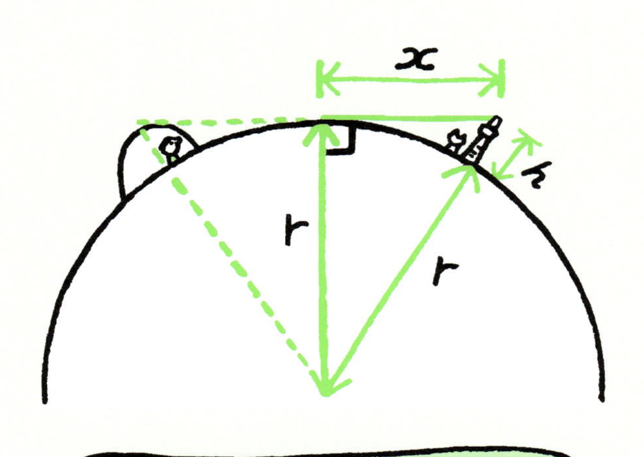

お互いが見える距離を測る

これを，電卓で開平して，地平線までの距離：

$$x \approx 89.932$$

が求められます．すなわち，スカイツリーから，あるいは弥彦山山頂からは，およそ 90 km 先までが見晴らせるわけです．したがって，山頂からスカイツリーの先端部分が，あるいは，その逆が“見える”ためには，両者の間が 180 km 以下である必要があるわけです．

よって，距離 240 km を隔てた両者は，互いに相手を“見る”ことはできません．もちろん．ここでは“見る”という言葉を，「直進する光を地表が遮らない」という意味で用いていますので，間に存在する山などの障害物や，天候のことなどは考慮していません．

Bring me the horizon

こうして，地平線までの距離を求めることができましたが，先に行った計算を，もう少し見通しよくする工夫はないでしょうか．

何よりも注目すべきは，「地上高は地球半径に比べて非常に小さい」という点です．この種の大小関係を，$h \ll r$ などと書くことがありますが，“何が大で何が小か”は，扱う問題によって変わりますので，これは“雰囲気を伝える記号”だと考えて下さい．

大小関係の判断の一つの基準は，「1と比べて」というものです．そこで，先に導いた平方の関係を，以下のように書き替えましょう．

$$x^2 = 2hr + h^2 \text{ より，} x^2 = 2hr\left(1 + \frac{1}{2}\frac{h}{r}\right).$$

この時，地上高 h と地球半径 r の比は，数値そのままの計算から

$$\frac{h}{r} = \frac{0.634}{6378} \approx 0.0000994$$

となるので，「1と比べて小さい」と考えて無視します．その結果

$$x^2 = 2hr$$

という非常に簡潔な式が得られました．

この式と，元々の式との違いは，h の二乗の項の有無ですから

$$\begin{aligned} x_A^2 &:= 2hr + h^2 = 2 \times 0.634 \times 6378 + 0.634^2 = 8087.705956, \\ x_B^2 &:= 2hr \qquad\quad = 2 \times 0.634 \times 6378 \qquad\qquad = 8087.304 \end{aligned}$$

となります．さらに，開平した結果は，以下のようになります．

$$x_A \approx 89.932, \qquad x_B \approx 89.929.$$

この結果からも，x_B は充分に“使える値”であることが分かります．また，電卓が無い場合でも，計算結果が 8100 に非常に近いことに注目すれば，それが 90 の二乗であることは，“九九の知識”から分かりますので，およその答として「距離 90 km」が，直ぐに出ます．

ここまでの結果をまとめて，地上高 H に対する，地平線までの距離 X を km 単位で概算する以下の式を得ます――「いいさ（113）平方根でも，概算値だから」と読んで下さい．

$$X = \sqrt{2rH} = \sqrt{2 \times 6378}\,\sqrt{H} \approx 113\sqrt{H}.$$

地上高 1 km なら 113 km 先まで，目の高さ 1.6 m（= 0.0016 km）なら，113 × 0.04 より，4 km 程度の先まで“見える”ということです．

逆に，「地球は丸い」という“仮説”からはじめて，様々な方向に対する地平線，水平線の X と H の関係を調べることから，地球半径 r を求め，その“丸さ”を立証することもできるわけです．

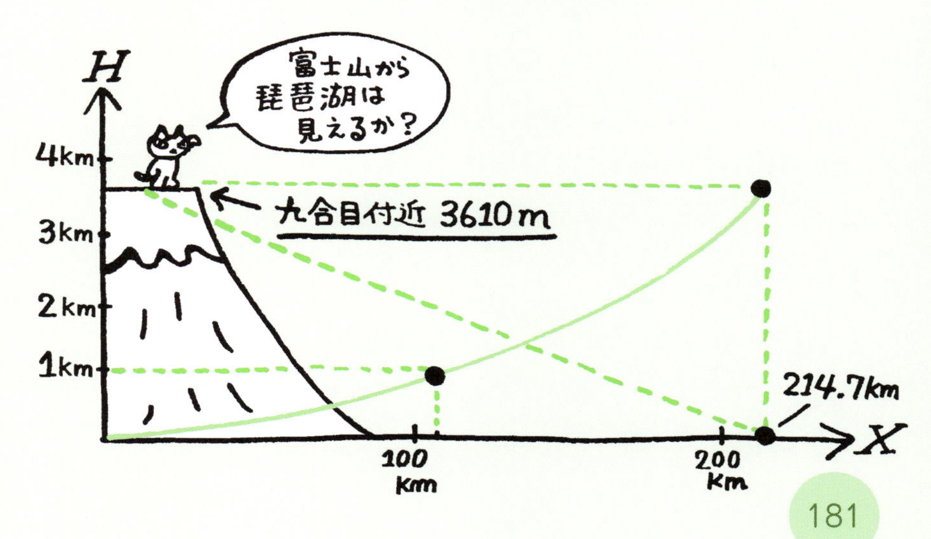

25 図形の数学

第一部を締め括るに当たって，図形の性質を，初等幾何学の“作法”にしたがって，“論理的”に導いておきましょう．ここでは三角形，特にその内心，傍心と面積の関係について示します．

記述の作法

記述に関する“緩い約束事”には，以下のものがあります――要するに，間違いを減らすための工夫ですから，絶対的なものではありませんが，これらの記号を別の意味で使うことだけは避けるべきです．

また，三角形の「正」「二等辺」「直角」「不等辺」の区別は明確にしておきましょう．例えば，以下の図にある辺の比で描けば，数字や記号のための余白が充分できます．なお，三角形一般の問題を扱う場合には，必ず“不等辺”三角形を描きます．

図形の各**頂点**をアルファベット，フォントは**ローマン大文字**を用いて表します．記号の前に“頂点”と附けておけば間違いません．例えば，「頂点 A」「頂点 B」などです．多くの場合，一番高い位置にある頂点からはじめ，反時計回りに文字を振っていきます．

二つの頂点を連記することで，**辺**を表します．この場合も，前に“辺”と附けます．例えば，「辺 AB」「辺 BC」などです．

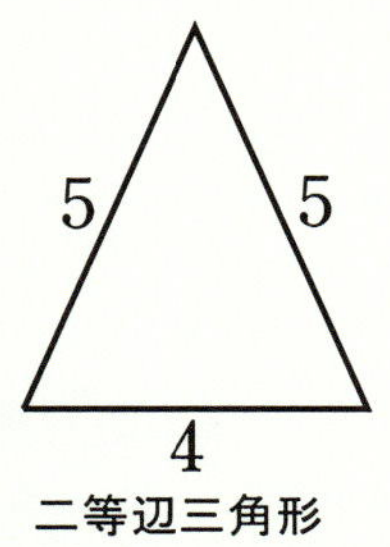

二等辺三角形

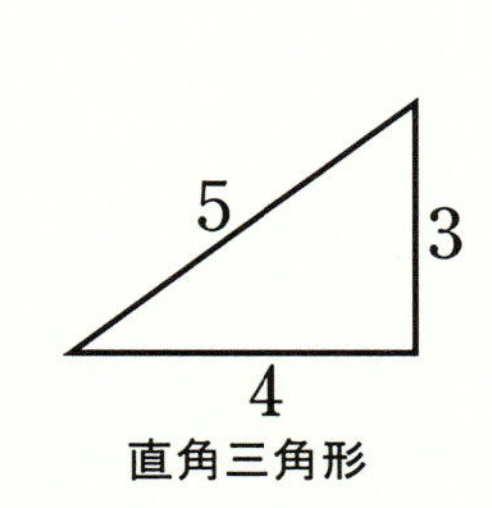

直角三角形

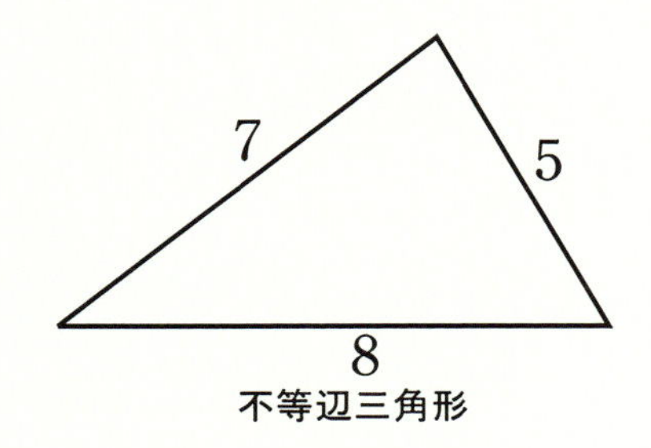

不等辺三角形

辺が**イタリック小文字**の場合は，長さを表します．三角形の場合は，頂点と対辺を対応させ，例えば，頂点Aの対辺ならaと書きます．

角は，前に「∠」記号を附け，指定したい頂点を中央に配した三連記により表します．例えば，頂点Aの角を表したい場合には，∠CAB，あるいは∠BACとします――「角A」と略す場合もあります．

ただし，**イタリック大文字**Rによる「∠R」は，直角を表します．

三角形そのものを指す場合には，「△」を附けた三連記号で，例えば，△ABCなどとします――**アルファベット順**になるよう揃えます．

平行な線を記号「//」で，**垂直な線**を記号「⊥」で表します．

合同は記号「≡」で，**相似**は記号「∽」で表します．**等号記号**「＝」は，辺・角・面積に対して，その“大きさ”が等しいことを表します．

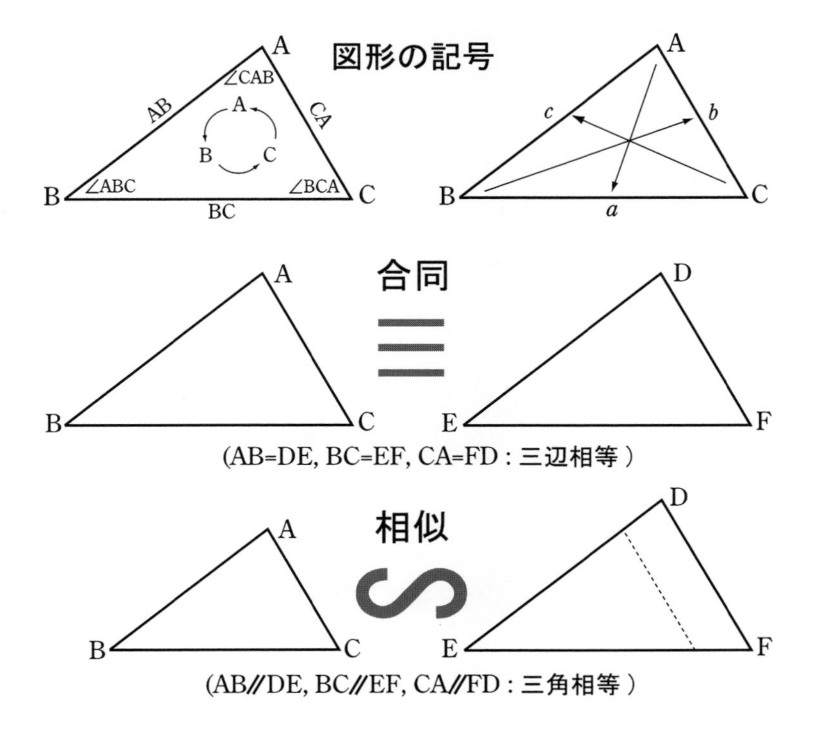

結論を示す「故に」「よって」「したがって」を，記号「∴」で表します．**理由**を示す「何故ならば」を，記号「∵」で表します――これらは，英語の「therefore」「because」に対応していると考えて下さい．

作図そのものの作法を学ぶためには，先ず，コンパスと定木で“正しい図”を何度も描くことです．正確な図が描ければ，答は自然と見附かります．そうした経験が，数学的な“感覚”を育みます．

この段階まで至った後は，“フリーハンド”で図を描きます．“直線”も曲がり，“円”も閉じず，“角”も適当で構いません．それでも，その図の中に“正確無比な図が見える”ようになってきます．

これは決して難しい話ではなく，丸一日，延々と図を描き続ければ，誰にでも身に附く能力です――今の所，これは人間だけの特技です．

内心の存在

では，内心の具体的な定義である，“角の二等分線の交点”の問題から考えましょう．先ずは，**それが“存在すること”を確かめます．**

一般的な形の $\triangle ABC$ において，両底角の二等分線の交点を I **とします．** さらに，点 I から，各辺に垂線を降ろし，辺 AB との交点を P，辺 BC との交点を Q，辺 CA との交点を R **とします．** すなわち

$$AB \perp IP, \qquad BC \perp IQ, \qquad CA \perp IR.$$

以上が **“設定”** です．確かに，両底角の二等分線は一点で交わります．問題は，三本目の二等分線が，その一点に合流するか否かです．それを，「辺 IA が二等分線になるか否か」という立場から**示します．**

この時(とき)，角(かく) B の二等分線(にとうぶんせん)により生(しょう)じる二(ふた)つの三角形(さんかくけい)は合同(ごうどう)です．

$$\triangle \mathrm{IBP} \equiv \triangle \mathrm{IBQ}$$
$$(\because\ \angle \mathrm{IBP} = \angle \mathrm{IBQ},\quad \angle \mathrm{IPB} = \angle \mathrm{IQB} = \angle R,\quad \mathrm{IB} = \mathrm{IB}).$$

同様(どうよう)にして，$\triangle \mathrm{ICQ} \equiv \triangle \mathrm{ICR}$ となりますので，三本(さんぼん)の垂線(すいせん)は

$$\mathrm{IP} = \mathrm{IQ} = \mathrm{IR}$$

とすべて等(ひと)しくなります——以後(いご)，これを r で表(あらわ)します．

$$\therefore\ \triangle \mathrm{IAP} \equiv \triangle \mathrm{IAR}$$
$$(\therefore\ \angle \mathrm{IPA} = \angle \mathrm{IRA} = \angle R,\quad \mathrm{IP} = \mathrm{IR},\quad \mathrm{IA} = \mathrm{IA}).$$
$$\therefore\ \angle \mathrm{IAP} = \angle \mathrm{IAR}.$$

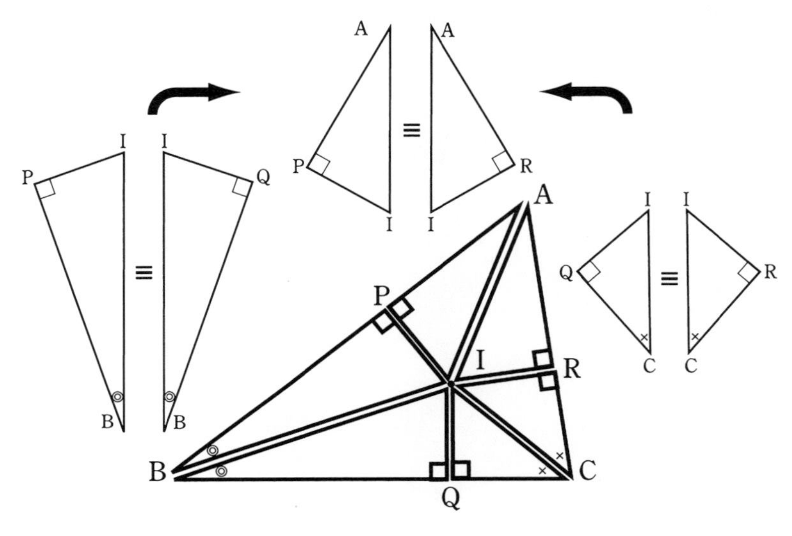

内心の存在

すなわち，二点を結んだ“だけ”の線分 IA もまた，角の二等分線になっていたわけです．これで，**内心**（角の二等分線が一点で交わる．その点から辺までの距離がすべて等しい）**の存在が示されました．**

面積と辺の分割

さて，△IBC，△ICA，△IAB は，同じ高さ r を持った三角形なので，△ABC の面積 S は，その**総和**として次のように求められます．

$$S = \frac{1}{2}ar + \frac{1}{2}br + \frac{1}{2}cr = \frac{1}{2}(a+b+c)r \text{ より，} S = tr.$$

ここで定義した $t := (a+b+c)/2$ は，**“三角形の全周の半分”**という意味を持つことから，縮めて“半周長”と呼ばれています．すなわち，内接円の半径は，$r = S/t$（面積／半周長）により決まるわけです．

ところで，図のように，半径で二分された各辺の長さを

$$t_1 := \mathrm{AP} = \mathrm{AR}, \quad t_2 := \mathrm{BP} = \mathrm{BQ}, \quad t_3 := \mathrm{CQ} = \mathrm{CR}$$

と**定義**しますと，これらの間には，以下の関係が成り立ちます．

$$t_1 + t_2 = c, \quad t_2 + t_3 = a, \quad t_3 + t_1 = b, \quad t_1 + t_2 + t_3 = t.$$

そこで，t との関係を利用して，t_1, t_2, t_3 について解きますと

$$t = (t_1 + t_2) + t_3 = c + t_3 \text{ より，} t_3 = t - c,$$
$$t = (t_2 + t_3) + t_1 = a + t_1 \text{ より，} t_1 = t - a,$$
$$t = (t_3 + t_1) + t_2 = b + t_2 \text{ より，} t_2 = t - b$$

を得ます．この表現は，傍心との関係において重要な意味を持ちます．

周と面積

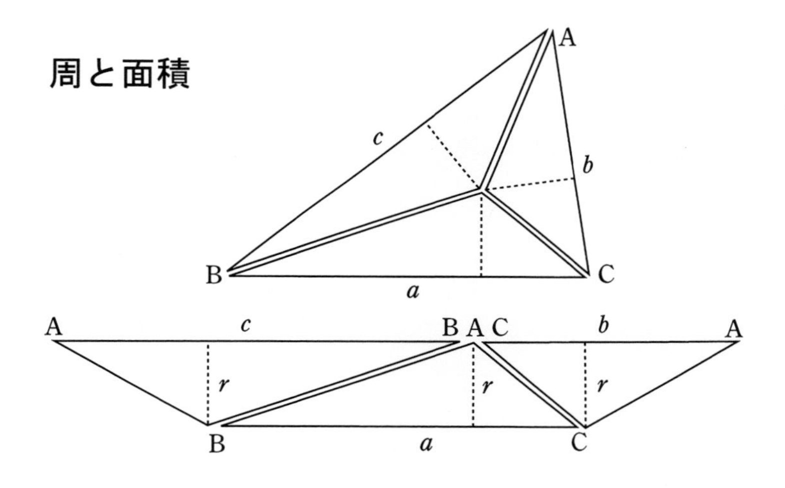
A
c
b
B
C
a
A
c
B A C
b
A
r
r
r
B
a
C

辺の分割

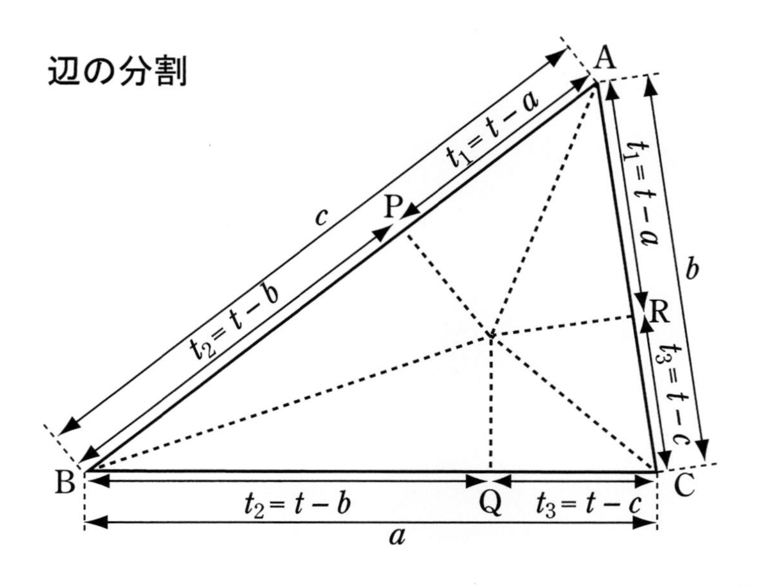
A
$t_1 = t - a$
$t_1 = t - a$
P
c
b
R
$t_2 = t - b$
$t_3 = t - c$
B
C
$t_2 = t - b$
Q
$t_3 = t - c$
a

内心・傍心と相似比

内心の図において，底辺と平行に円と接する線分を引くことで，上部に相似三角形ができ，その中に再び内接円が描けます．そして，その内心から，“元の図の内心”を見た時，これを傍心と呼ぶのでした．

そこで，これら**“新・旧”の図形の相似比**を求めることにします．

内心の図に，次の記号によって傍接円を描き加えます——傍接円の中心をO，その半径を u，辺BCとの交点をL，辺ABの延長との接点をM，辺ACの延長との接点をNとします．以上が“設定”です．

この時，辺OB，辺OCは外角：∠LBM，∠LCNの二等分線なので，$\angle OBM = \angle OBL$，$\angle OCN = \angle OCL$．また，傍接円の半径であることから，$OM = OL = ON (= u)$ となります．以上のことから

$$\triangle OBM \equiv \triangle OBL, \quad \triangle OCN \equiv \triangle OCL.$$
$$\therefore \quad BL = BM, \quad CL = CN.$$
$$\therefore \quad BC = BL + CL = BM + CN.$$

これらの関係と，$2t$ が三辺の総和に等しいことを組合せて

$$\begin{aligned} 2t &= BC + AC + AB \\ &= (BM + CN) + AC + AB \\ &= (AB + BM) + (AC + CN) = AM + AN \end{aligned}$$

が導かれます．さらに，円と接線の性質から，$AM = AN$ となりますので，上式は $2t = 2AM$ となって，$AM = AN = t$ を得ます．

辺APの長さ t_1 に対して，辺AMの長さが t と決まりましたので，内接円・傍接円に関する相似比は，t/t_1 で与えられます．これが求めたいものでした．次に，**この関係を用いて面積を求めます．**

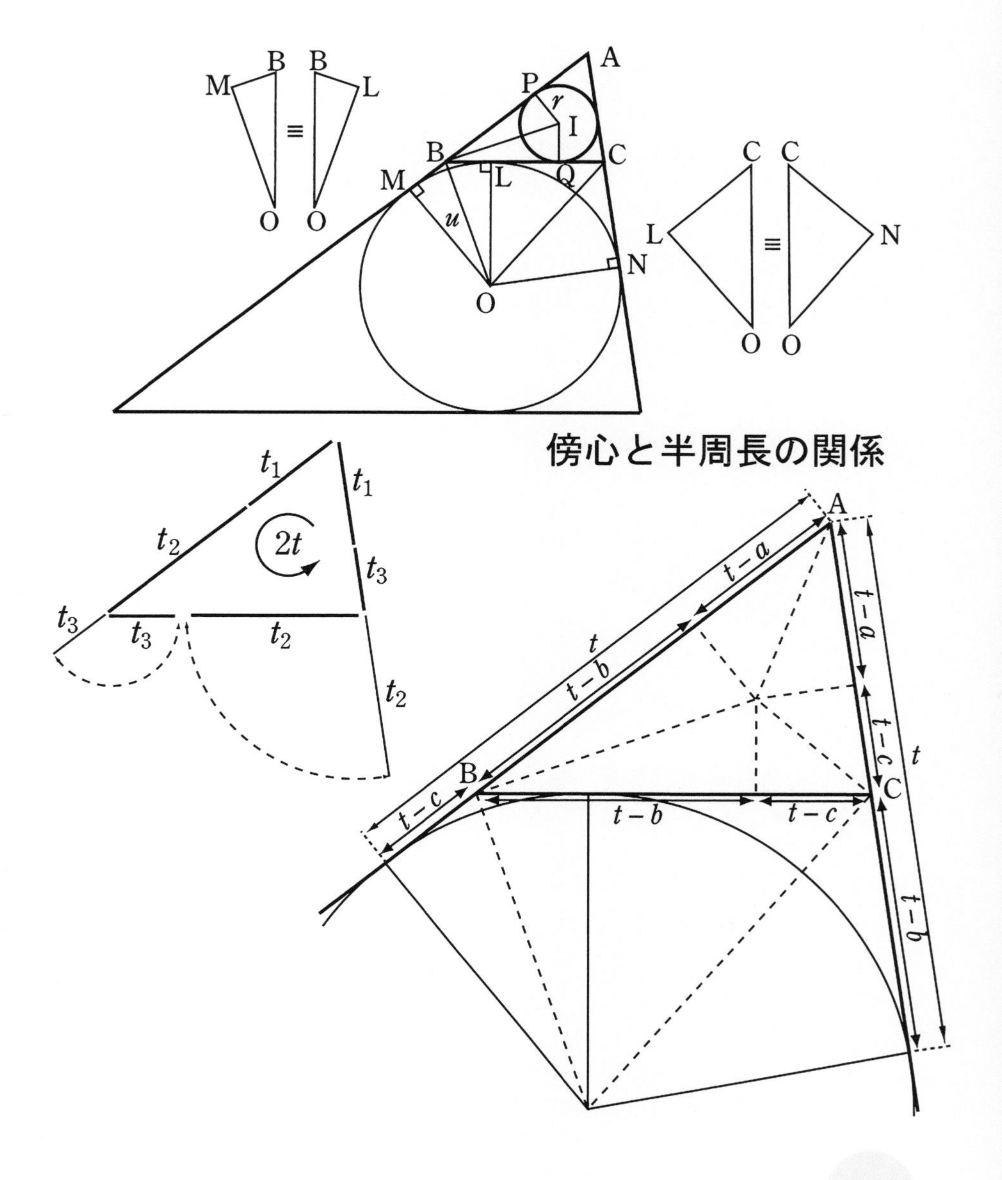

A
P
r
I
B
C
M
L
Q
u
N
O
M
B
B
L
≡
O
O
C
C
L
≡
N
O
O
傍心と半周長の関係
t_1
t_1
t_2
$2t$
t_3
t_3
t_3
t_2
t_2
A
$t-a$
t
$t-b$
$t-a$
$t-c$
t
B
C
$t-c$
$t-b$
$t-c$
$t-b$

ヘロンの式

この比を利用して，△ABC の**面積を周から求める式を探します．**

先ず，辺 AM 上の四つの角の総和は，当然 180° であり，同時に

$$\angle \mathrm{IBP} = \angle \mathrm{IBQ}, \qquad \angle \mathrm{OBM} = \angle \mathrm{OBL}$$

という関係にありますので，∠IBP ＋ ∠OBM ＝ ∠R となります．

一方，△BOM は直角三角形なので，∠BOM ＋ ∠OBM ＝ ∠R が成り立ちます．両者を合わせて，∠IBP ＝ ∠BOM を得ます．

したがって，△IBP ∽ △BOM となります．図より，これらの図形における底辺と対辺の対応関係を，比で表して

$$t_2 : u = r : t_3 \text{ より，} ru = t_2 t_3.$$

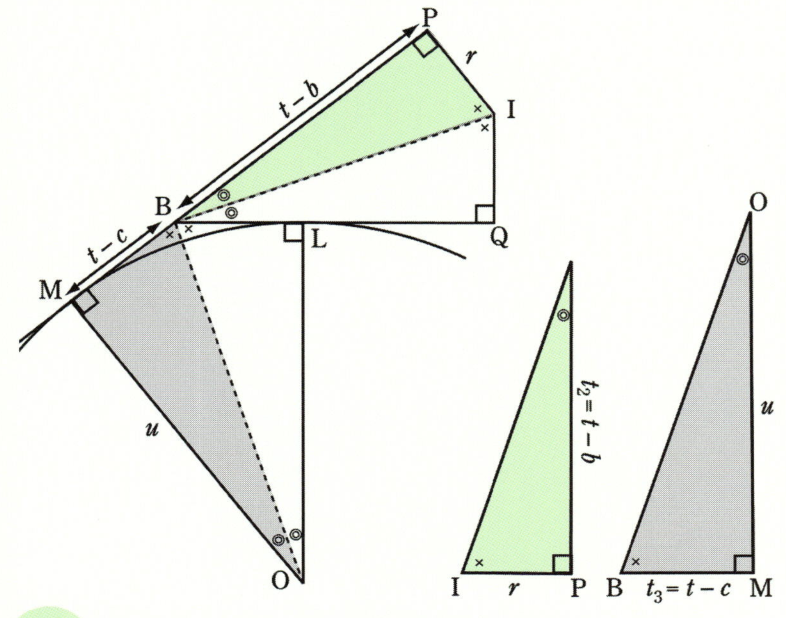

相似三角形の関係

一方，r と u には，面積と半周長の関係：$S = tr$ と，先の相似比の関係：t/t_1 が適用できることから，次が成り立ちます．

$$ru = \frac{S}{t} \times \left(\frac{S}{t} \times \frac{t}{t_1}\right) = \frac{S^2}{tt_1}.$$

以上の二式をまとめて，以下の関係を得ます．

$$\frac{S^2}{tt_1} = t_2 t_3 \text{ より，} S^2 = t\, t_1 t_2 t_3.$$

これより，三角形の各辺の長さから，直接面積を求める式：

$$S = \sqrt{t(t-a)(t-b)(t-c)}, \quad t = \frac{1}{2}(a+b+c)$$

が導かれます．これは**ヘロンの式**として知られています．

例えば，正三角形：$a = b = c = 1$ の場合なら，$t = 3/2$ より

$$S = \sqrt{\frac{3}{2}\left(\frac{3}{2}-1\right)\left(\frac{3}{2}-1\right)\left(\frac{3}{2}-1\right)} = \sqrt{\frac{3}{16}} = \frac{\sqrt{3}}{4}$$

となります．これより，高さ：$\sqrt{3}/2$，内接円の半径：$\sqrt{3}/6$ を得ます．

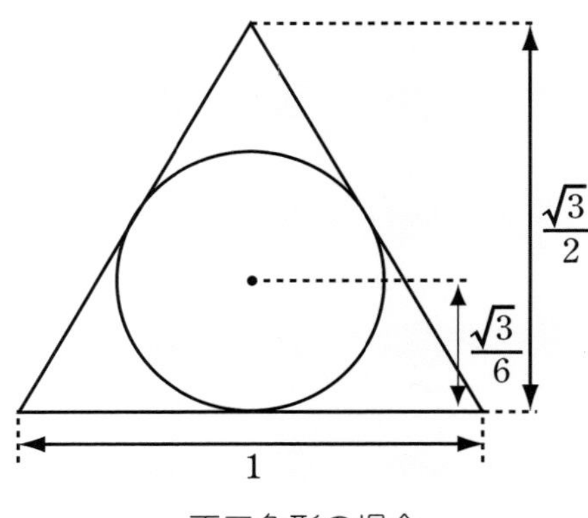

正三角形の場合

自然数である辺の長さ a, b, c に対して，面積 S もまた自然数になる場合を，特に**ヘロン三角形**と呼びます．具体的には

a	b	c	t	S
14	15	13	21	84
9	17	10	17	36
4	13	15	16	24
3	25	26	27	36

などが有名です．最初の例を，実際に計算しますと

$$t = (14 + 15 + 13)/2 = 21,$$
$$S = \sqrt{21 \times (21 - 14)(21 - 15)(21 - 13)}$$
$$= \sqrt{21 \times 7 \times 6 \times 8} = 84.$$

ここで求めました傍接円の半径 u は，頂点 A に関するものでしたので，これを改めて u_{A} と表し，頂点 B，C に関する半径も，$u_{\mathrm{B}}, u_{\mathrm{C}}$ と記すことにします．r と同様に，これらも綺麗な値になります．

$$r = \frac{84}{21} = 4, \quad u_{\mathrm{A}} = \frac{84}{7} = 12, \quad u_{\mathrm{B}} = \frac{84}{6} = 14, \quad u_{\mathrm{C}} = \frac{84}{8} = 10.5.$$

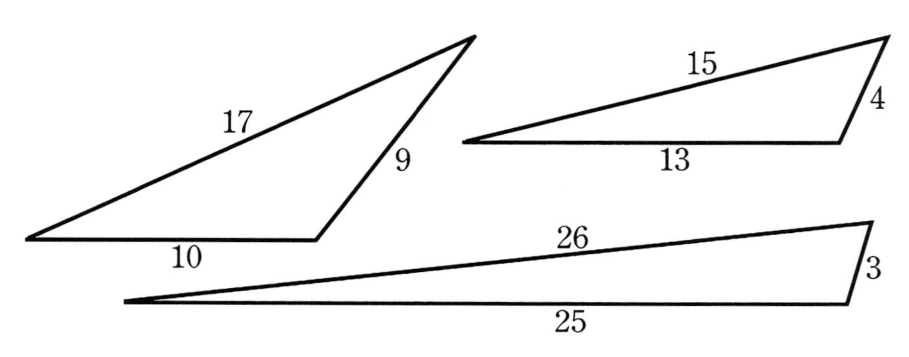

ヘロン三角形

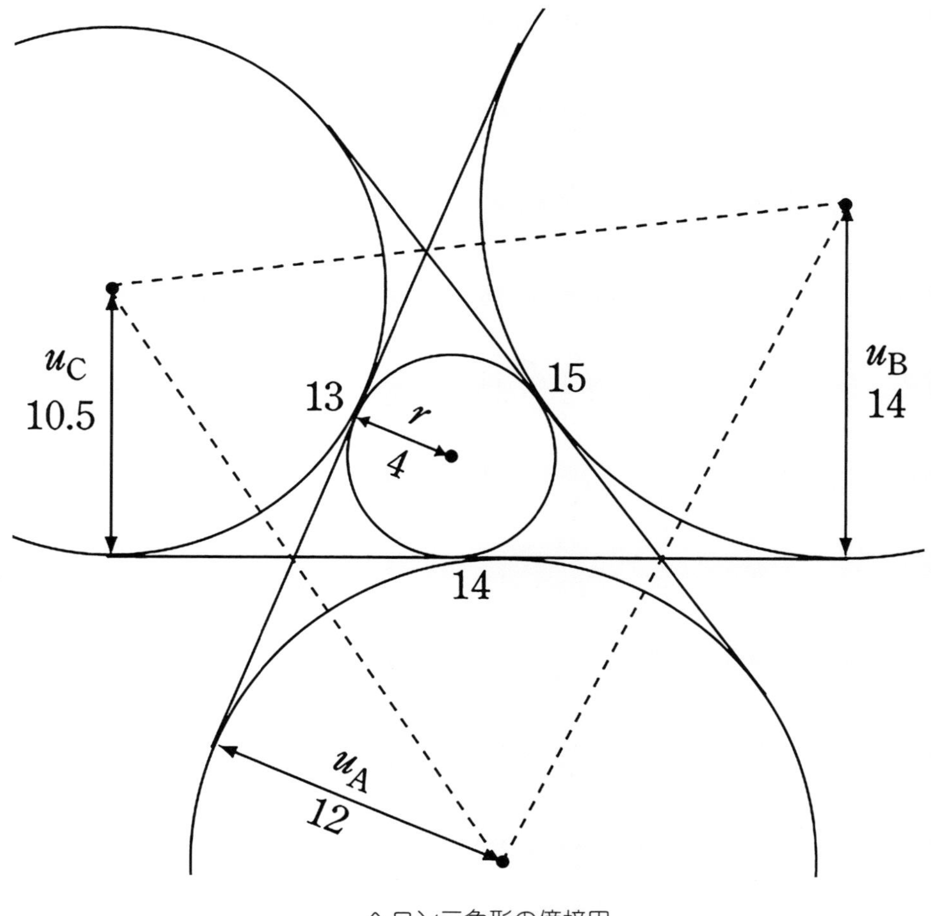

ヘロン三角形の傍接円

第二部で学ぶこと

第二部は，物理学の基礎としての力学について学びます．重さとの関係から話をはじめ，力の持つ様々な性質を順を追って調べていきます．

その中で，位置，速度，加速度，時間，質量，慣性といった，力学における基本的な概念や，関連する数学的手法，実験方法などを紹介します．

地上と天上という二つの世界をつなぐ法則を，具体的な数値を元に論じるために，地上附近での重力加速度の大きさを実験的に求めます．

自由落下における経過時間を音により捉え，その結果を表計算ソフトによって解析します．

さらに，落体の速度と質量の関係を，自作の装置を元に映像化します．また，この問題に対する等価原理と呼ばれる考え方も紹介します．

落下運動の位置と速度の関係から，エネルギーと保存量の概念を導き，その一般性を論じます．

誰もが日々体験している現象を元に，物理学が近似の学問であり，その本質を見抜くには，分野を超えた広い視野と，知的大胆さが必要であることを示したい，これが第二部の狙いです．

【第二部】重力の理論
力と場の実験場

26 「言葉」からはじめよう

物理学を学ぶには，力学から入るのがもっとも一般的な方法です．図書館や書店に行けば分かるように，物理学の入門書は，算えられないほどたくさん存在していますが，どのような本を選んでも，それが入門書である限り，話は力学からはじまっているはずです．

本書もこれに倣い，力学からはじめたいと思いますが，具体的な内容に入るその前に，言葉の問題，そもそも「力学とは何を意味しているのか」という問題から入っていきたいと思います．

力学の名が付いた分野

先ず，**力学**という言葉から受ける印象は，力の学問，力とは何かを学ぶ学問という感じだろうと思いますが，日本語の力学に対応をする英語は，**メカニクス**（mechanics），あるいは**ダイナミクス**（dynamics）で，そこに**力**（force）という意味は含まれていません．

これらの英語は，それぞれ対象の仕組やカラクリ，動きや強弱などを意味する言葉です．この辺りは訳語の問題も含めて，「数学（mathematics）」が，単なる「数の学問（study of numbers）」ではないことと，状況が似ているかもしれません．

既に述べましたように，力学は物理学の基礎となる学問ですから，関連する多くの分野において，この言葉は複合的に使われています．例えば，「材料力学」「熱力学」「流体力学」「機械力学」「電気力学」「量子力学」「統計力学」等々です．

これらの分野において，力学という言葉は確かに「その背後にあるカラクリを論じる」という意味で用いられています．「メカニズム」という言葉に慣れた人なら，力学の代わりに，これを当てはめれば，ほぼ間違いなく，それが何を学ぶ学問であるかが分かるでしょう．

では“無印の力学”，物理学の基本中の基本としての「力学」は，一体何を学ぶ学問なのでしょうか．力ではなく，その背後にあるカラクリを学ぶのだとすれば，何のカラクリ，何の動きを学ぶのでしょうか．

力学において，「力」は主役ではありませんが，もちろん，物の働きや仕組を論じる際に，力に関する知識が無用だというわけでもありません．主役ではないものの，“主役級”の地位にあることは確かです．

ドーナツの穴を知る

ここに物理学の難しさがあります．繰り返し紹介してきましたように，物理学は一直線には学べない学問です．先ずは

中らずと雖も遠からず—— It is not far from the mark.

という大枠の議論からはじめて，問題点（the mark）を絞り込み，少しずつ近似を高めて，大自然の似姿を作っていく学問なのです．

したがって，物理学においては，一番よく使われている考え方，あるいは一番多く使われている用語が，実は「一番説明が難しい」「説明の順序が後先になる」という現象が，しばしば起こります．

力学というのだから，誰にでも分かるような「力の説明」が最初にあって，そこから議論が進んでいくのだろう，と期待されても，そう簡単にはいかないのです．それは“人が創った数学”における説明方法であって，“大自然を記述する物理学”的なものではないのです．

例えば「力」，あるいは「熱」といった，日常的にも使われる言葉の意味を，物理学の用語として一直線に理解することはできません．

こうしたよく使われる言葉は，“**ドーナツの穴**”のような存在であって，その周辺の言葉を理解することによって，中心にポッカリと浮かんでくるようなものなのです．どれほど重要な考え方であっても，もしそれが“穴”ならば，直接取り出すことはできないでしょう．

また，力を含んだ日常語が極めて多いために，混乱にさらに拍車が掛かっています——「力」を“ちから”と読んだり，“りょく”と読んだり，“りき”と読んだり，誠に忙しい限りです．

「力持ち」「力自慢」「千人力」といえば，確かに物に働きかけ，物を動かす意味での「力」，物理学で問題とするべき力を指していることは分かりますが，「力うどん」は，“職人が力尽くで練ったうどん”ではありません——餅をトッピングしたうどんの名称です．

「努力」「注意力」「想像力」「影響力」も物体を動かす力でないことは誰にも明らかでしょう．外国語を流用して，この混乱から逃れようと考えても，例えば，英語圏においても，SF 映画などでは，単なる力を意味する言葉であるフォース（force）を，「騎士の持つ超能力」の意味で用いているのですから，まるで頼りにならないのです．

こうした人間の「能力」――ここにも力が含まれていますが――全般に関わる言葉に「力」が附けられているわけですから，これに便乗して“怪しげな造語”も広く流通してしまうわけです．

こうした造語・新語に対しては，常に慎重な態度が求められます．**論語**の時代から『怪力乱神を語らず』とあるのですから．“超能力”に憧れることは結構ですが，誰もが持っている“常能力”を最大限に発揮することを怠っては，“超”どころか“常”以下になってしまいます．

それでは，物理学の用語においては，必ず“力は力として”扱われているかと言えば，ここにも例外があります．例えば，**圧力**は力そのものではなく，それが作用する面積で割ったものです．また，後で詳しく論じますが，“重力”にも難しい問題がつきまといます．

物理学は近似の学問ですが，その近似にも種類があります．それは

明確なものを不明確に扱う近似と
不明確なものを明確に扱う近似

の二種類に分けられます．どちらも実体とは異なるということです．

例えば，明確な値を持つ円周率を，3.14などの丸めた値で置き換える近似が前者であり，力のように，本当は定義の難しい不明確なものを，矢印のような明確なものに置き換える近似が後者です．共に「～と仮定して」と書かれますが，その意味はまったく異なるわけです．

特に，後者の場合には，仮定されたものであることが，忘れられている場合が多く見受けられます．“理想と現実の混同”，あるいは，“理論と実験の溝”ともいえるでしょう．しかし，現実の問題を扱うべき物理学は，この種の近似を採用することによって，理想を扱う学問である数学を，適用しやすくしているのです．

このように，「力」という言葉は非常に濫用されており，またそこから受ける直観的なイメージが強いこともあって，その本質がますます理解しにくくなっているのです．そこでここからは，力学において用いられる力，その本当の意味を，ゆっくりと探っていくことにします．“ドーナツの穴”をしっかりと見極めたいのです．

相当の遠回りをしながら，その周りを一周して，“穴”の正体を突き止めていきます．焦らず，のんびりと読み進めて下さい．

27 四つの相互作用

科学を狭く，物理学を広く捉えれば，「科学とは物理学のことだ」ということになります――どのような立場に立つにせよ，“物理学とまったく関係を持たない分野”に，科学の名を冠することは適切ではありません．そして，その物理学の中央に力学は位置しています．

すなわち，力学を学ぶことは，将来，皆さんが科学のどのような分野に興味を持つことになっても，「決して無駄になることはない」と断言できる極めて重要なものなのです．

重さは力

ここまでに，力学が“力の学”ではなく，物事の仕組，カラクリを解き明かすものであることを，また，日常的にも使われている「力」という概念が，実は非常に複雑なものであり，それはドーナツの穴のように，周辺から迫っていくしか他に理解のしようのないもの，直接的に把握することが難しいものであることを説明してきました．

では，力の性質の何処が複雑で，何が難しいのでしょうか．

「ジャーク」とは加速度の変化の割合

ここでは，「力」を理解するための第一歩として，物の「重さ」を採り上げます．先に「圧力は力ではない」と記しましたが，実は**「重さは力」**なのです．この両者のズレに関して，何か奇妙な感じを持たれると思いますが，この“ズレ”の正体から話をはじめましょう．

近くのコンビニまで行って，ペットボトル入りのジュースを買いました．およそ2 kgの「重さ」がありました．さて，この2 kgが「力」なのです．そうすると，「キログラムは力を表す次元を持つ」ということになりますが，ここに非常に大きな混乱が隠されています．

手にずっしりと来る，普段“グラム”や“キログラム”で表している**重さ**，より正式には**重量**が，まさに「力」なのです．そして，結論を先取りして書けば，力を“キログラム”などで表すことは，日常生活の便を優先した一つの方便に過ぎません．

方便ということは……**そう，本当は違うのです．**確かに重さは力ですが，それをキログラムで表すことは適切ではないのです．このことを，ゆっくりと説明していきましょう．この混乱の理由は何処にあるのか，何から話をはじめれば，より明快な説明になるでしょうか．

原子の世界

物理学者**ファインマン**は，自身の名を冠した著作において，私達のこの宇宙の仕組について，もっとも短い言葉で，もっとも効果的に後生に伝えるには，次のような文章を書き残せばいいと述べています．

> **すべての物質は「原子」からできている．**
> **それは小さな小さな，しかしゼロではない大きさを持った粒であり，永久に動き回りながら，近い距離では互いに引き合うが，近づき過ぎると互いに反発する性質を持っている．**

私達自身を含めて，この宇宙のすべての物質は「原子」からできています．その原子は，実は内部に構造を持っています．また，複数の原子が一つの組になって，物質の性質を特徴附ける働きをしていますが，**先ずはそうした問題には触れずに**考察を進めていきます．

以後，原子が主役となる領域を**ミクロの世界**と呼び，私達が直接に見て感じることができる領域を**マクロな世界**と呼びます．

この宇宙のすべての物質が「原子」からできているなら，マクロな世界の物質が，互いに近づいたり遠ざかったりすることも，ミクロの世界の言葉で表現できなければなりません．

その働きの根本は，次の四つの形式，発見された順に書けば

重力相互作用	**電磁相互作用**	**強い相互作用**	**弱い相互作用**
Gravitational Interaction	Electromagnetic Interaction	Strong Interaction	Weak Interaction

にまとめられています．ここで相互作用とは，どちらか一方が主になり，他方が従になる関係ではなく，“対等の関係を保ちながら，互いに影響を及ぼし合う働き”のことをいいます．

原子小説あれこれ
もしリンゴを地球大にふくらませば…
原子はちょうどリンゴくらいの大きさになる。
ぼくは微粒子。「もっともっと小さな存在」が、ぼくを動かし続けています。
ボクは花粉

「相互」の意味

ミクロの世界における“存在”，その働きについて考えてみましょう．

私達は今，もっとも単純な存在として原子を考えています．すなわち，原子を「これ以下は無い最小要素」として，物質を分解して考えているわけですから，当然，**原子に個性はありません**．もし，個性があれば，それは原子に対して，何らかの意味での“名札が附けられた”ことになりますから，「最小の要素である」という仮定に矛盾します．

そこで原子は無個性な存在，互いに離れて存在する場合には，その個数だけは算えられるが，一度混ぜられてしまえば区別する方法がない存在，「これは元々は A であった」とか，「B であった」とか，そうした区別を論じることができない存在だということになります．

よって，原子における作用は，すべて相互的です．一方的な作用，主・従の区別が附く作用はありません．A から B に働くならば，B から A にも働く，両者を取り替えても何も変わりません．**作用**（action）があれば，その**反作用**（reaction）も同じ資格で存在します．

以上のことから，どちらを作用と呼ぶか，反作用と呼ぶかといった名前の問題は，まったく意味を持ちません．両者は常に一体となって働きます．仮に，「正・反」「主・従」といった附加的な言葉があっても，それは“二つの中のどちらか一方”という意味しか持ちません．

譬えれば，それは握手のようなものです．独りで握手はできません．こちらが握手をしているなら，相手側もしているわけです．握手とは，二人の手が同じ形に組まれた“相互関係”をいうのですから，そこに主従はありません．だからこそ友好の印なのです．

さて，重力相互作用と電磁相互作用は，二つ以上の対象同士の間に働く関係で，マクロな世界でも直接にその影響を見て取ることができますが，強い相互作用と弱い相互作用は，原子の内部のみで働いて，自らをまとめたり壊したりする「ミクロな世界でのみ現れる作用」です．そこで本書では，主に前二例に絞って話を展開していきます．

この相互に働く作用こそが“力の本質”なのです．この点を強調する意味で，四つの相互作用は，それぞれ

強い核力	>	**電磁気力**	>	**弱い核力**	>	**重力**
10^{40} 倍		10^{38} 倍		10^{15} 倍		1

とも呼ばれています．ここでは強さの順に並べました――その対応関係は特に説明を加えなくとも分かるでしょう．また，下段には，重力の大きさを 1 とした場合の比較，そのおよその桁を添えました．

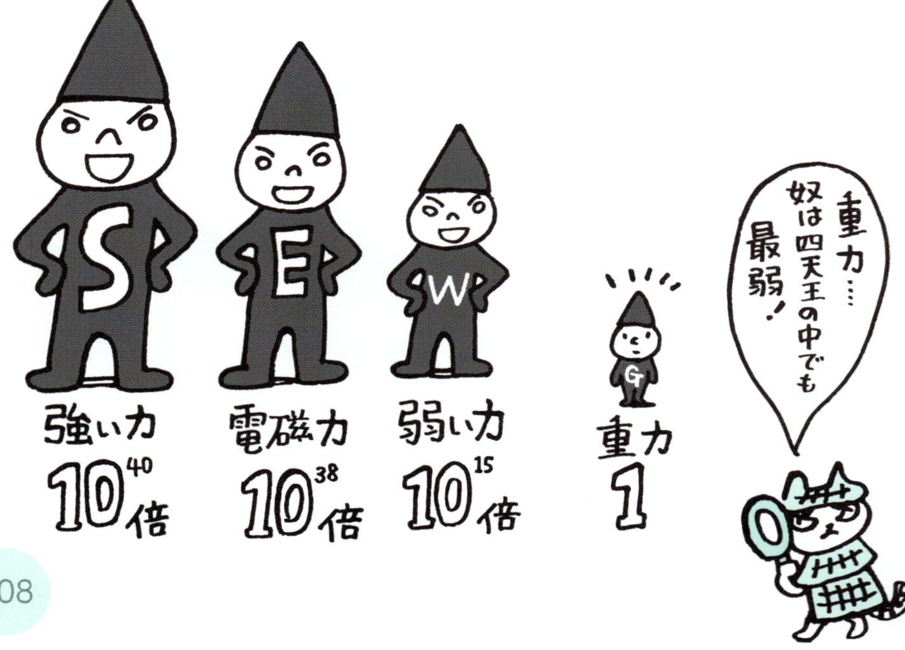

このように，強い核力から見れば，僅かに

$$\frac{1}{10^{40}}=\frac{1}{10000000000000000000000000000000000000000}$$

に過ぎない大きさですが，この極めて微弱な重力相互作用こそが“重さ”，すなわち，“重量”の根源なのです．**以後，紛れのない場合には，重力相互作用を単に「相互作用」，あるいは「作用」と略記します．**

「ペットボトルの重さが 2 kg ある」とは，それら全体を構成している原子と，地球全体を構成している原子の間に働く相互作用の結果，その集積された力が 2 kg という数値として表されているということです．これが，先に「重さは力である」と述べたことの意味なのです．

28 比較する言葉

重力相互作用は，極めて小さな働きですが，如何に小さくとも，それがゼロでない限りは，大量に集まれば大きな影響をもたらします．

また，**重力相互作用には，それを打ち消す仕組がありません．**

その働きを遮り，無効化する方法，SF でお馴染みの“バリアー”は存在しませんので，集まった分だけ，その効果を増していきます．仲間を呼び寄せ，さらに大きく強い存在になろうとします．その集積の結果が私達であり，地球であり太陽であり，この宇宙全体なのです．

私達はこの作用によって，地球の表面に縛られ，その地球もまた太陽に縛られ，その太陽も宇宙全体の相互作用の渦の中に居ます．

無限の彼方にまで届く，重力相互作用から逃れる術はないのです．

身近な重力相互作用

この重力相互作用は，人類が知的存在になるや否や，意識されたに違いありません．しかし，その本質は未だに不明です．極端に弱いこともあって，他の三つの作用との比較すら容易ではないのです．

では何故，重力相互作用が私達に親しみやすいのか．学問的な謎解きとは別の意味で，何故私達は誰もがこれを知っているかの如く話せるのかといえば，それは**物が下に落ちる**からでしょう．

この世界は，物理法則の実験場です．私達の暮らしは，望むと望まざるとに関わらず，様々な形でこの作用に支配されているのです．

誰しも赤子の時には，立ち上がることに大変な苦労をします．疲れた時に，横になりたくなるのも，重力相互作用に抗する負担を感じるからでしょう．実際，横になれば人間の身長は，骨と骨の間が緩んで，僅かに伸びるほどですから——皆さんも一度，試してみて下さい．

太っていても痩せていても，体重はそれを非常に負担に感じたり，まったく気にならなかったりと，自身の体調によって感じ方が大きく異なるものです．また，年齢によっても変わります．階段の昇り降りが辛くなったり，気圧の変動に敏感になったりと，知らず識らずの中に，周囲の環境との関わりが深刻なものへと変わっていきます．

立てば転ける，転ければ痛い，怪我をする．うっかり手を離すと，物は落ちてしまう，壊れてしまう．こうした具体的な体験を通して発見された重力相互作用が，最新科学の成果をもってしても，未だに本質的な理解に至っていないのは，興味深い現象だといえるでしょう．

相反する言葉

互いに反対の意味を持つ言葉，それらがまとまって，一つの表現になっている場合があります．例えば，「軽重」「冷熱」「高低」などです．

先ずはじめに「軽重」から，「重い」と「軽い」という言葉を取り出しましょう．これは一本の直線上に基準となる点を打つことで，その大小関係を示すことができる，そんな関係にある言葉です．

単なる比較に関する言葉ですから，「軽い」ということの意味は，“ある物に比べて重くない”というだけの話です．すなわち，どちらか一方さえあれば，他方は比較によって表せる，その結果，一つの言葉だけで遣り繰りができるというタイプのものです．

さらに，「重さ」と「軽さ」の対比を考えれば，どうなるでしょうか．

「重さ」は，ここまでに御説明しました通り，地球との相互作用による力を示すものでしたから，それは容易に数値化されました．「その重さは何々キログラムです」という形で答えることができました．

では，「軽さ」を数値化することはできるでしょうか．

考え方の上では，「重さ」に上限はありませんが，下限はあります．それはゼロです．よって，物理学においては，「軽さ」という表現は登場しません．ゼロから測った「重さ」だけで議論をします．

例えば，日常的な会話の中で「岩は重い，綿は軽い」と言ったとしても，これに反論する人は少ないでしょう．それは，「綿は岩より重くない」という意味だと分かっているからです——もちろん，それには“見た目の量を等しく取って”という前提がありますが．

しかし，その“重い・軽い”といった判断も，実際には，岩の「重さ」と綿の「重さ」を計って比べているわけです．

同じような議論が，「冷熱」にもおいても可能です．“熱い・冷たい”も比較です．凍てついた氷点下の街も，マイナス 30 度の世界から来た人には，温かいと感じられるでしょう．

温度に上限はありませんが，下限はあります．それはゼロです．これには**絶対零度**という非常に印象的な名前が附けられています．そこから測れば，すべては“熱い”になるわけです．よって，「熱さ」が定義できれば，「冷たさ」は無用だということです．

同様に，「高い・低い」の比較はできますが，それは，物差しで測った“高さ”の大小により決まります．“低さ”に出番はありません．

先に「物が下に落ちる」ことをもって，重力相互作用の体験としましたが，本当は「物が落ちる方向を下と定めた」のであって，話が逆です．“上”とは，「物が落ちる方向の反対」ということなのです．

これを，「高い所から，低い所へ物は落ちる」と「高・低」に置き換えれば，物が落ちていく方向が低く，その反対が高いわけです．

実際，宇宙ステーションの住人に，地上から「資料は上のボックスに収めてあるから」と言っても，乗組員には，どの方向が上か下かは分かりません．地球の生活に慣れた私達にとっては，“下”とは誰にも分かる当たり前の話ですが，彼等にとっては，当たり前のことではないのです．下がなければ，上も分からないわけです．

もちろん，日々の暮らしの中で，羽毛布団の“軽さ”を論じたり，ジュースの“冷たさ”を楽しんだり，踏み板を蹴って“上”に向かって飛び上がったり，そんな表現を用いることも多いでしょう．それは自然なことであって，何の問題もありません．

ただ，何かを物理的に定義する場合，それが直線上に並べて比較できるようなものならば，どちらか一方を掴まえて，数値化ができる定義を探すのです．そして，その一方というのも，「重さ」の定義の場合のように，自然に決まってくることが多いのです．

29 力と長さ

しかし，ここまで話をつないできても，未だ「力がキログラムで表されている謎」は解けていません．この謎は，この地上を遠く離れて，遙か上空まで飛び，さらに月面まで移動すれば理解できるでしょう．では，御一緒に空へ星へと移動しましょう．

重さを生み出すもの

先ずは，四つの相互作用，その影響範囲にまで話を戻します．

強い相互作用と弱い相互作用は，共に原子の内部でのみ働きます．一方，**重力相互作用と電磁相互作用は，無限の遠方まで届きます**．このことから考えて，重力相互作用と電磁相互作用は，**距離に応じて弱くなる性質を持っている**と推察されます．

もし，距離とは無関係に同じ強さを保つと仮定しますと，宇宙全体のすべての原子が折り重なって潰れてしまい，今のような世界にはなりません．距離と共に力が増大する場合には，なおさらです．

ならば，ペットボトルの重さは，高層ビルの屋上では，どれほど減るでしょうか．地球とペットボトルの双方が引き合う力が，重量の本質でしたから，その距離が離れれば離れるだけ力も弱くなり，「2 kg 入り」だったはずの表記も変える必要が出てくるわけです．

同じペットボトルでも，相手が変われば，その重量も変わります．月面基地では何と地球上での約 1/6 に減ってしまうのです．

このように重量は，常に基準となる相手を必要としています．相手との距離が問題になります．したがって，物質が独自に持つ重要な性質として，議論することはできないわけです．

そこで，重力相互作用にまで戻って，重力の根源は，物質に備わった一つの属性，**重力質量**（gravitational mass）と呼ばれる属性から生じると考えるのです．これは相手の必要な話ではありません．原子の間に働く作用，その源は**個々の原子が持つ固有の性質**なのです．

重力質量は，唯そこに存在するだけで，**すべての方位に対して均等に**，その周りの空間に何らかの変化を与えます．そうした変化の拡がりは，距離と共に弱くなりますが，決して消えることなく，**何も無い“空っぽの空間”の中を無限の遠方まで**続いていきます．

そして，二つの重力質量は，自らが作り出す変化の拡がりが重なった時，**両者を結ぶ直線上に沿って**，互いに引き寄せられます．この動きを妨害すれば，そこに力が働いていることが分かります．力は目には見えません．**それによって動かされた何かを調べる**ことによって，はじめて私達の感覚に訴えかける存在になるのです．

重力質量と力の関係

さて，ここで重力相互作用の基準として，「距離1だけ離れた二つの原子の間に生じる作用の大きさ」を採りましょう．

相互の距離に関しては，一定でありさえすれば，実は何でも構いません．距離を一つの値に固定することによって，距離を考察とは無関係なものにして，「原子の個数と作用の関係」のみに集中するためです．そのためには，距離を1とするのが一番簡単な方法です．

この様子を，原子を表す二個の点と，それを結ぶ一本の線分で表します．**重力相互作用を線によって代表させる**わけです．

次に，一方の原子の数を二個に増やした場合を考えますと，二本の線が引けることが分かります——隣接する原子間にも，もちろん作用は存在しますが，それは一体のものと考えます．この線の本数は，相互作用の大きさが二倍になったことを表しています．

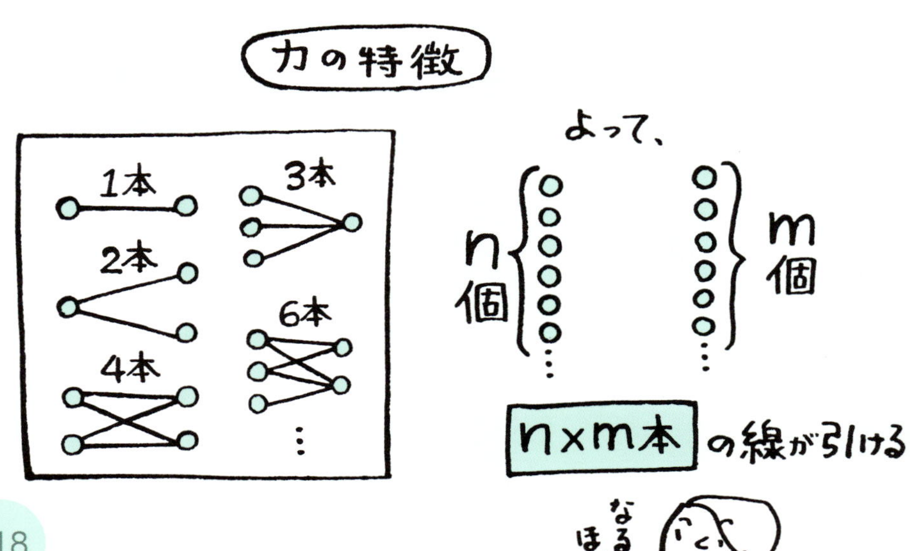

さらに，もう一方も二個にして，二個対二個の場合を考えれば，線が四本引けることが分かるでしょう．作用は四倍になりました．

一方を三個，相手側を一個にした場合には三本，相手側を二個に増やした場合には，3 × 2 で，六本の線を引くことができます．これは作用が六倍になったことを意味しています．

以上の結果から，n 個の原子と m 個の原子の間に働く作用は，単位としたものの $n \times m$ 倍になることが分かります．すなわち，**原子の個数の積に比例して，重力相互作用の大きさは増える**わけです．

ここでは，原子の“個数”という離散的なものから考察をはじめましたが，これはそのまま連続的な値，すなわち，重力質量の大きさに置き換えられます．すべての物質は原子からできていることを思い出して貰えば，こうした拡張が自然なものだと分かるでしょう．

先の例を引けば，月面基地において，“ペットボトルの重量”が 1/6 になったのは，“月の重力質量”が地球の 1/6 であり，それに比例して引く力もまた 1/6 になったことが理由だと分かるわけです．

力を長さで測る

さて，話題を再び“重量”，その測り方に移しましょう．重量を測るもっとも簡単な方法は，**バネ秤**を使うことです．

例えば，ペットボトルによるバネの伸びが，2 kg の分銅と同じ時，その重量もまた 2 kg だと分かります．すなわち，**バネ秤は重量，すなわち，力を測る計測器**です．力はバネの伸びによって，可視化されます．**何かの状態が変わること**によってのみ，間接的にそこに力が働いていることが分かるのです．これが“ドーナツの穴”の意味です．

バネや輪ゴムが伸びる時，そこには力が働いています，逆に，それらが何の変化も起こさないなら，そこに力は存在しません．あるいは，複数の力が打ち消し合っています．

如何に高級な計測器であっても，その仕組はバネ秤と同様に，**加えられた力を，長さの変化に換算する**ことによって行われています．

しかし，同じペットボトルでも月面基地なら，バネの伸びは 1/6 になり，地球上で計った分銅とは異なる結果になってしまいます．もし，突如として地球が消えてしまったら，バネは少しも伸びません．それは力が働いていないこと，すなわち，重量が消えてしまったことを意味します．これでは，何の比較もできなくなってしまいます．

バネと天秤

そこで**天秤**の出番です．天秤なら，地球上でバランスが取れた二つの関係は，月面上でも変わりません．相手に左右されない重力質量を主役として，それをキログラムで計る意味がここにあるわけです．

ただし，“地球規模の大きさの天秤”を考えた場合，地球が分銅と試料を引く方向が平行ではなくなるので，天秤は上手く機能しません．この“無茶な設定”の意味については，後で詳しく議論します．

キログラムは力を計る基準ではなく，重力質量を計る基準です．

先に「方便であり，本当は違う」と述べたのは，この意味なのです．それでは力の単位は何でしょうか．どのように表現するのが，方便ではない，物理的に正しい表し方になるのでしょうか．

30 重力相互作用の性質

本章では，重力相互作用の特徴を復習しながら，それを如何にして数式に直すかを考えます．先ずは，分かっていることを列挙します．

重力相互作用は
- ★ 重力質量の相互に作用する．
- ★ 重力質量を結ぶ直線に沿って働く．
- ★ 重力質量の積に比例して強くなる．
- ★ 等方的な拡がりを持っている．
- ★ 距離と共に弱くなる．
- ★ 無限の彼方まで届く．
- ★ 遮られない．
- ★ 何も無い空間を伝わる．
- ★ 引く力のみである．
- ★ 地表附近では一定とみなせる．

これらを数式に反映させるためには，如何にすればいいでしょうか．

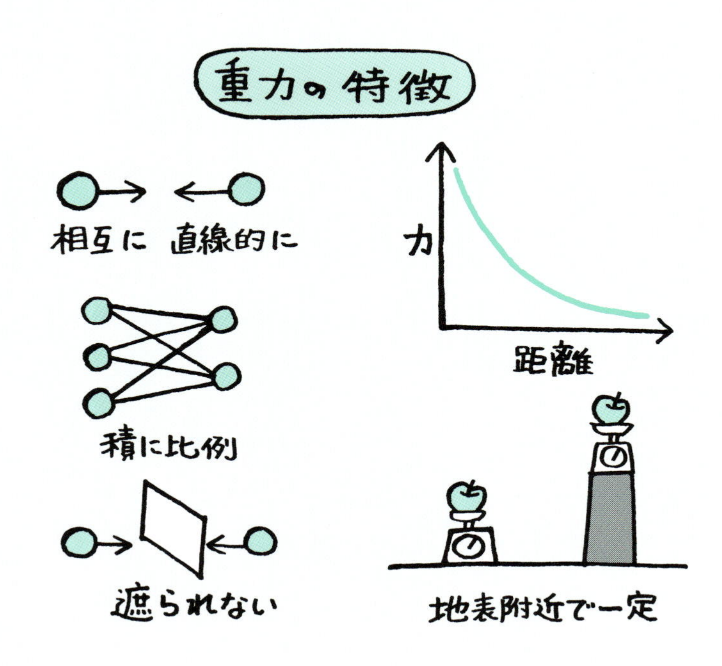

対称性と力の性質

先にも示しましたように，重力相互作用は重力質量の大きさに比例して強くなります．二つの重力質量を m_{G}, m'_{G} とする時，それは

$$F \propto m_{\mathrm{G}} \times m'_{\mathrm{G}}$$

と表すことができます――ここで，「∝」は比例を表す記号です．

さて，相互作用とは，主従の関係が無い，対等の関係であることを強調してきました．こうした定義，言葉で説明された内容を，数式として上手く表現する必要があります．この場合はどうでしょうか．

当然，m_{G}, m'_{G} が対等の資格で，対称性を持った形で数式内に登場しなければなりません．これは言うまでもなく，条件の第一です．また，二要素が確実に含まれていても，その含まれ方が問題です．

例えば，ある二数の四則計算を表にしてみましょう．

	$a+b$	$a\times b$	$a-b$	$a\div b$
$a=2,\ b=1$	3	2	1	2
$a=1,\ b=2$	3	2	−1	0.5

このように，**和と積は数値の交換に対して結果を変えません**が，差と商では変わってしまいます．よって，相互関係を表し得るのは，足し算と掛け算だけだということが分かります．もちろん，一方が二乗で，もう一方が三乗の形になっている場合などは不可です．

こうして，式の形を見ただけで，それが正しい答を導くものか否か，その可能性が分かります．正解は得られなくても，間違いであることだけは，直ちに分かるのです．よって，数式を理解する前段階として，先ず式の全体像を見ることが何より重要なわけです．

以上の意味から，$F \propto m_G \times m'_G$ をもう一度見直せば，確かに二つの重力質量が積の形で，対等の資格を持って含まれているので，“相互”という考え方が上手く反映されていることが分かります．

相似と力の性質

また，重力相互作用は，**距離と共に弱くなる**ということでした．では，それはどのような形式で表されるでしょうか．両者の間の距離を r で表した時，一番簡単な例として，$1/r$ を考えることができます．

確かに，分数の分母が大きくなれば，全体の値は小さくなりますから，これは一つの候補として考えられます．しかし，分母における r の関わり方を工夫することで，全体の減り方を調整することは幾らでも可能ですし，これら分数の形式とは，まったく異なったタイプの数式を利用することもできますから，これだけでは条件が足りません．

力の形式の問題は，実験・観測によって決定されるべきものですが，その最終的な結論は未だ出ていません．宇宙規模の現象では容易に可能な観測も，近距離では難しく，高精度の実験を企画することすらままならないのです．実験家の奮闘が期待されている分野です．

ここでは重力相互作用の性質：**「すべての方位に対して均等に変化を与える」**という部分に注目して，その変化は「球面的な拡がりを持つ」と単純に仮定し，そこから何が言えるかを探ります．

相似を思い出して下さい．相似である二つの図形には，その拡大縮小の率を表す定数：相似比が存在しました．相似比が r である二つの図形においては，対応する部分の長さが r 倍になっていました．例えば，円の半径が r 倍になれば，その周長も r 倍になっていたわけです．

先ずは，二次元の場合から考察をはじめましょう．平面上の単位円で囲まれた部分に，墨が充分に蓄えられている状態を考えます．その境界部分の垣根を取れば，墨は同心円状に拡がると共に，その濃度を薄めていきます．水墨画の“ぼかし”，グラデーションの技法です．

半径が r の同心円は，その周長も r 倍になっているのですから，その部分での濃度は，長さの逆数である $1/r$ になっている，と考えることができます．同じ量の墨ならば，描く長さが二倍になれば，その濃さは半分になるだろうと考えるのと同様です．

もし，重力相互作用が平面上に限定されたものならば，$1/r$ の形式が良い候補になったかもしれません．しかし，実際の作用は三次元的，立体的に，方向に因らずに伝わっていく性質を持っています．

そこで，相似比 r の関係にある同心球を試してみましょう．この球面上の面積の比は，相似比の二乗，すなわち，r^2 にしたがいます．

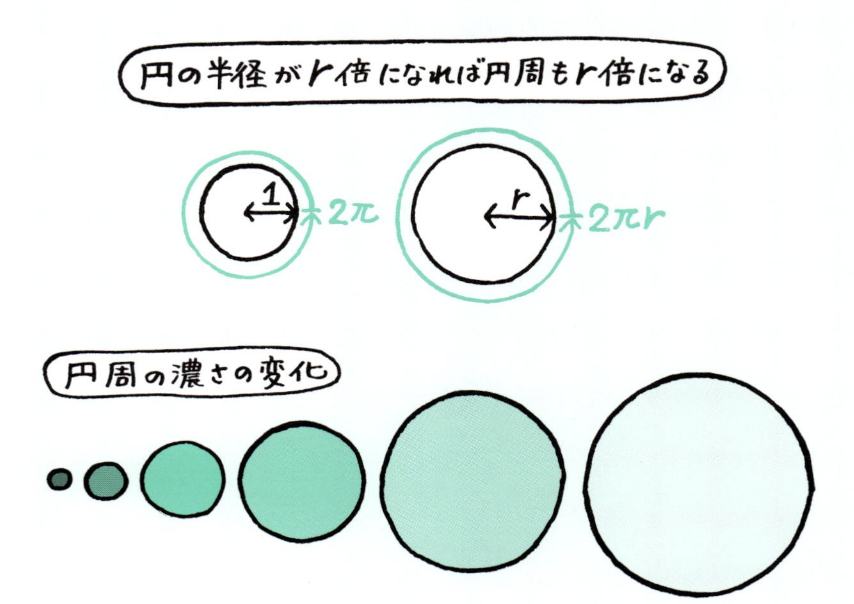

ここで，二次元の場合と同様に，「中心から何かが球面的に拡がって流れていく様子」を思い浮かべて下さい．先端が球体になっているシャワーのように，あるいは，天井で輝くミラーボールのように，水や光がすべての方向へ，均等に飛び出しているイメージです．

この時，r^2 に比例して大きくなる表面積に対して，「流れ出したものの濃度」は，$1/r^2$ にしたがって小さくなります．例えば，ある面積の中に水の湧出口が四つあった場合，半径を倍にした球面上の同じ面積の中では，湧出口は一つしか見附かりません．

地球の半径を大きくしていけば，日本もアメリカも，世界中のすべての国土が均等に拡がって，どの国の人口密度も減っていきます．

このイメージを利用して，二つの重力質量の間には関係：

$$F \propto \frac{1}{r^2}$$

がある，すなわち，重力相互作用の大きさは**「距離の二乗分の一に比例」**すると考えるのです．これを“逆二乗に比例する”ともいいます．

万有引力の法則

こうして，比例する二つの関係：

$$F \propto m_{\mathrm{G}} m'_{\mathrm{G}}, \quad F \propto \frac{1}{r^2}$$

を得ました．これらは，一つにまとめられることから，結局

$$\frac{m_{\mathrm{G}} m'_{\mathrm{G}}}{r^2}$$

に比例するのだ，ということになります．

さて，「何かと何かが比例している」という時，そこに定数を導入して，**比例式を等式へと書き替える**ことが，よく行われます．ある定数によって，両者の数値的な調整を図り，同時に両辺での次元が合うように，その定数に**物理的な次元を担わせる**のです．

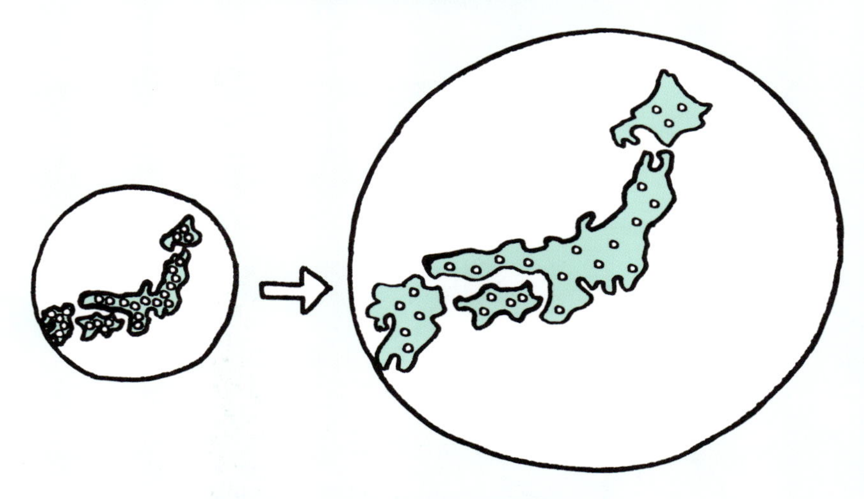

空間に拡がるイメージ②
人口密度の減少

この場合，大文字の G が定数を表す記号として用いられます——これも重力：Gravity に由来しています．これより，等号の関係として

$$F = G\frac{m_\mathrm{G}m'_\mathrm{G}}{r^2}$$

を得ます．この式は，如何なる物質も重力相互作用の源となること，すなわち，作用は**万有**であることを示しています．また，互いに**引き合う力のみである**ことから，これを**万有引力の法則**といいます．

比例定数 G は，正式には**ニュートンの万有引力定数**と呼ばれていますが，物理学者はこれを「大文字の G」と略すことがあります．実際，重力に関する話をしている時なら，「大文字の G」と言うだけで，ほとんどの人が間違いなく，この定数を思い浮かべるでしょう．

ニュートンは，長い思考の末に，地上で林檎を落とす作用も，月を動かす作用も，同じ法則にしたがっていることを見抜きました．その結果を見事な数式の形にまとめたものが，この式なのです．

そこで，こうした一連の大業績を記念する意味から，力は**ニュートン**を単位とすることになりました――これを記号［N］で表します．

したがって，ペットボトルの重量は，「何々ニュートン」と表されるべきものだったということになります．しかし，こうした本質的な議論と，私達の日常的な生活の便の問題とは，折り合いの附き難いこともあって，方便としてキログラムが，使われているわけです．

物理学者でも，日常的な場面で「食べ過ぎて体重が60 Nも増えた」という人はあまりいません．しかし，「本当は違う」ということは知っています．このズレは，やがて是正されるかもしれませんし，何年経っても，便宜的なものが優先されたままかもしれません．何れにしても，一番大切なことは，本当のことを知っておくことです．

31 地球をはかる

ニュートンが万有引力の法則をまとめるに際して，もっとも苦労したのは，多数の重力質量が集まった時に，それを「一つの位置にある一つの値として置き換えられるか」という問題でした．そして，長年の苦心の末に，**「球対称の分布をしている場合には，その中心にすべての重力質量が集まったものとして扱える」**という結論を得ました．

これは地球でも太陽でも，それを数学的に完全な球として見た場合には，その全要素が一点に凝縮したものとして計算してよい，ということなのですから，本当に驚くべき結果だと言えるでしょう．このように，重力質量を点として扱う場合，これを**質点**と呼びます．

小文字の定数 g

この質点の考え方を用いれば，私達が暮らす地表附近での重力相互作用の大きさを容易に求めることができます．そのために先の式を

$$F = m_{\mathrm{G}} \times \left[\frac{GM_{\oplus}}{R_{\oplus}^2}\right]$$

と書き直します．中身は何も変わらない，記号とその順番を変えただけのものですが，その意味するところは大いに異なります．

記号 m_{G} を地表にある重力質量，$M_{\oplus}$ を地球の重力質量，$R_{\oplus}$ を地球半径としますと，括弧内は実際の値で計算ができて，m_{G} とは無関係に決まります——添字 $\oplus$ は，天文学において地球を表す記号です．

そこで，これを小文字の g により表しましょう．すなわち

$$g := \frac{GM_{\oplus}}{R_{\oplus}^2}$$

この式に G を含め，実際の値を代入して，値：$g \approx 9.8$ を得ます．

地球半径に比べて，100 m や 200 m 追加をしても，結果はほとんど変わりませんから，地表附近での重力は，g から計算される一定のものになるわけです．**計算できる部分と未知の部分を切り離した**ところに，この表現の非常に大きな意味があるのです．

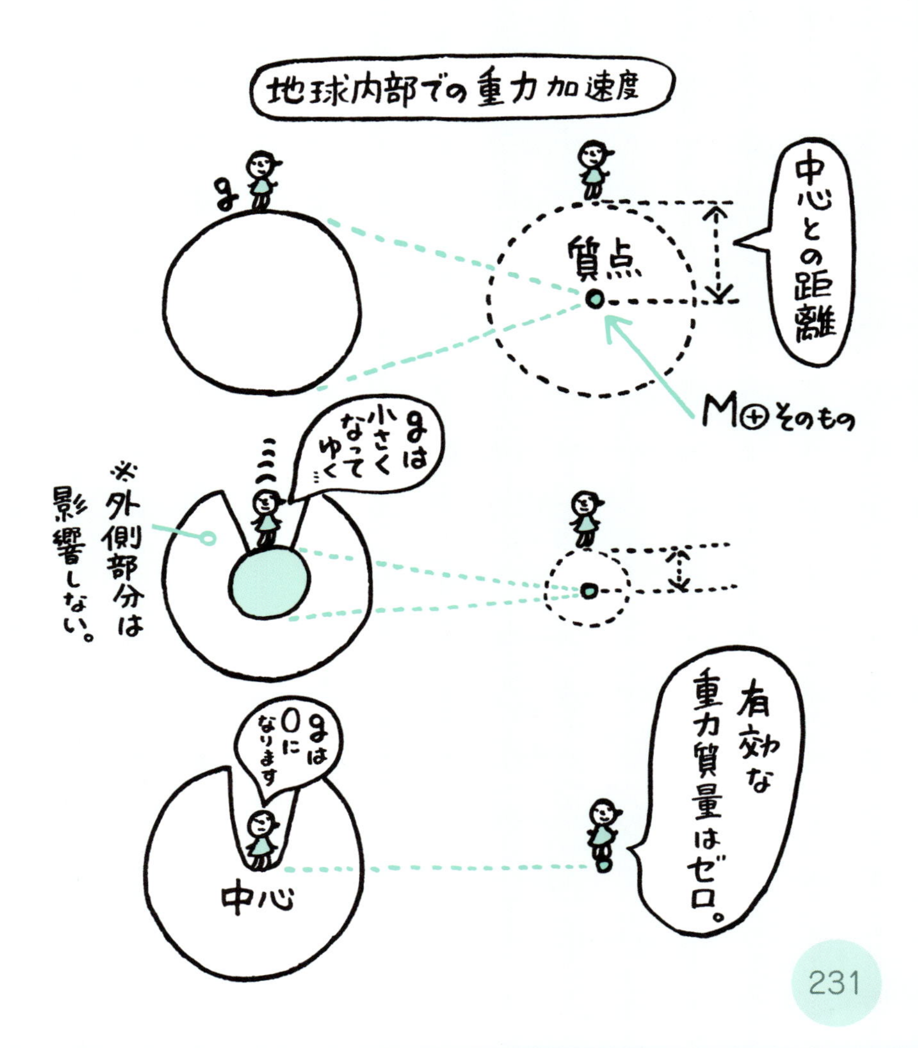

力に関わる二つの要素

こうして，相互作用を $F = m_{\mathrm{G}}g$ という印象的な形でまとめることができました．この式から，私達は，目の前の物が地球に引っ張られている，その作用の大きさを，物の情報だけから知ることができます．

これは計算の便だけではありません．重力相互作用が，重力質量に比例していること，そのことが直ちに分かる形になっています．

また，ここで g は固定した値を持った定数ですが，数式の一般的な性質から見直せば，作用は，m_{G} と g の両方に比例する形になっています．これは，先に説明しましたように，m_{G} と g が相互的な関係になっていることを示しているわけです．

例えば，F がゼロになる場合を考えてみましょう．これには

$$1: m_{\mathrm{G}} = 0,\ \ g \neq 0 \qquad 2: m_{\mathrm{G}} \neq 0,\ \ g = 0 \qquad 3: m_{\mathrm{G}} = g = 0$$

の三つの場合があることが分かるでしょう．この関係から明らかなように，F は二つの要素からなっています．これは，「重力相互作用が二つの重力質量間の関係」であったことから，当たり前のことではありますが，繰り返し確認しておくべき事柄です．

一本2 kgのペットボトルを二本にすれば4 kgの重量になりますが，突然，地球の重力質量が二倍になれば，秤は一本でも4 kgを表示することになります．また，地球が突如として縮んでも，同様の効果が出てきます．地球と月がすり替われば，秤の表示は1/6に，地球が丸ごと消えてしまえば，表示はゼロになってしまいます．

「非現実的な仮定だ」と思うかもしれませんが，実はそうではありません．数学的に可能なことが，すべて現実に起こるわけではありませんが，**数学的に可能なことなら，現実に起こる可能性はあるのです**．

数式に含まれている定数を色々と動かして，これはどうか，あれはどうか，と空想を巡らせることが大切です．どんなに奇妙奇天烈な発想をしたところで，自然界の奇妙さ，不思議さはそれを上回ります．

地球を知るために

ただし，ここで示しました計算の方法は，“欲しいものが直ぐに手に入る場合”のものです．すなわち，Gや$M_{\oplus}$の値は，一体どうやって求めたのか，その方法を知っておかなければ，結果をそのまま暗記することと，あまり変わらないことになってしまいます．

実は，この数式の中に登場する値は，地球の重力質量を表す $M_\oplus$ を除いて，すべて実験で求められるものなのです．したがって，この式は実験値から $M_\oplus$ を算出するためのものだとも言えるわけです．

このことは，g に関する式を変形して

$$M_\oplus = \frac{g}{G} R_\oplus^2$$

とすれば明らかです．歴史的に見れば，地球の半径 $R_\oplus$ は，腕自慢の船乗り達が七つの海を渡って得た，まさに大冒険の結果，推察されるようになった値です――およその値は，既に御紹介した通りです．

世界一周の果てに，赤道の全長が分かれば，円周の式が使えます．相手が球なら，球の体積，表面積の式が使えるというわけです．

物理現象を理解するための初手は，そこに現れる量の“次元解析”と，**桁の見積**（order estimation）と呼ばれる“大きさの概算”です．

桁の見積とは，精密な計算は後に残し，答の桁だけに注目して，他を省略する考え方です．この立場からは，円周率は3でも1でも構いません．先ずは，大枠をつかむことに集中するのです．

例えば，赤道の長さ L から，球体としての地球の体積 V を計算します．このとき，もし地球がすべて水でできた“水の惑星”だとしたら，その重力質量はどうなるでしょうか．先ず，体積は

球の体積：$V = \frac{4}{3}\pi r^3$，　周の長さ：$L = 2\pi r \, (= 4 \times 10^7 \, \mathrm{m})$

より，右式を $r = L/2\pi$ と書き替え，左式に代入して

$$V = \frac{4}{3}\pi\left(\frac{L}{2\pi}\right)^3 = \frac{L^3}{6\pi^2} = \frac{4^3}{6 \times 3.14^2} \times 10^{21} \approx 10^{21} \, \mathrm{m}^3$$

となります．水 $1 \, \mathrm{m}^3$ は 1000 kg でしたから，水の惑星の重力質量，その概算値は 10^{24} kg と求められます．実際の地球は水よりも重いので，この値は増える方向で修正されますが，その“桁”は変わりません．

こうして，$M_\oplus$ の“目安”となる値を見積ることができました．

残るのは，大文字の G と小文字の g，**天上の法則と地上の法則を象徴する二つの定数を，実験的に求めること**だけです．これによって，私達は地球の重力質量を，“秤無し”で知ることができるわけです．

32 時間と時刻

本章では，「時間」という言葉が持つ意味から調べていきます．

「運動」とは何でしょうか．「動く」とはどういうことでしょうか．この問題は，「時間について考える」ことに直結しています．これらを充分に考えるための準備として，物の動きを表すために必要な言葉，グラフ，そして数学を，順を追ってゆっくりと紹介していきます．

時間・時刻，そして再び時間

日常的な会話の中で使われる言葉と，物理学で使われている言葉では，まったく同じものであっても，その意味するところが大きく異なる場合があることを紹介してきました．ここでも，そうした例を挙げることから話をはじめたいと思います．**時間**という言葉について，普段これをどのように使っているか，少し思い出してみて下さい．

友達と待合せをする時，「明日，場所は駅前で，**時間**はどうする？」といった使い方をする場合がありますね．「五時，それとも五時半ぐらいがいいかな」と答えます．すると「それじゃ五時半で！」となって結論を得ました．会話は無事に成立して，何の問題も無いようです．

しかし，二人に本当に必要だった言葉は，時間ではなく**時刻**です．その瞬間を表す，そのものズバリの値が待合せに必要な情報です．

時間とは，「五時から五時半までは三十分ある」という時の“三十分の幅”を指す言葉であり，少し面倒な表現になりますが，“**時**間**間**隔”という言葉を縮めたものと理解すべきものでしょう．

幾何学の考え方を適用すれば，“時刻（time）”とは“点”であり，“時間・時間間隔（time interval）”とは二点を結ぶ“線分”に対応するでしょう．この点と線の関係を頭に刻んでおいて下さい．

したがって，「集合時間」ではなく「集合時刻」，「時間合せ」ではなく「時刻合せ」という方が適切なのです．実際，列車のダイヤは“時刻表”であって時間表ではないですね．時間を分割配分して“時間割”を作ることはできますが，時刻は“点”ですから割れません．

おもむろに立ち上がった司会者は，「時間になりましたので，会議をはじめさせて頂きます」ではなく，「定刻（あらかじめ定められた時刻）になりましたので……」と言った方が，より正確なわけです．

「運動」を学ぶには，こうした用語の違いに注意する必要がありますが，誠に面倒なことに，時間間隔も時刻も含めて，時に関する一切の考え方をまとめたものを，**時間**に代表させる場合もあるのです．

例えば，この世界を私達が暮らす一つの容器とみた場合，これを**空間**と呼びますが，その空間内で起こる出来事，生老病死，それらすべての鍵は，時の流れ，すなわち“時間”が握っています．

こうして“空間と時間（space & time）”といった形で一つの組をなすように使われる場合は，今述べた時間と時刻の区別といった狭い意味での「時間の用法」とは異なっています．

六十分をまとめた単位にも，“時間”が使われています．「作業には何時間かかりますか？」といった使い方をする場合です．英語では，これにhourを使います．一つのテーマ，一人の出演者が全体を仕切る一時間番組のことを「何々アワー」と呼ぶ場合があります――三十年以上続いた昼の生番組，その副題がまさにそれでした．

また，ドラマなどで「あとは時間の問題さ！」と主人公が決め台詞を吐く時，これは時間の幅でも，もちろん時刻の意味でもなく，人間の力を超えた運命のようなものを暗示させる意味で使われています．

英語にも，timeを含んだ色々な表現，格言などがあります．「Time is money」「Now is the time」「on time」「in time」等々です．

時を表す記号について

ここで，“時”に関わる記号の説明をしておきましょう．

時間全般を表す記号としては，イタリックの小文字tが用いられます．物理学，工学の多くの分野で，何の断りも無くこの文字が使われている場合は，timeの頭文字として使われていると考えられます．

皆さんも，問題を数式化する際，特に自分自身で文字の配分までしなければならない場合には，こうした“暗黙の了解事項”にしたがった方が，誰にとっても分かりやすいものになります．

特定の時刻を表す場合には，添字を附けて表します．具体的には，t_0, t_1, t_2, t_i, t_f などです——数字の添字は，ある時間内の一点を，それがまさに“時刻”であることを強調するため，文字の添字は，そこに実際的な意味を加えるためで，t_i は「始まり（initial）」の時刻，t_f は「終り（final）」の時刻の意味でしばしば用いられます．

また，それが「ある一定の幅である」ことを強調する場合には，$\varDelta t$ などと書きます．一般に，記号 $\varDelta$，あるいは δ（共にデルタと読む）が用いられている場合，その“幅は小さい”という含みがあります．

また，記号の物理的な**次元**が時間である場合，これをローマン大文字の **T** により表します．その**単位**は多くの場合，**秒**であり，s あるいは，sec と略記されます——秒の英語 second に由来します．

工学の分野によっては，「**一分**（min）：minute の頭三文字」や「**一時間**（h）：hour の頭文字」「**一年**（y）：year の頭文字」も使われます．

先に，長さの次元 **L** については述べました．長さの単位に関しては，「メートル（m）」が主役ですが，補助的な単位として，「センチ・メートル（cm）」や「キロ・メートル（km）」も同様に使われています．

また，ミクロの世界を記述する時には，**オングストローム**（Ångström）と呼ばれる単位が便利です——これはスウェーデン人物理学者の名が元になったもので，Å と略記されます．

こうして，長さと時間の次元が出揃ったことで，運動の初歩について，ようやく論じることができるようになりました．

33 平均の速度

「運動」という言葉は，様々な意味で使われています．身体を動かす運動もあれば，社会活動のことを指す場合もあります．

「動く」という言葉も，物の動きだけではなく，精神の動き・働きといったものにまで使われています．例えば，美しい景色に心が動かされたり，“その時，歴史が動いたり”と実に様々です．ここでは動くことを，「物がその位置を変えること」に限定して論じます．

位置の変化

対象が元々あった所から，異なった所に移っていれば，そこに“動き”があった，対象が“動いた”ことが分かります．動いている場面を確認する必要はありません．人であれ，物であれ，すべて同じことです．居場所が変わった，位置が変化した，その結果だけで充分です．

例えば，「名古屋の友人と，一年後に東京で再会した」としましょう．その友人は，何時かは分からないけれども，確かにその一年の間に“動いた”のです．陸路でしょうか，海路でしょうか，空路でしょうか，車か船か飛行機か，もしかすると歩いて来たのかもしれません．

どんな方法かは分からなくても，「一年の間」に，「少なくとも 360 km ほどの距離」を「東京に向けて」「動いた」ことは確かなわけです．

そこで，友人がどれくらいの割合で，東京に近づいて来たかを考えましょう．話を簡単にするために，「同じ割合で動いた」と仮定します．先ずは，**平均的な変化の割合**を知りたいのです．

すなわち，一年で 360 km なら半年では 180 km．一ヶ月なら 30 km，一日なら 1 km だけ動いただろう，と考えるのです──「毎日 1 km なら歩いて来たかもしれない」ということにもなります．

名古屋の友に東京で会う
一年前
今度東京に来たら遊びに来てほしい。家康
一年後
殿、お久しゅうございます。
久しぶりだのう
これからは"四勤一休"とうかがいましたが？
チガウ チガウ！参勤交代！

こうして得られる「時間当たりの距離」のことを，**平均の速度**といいます．次元は「長さ割る時間」となりますので

$$\text{平均の速度} = \frac{\text{移動した距離}}{\text{それに要した時間}}, \qquad \text{次元} \rightarrow \left[\frac{\mathbf{L}}{\mathbf{T}}\right]$$

という形式にまとめられます．何か具体的な物が動くとき，それにはある時間が掛かります――瞬間移動はSFの中だけの話です．

したがって，そこには必ず「距離と時間」が組になって登場し，その結果，平均の速度という考え方が自然に出てくるわけです．

ここで大切なことは，「時間当たりの～」という言葉の意味，その含みです．この表現は一般的なものになっており，問題に応じて変わる「時間の単位」が明らかになっていません．

すなわち，「時間当たり」とは，今行った計算の最初の場合なら，「**一年で**何km進んだか」であり，次の場合なら，「**半年で**何kmか」であり，さらにその次なら「**一ヶ月**では」という意味なのです．「時間当たり」という表現は，こうしたすべての場合を含んでいるわけです．

この点を強調したい場合には，「**単位時間当たり**」という，より親切な表現もあります．この場合の「単位」とは，「数値1」のことですから，「何を1と見るか」ということを意識させているわけです．

そこで，さらにこの「1」を附け加えて，徹底的に詳しく書けば，「**一単位**時間・当たり」ということになります．ここまでに見てきたように，**T**に対して，どのような一単位を選ぶかには，絶対的な決まりはありません．もちろん，**L**に対しても，他の次元の場合でも，扱っている問題に応じて，便利なように自由に選べばいいのです．

様々な表現

以上のような関係を覚える必要はありません――覚えるための工夫は，多くの場合，混乱の元になります．重要なことは，平均の速度とは「時間当たりの距離」，さらに言い換えれば，「**時間で区分された距離**」のことだということだけです．これは割り算の意味，分数の分母の役割が分かっている人にとっては，当たり前のことでしょう．

「時間当たり」という表現から，時間を除いたもの，すなわち，「**〜当たり**」というのが，割り算の意味でした．八枚切りのピザを四人で分ける時，「**一人当たり**」は何枚になるか．百リットルの灯油を，二十軒に配ると，「**一軒当たり**」は何リットルになるか．九曲入り千八百円の CD なら，「**一曲当たり**」は幾らになるか．簡単な計算です．

「〜当たり」を考える

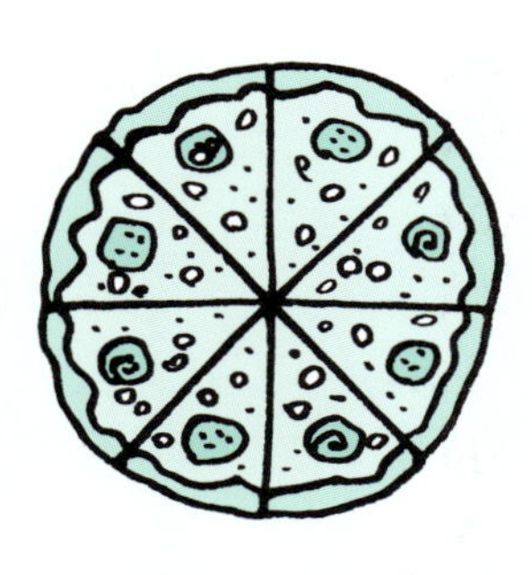

四人で分ける

二十軒の家に分ける

平均の速度とは，この「〜当たり」の部分を，移動に要した“時間”に変えただけのものですから，**分子に距離，分母に時間**が来るのは覚えるまでもない，当たり前のことなのです．

さらに，例を挙げましょう．頭に刻み込むべきは，要領よくまとめられた関係ではなく，具体的な数値とその計算手法です．簡単な数値を元に，計算によって，本来あるべき関係を導き出すのです．

例えば，名古屋・東京間 360 km を一時間で移動したとします．ここから，一分では 6 km，一秒では 100 m という計算が暗算でできるでしょう．一時間が六十分，一分が六十秒ですから，計算というほどのこともありません．何故こんなに簡単かといえば，後に続く計算が簡単になるように，**わざわざ 360 という数字を選んだ**からです．

このように，後の計算が暗算でできるような具体的な数値を自分で選び，先ずはあるべき関係を探します．そして，この方法によって確実な結果を得てから，解くべき問題に移っていくのです．

ここでは，平均の速度からはじめて，割り算により定まる関係までを見直して来ました．これらの計算は，日常生活でも非常に重要なので，それに伴う表現にも様々なものが共存しています．

再び，名古屋・東京間の移動の例を使いましょう．

一時間当たりの平均の速さのことを，特に**時速**と呼んでいます．したがって，この場合は「時速 360 km」ということになります．また，分当たりでは「**分速** 6 km」，秒当たりでは「**秒速** 100 m」という表現になります．「時速」や「秒速」は，お馴染みのものだと思います．

さて，秒速 100 m が時速 360 km ならば，秒速 10 m は時速 36 km になります．そして，秒速 10 m ならば，100 m を 10 秒で走れるわけですから，五輪で金メダルを争うレベルの選手は，時速 36 km 以上の速度を持っていることが分かります．また，1 秒間に 1 m のペースで歩けば，一時間後には 3.6 km 先まで辿り着けることも分かります．

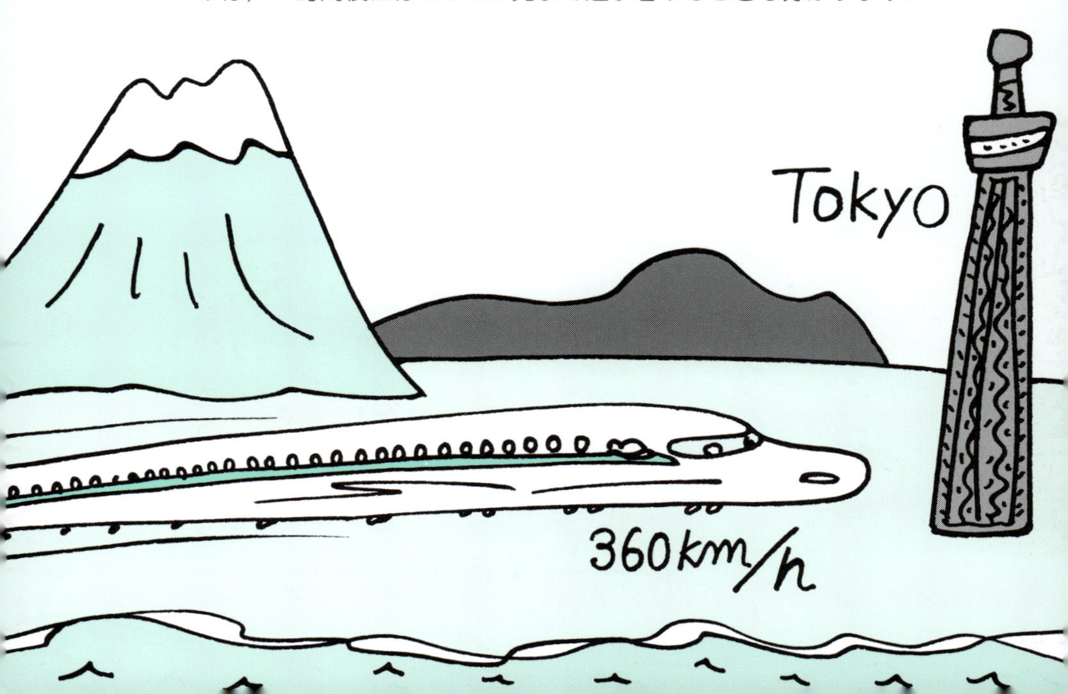

ところで，道路脇に「丸に40」と書かれた標識を，よく見掛けると思いますが，これは制限速度が「時速40 km」であることを示しています．乗車時には，さほどの速さとは感じませんが，それでも金メダリストよりも速いのですから，運転者は決して油断できないわけです．

このように，何かを計算で求めた時には，それが他の問題に適用できないか，具体例は無いか，と様々に空想を巡らせることが大切です．

物理学を学ぶ上で重要視される能力は，暗記ではなく暗算です．

式や法則を記憶する能力ではなく，物事のおよその様子を掴むための暗算，九九を中心にした簡単な四則計算をする能力なのです．先にも述べましたが，真に覚えるべきことは，幾ら考えても絶対に出て来ない，光の速さや地球の大きさなどの「自然界の定数」です．

表現の問題に戻りましょう．「～当たりの」という言葉を，「～毎の」に代えることができます．この場合には，「～ごとの」と読みますが，「毎」を「まい」と読むことによって，「360 km **毎時**」「6 km **毎分**」「100 m **毎秒**」という表現が可能になります．

九九の延長

$11^2=121$	$16^2=256$
$12^2=144$	$17^2=289$
$13^2=169$	$18^2=324$
$14^2=196$	$19^2=361$
$15^2=225$	$20^2=400$

これは分数表記と同じ語順なので，「まい」をスラッシュ記号「/」に代えた「360 km/時」「6 km/分」「100 m/秒」，さらに簡潔に「360 km/h」「6 km/min」「100 m/s」なども用いられています．

読みは，どちらも同じで，例えば「100 m まい・びょう」などです．英語では，「まい」が「パー（per）」になり，「100 メートル・パー・セカンド（meter per second）」となります．

以上は，距離の印象を強くする表現ですが，これを逆転させて，「毎時 360 km」「毎分 6 km」「毎秒 100 m」とする表現も，多くの分野で使われています．天気予報などでもお馴染みでしょう．

ここまで問題を分解しますと，距離と時間の関係が頭の中で整理されます．覚えたものを思い出すのではなく，その場での計算から，望みの関係が再現できるようになります．何を見ても，何を聴いても，そこに数値があるなら，それは暗算の対象です．先にも示しました通り，概算こそ，現象を理解するための基本中の基本なのです．

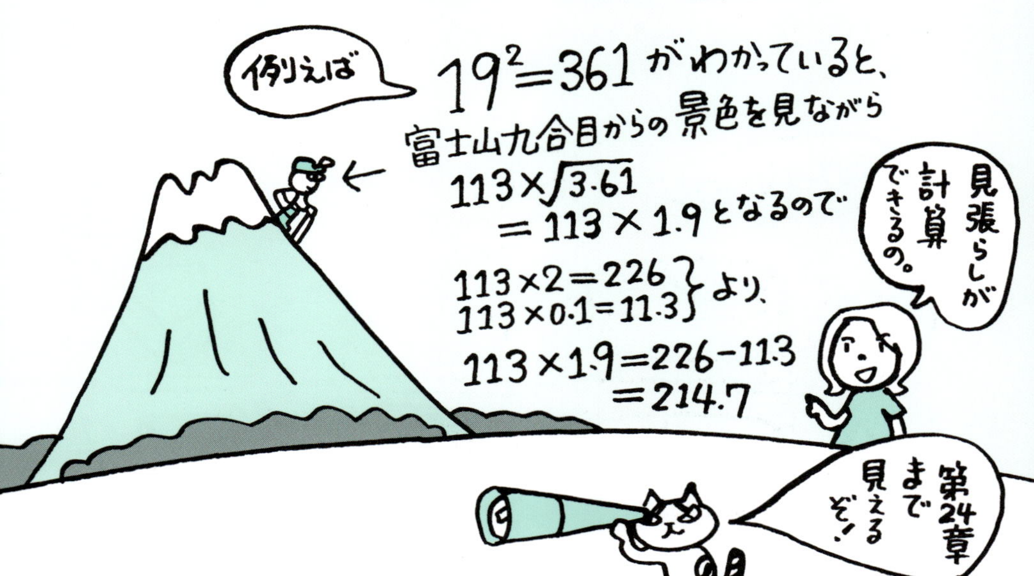

34 瞬間の速度

距離と時間から「平均の速度」という考え方が出てきました．しかし，ある時間が経過した後の位置といった“のんびりした話”ではなく，ある「時刻」における位置が知りたい，という場合も出てきます．

すなわち，ある瞬間の位置です．あるいは，その前の瞬間には何処に居たのか，次の瞬間には何処に行くのか，といった変化の全体です．

こうして，対象が“ある時間の経過後には居場所を変えていた”という静止画的なものから，連続的な変化を記述する動画的なものへと，考え方は拡がっていくわけです．

凝った割り算

もう一度，名古屋・東京間の移動を例に挙げましょう．

一時間で 360 km を移動した場合，その平均の速度は「時速 360 km」でした．分子が移動距離，分母が所要時間という分数の形式で，これは定義されました．そこで，この分数を“約分”していきましょう．

これは，分速に直せば 6 km，秒速では 100 m だということでしたが，この数値は，分子分母を共通の数，分速なら 60，秒速なら 60 × 60 で割った結果だということができます．

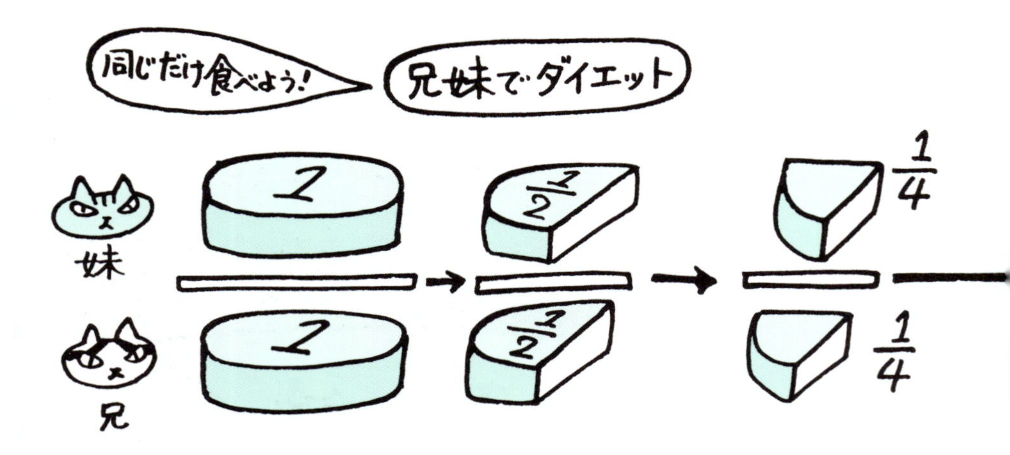

このように，共通の数で割り算した結果は，平均を取る“刻みの幅”が順に狭くなっただけで，当然，同じ速度を表しているわけです．

ならば，こうした割り算をもっともっと続けていけば，どうなるでしょうか．1/10 秒ならば 10 m，1/100 秒ならば 1 m，1/1000 秒ならば 10 cm，1/10000 秒ならば 1 cm，十万分の一秒に 1 mm 動けば，それは時速 360 km だということが分かります．

この割り算は，この後も幾らでも続けていくことができます．何処かで割り算ができなくなるという“数学的な”理由はありません．どんなに短い時間に対しても，それに対応する短い距離が確実に存在して，その結果である分数は，元々の値である平均の速度に一致します．

式を使って，もっと簡単な例を挙げましょう．例えば

$$1 = \frac{1}{1} = \frac{0.1}{0.1} = \frac{0.01}{0.01} = \frac{0.001}{0.001} = \frac{0.0001}{0.0001} = \frac{0.00001}{0.00001} = \cdots$$

です．もし，分母が分子の二倍の速さで小さくなっていけば

$$2 = \frac{1}{\frac{1}{2} \times 1} = \frac{0.1}{\frac{1}{2} \times 0.1} = \frac{0.01}{\frac{1}{2} \times 0.01} = \frac{0.001}{\frac{1}{2} \times 0.001} = \cdots$$

となります．このような例は幾らでも作れます．

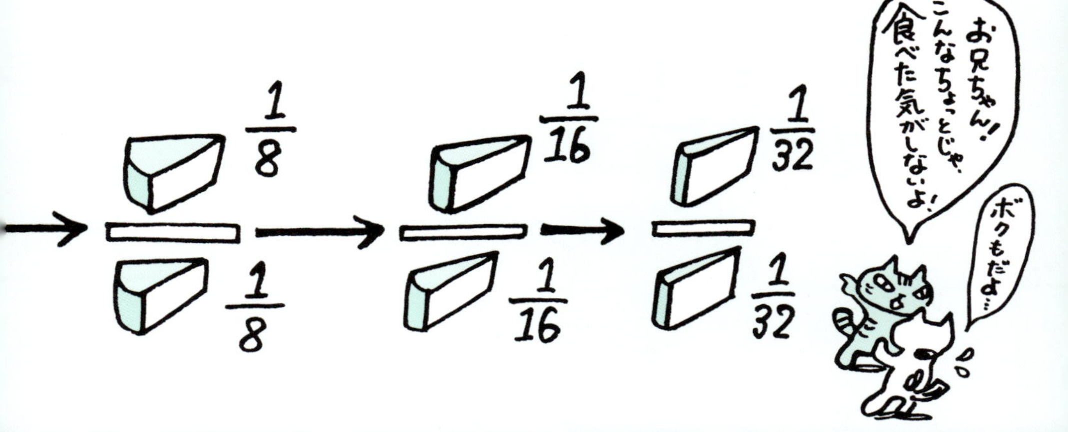

このように，分子も分母も，幾らでも小さくなって，ゼロに近づいていくのだけれども，その結果である分数はある定まった値になる場合，この値のことを**極限値**と呼びます．**こうした“果てしない約分”の結果，そこに残るもの**，それが極限値だということです．

数学において，限り無く小さく（あるいは，限り無く大きく）という考え方が含まれている場合，そこには非常に奇妙なことが起きるのですが，その奇妙さが分子・分母で同じ程度の場合には，それらが打ち消し合って，“約分”と同様の計算が可能になるのです．この極限値を求める数学的手法を微分計算，あるいは単に**微分**と呼びます．

ここから，**瞬間の速度**という考え方が生まれてきます．「移動距離と所要時間」という幅のある話ではなく，「ある位置とある時刻」という一瞬を切り取った定義ができるわけです．すなわち，これらは

$$\text{平均の速度} = \frac{\text{移動距離}}{\text{所要時間}}, \qquad \text{瞬間の速度} = \frac{\text{ある位置}}{\text{ある時刻}}$$

という対比をなしているわけです．

“平均的な変化”の割合から，“瞬間的な変化”の割合へと注目すべき点が変わりましたが，どちらも共に“割合”であり，分数の形式を持つわけですから，それほど難しいものではありません．ただ，それが少しマニアックな，“凝った割り算”だというだけのことです．

接線の傾き

さて，この“凝った割り算”である微分は，既に第18章において，「曲線を接線の集まりと見做す技法」として紹介しています．そこでは，滑らかな曲線の一部を拡大すれば，「ほぼ直線に見える」ことから，弧を弦で近似する話へと進めています．本章では，この議論を分数の性質との関連から見直したわけです．

曲線上の二点を結ぶ線分は，曲線の「平均的な変化の割合」を示していると考えることができます．それに対して，分子と分母を限り無く小さくした結果として得られた極限値は，曲線の一点での変化の様子を，「その点に引かれた接線の傾き」という形式で与えます．

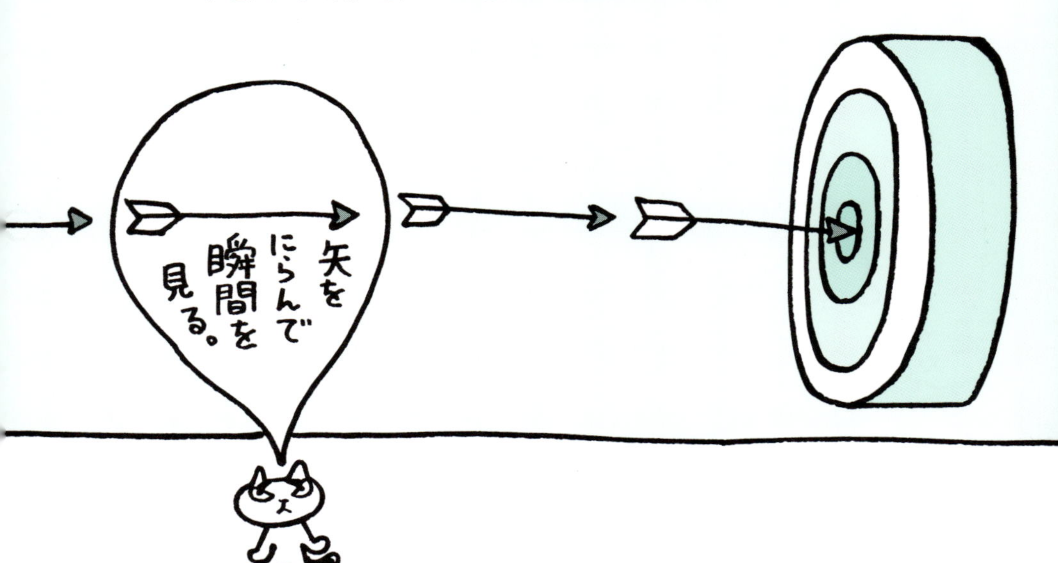

ここまで話が進みますと,「瞬間の速度」と「接線の傾き」の関係が見えてきます.もし位置が,何らかのグラフの形で与えられていた場合を考えて下さい.曲線の二点を結ぶ「平均的な変化の割合」と「平均の速度」がつながってきます.また,「その点に引かれた接線の傾き」と「瞬間の速度」がつながってきます.

こうして,“**平均から瞬間へ**”と話がつながりました.捉えようがなかった“瞬間”というものを,掴まえる方法を見附けたのです.

長方形の縦横の長さを,分数の分子・分母に配したとき,対角線の傾きが分数の値により与えられることは,先にも紹介した通りです.

そして,その長方形の形をそのままに,縦横の長さをどんどん短くしていけばどうなるか.それがこの極限値になるわけです.すなわち,相似形の果ての果て,小さくなって長方形が見えなくなってしまったその後に,“**傾きだけが残っていた**”というイメージです.

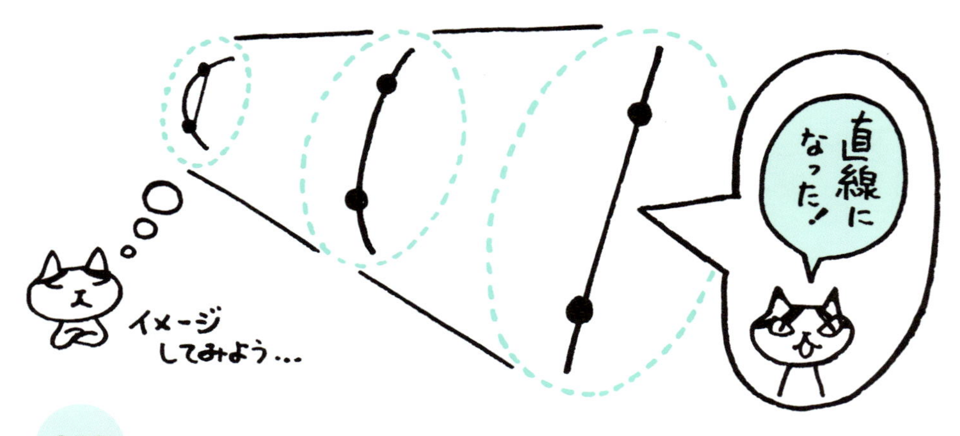

以後，“瞬間的な速度”のことを，単に**速度**と書きます．

ここからも，速度の対象を主に距離におきますが，一般に速度とは，移動距離などの「長さの次元」に対してだけではなく，「面積」や「体積」，「物事の進み方のペース」等々，「時間の経過に応じて変化する量，その割合を表す」ために使われます．すなわち，分母に時間が入る分数の形式は，何らかの速度を表しているわけです．

速度と速さ

ところで，これまでは運動の方向については考えませんでした．単純な一方向の運動しか扱っていません．しかし，運動は平面的なものなら二つ，立体的なものなら三つの要素からなります．

そこで，複数の要素を一括して扱うために，方向と大きさを持つ**ベクトル**と，大きさだけを持つ**スカラー**という二種類の量が必要になります――通常は，ベクトルをローマンの太字（**A, B, C** など）で，スカラーをイタリック（A, B, C など）で表します．

「ある場所から，ある場所への移動」というものが，既に方向を含んだベクトル量ですから，運動に関わる量は，自然にベクトルとして表現すべきものになります．ただし，一次元の運動であっても，その変化が正負の値を取るものであれば，そこには正の方向，負の方向という方向性が生じますので，ベクトルで表現する方がより適切です．

一般に，移動はベクトル量なので，その時間的変化である速度もまたベクトル量になります．念を押すために，“速度ベクトル”という表現を用いる場合もありますが，力学においては，単に**速度**（velocity）と書くだけで，それはベクトル量であることを意味します．

そして，そこから大きさだけを取り出した量，すなわち，方向性を除いたスカラー量を**速さ**（speed）と呼ぶ約束です．両者の英語における明確な違いに注目して下さい——“速度計”と“スピードメータ”，さてさて，一般の車の場合，どちらが“正しい”表記でしょうか．

したがって，「速度が一定」とは，その大きさも方向も変わらないことを意味しますので，それは“直線運動に限定”されます．

円運動のように，常に方向を変えながら動く場合は，同じ割合で進んでいても，“速度一定”とはいいません．この場合は，スカラーである速さを用いて，「速さ一定の円運動」と表現します．

速度が一定であることを**等速度**，速さが一定であることを**等速**と略すことにしますと，これは“等速円運動”になり，また等速度運動は“等速直線運動”と言い換えることができます．

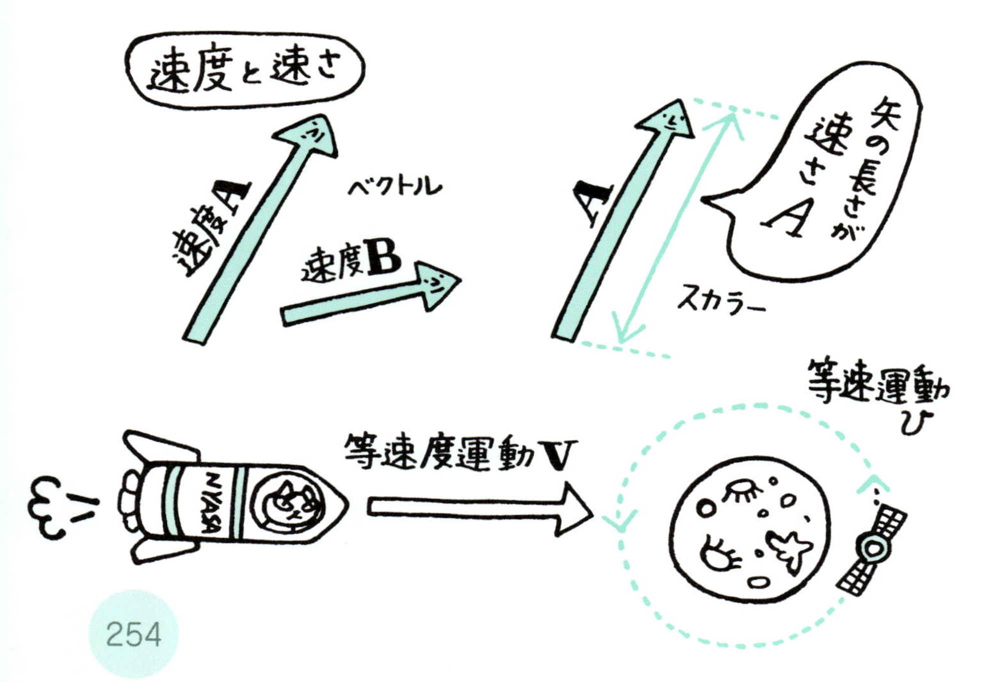

物理学では，速度を「**距離を時間で微分したもの**」，あるいは，「位置の時間微分」と表現しますが，この考え方の根本には，「平均の速度」があります．ここまで戻れば，瞬間の意味も，微分の意味も明確になるはずです．なお，速度も速さも，その次元は，**L/T** です．

実際，実験値から概算されるものは，必ず「移動距離と所要時間」，すなわち，平均の速度として導かれるものです．その幅が広ければ，計算は楽ですが精確ではなく，狭く取れば逆になりますが，これにも限界があって，適切な幅を見出すこと，それ自体が一つの難問です．

こうした面倒な問題が存在することは，自分自身で「何かの速度を測ろう」と決意したその瞬間に，身に沁みて理解することができるでしょう．私達が実験で得られるのは，物差しで測れる具体的な長さであり，時計で計れる時間間隔でしかないからです．

速度を“定める”

速度を知るためには，自分自身がその対象から離れる必要があります．何処から何処まで移動したか，その間にどれだけの時間が掛かったか，を調べなければなりません．移動した距離が把握できなければ，速度は計算できません．この意味で，速度自身は直接的に“測る”ものではなく，間接的に“求める”ものだということになります．

速度は，常に“**誰に対しての速度か**”ということが問題になります．速度は“唯一絶対のもの”としては決まらないのです．例えば：

あなたは，時速 360 km でひた走る高速鉄道の車内で座っています．今，通路を空き缶が，ほぼ歩く速度，時速 3.6 km でコロコロと転がっていきました．さて，これは誰に対する速度なのでしょうか．

一般に，地面を基準にした速度のことを，**対地速度**と呼びます．

列車の速度は，この対地速度を表しています．そして，あなたも列車と同じ対地速度，時速 360 km で駆け抜けています．しかし，座っているので，“車内速度”はゼロです．空き缶は車内速度で，時速 3.6 km（秒速 1 m）で転がっています．では，空き缶の対地速度は？

これは，空き缶の進行方向によって異なり，以下のようになります．

列車と同方向：360 ＋ 3.6,　　**逆方向**：360 － 3.6.

次は，あなたが速度の基準です．空き缶と同じ速さで拾いに行けばどうなるか．これも，空き缶の転がる方向によって異なります．

人と同方向：3.6 － 3.6,　　**逆方向**：3.6 ＋ 3.6.

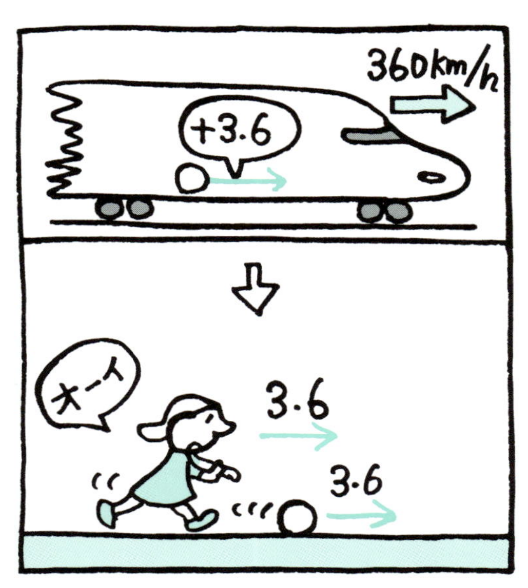

こうして，空き缶の後ろから追っていく人は，その歩みを少し早めれば追い附いて，並走できるようになります．そうすれば，“止まっているのと同じ”ですから，サッと拾えるでしょう．逆方向から迫った人は，意外な速さに手元が狂い，上手く拾えないかもしれません．

しかし，この対地速度も車内速度も，すべては地球の上での出来事です．ならば，“地球の速さ”も知っておく必要があります．

先ずは自転から考えます．赤道上での速さを，その真上で測ってみましょう．地球は回る，あなたは宇宙空間に固定されて動かない，という設定です．赤道の長さは約 4 万 km．一日は 24 時間ですから

$$\frac{40000\ \mathrm{km}}{24\ \mathrm{h}} \approx 1667\ \mathrm{km/h}$$

を得ます．これは，先にも求めました「一時間の時差に対応する距離（経度にして 15 度）」です——離島を除く，我が国の最東端：納沙布岬から，最西端：神崎鼻までが，およそ一時間の枠内に収まります．

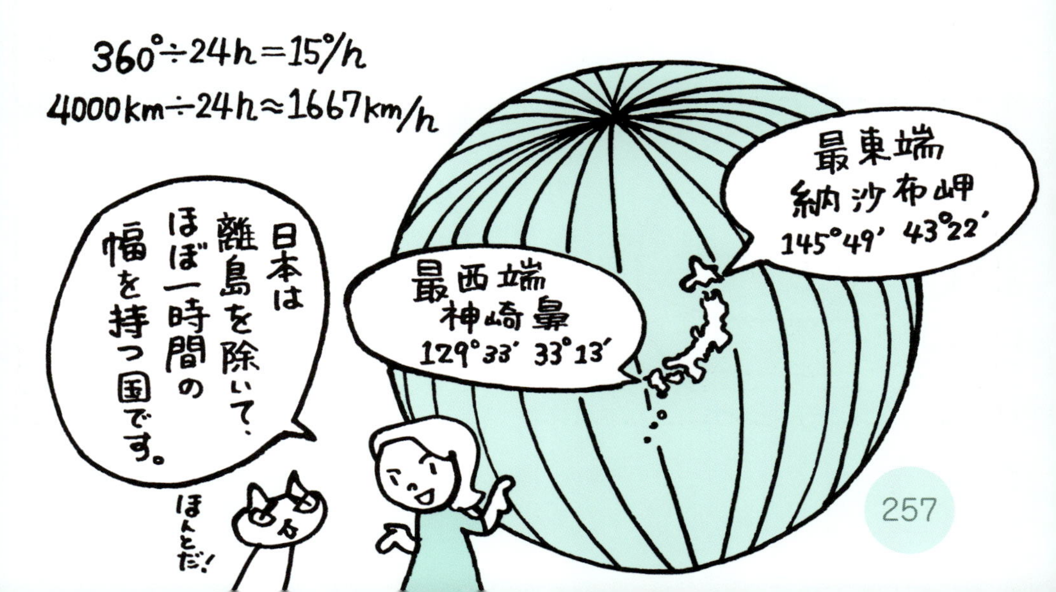

しかし，赤道上の計算はできても，“周という考え方が当てはまらない北極・南極”では，この方法は使えません．そこで，特定の場所の値ではない，回転体そのものの回転の割合，回転角の時間的な変化を表す“速度”が必要になってきます．これを**角速度**といいます．

ただし，角度は無名数ですから，角速度の次元は「無名数 / 時間」より $1/\mathbf{T}$ となり，一般の速度とは異なります．回転に関わる個数の時間変化なども，個数が無名数であることから，この名が流用されていますが，これを角振動数，または角周波数という場合もあります．

角速度に対して，よく用いられる記号は，ギリシア文字オメガ ω，あるいはその大文字 Ω です．例えば，地球の自転角速度の場合なら

$$\Omega = \frac{\text{一回転}}{\text{一日}} = \frac{360^\circ}{24\text{ 時間}} = \frac{2\pi}{24 \times 60 \times 60\text{ 秒}} \quad \left[\frac{1}{\mathbf{T}}\right]$$

などと表します．この角速度に対して，回転の軸からその位置までの距離 r を掛けたものが，半径に直角な方向の速度 $v = \Omega r$ になります．

例えば，地球の半径を掛ければ，その分子は半径掛ける 2π となることから，赤道の周長に等しくなり，先の結果が再現されます．

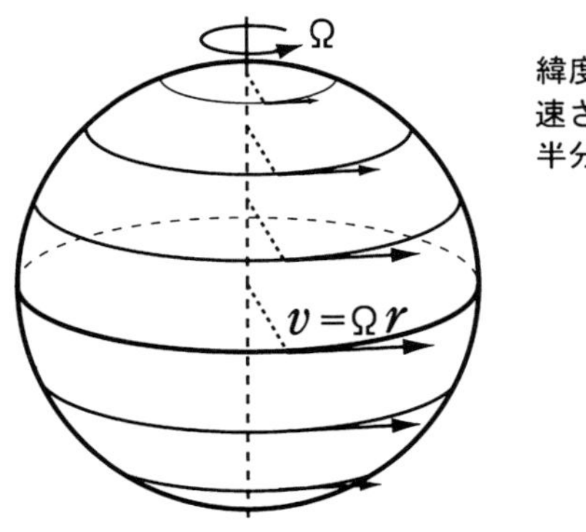

Ω
緯度 60 度では，
速さは赤道上の
半分になる．
v/2
60度
v
r

角速度と速度

次に，公転です．公転軌道を円で近似し，その半径を 1 天文単位（1 au ＝ 1.5×10^{11} m）とします．先ずは，一日当たりの速さとして

$$\frac{2\pi \times 1\mathrm{au}}{365\,日}$$

を得ます．後は，時間の単位を選べば，より具体的になります．例えば，時速なら約 10 万 7 千 km，秒速なら約 28 km です．こんな凄い速さで動いている地球を，私達は“静止系”として捉えているのです．

宇宙空間での出来事に対して，空気の振動が伝わる速さである**音速**を引用しても，意味のある話にはなりませんが，日常的な感覚で把握できる一つの指標として，音速のおよその値を記憶して下さい．

標準的な値としては，秒速 340 m（時速 1224 km）です．この倍数は**マッハ数**と呼ばれ，航空機やロケットの初速を表す場合などに使われています．これより，地球の自転が**超音速**であること，公転が“マッハ 90”に近いものであることが分かりました．

また，音（振動）が伝わる速さは，**媒質**となる物質とその状態により大きく異なります——これを**媒質中の音速**ということがあります．摂氏百度の水蒸気中では 473 m/s，水中では 1500 m/s，氷の中では 3230 m/s となります．金属では，鉄が 5950 m/s，アルミニウムが 6420 m/s，天然ゴムは水中の値と同じ 1500 m/s となっています．

鳥よりも魚の方が，噂話は早く拡がるわけです．

以上のように，速度は観測する人によって変わります．よって，運動を論じるには，先ず自らの立場を明確にせねばなりません．このことを理解することが決定的に重要です．そのためには，もう一つ段階を経なければなりません．それは“速度の変化”を捉えることです，

加速度と力

本章もまた，速度から考察をはじめます．

静止している状態は，言うまでもなく，その移動距離はゼロですから，平均であれ，瞬間であれ，速度もゼロになります．よって，これを“速度ゼロの状態”と言い換えることができます．

移動体への乗り降りには，当然，速度ゼロの状態が必要です．その結果，平均速度は下がりますから，何処かで“平均以上を出している”ことになります．それは“**速度が変化している**”ということです．

速度の変化を捉える

さて，“位置の時間的な変化”から，速度が導かれました．そして速度は，移動距離と所要時間の関係を教えてくれました．

では，“速度の時間的な変化”――これを**加速度**といいます――は，何を教えてくれるのでしょうか．加速度は，位置の変化に関して行った計算を，そのまま速度に関して行うことで得られます．よって，加速度もまた，方向を持ったベクトル量になります．

加速度の次元は，速度の次元をさらに時間の次元で割った：

$$\frac{\mathbf{L}}{\mathbf{T}} \div \mathbf{T} = \frac{\mathbf{L}}{\mathbf{T}^2}$$

となります――計算は，普通の分数と同様に行います．

一般的な用語としては，速度が次第に増えていく場合を“加速”と呼び，減っていく場合を“減速”と呼んでいますが，物理学では共に“加速度がゼロでない状態”としてまとめて扱います――因みに，ゼロではないことを，**ノンゼロ** (non-zero) と短く表す場合があります．

先に，静止状態を“速度ゼロの状態”と言い換えたように，等速度運動を“加速度ゼロの運動”と言い換えることができます．また，「速度は直接的に測れるものではなく，基準を決めて求めるもの」でした．

よって，等速度運動とは，それ自体で定義されるものではなく，加速度が存在しないこと，すなわち，**等速度とは加速度の否定**として，はじめて理解されるものなのです．**ここに力学の本質があります．**

平均の値と個々の値

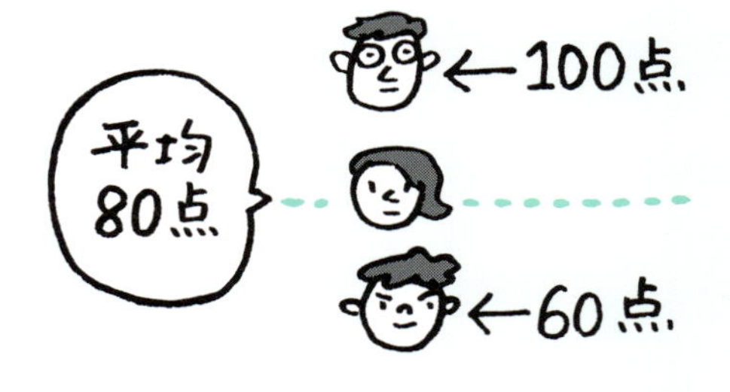

平均点に
足りない人が
一人でもいれば、
平均点をこえる人が
少なくとも一人いる。

つまり、「全員が同じ点数」ではない！

慣性系

現代社会においては，車にしろ鉄道にしろ旅客機にしろ，高速移動体をまったく利用しない生活は，もはや考えられないでしょう．

朝夕の通学・通勤の際に，日常的に時速 100 km を超える速度を体験しています．時速 4 km の徒歩から，時速 800 km を超える旅客機まで，非常に幅の広い速度域を体験，体感しています．

そこに共通することは，家で宿題をしている状態，食事をしている状態，眠っている状態と，何ら変わりの無い状態で，それらの移動体に乗っていられることです．多少の揺れや振動，上下動などはあるかもしれませんが，速度が一定である限り，それは静止状態と区別が附かないことは，皆さんが日々経験していることです．

とりわけ，船舶や旅客機の中では，もしエンジン音さえ聞こえなければ，動いていることさえ忘れてしまうほどでしょう．

実際，窓の外を見ず，目標物の移動する様子を捉えず，機器の目盛に頼らずに，**自身の移動速度を知る方法は存在しない**のです．

すなわち，等速度運動をする移動体の中に居るのも，静止状態にある家の中に居るのも，物理的にはまったく変わらないのです．

こうした枠組のことを，**慣性系**と呼びます．慣性系とは，等速度運動をする枠組，すなわち，加速度が存在しない枠組の総称です．

この定義から，慣性系が一つ存在すれば，それは無限に存在することが分かるでしょう．ある慣性系に対して等速度運動をする枠組も，すべて同等の慣性系になるのですから，幾らでも存在するわけです．

繰り返しになりますが，私達が直接に体験できるのは加速度であって，速度ではありません．このことから，力学は「加速度を中心に構成される」ということが分かります．

では，何が私達に加速度を体感させるのでしょうか．それは言うまでもなく，“力が働いていることを感じる”からです．

私達は実際，加速度そのものではなく，その時に生じる力によって，加速度の存在を感じています．**力の影に加速あり**です．速度は，力を生み出しません．加速度だけが，力の源になるのです．

加速度という考え方を知らず，完全に外界と遮断された環境の中に居る人は，ただ力を感じるだけです．乗物が動き出した時，身体全体が座席に押し附けられます．その身体を抑えつける力こそが，加速度の存在証明です．しかし，その人は，「何かが私を抑えつけた」と感じるだけでしょう．すなわち，**加速度と力は区別し得ない**のです．

物質の慣性

このことを体感するために，特別の装置は必要ありません．移動体に乗ることさえ無用です．二本の輪ゴムで消しゴムを縛り，その端を親指と人差し指に引っ掛けて，“簡易バネ秤”を作ります．

輪ゴムが伸びれば，それは力が発生したことを意味します．当然，地球と消しゴムの間の重力相互作用が，重量という名の力を生み，輪ゴムは少し下の方向へと伸びているでしょう．

その伸び加減を確認した後，手を上下に動かして下さい．最初は，ゆっくりと“一定の速さ”を意識しながら，そして次は“急激”に．

加速度が無い時には，ゴムの伸びは変わりません．上向きに加速された時には，ゴムは伸び，下向きに加速された時には，ゴムは元よりも縮んでいるはずです．手を左右に動かしても同じです．加速度がゼロでない場合，加速度ベクトルの方向の反対側にゴムは伸びます．

もう少し，具体的なデータが欲しい人は，小さな秤と林檎を持ってエレベータに乗って下さい．秤の目盛がどう変わるか．上昇時には，林檎の重量は増え，下降時には減るはずです．試してみましょう．

下図は，十階建てのビルのエレベータで，静止時に 293.86 g ある林檎の重さの変化を，実際に調べたものです．確かに重さは，上昇時には最大で 18.70 g 増加し，下降時には最大で 19.27 g 減少しました．

こうして加速度と力の関係が分かりました．加速度が倍になれば力も倍，半分になれば半分になる．すなわち，両者は比例します．力を F，加速度を a とする時，$F \propto a$ という関係が成り立つのです．

最大で，6.5％程度の重さの変化があった

エレベータと加速度
上昇時
重さが増えたり、
下降時
減ったり
落下時
消えたりするよ。
エレベータの乗り心地を決めるのはジャークだと言われています。

さらに，比例定数 C を導入して等式：

$$F = Ca$$

を得ます．これは，特に**慣性力**と呼ばれることがあります．慣性力は，**見掛けの力**とも呼ばれています

見掛けとは“見掛け倒し”という言葉があるように，表面的な，本質的ではない，という意味を持っています．また，上式が示しているように，**見掛けの力は定数 C に比例**します．

では何故，慣性力が“表面的な力”などと呼ばれるのでしょうか．重量が，運動とは直接には関係しない，つまり“静的”なものであったのに対して，慣性力は，運動により生じる“動的”なものだと言えるでしょう．この動的ということが，“見掛け”に関係しています．この問題に関しては，この後も順を追って説明していきます．

ここでは，次の対比だけを紹介しておきましょう．先に，重力質量により生じる相互作用：$F = m_{\mathrm{G}}g$ において，それがゼロになる場合を吟味しました．同様に，慣性力 $F = Ca$ は，以下の三つの場合：

$$1:C = 0,\ a \neq 0 \qquad 2:C \neq 0,\ a = 0, \qquad 1:C = a = 0$$

においてゼロになります．ここまでは，重力質量の場合と同様です．

しかし，確かな大きさが存在する g の値を，敢えてゼロに設定した先例とは異なり，この場合の加速度 a は，ゼロを含む値を自由に選べるのです．既に輪ゴムの実験で体感した通り，手の振り方一つで，そこに生じる加速度を操作できました．すなわち，**慣性力は操ることができる**のです．ここに“見掛け”という言葉が関わってくるのです．

36 重力質量と慣性質量

運動，その変化を調べてみましょう．ここで，“運動の変化”とは，止まっているものが動き出したり，動いているものが止まったり，同じ割合で移動していたものが，その割合を変えたりすることをいいます．この変化の原因として，力を考えようというわけです．

等速度運動と慣性

その一方で，物質は運動の変化を妨げる方向，すなわち，止まっているものは止まったまま，動いているものは，その移動の割合を保ったまま動き続けようとする傾向を持っています．

したがって，力が働かない限り，同じ速さで真っ直ぐに動き続けます．この性質は，物質の**慣性**（inertia）と呼ばれています．

要するに，物質が自ら持っている慣性に逆らった運動をする時，そこには力が働いているということです．その源となる物質固有の属性を定数 C が代表しています．そこで，改めて inertia の頭文字を添字とし，定数を $C \to C_{\mathrm{I}}$ と書き替えましょう．

止まっている，すなわち，静止状態というのは，速度ゼロの状態でした．よって，ここまでの内容は

物質は，外部からの力が働かない限り，等速度運動をし続ける

と簡潔にまとめられます．速度ゼロの意味を考えれば，等速度という言葉の中に，“止まり続ける”ことも含まれていると分かるでしょう．

このような対象を，物理学では**自由粒子**（free particle）と呼んでいます——具体的な運動状態を指す場合には“等速度運動”を，外部からの力が働いていないことを強調する場合には**“慣性運動”**を，対象そのものを指す場合には“自由粒子”を，と使い分けられています．

定数 C_I は，**動かし難さの尺度**です．それは，運動に対する**抵抗の尺度**とも言えるでしょう．したがって，C_I が大きいものは，動かし難く止め難い．小さいものは，動かし易く止め易いのです．

慣性系も慣性力も，すべてはこの**慣性に関わる概念**であることから，派生的に附けられた名前です．

慣性力を感じる実験

先ずは，C_{I} の大小について考えます．

「動かし難く止め難い」ということであれば，私達が生活の中で，日々感じていることがあります．それは重い物は，動かし難いということです．また同時に，それは止め難くもあるということです．

さて，その重さとは，何によって決まるものだったでしょうか．

昔の車は，“押しがけ”といって，始動用のバッテリーが機能せず，エンジンが掛からない場合に，運転手自らが車を“手で押す”ことによって，エンジンを強制的に回転させ，始動させる方法がありました——オートマチック・ミッションが主である，今の車には無理です．

実際，手押しで車を動かすことはできるのですが，何より注意を要するのは，一度動き出した車を止めることもまた，相当の体力を必要とするところです．押しがけが短距離で成功すればよし，押しても押してもなかなか始動しない場合には，見る間に壁や電柱が目の前に迫ってきて，大慌てで車を止める必要が出てくるのです．

これが自転車なら，何の苦労も感じずに，押したり止めたりできるわけですから，重量の持つ効果が如何に大きいかが分かるでしょう．

ところで，物の重さを決めているのは，重力質量でした．今，議論しているのは，慣性に関わる定数 C_{I} の素性についてでした．この混乱の原因は何でしょうか．何処で何を間違ったのでしょうか．

先に示しました，消しゴムの実験を思い出して下さい．上下に手を振る時は，重力相互作用に対して，慣性力が加えられるか，減らされるか，という話でした．ところが，左右に手を振る時には，重力相互作用は関係しません．どの位置に手が動いても，相互作用の影響はすべて等しく，輪ゴムの伸びには貢献しません．

しかし，こうした状況でも，やはり重力質量の大きいものほど，慣性力も大きくなっているのです．横方向の手の運動により生じる輪ゴムの伸びもまた，重い消しゴムほど大きくなるということです．

以上のことから，慣性に関わる定数 C_{I} は，重力質量 m_{G} に似た性質を持っていることが分かりました．そこで，再び定数を $C_{\mathrm{I}} \to m_{\mathrm{I}}$ と書き改め，両者に関連した量であることを強調して，これを**慣性質量**（inertial mass）の名で呼ぶことにします．続く問題は，この慣性質量 m_{I} と重力質量 m_{G} の関係を調べることです．

落下実験を“考える”

重力質量の大きいものほど，その重量は大きく，それは地球と“より強く引き合っている”ことを意味していました．

しかしながら，私達は，空気の抵抗が無い時には，落下運動の様子は，重量の大小によらないことを知っています．1971年に**アポロ15号**のデイヴィッド・スコット船長が，月面でハンマーと羽を落とす実験をしています．それが，見事に同時に月表面に落ちていく様子は，今や誰でも簡単に動画で見ることができます．

もちろん，空気の抵抗がある場合には，このようにはなりません——重い物が先に落ちます．また，極端に重い物質を相手に選べば，実験の前提が崩れてしまいます．例えば，地球表面の近くから，月と林檎を同時に落とせばどうなるか．“頭の中”で実験をして下さい．

この頭の中で行う実験を**思考実験**といいます．思考実験は，物理学者の最大の武器です．お金も掛からず手間も要らず，どんな条件でも一瞬で設定することができる，“最高の実験環境”なのです．

「例えば〜」とか「仮に〜」だとかいう言葉を物理学者が使い出したら，そこから先は，もう思考実験の世界になっています．

思考実験を続けましょう．重量の異なる二つの鉄球を用意して，同時落下実験を実行して下さい．もちろん，空気抵抗は考えません．

仮に，重量の大きい方が先に地面に着いたとします．次に，この二つの鉄球を接着すればどうなるでしょうか．一個の場合よりも重くなっているので，先の場合よりも早く地面に到着するはずです．

しかし，重量の大きい鉄球の方が，小さい鉄球よりも早く落ちるわけですから，大きい方から見れば，小さい鉄球はブレーキの効果をもたらすはずで，両者を接着したことから，一番早く落ちるようになると考えるのは矛盾しています．したがって，落下運動は，その重さによらず，すべて同じ割合で落ちていくものと考えられます．

以上の議論から，重力質量の大きい物は慣性質量も大きく，小さい物は同様に小さい，すなわち，**二種の質量は比例する**と推察されます．

重力質量の大きい物質の方が，地球からの引力は強いのですが，その同じ物質が持つ慣性質量の効果で，小さいものよりも動かし難い．逆に，重力質量の小さい物質は，受ける力は小さくても，慣性質量も小さいために，動かし易いということになり，結局，**それぞれの効果が相殺して，すべての物質は同じ割合で落ちる**という仕組です．

質量の原理

ここまでの結果をまとめれば，F に関する二つの式：

$$F = m_{\mathrm{G}}g, \qquad F = m_{\mathrm{I}}a$$

に登場する二種類の質量は比例しているので，$m_{\mathrm{G}} \propto m_{\mathrm{I}}$ より

$$m_{\mathrm{G}} = \text{定数} \times m_{\mathrm{I}}$$

と書けることが分かります．しかし，この比例定数は極めて 1 に近く，実験によりその差は 10^{-13} の程度と求められています．

そこで以後，これを厳密に一致するものと見做して統合し，単に**質量**（mass）と呼んで，記号 m により表すこととします．すなわち

$$m := m_{\mathrm{G}} = m_{\mathrm{I}}$$

となります．ニュートン［N］で表すべき重量において，流用されているグラム［g］やキログラム［kg］は，本来この質量の単位なのです．

先に重力質量に対して定義した**質点**（point mass）の考え方も，そのまま質量に適用されます．以降，質量に対する議論は，「対象の大きさを考えない」という意味で，すべて質点を元に行います．

因みに，力学一般において，「自由粒子」の名で呼ばれているものは，ほとんどの場合，「自由質点」です．“粒子”という呼び名には，大きさや様々な属性を連想させる語感があるので，本来ならば避けたいのですが，慣例によって，このように呼ばれているのです．

では何故，二種類の質量を同じと見てよいのか．今のところ，「実験の結果から」という以上には，根本的な理由は分かっていません．そこで，以上のことを認めた上で，他を導いていくことにしましょう．

このように，成立する理由を問われることなく，自らは他から導かれず，他はそこから導かれるような，理論の根本のことを**原理**と呼びます．すなわち，ここでは「**重力質量と慣性質量は等しい**」ということを，“原理”として導入しているわけです．

これより，先に示したFに関する二つの式に，mを代入して

$$\left.\begin{array}{l} F = m_{\mathrm{G}}g \text{ より，} F = mg \\ F = m_{\mathrm{I}}a \text{ より，} F = ma \end{array}\right\} \text{ よって，} g = a$$

を得ます．これは，gが**加速度の次元を持つ**こと，そして，重力相互作用が，**加速により再現される**ことを示唆しています．

以後，gを**重力加速度**と呼びます――この場合も，“小文字のg”と略しても，物理学を少しでも学んだ人になら充分伝わります．これは，既に第31章において紹介したものですが，その値の具体的な求め方，実験手法につきましては，次章以降に御説明します．

最後に，次元に関して整理をしておきましょう．

驚くべきことに，質量の次元（これを$\mathbf{M}$で表します）と，ここまでに登場した，長さの次元：$\mathbf{L}$，時間の次元：$\mathbf{T}$と組合せることで，**物理学に登場するすべての量の次元を決定する**ことができるのです．

例えば，力の次元は，質量 × 加速度で，次の関係により定まります．

$$F = ma \text{ より，} \mathbf{M} \times \frac{\mathbf{L}}{\mathbf{T}^2}.$$

力の単位ニュートン [N] とは，この式において，長さをメートル [m] で，質量をキログラム [kg] で，時間を秒 [s] で測ったものです．

時間と空間と質量が
主役ということか！

これは物理学一般において，もっとも良く使われる組合せであり，三種の記号の頭文字を集めて，**MKS 単位系**と呼ばれています．なお，長さをセンチメートル［cm］で，質量をグラム［g］で，時間を秒［s］で測る単位系は，**CGS 単位系**と呼ばれています．

さらに，この関係を流用して

$$F = G\frac{mm'}{r^2} \text{ より，} \frac{\mathbf{M} \times \mathbf{L}}{\mathbf{T}^2} = G \times \frac{\mathbf{M}^2}{\mathbf{L}^2}.$$

よって，大文字 G の次元：$\mathbf{L}^3/(\mathbf{MT}^2)$ が求められます．

質量の謎は未だ解明されていません．質量を巡る研究は，今後の物理学の中心的課題の一つとして，徹底的に行われるでしょう．若い才能，新鮮な発想が待たれている分野です．

37 重力の“音”を聴く

二種類の比例定数が統合され，質量が定義されました．後は，重力加速度 g の値が明らかになれば，質量と重量の関係が具体的なものになります．およその値は，既に知っています．それを実験的に求めたいのです．ここでは，「金属球を落下させて，その様子を観測する」というもっとも単純で直接的な方法で，その値を求めることにします．

重力加速度 g のみを考えた落下運動を，**自由落下**と呼びます．英語ではフリー・フォール（freefall）です．地表近くでは，「g の値は高さによって変化しない」とする近似を採用して，この自由落下の様子を“音”によって調べていきます．さて皆さんは，この“重力の音”を聴き取ることができるでしょうか．

実験方法の概略

重力加速度を求める実験としては，**振子を用いる方法が一般的**です．これは小型の装置で，充分な値が得られるからですが，最近では，家庭用のビデオカメラやデジタルカメラが高性能になったため，**自由落下の方法**によって，これに挑戦する場合も増えてきました．

誰もが経験しているように，物は急激に落ちていき，途中で止めることはもちろん，肉眼でしっかりと追跡することすら難しいものです．高性能・高機能な撮影装置が，低価格で入手できるようになったことで，ようやく個人のレベルでも試せるようになった方法です．

カメラを使う方法では，撮影後の動画から，一定の時間間隔の間に，どれだけの距離を落下したかを測定します．すなわち，画像における測定の対象はコマ毎の移動距離であって，時間の間隔はカメラの能力から自動的に決まる“カタログ値”を引用するわけです．

携帯電話やデジタルカメラなども含め，デジタル処理の中心に位置するコンピュータには，極めて高精度な時計が組み込まれています．高精度な時間の管理ができるからこそ，複数の処理を手際よく熟していくことができるわけです．したがって，簡易な実験においては，この“時計”を利用することで充分な結果が得られるわけです．

これまで，科学の分野でもっとも多用されてきたのは，**ストロボスコープ**による画像を元にしたものです．これは一定の間隔で光源を明滅させる装置で，この装置を用いて撮影した画像は，光が投射された瞬間だけが写った不連続なものになります．

しかし，ここでは動画もストロボスコープも使いません．映像による方法ではなく，本書のためにまったく新しく開発した“音を用いる方法”を御紹介します．**測定対象は距離ではなく時間です．**

ストロボ風の図：コンピュータによる合成

カメラよりもさらに安価な「IC レコーダー」を使って，金属球の衝突音を録音し，ソフトウエアによって経過時間の測定を行います．先ずは，その実験装置：**ソニック・フォール**（下図）から御紹介します．

カーテンレールに，長さ 1 m のメジャー（物差し）が貼り附けてあります．その目盛ゼロの高さに揃うように，受け皿が固定されています．レールには固定用の磁石を附けてありますので，金属製の本棚やラックなどに装置全体を貼り附けて実験を行うことができます．

実験装置の全体

そして，レールにはもう一つ台座がはめられています．この台座には，鈴と電磁石が附けられており，レール上をスライドさせることによって，位置を自由に調整することができます．電磁石の中心部には，小さなネオジム磁石を間に挟んだビスが入っています．

この機構は，一般に**ソレノイド**と呼ばれています．金属球は，そのビスの端に吸い附けられる形で，装置にセットされます．球の直径は13 mm，重さは8.36 gです．以下の図は，分離機構の詳細です．

ここでは三種類の磁石が利用されています．ビスに挟まれた**永久磁石**により，ビスそのものが**一時磁石**になり，端部で金属球を吸い附けます．そして，外側に巻かれたコイルが**電磁石**として働くと，内外の磁石の反発力で，ビス全体が上向けに跳ね上がり，球が分離します．

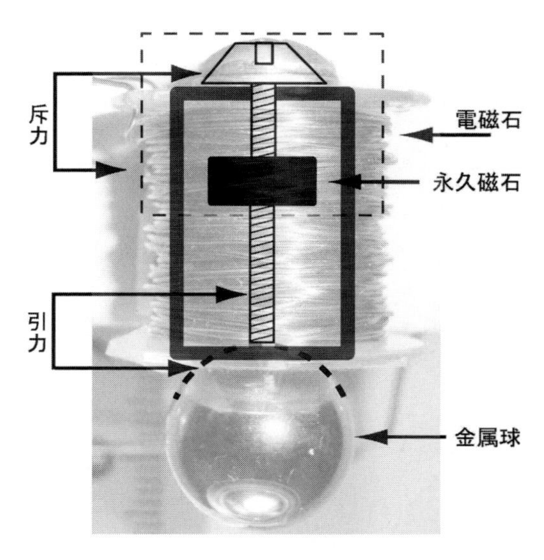

ソレノイド透視図

その次の瞬間には，鈴を叩いて“チーン”という音を出します．一方，落下した金属球もまた，受け皿と衝突して“カーン”という音を出します――以後，この擬音語によって両者を区別します．

この二音の間隔を，録音データから読み取ることで，所要時間を得ます．台座の高さにより，落下距離は事前に与えられていますので，その間の所要時間を計れば，平均の速度が求められるわけです．

なお，電磁石と永久磁石の組合せによって鈴を叩くカラクリ，すなわち，**電気と磁気が織りなす不思議な世界の話**は，別の楽しみとして取っておき，ここからは製作の要領だけを追っていきます．

実験装置の作り方

装置は，ホームセンターや通販などで容易に手に入るものだけを使っています．それでは，作り方を順を追って説明していきます．

レール上の台座

カーテンレール一本とその留め金を二つ用意します．溝のある方を裏にして，そこに磁石を埋め込みます．これは本棚やラックを利用するためのものなので，木製の柱などに固定する場合には不要です．

レールの表側（溝の無い平面）にメジャーを貼ります．もちろん，定規を使ってマジックなどで印を打っていくだけでも構いません．

レールの留め金に，缶の蓋を両面テープで貼ります．これは落下する金属球を受け止めると同時に，音を発する必要から設置するものですので，“床”で代用しても構いません．ただし，金属球の重さによっては，床に傷を附ける可能性が高いので注意して下さい．

次に，台座部分を説明します．電磁石と鈴を附けた木製の台座が，留め具の上に固定されて，レールを上下するようになっています．

電磁石を製作する時，一番困るのが，コイルを作るための“ツバ附きの軸”です．ここでは家庭用ミシンのボビンを利用しました．「水平ガマ用ボビン」の名称で売られているもので，ポリカーボネイド製，直径 21 mm，厚さ 9 mm のものです．手芸店で購入しました．

外径 3.2 mm，長さ 10 m のポリウレタン線をすべて巻くために，片方のツバを切り取った二個のボビンを接着剤で貼り合わせました．

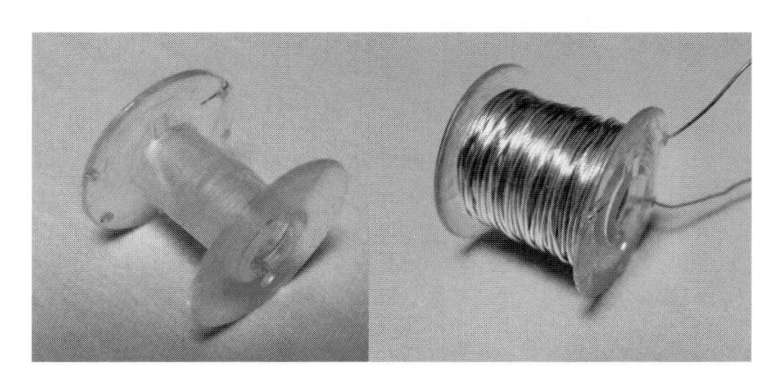

ボビンと電磁石

鈴は，呼鈴キットのアルミ製のものを流用しました．磁石が吸い附くものでなければ，陶器製の鈴や，木製の固い板などでも大丈夫です．叩いてハッキリとした音が出るものであれば，何でも構いません．

「一方で金属球を吊し，もう一方で鈴を打つ」という重要な役を担っているのは，金属製のビスでした――途中で切断して，間にネオジム磁石を挟んでいます．長さは，ボビンの穴の部分に金属球を当てて，ギリギリで落ちない程度に，またネオジム磁石の位置は，電磁石内部に収めた時に，その中央部より上になるように調整します．

コイルの末端は台座にネジ留めします．このネジに電源をつなげば，電磁石が起動して金属球は落下します．電源は単三電池二本です．

電磁石と鈴との距離は，近ければ近いほど，落下開始と鈴への打撃の時間差が少なくなりますが，余り近すぎるとビスが鈴に当たったままになり，発音と同時に消音されてしまいます．近距離で好い音を出すためには，電源スイッチが瞬間的に反応する必要があります．

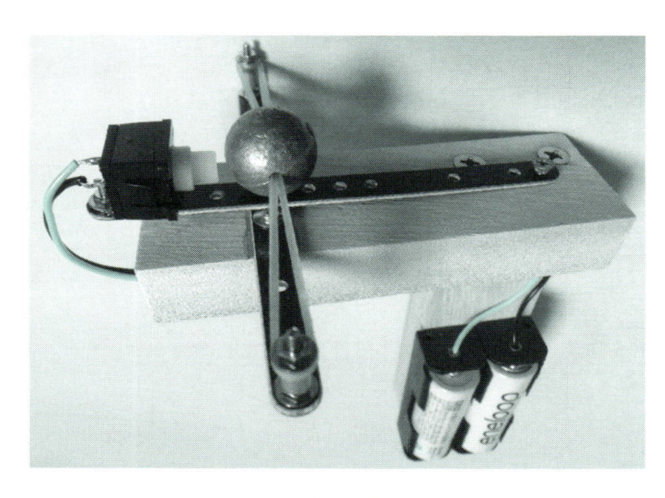

電源装置

ここでは，好い音がする位置を先ず選び，その距離による時間差を別に測定することで，実験全体を補正していく方法を採りました．

なお，手でボタンを押す方法では，瞬間的なスイッチのON・OFFが難しいので，そのためのクロスボウ（crossbow）風の電源装置も作りました．これは，錘をゴムの力でスイッチにぶつけることで，瞬間的なON・OFFの切り替えを実現したものです．

この“ローテク装置”により，電磁石と鈴との距離が近い場合でも，ビスが鈴を押さえ込むことなく，軽やかな音が鳴るようになります．

録音に用いたレコーダーは，SONY製ICD-PX440です．この製品には，録音ファイルを管理するソフトウエアが附属していますが，ここでは無料の音声処理ソフト「Free Audio Editor」を使用しました．

実験装置に掛かった費用は，全体で千円程度です．また，ICレコーダーも安いものなら二千円台からありますので，自宅にコンピュータがある方なら，気楽に試すことができるでしょう．

それでは，実験をはじめることにしましょう．

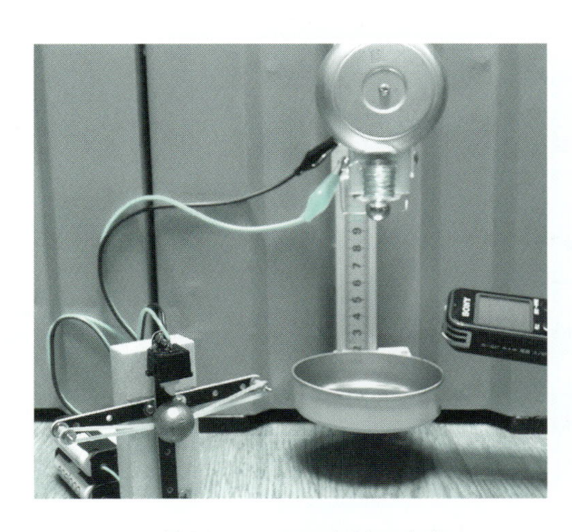

距離10 cmでの計測の実際

38 実験とデータ処理

それでは，先ずはユニットの高さを 10 cm にセットして，実験をはじめることにしましょう．電源スイッチを左手に，IC レコーダーを右手に持って，準備完了です．当たり前のことですが，最初に押すのはレコーダーの録音ボタンです．その後に電源スイッチです．

逆にすると何も記録されませんから，気を附けて下さい．

音に関する注意事項

ところで，実験開始前に一つ注意事項があります．この実験は，二ヶ所から発せられる音“チーン”と“カーン”を記録するものです．その距離は最大で 2 m ですが，レコーダーを構える場所も含めて，この間を音が伝わるのに要する時間が問題になります．

先にも示しましたように，音速は約 340 m/s．音は 0.1 秒で 34 m，0.01 秒で 3.4 m 進みます．舞台全体に拡がったオーケストラの奏者と指揮者の間には，同じ音を聴くに際して，僅かな時間差があるということになります．もちろん，聴衆とは明確な差があります．野外コンサートなどでは，音が遅れていることがハッキリと分かります．

ロケットの打上げなどでも，閃光が見えた瞬間と，爆音が聞こえてくるまでの時間差から，打上げ場所との距離が推定できます――6 秒後に聞こえたなら，およそ 2 km ほど離れているということです．

このように，音は我々の感覚器官で容易に認識できるほど遅いことを，意識しておく必要があります．例えば，0.001 秒を問題にする実験なら，30 cm の距離が結果を大きく左右することになります．

そこで，二ヶ所の発音場所から等距離になるよう，実験装置の全体を底辺とする二等辺三角形を意識して，レコーダーを構えて下さい．高さ 10 cm の場合には 5 cm，100 cm なら 50 cm，200 cm なら 100 cm の高さにレコーダーを位置させます．

幸いなことに必要なデータは，二つの音の時間差なので，等距離の点で録音すれば，音速とは無関係に正しい時間間隔が測定できます――マラソン風に譬えれば，仮にスタートの時刻を五分遅れで記録しても，ゴールの時刻も同じだけ遅れて記録されるので，選手のタイムは変わらないということです．

実験開始

装置に用いたメジャーの最小表記が 1 mm なので，これ以降，有効数字の考え方から，高さに関しては mm により表します．

さて，いよいよ実験開始です．100 mm の高さから，100 mm 刻みで 2000 mm まで，台座をスライドさせて所要時間を測ります．1100 mm 以降は目盛が無いので，受け皿を外して床との距離を加算します．床に傷を附けないように板を敷き，その表面とメジャーのゼロ表記が，ちょうど 1000 mm だけ離れるように板の高さを調整します．

レール裏の磁石の御陰で，色々な場所で実験をすることができます．これで 2000 mm まで，同様の方法で測れるようになりました．

さて，実際にやることは，「録音ボタンを押した後，電磁石のスイッチを押す」ということの繰り返しだけなので，非常に簡単です．また，録音開始から電源スイッチを押すまでの時間は，結果に何も影響しませんので，気楽にゆったりと作業が進められます．

また，録音による実験だからといって，周りを特別に静かにする必要もありません．鈴の音を至近距離で録音するので，少々雑音があっても，充分それらと区別することができるからです．

所望のデータがレコーダーに記録できたら，それをコンピュータに移して，後はすべてソフトウエアで処理をしていきます．

データの冒頭には，スイッチのクリック音が含まれていると思います．最初のピークは鈴の音“チーン”であり，次のピークが金属球が着地した音“カーン”です．この二種類のピーク値の間の所要時間を調べます．その他の音はすべて，この実験にとっては“雑音”です．

周辺の方は安全な場所に移動して下さい。
レールをたてる
カウントダウンはじめます！開始5秒前 安全装置解除！フライホイール接続！
話が大きくなってきた！
只今、データを解析中です。
NYASA

録音データの複写と処理

先ずは，波形の特徴を理解するために，高さ1000 mmのデータを「Free Audio Editor」に入力します．短い距離のデータは“チーン”と“カーン”の間隔も短いので，楽に測定できるものからはじめましょう――グラフ下に示される所要時間の読み取りだけが，このソフトの利用目的ですから，運用に関する詳しい知識は必要ありません．

次に，入力したデータを元に，電源スイッチを押した時に生じる“カチッ”というクリック音から，鈴が鳴るまでの所要時間を調べます．

この時間の中央値を“金属球の落下開始時刻”と定義することにします．下図のように，クリック音を時刻ゼロに設定すれば，読み取りやすくなります――右のグラフでは，この部分を削っています．

こうして，時間差が数値として取り出せたら，これをリストにしておきます．もし，表計算ソフトが手元にあれば，そのままそちらに移して下さい．表計算ソフトにも無料のものがありますので，それを利用すれば，後の処理が大変楽になります．ここでは無料のオフィス・ソフト：「Apache OpenOffice 4 Calc」を使いました．

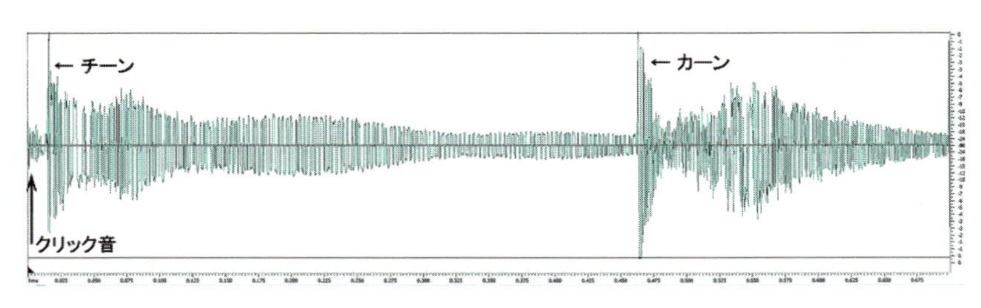

1000 mmの場合

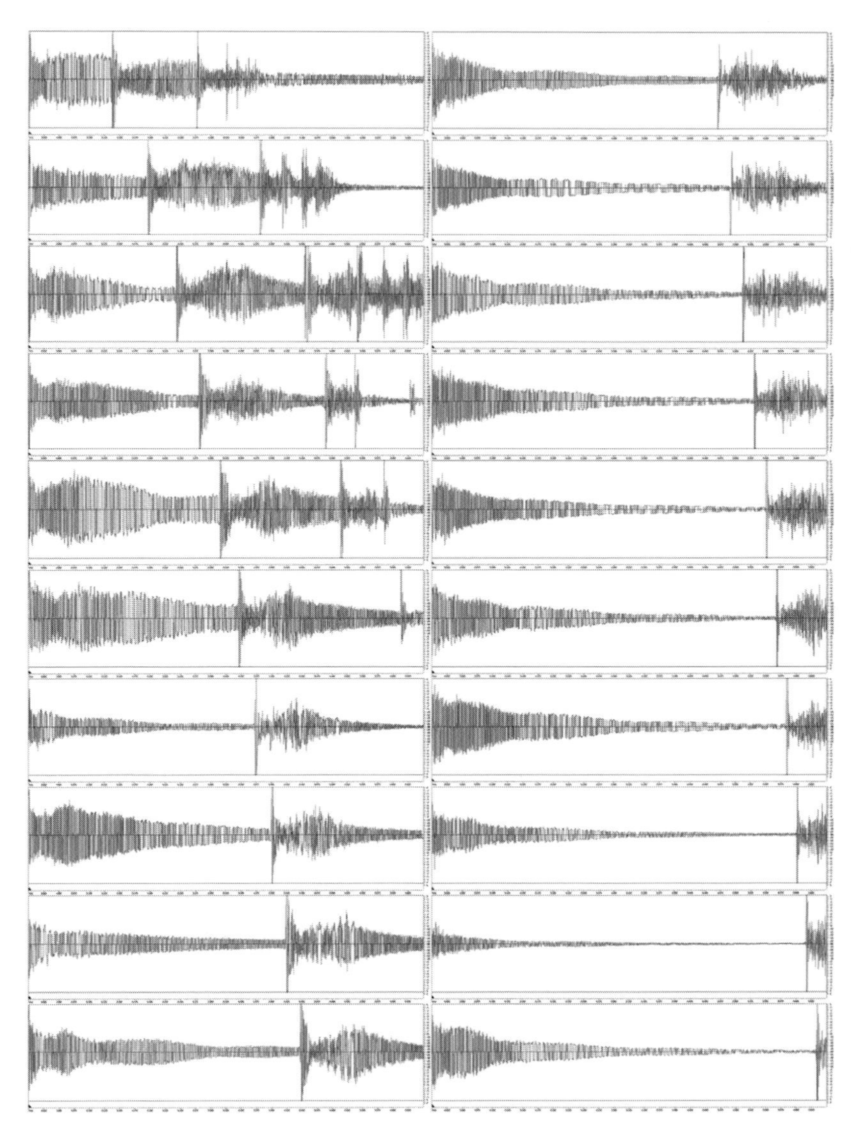

左上下に100 mm～1000 mm・右上下に1100 mm～2000 mm

表計算によるデータ処理

表計算ソフトは，マス目の集まりです．水平方向のマス目の連なりを「行」，垂直方向の連なりを「列」と呼びます．

A列から順にデータを入力していくことから，作業ははじまります．

(1)：A列には高さを，ゼロから100刻みで2000まで入力して下さい．ここで，B，C，D列の一行目にもゼロを入力しておきます．

続いて，B列にその高さにおける所要時間を入力していきます．

(2)：C列には，所要時間の補正値が入ります．各データ共に，電源スイッチのONから鈴が鳴るまで，およそ0.016秒ほど掛かっていましたので，その中央値である0.008秒を採用することにします．

ここから，表計算ソフトに自動処理をさせます．

(3)：先ず，C列の二行目に画面上の黒枠を移動させ，表の外枠にある「等号記号」が記された空所，あるいは，直接その場所に，＝B2＋0.008と入力してリターンキーを押しますと，C列二行目には，B列二行目の値に0.008を加算した値が自動的に入ります．

記号「＝」からはじまるこの処理を「関数の入力」と呼びますが，数学における“関数”の定義とは異なりますので要注意です．

(4)：黒枠右下の突起部をマウスで掴み，列に沿って下へ引きますと，C列の各行に対して，その行に対応した処理方法が複写されます．

具体的には，C列三行目には「B列三行目＋0.008」，C列四行目には「B列四行目＋0.008」，C列五行目には「B列五行目＋0.008」が自動的に入力され，マス目にその結果が出る仕組です．

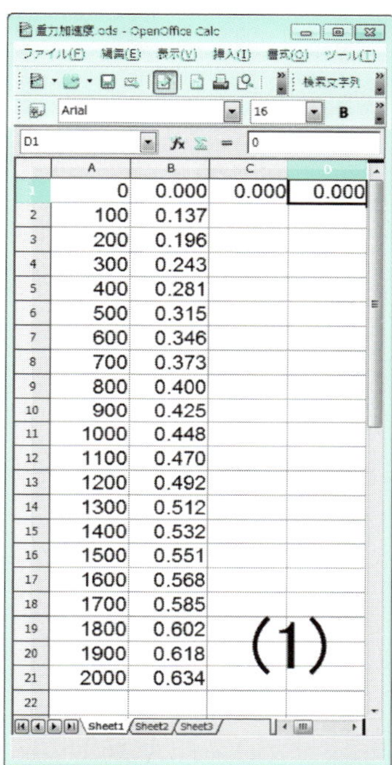

重力加速度.ods - OpenOffice Calc

D1 | 0

	A	B	C	D
1	0	0.000	0.000	0.000
2	100	0.137		
3	200	0.196		
4	300	0.243		
5	400	0.281		
6	500	0.315		
7	600	0.346		
8	700	0.373		
9	800	0.400		
10	900	0.425		
11	1000	0.448		
12	1100	0.470		
13	1200	0.492		
14	1300	0.512		
15	1400	0.532		
16	1500	0.551		
17	1600	0.568		
18	1700	0.585		
19	1800	0.602		
20	1900	0.618		
21	2000	0.634		
22				

(1)

重力加速度.ods - OpenOffice Calc

SQRT | =B2+0.008

	A	B	C	D
1	0	0.000	0.000	0.000
2	100	0.137	=B2+0.008	
3	200	0.196		
4	300			
5	400			
6	500			
7	600			
8	700			
9	800			
10	900			
11	1000			
12	1100			
13	1200			
14	1300	0.512		
15	1400	0.532		
16	1500	0.551		
17	1600	0.568		
18	1700	0.585		
19	1800	0.602		
20	1900	0.618		
21	2000	0.634		
22				

=B2+0.008

C	D
0.000	0.000
0.145	

(2), (3)

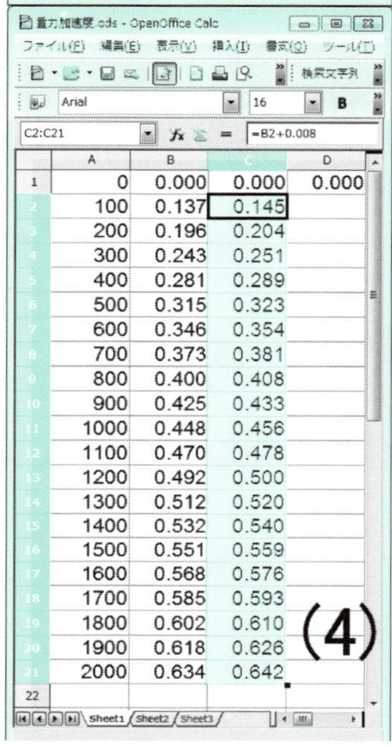

重力加速度.ods - OpenOffice Calc

C2:C21 | =B2+0.008

	A	B	C	D
1	0	0.000	0.000	0.000
2	100	0.137	0.145	
3	200	0.196	0.204	
4	300	0.243	0.251	
5	400	0.281	0.289	
6	500	0.315	0.323	
7	600	0.346	0.354	
8	700	0.373	0.381	
9	800	0.400	0.408	
10	900	0.425	0.433	
11	1000	0.448	0.456	
12	1100	0.470	0.478	
13	1200	0.492	0.500	
14	1300	0.512	0.520	
15	1400	0.532	0.540	
16	1500	0.551	0.559	
17	1600	0.568	0.576	
18	1700	0.585	0.593	
19	1800	0.602	0.610	
20	1900	0.618	0.626	
21	2000	0.634	0.642	
22				

(4)

(5)：D列二行目に黒枠を移し，処理方法である ＝0.001*A2/C2 を入力します——ここで0.001は，高さのミリメートルを，メートルに換算するための係数です．これによって，このマス目には，高さ100 mmの所から自由落下させた金属球の**平均の速度**が入ります．

(6)：この場合も，枠の突起部を下方向に引っ張って，計算処理の方法を列全体に複写しますと，各行の速度が自動的に計算されます．

このようにして，得られたデータから，各高さにおける平均の速度が求められたわけです．次に，これを「散布図」と呼ばれる形式でグラフ化しましょう．そのためには，先ずデータを選択します．

(7)：C列（補正された所用時間）とD列（速度）を選択状態にします——マウスで列の先頭をクリック，列の末尾をシフトキーを押しながらクリック，続く列に関しては，コントロールキーを押しながら先頭をクリック，末尾をシフトキーを押しながらクリックすると，選択されたデータの色が変わります（列名をクリックする方法もあります）．

(8)：その状態のまま，上部メニューの「挿入（I）」以下にある「グラフ」をクリックすればグラフ機能が立ち上がります．そして，その中から「散布図」を選択すれば，希望するグラフが画面上に現れます．

データの桁揃えをしたり，グラフに注釈を入れたりする追加の作業は，表計算ソフトの基本的操作に慣れた後，少しずつ習得していって下さい．本書では，データの整理，グラフの作成を容易にするための便利な道具としての紹介に留め，見た目を整えることはしません．

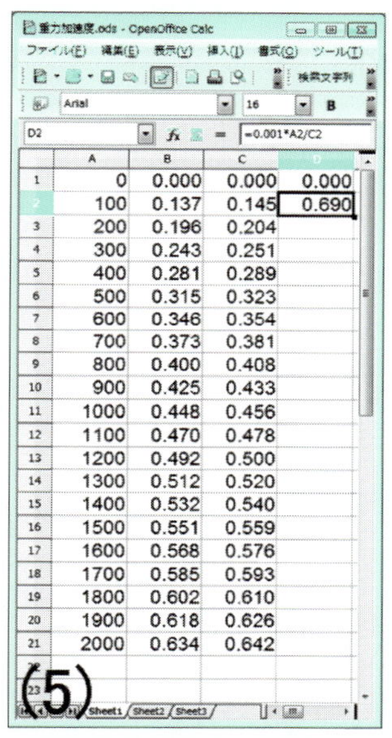

	A	B	C	D
1	0	0.000	0.000	0.000
2	100	0.137	0.145	0.690
3	200	0.196	0.204	
4	300	0.243	0.251	
5	400	0.281	0.289	
6	500	0.315	0.323	
7	600	0.346	0.354	
8	700	0.373	0.381	
9	800	0.400	0.408	
10	900	0.425	0.433	
11	1000	0.448	0.456	
12	1100	0.470	0.478	
13	1200	0.492	0.500	
14	1300	0.512	0.520	
15	1400	0.532	0.540	
16	1500	0.551	0.559	
17	1600	0.568	0.576	
18	1700	0.585	0.593	
19	1800	0.602	0.610	
20	1900	0.618	0.626	
21	2000	0.634	0.642	

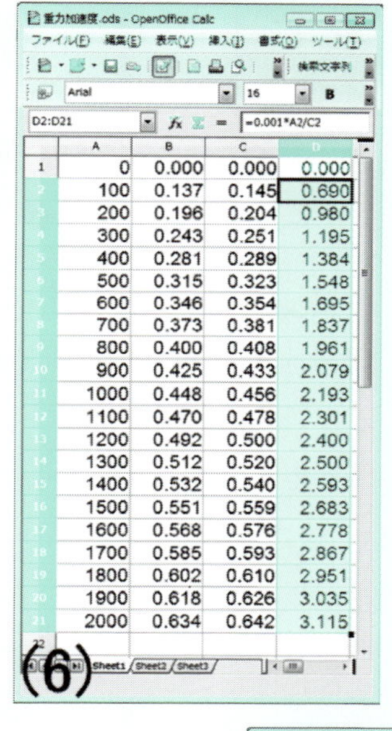

	A	B	C	D
1	0	0.000	0.000	0.000
2	100	0.137	0.145	0.690
3	200	0.196	0.204	0.980
4	300	0.243	0.251	1.195
5	400	0.281	0.289	1.384
6	500	0.315	0.323	1.548
7	600	0.346	0.354	1.695
8	700	0.373	0.381	1.837
9	800	0.400	0.408	1.961
10	900	0.425	0.433	2.079
11	1000	0.448	0.456	2.193
12	1100	0.470	0.478	2.301
13	1200	0.492	0.500	2.400
14	1300	0.512	0.520	2.500
15	1400	0.532	0.540	2.593
16	1500	0.551	0.559	2.683
17	1600	0.568	0.576	2.778
18	1700	0.585	0.593	2.867
19	1800	0.602	0.610	2.951
20	1900	0.618	0.626	3.035
21	2000	0.634	0.642	3.115

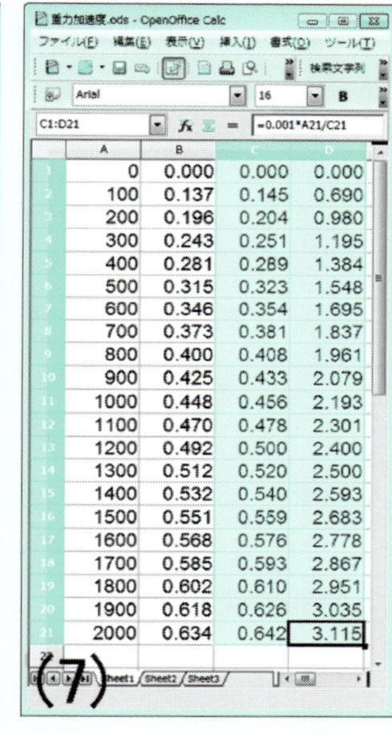

	A	B	C	D
1	0	0.000	0.000	0.000
2	100	0.137	0.145	0.690
3	200	0.196	0.204	0.980
4	300	0.243	0.251	1.195
5	400	0.281	0.289	1.384
6	500	0.315	0.323	1.548
7	600	0.346	0.354	1.695
8	700	0.373	0.381	1.837
9	800	0.400	0.408	1.961
10	900	0.425	0.433	2.079
11	1000	0.448	0.456	2.193
12	1100	0.470	0.478	2.301
13	1200	0.492	0.500	2.400
14	1300	0.512	0.520	2.500
15	1400	0.532	0.540	2.593
16	1500	0.551	0.559	2.683
17	1600	0.568	0.576	2.778
18	1700	0.585	0.593	2.867
19	1800	0.602	0.610	2.951
20	1900	0.618	0.626	3.035
21	2000	0.634	0.642	3.115

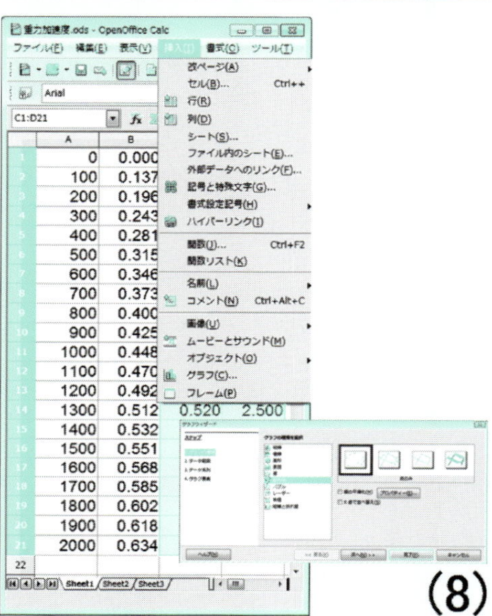

	A	B	C	D
1	0	0.000		
2	100	0.137		
3	200	0.196		
4	300	0.243		
5	400	0.281		
6	500	0.315		
7	600	0.346		
8	700	0.373		
9	800	0.400		
10	900	0.425		
11	1000	0.448		
12	1100	0.470		
13	1200	0.492		
14	1300	0.512	0.520	2.500
15	1400	0.532		
16	1500	0.551		
17	1600	0.568		
18	1700	0.585		
19	1800	0.602		
20	1900	0.618		
21	2000	0.634		

(8)

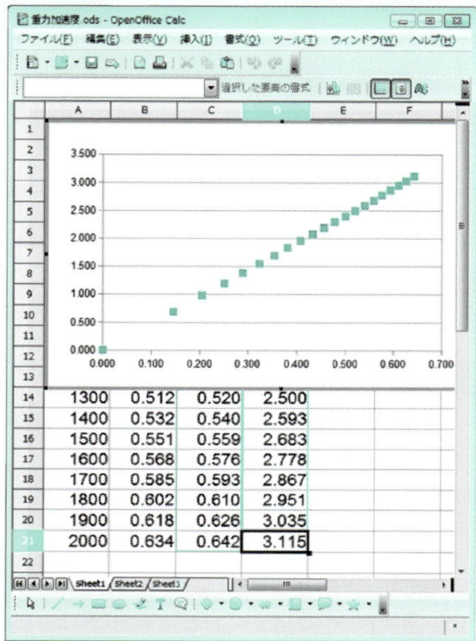

	A	B	C	D
14	1300	0.512	0.520	2.500
15	1400	0.532	0.540	2.593
16	1500	0.551	0.559	2.683
17	1600	0.568	0.576	2.778
18	1700	0.585	0.593	2.867
19	1800	0.602	0.610	2.951
20	1900	0.618	0.626	3.035
21	2000	0.634	0.642	3.115

39 速度の測定・速度の計算

こうして得た横軸を時間，縦軸を速度とするグラフにおいて，データはほぼ直線上に乗っているように見えます．これは，自由落下の速度変化，すなわち，加速度が一定であることを暗示しています．

設定・測定・計算，そして不明

ただし，これは実験の経緯から明らかなように，一回の自由落下における“連続的な位置と時間の変化”を調べたものではありません．“異なる二十種類のデータ”を集め，並べただけのものです．

また，得られたデータは距離に対する所要時間のみです．それ以上のものはありません．個別のものとして計算が可能なのは，表計算ソフトで行った平均の速度だけです．金属球が受け皿を叩いた瞬間，“カーン”と鳴った瞬間の速度は，この実験では得られません．

各種の量を明確に区別するために，記号化しておきます．

高さを文字 Z で，時刻を T で，平均の速度を横棒（バー）を乗せた $\overline{V}$ で，受け皿を叩いた瞬間の速度を V で表すこととし，個別のデータには，高さを表す数値を添字として附けることにします．

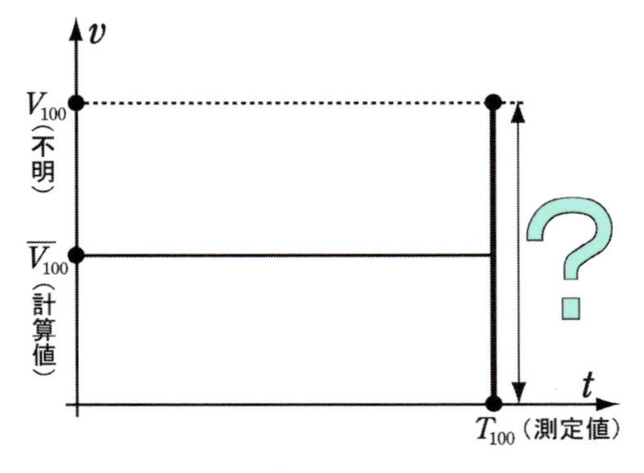

各データの関係

例えば，高さ 100 mm から自由落下させる実験は

Z_{100}，	T_{100}，	$\overline{V}_{100}\left(=\frac{Z_{100}}{T_{100}}\right)$，	V_{100}
設定	測定	計算	**不明**

により表されます．残る問題は“不明”を如何にして決めるかということですが，金属球の落下は，静止状態（$\overline{V}_0 = 0$）からはじまっているので，必ず平均よりも速い部分があるはずです．このことから，先ずは，$\overline{V}_{100} < V_{100}$ という大小関係が分かります．

これらを前提に，より詳しく“カーン”と鳴った瞬間の速度：

$$V_{100},\quad V_{200},\quad V_{300},\ldots,V_{1900},\quad V_{2000}$$

を求めるために，具体的な速度変化の様子から調べていきます．

そこで，個別のデータを，一回の自由落下の各位置での速度に対応するものと“見做して”一括して扱いましょう．すなわち，高さ 2000 mm から自由落下する球体の通過地点：100 mm, 200 mm, 300 mm,... での速度が，V_{100}, V_{200}, V_{300},... によって与えられていると考えるのです．

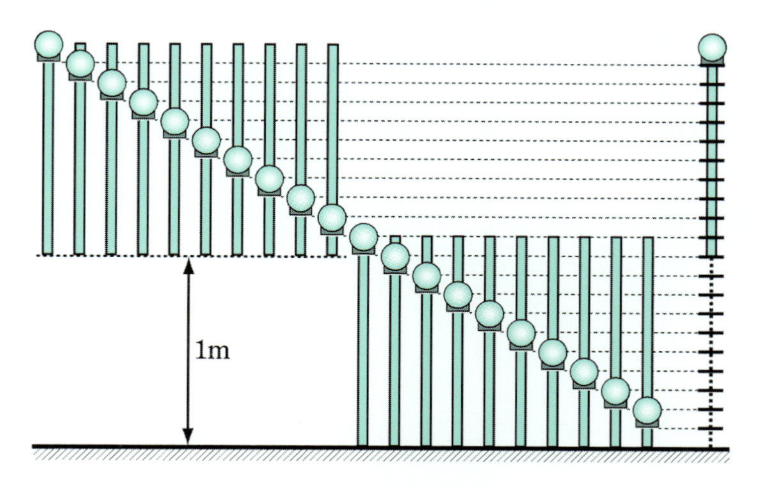

20回の実験を一つと見る

個別の実験を連携させ，一つ前の実験データと比較します．実験が100 mm 刻みで行われていることを利用して，一つ前の実験との所要時間の差から，「100 mm 落ちるのに要した時間」を計算します．これを $\widehat{V}$ で表しましょう——記号「＾」は，ハットと読みます．

具体的には，100 mm を 0.1 m とメートルに直して

$$\widehat{V}_{100} := \frac{0.1}{T_{100} - T_0}, \widehat{V}_{200} := \frac{0.1}{T_{200} - T_{100}}, \ldots, \widehat{V}_{2000} := \frac{0.1}{T_{2000} - T_{1900}}$$

で定義される“連携による各区間での速度”です．

前章の表計算ソフトの結果に，これらの関係を入力して，グラフを描きましょう．E 列二行目に関数 $\boxed{= 0.1/(\mathrm{C2} - \mathrm{C1})}$ を入れて，以下の列に複写します．その後，「散布図」を呼び出して，下図を得ます．

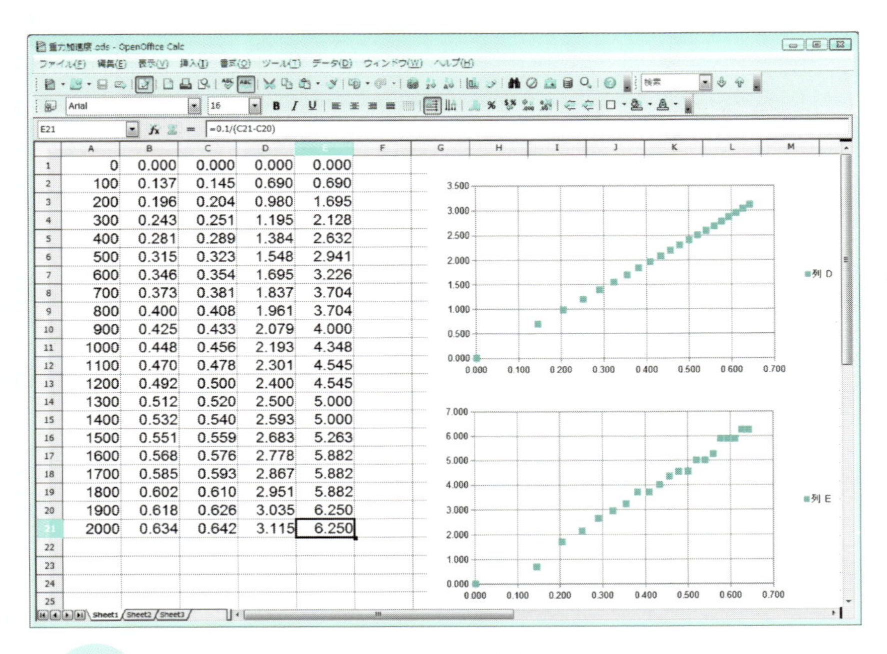

	A	B	C	D	E
1	0	0.000	0.000	0.000	0.000
2	100	0.137	0.145	0.690	0.690
3	200	0.196	0.204	0.980	1.695
4	300	0.243	0.251	1.195	2.128
5	400	0.281	0.289	1.384	2.632
6	500	0.315	0.323	1.548	2.941
7	600	0.346	0.354	1.695	3.226
8	700	0.373	0.381	1.837	3.704
9	800	0.400	0.408	1.961	3.704
10	900	0.425	0.433	2.079	4.000
11	1000	0.448	0.456	2.193	4.348
12	1100	0.470	0.478	2.301	4.545
13	1200	0.492	0.500	2.400	4.545
14	1300	0.512	0.520	2.500	5.000
15	1400	0.532	0.540	2.593	5.000
16	1500	0.551	0.559	2.683	5.263
17	1600	0.568	0.576	2.778	5.882
18	1700	0.585	0.593	2.867	5.882
19	1800	0.602	0.610	2.951	5.882
20	1900	0.618	0.626	3.035	6.250
21	2000	0.634	0.642	3.115	6.250

各区間での速度

下のE列のグラフにおいて，同じ100 mmの落下に要する時間が，次第に短くなっていること，すなわち，速度が増していることが分かります．そして，グラフは上のD列（$\overline{V}$の場合）と同様に，ほぼ直線状になっており，しかも$\overline{V}$よりも傾きは急です——縦軸の数値が二倍．

これは，$\overline{V}$が個別の“大きな枠”での平均であるのに対して，$\widehat{V}$はこの実験における“最小の長さ（100 mm）”を基準としているため，速度の変化をより反映したものになっているからです．

両者の共通点は，直線状のグラフが描ける，すなわち，速度と時間の比例関係を示唆している点です．もし，比例していれば加速度は一定となり，それは重力加速度が一定値を取ることを意味します．

そして，重力加速度が一定であれば，平均の速度$\overline{V}$から，瞬間の速度Vを求めることができます．その方法を探っていきましょう．

運動から微分へ

そこで，もう一度「平均の速度」の定義にまで戻りましょう．それは，「移動距離と所要時間の比」，すなわち，「位置の変化を時間の変化で割ったもの」でした．変化とは差のことですから，時刻t_1に位置z_1にいたものが，時刻t_2に位置z_2へと動いたとして

$$\text{速度} = \frac{\text{位置の変化}}{\text{時間の変化}} \quad \text{より，} \quad v = \frac{z_2 - z_1}{t_2 - t_1} = \frac{\Delta z}{\Delta t}$$

と書き直すことができます．記号Δ（デルタ）は，前にも登場しましたが，小さい量であることと共に，差により定義されたものであることを暗示しています．“凝った割り算”のシンボル，“本物の微分まで後一歩”を示す重要な記号です．

ここまでは，普通の分数として約分も通分もできますが，Δz, Δt の刻み幅を小さくした極限で，記号もその意味も劇的に変わります．

$$\frac{\Delta z}{\Delta t} \quad \text{より，} \quad \frac{\mathrm{d}z}{\mathrm{d}t}.$$

これが“本物”の微分記号です．本物は，記号の読みからして違います．左側の式は，普通の分数として

“デルタ・**ティ**分のデルタ・**ゼット**”

と，分母・分子の順に読みますが，右側の式は

“ディ・**ゼット**，ディ・**ティ**”

と上から下へ一気に読みます．これ全体が一つのまとまった記号であり，そこに分母・分子という区別はありません．

したがって，横棒の上下に位置していても，「d」で約分することはできません．文字“ディ”に，イタリックの「d」ではなく，ローマンの「d」が使われていることも，これらの違いを明確にするためです．

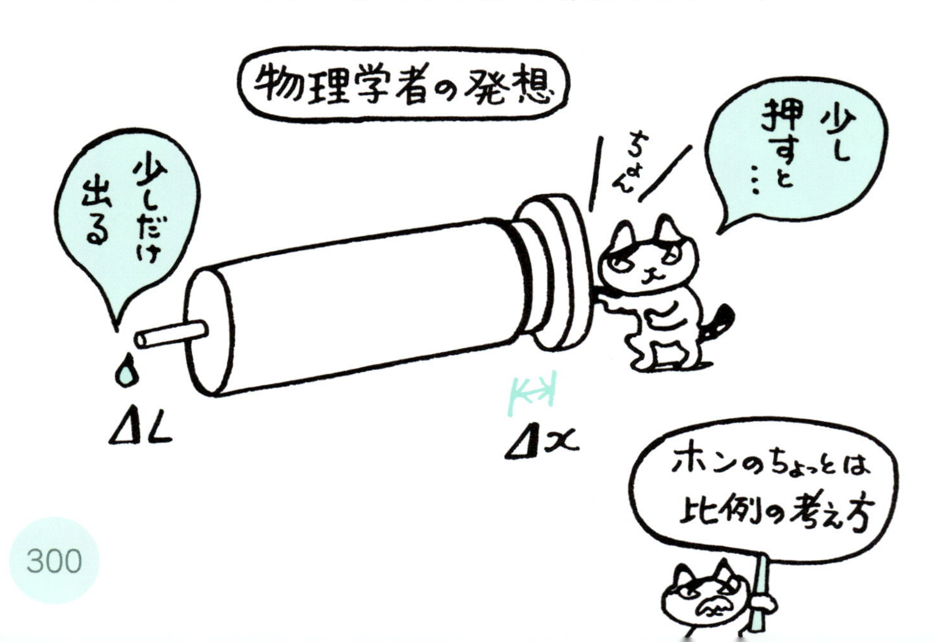

微分のことで，何か分からないことが出てきたら，何時でも Δ で表される“分数の世界”にまで戻れば，ほとんどの問題は解決します．実際，物理学者は，自然現象を描写する式を導き出そうとする際には，必ず「Δ による分数の世界」から発想しています．

具体的に，時間 t での微分の例を挙げましょう．先ず，「微分の定数倍」は，「定数倍の微分」になります．これは，K を定数として

$$K \times \frac{\mathrm{d}z}{\mathrm{d}t} = \frac{\mathrm{d}Z}{\mathrm{d}t},\quad \text{ただし，}\ Z := Kz$$

が成り立つということです．この計算は，$\Delta Z := K\Delta z$ として

$$K \times \frac{\Delta z}{\Delta t} = \frac{\Delta Z}{\Delta t}$$

より考えれば，単なる分子の掛け算になります．また

$$\frac{\mathrm{d}u}{\mathrm{d}t} + \frac{\mathrm{d}v}{\mathrm{d}t} = \frac{\mathrm{d}w}{\mathrm{d}t},\quad \text{ただし，}\ w := u + v$$

が成り立つことも，$\Delta w := \Delta u + \Delta v$ として

$$\frac{\Delta u}{\Delta t} + \frac{\Delta v}{\Delta t} = \frac{\Delta w}{\Delta t}$$

から考えれば，普通の分数の足し算から理解できることが分かります．

こうして，「平均の速度」の定義から，微分へと辿り着きました．

これまでに何度も繰り返し，微分の考え方を紹介して来ましたが，本来，微分は動きのあるものを数学的に扱うために考え出されたものですから，運動と一緒に学ぶのが一番自然な方法なのです．**運動を学ぶことは微分を学ぶことであり，またその逆も成り立つのです．**

さて，位置の変化に対して行ったことを，そのまま速度に対して行うのが加速度の定義でしたから，これを a で表して

$$加速度 = \frac{速度の変化}{時間の変化} \quad より，\ a = \frac{v_2 - v_1}{t_2 - t_1} = \frac{\Delta v}{\Delta t}. \quad さらに，\ \frac{\mathrm{d}v}{\mathrm{d}t}$$

となります．この場合も，刻み幅を小さくすることで「瞬間の加速度」へ，微分へとつながっていきます——これを単に**加速度**と呼ぶことも，速度の場合と同様です．

位置と速度・加速度の関係

ここで加速度が一定であることの意味を，式の上から考えてみましょう．事前の考察から，重力加速度 g は，地表附近で一定であることを知っています．また，実験結果から，“速度が時間に比例する”という感触も得ています．そこで，以上のことを前提に，すなわち，“速度が時間に比例する”と仮定して，実験結果を検討しましょう，

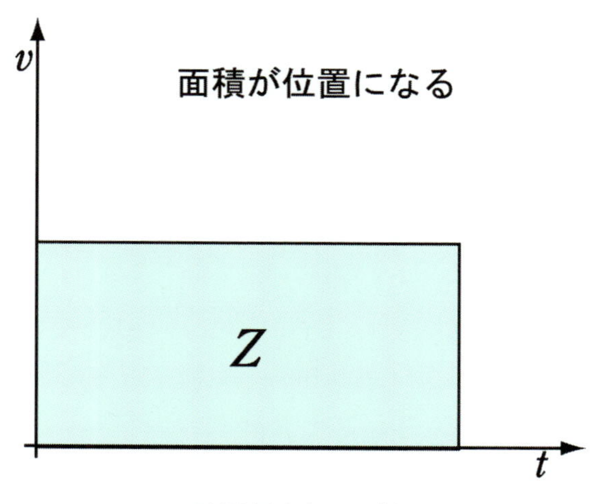

時間と速度の関係1

再び分数，特に第 21 章において学んだことを応用します．

分数に関わる三つの要素には，比例・逆比例の関係がありました．そこで，距離 z，時間 t，速度 v，加速度 a の関係を改めて

$$z = vt\,, \qquad v = at$$

と表し，横軸に t，縦軸に v を取った座標系にグラフとして描きます．

この時，左式の vt は長方形として現れ，その面積が z になります．また，右式は傾き a の直線になります．これらを，言葉で表しますと，「距離が一定の場合，速度と時間は逆比例する」「加速度が一定の場合，速度と時間は比例する」となります．

さて，“平均の速度”を同じグラフ上に描けば，ある速度を示す点から水平方向に伸びた直線と，ある時刻を示す点から垂直方向に伸びた直線によって囲まれた長方形になります．これは，「どの時刻を取っても同じ速度」，ということで，確かに平均の意味を正しく表しています．これは実験値としては，記号 $\overline{V}$ で表していました．

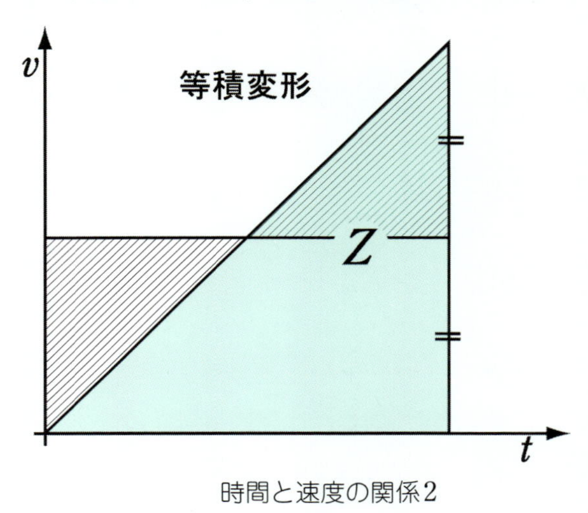

時間と速度の関係2

一方，加速度一定の場合，速度は傾き a の直線：$v = at$ になりました．この座標における面積は，距離を表していましたので，この直線によって切り取られる，高さ at，底辺 t の直角三角形の面積から

$$z = \frac{1}{2}at^2$$

を得ます．また，この場合の“平均の速度”は，$at^2/2$ を t で割った $at/2 = v/2$ となります――これは，面積を一定に保ったまま，三角形を長方形に変形する“等積変形”の手法です．

すなわち，速度一定の時の“平均速度”の二倍が，加速度一定の時の“最大速度”になるわけです．これより，関係：$V = 2\overline{V}$ を得ます．さらに，この結果を用いて，V/T より重力加速度 g が求められます．

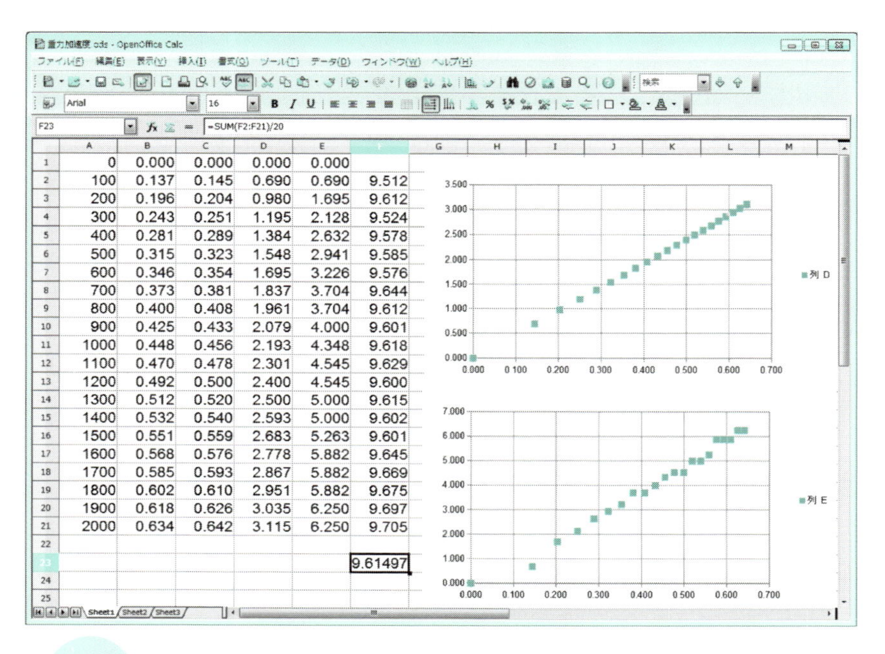

	A	B	C	D	E	F
1	0	0.000	0.000	0.000	0.000	
2	100	0.137	0.145	0.690	0.690	9.512
3	200	0.196	0.204	0.980	1.695	9.612
4	300	0.243	0.251	1.195	2.128	9.524
5	400	0.281	0.289	1.384	2.632	9.578
6	500	0.315	0.323	1.548	2.941	9.585
7	600	0.346	0.354	1.695	3.226	9.576
8	700	0.373	0.381	1.837	3.704	9.644
9	800	0.400	0.408	1.961	3.704	9.612
10	900	0.425	0.433	2.079	4.000	9.601
11	1000	0.448	0.456	2.193	4.348	9.618
12	1100	0.470	0.478	2.301	4.545	9.629
13	1200	0.492	0.500	2.400	4.545	9.600
14	1300	0.512	0.520	2.500	5.000	9.615
15	1400	0.532	0.540	2.593	5.000	9.602
16	1500	0.551	0.559	2.683	5.263	9.601
17	1600	0.568	0.576	2.778	5.882	9.645
18	1700	0.585	0.593	2.867	5.882	9.669
19	1800	0.602	0.610	2.951	5.882	9.675
20	1900	0.618	0.626	3.035	6.250	9.697
21	2000	0.634	0.642	3.115	6.250	9.705
22						
23						9.61497

加速度の一覧

こうして，速度の変化，すなわち，加速度を計算する方法が明快になりました．表計算ソフトの場合には，F 列を加速度の欄として，F 列二行目に ＝ 2*D2/C2 と入力することで得られます．これを列全体に複写して，加速度の一覧が自動的に求められます．

なお，最下段に ＝ SUM(F2:F21)/20 を入力して，加速度の平均値を求めています．ここで「SUM」は和を求める関数です――他の記号の意味は，表記を見ながら考えて下さい．なお，一般にソフトでは，乗・除には記号「*，/」を用い，$a^2(=a \times a)$ には記号「^」を当てて a^2，あるいは，a ＊＊ 2 などと書く場合が多いようです．

ようやく g のおよその値を得ました．大切なことは，“それが求められる”という事実です．精密な値を知らなくても，実験の意味が分からなくても，このことさえ知っていれば，それでいいのです．

何処かの誰かがそれを求めた，理論的な計算をした，実験的に証明をした，ということを知らなければ，何を調べればいいのか，何を学べばいいのか分かりません．それが一番困った状態なのです．

ここで提案しました実験方法は，元々は**自在三角形**と同様に，視覚障碍者に対する数学と物理の教授法を考案している際に，編み出したものです．この分野は，関係者の要望を待っているだけでは，前には進めない分野です．無駄を恐れず，様々なアイデアを自由に提案していくこと，種を蒔いていくことが，何より大切ではないでしょうか．

精度を上げることも難しく，再現性の問題などもある“怪しげな方法”ですが，むしろそれらの問題点が，実験の面白さ，楽しさを体感させてくれます．工夫すべき所，改善すべき所は，幾らでもあります．皆さんも是非，“自分の方法”で何かを測ってみて下さい．

40 式を操り数値を求める

一般に，重力加速度の値としては，以下がよく用いられています．

$$g = 9.80\ \mathrm{m/s^2}.$$

この g は“高さによって変化しない”と仮定してきましたが，実際には場所により高さにより異なります．地球と太陽，地球と月といった大きな関係を考える場合，“地球は丸い”と仮定して計算をしますが，細かく見れば山有り，谷有りの凸凹状態であることと同様です．

地下に埋まっている物質の種類によっても，その値は変わります．実際，「地下空洞の有無」という地質調査の大問題を，“非破壊”で検査する方法として，g の測定は重要な意味を持っているのです．

定義された重力加速度

しかしながら，重力加速度は“重量”を決める極めて重要な数値なので，何か基準が必要です．「場所により g の値は違う，よって重量も違う」では大枠での議論ができなくなります．そこで基準の一つ，一番便利で記憶しやすい値として，9.80 が使われているわけです．

物理学で用いられる定数は，互いに複雑に関連しているため，鍵になる値は実測値を元にして，国際機関により“定義”されています．

どれを定義値とし，どれを実測値とするかは，科学のすべての分野に関わることなので，判断の難しい問題になりますが，科学と技術の発展状況を見ながら，全体のバランスを取るように決められます．

現在では，重力加速度もこの意味での定義値になっています．国際度量衡総会により定められた，その値：g_0 は以下に示すものです．

$$g_0 = 9.80665\ \mathrm{m/s^2}.$$

その差は 0.00665．よって，日常的な用途には 9.80 で充分なのです．

さて，こうした値と比較して，今回実験により求めた値はどうでしょうか．どの部分を，どのように改善すれば，より良い値が得られるでしょうか．ここでは身近な機材で，“それを求めることができる”ことを示しました．改善と新工夫こそが，実験の楽しみです．当たり前と思わずに，色々なことに，色々な方法で挑戦して下さい．

暗算で求める

力学の問題は，位置と時刻，速度と時刻の関係が求められた時，“完全に解決した”と表現されます．この意味で自由落下の問題は

$$z = \frac{1}{2}gt^2, \qquad v = gt$$

によって，完全に解決したわけです．この式によって，与えられた時刻における落下物の“力学的なすべての情報”が求められます．

ここでは一般的な加速度を意味する a から，地球表面での重力加速度を意味する g へと変えました．もし，月表面附近での自由落下を論じたいのなら，これを $a = g/6$ に変えればいいわけです．

先の数値を用いれば，自由落下の式は，$z = 4.9t^2$, $v = 9.8t$ と極めて簡単になりますから，一秒後における落下距離と速度は，4.9 m, 9.8 m/s と暗算で求められます．三階から何かを落とせば，それは約一秒後に，時速 35 km ほどの速さで地面に衝突するわけです．

工事現場でヘルメット着用が義務附けられている理由が分かります．小さな部品一つ落としても，大事故になる可能性があるのです．

物理学においてもっとも重要なことは，“暗記ではなく暗算”だと述べました．脳に何かを“記す”ことではなく，脳で何かを“算える”ことです．将棋の駒の働きを“覚える”ことは必要ですが，それは自在に駒を“動かす”ためでしょう．脳内将棋は暗算の極致です．

暗記は静止画的であり，暗算は動画的です．動画は静止画の集まりであり，静止画が無ければ動画は作れません．**何かを考えるためには，その基礎を与える最低限の知識が必要だ**ということです．

しかし，集められた静止画には，全体を動かす仕組が必要です．それらの間のつながりや関係性を見抜いて，全体に働きかける物語を組み入れていかなければ，静止画はまさに止まったままです．

この**全体を一挙に動かす働きこそが“知性”**なのです．

試験問題の解答としては，「gの値は9.8」と書く必要がありますが，暗算用なら10で充分です．$z = 5t^2$, $v = 10t$とすればよいのです．これなら「二秒後にどうなるか」も簡単に暗算でできるでしょう．

暗算が得意な人の特徴は，単に計算能力が高いというのではなく，**暗算に適した簡単な数値を選び出す能力**が高いところにあります．

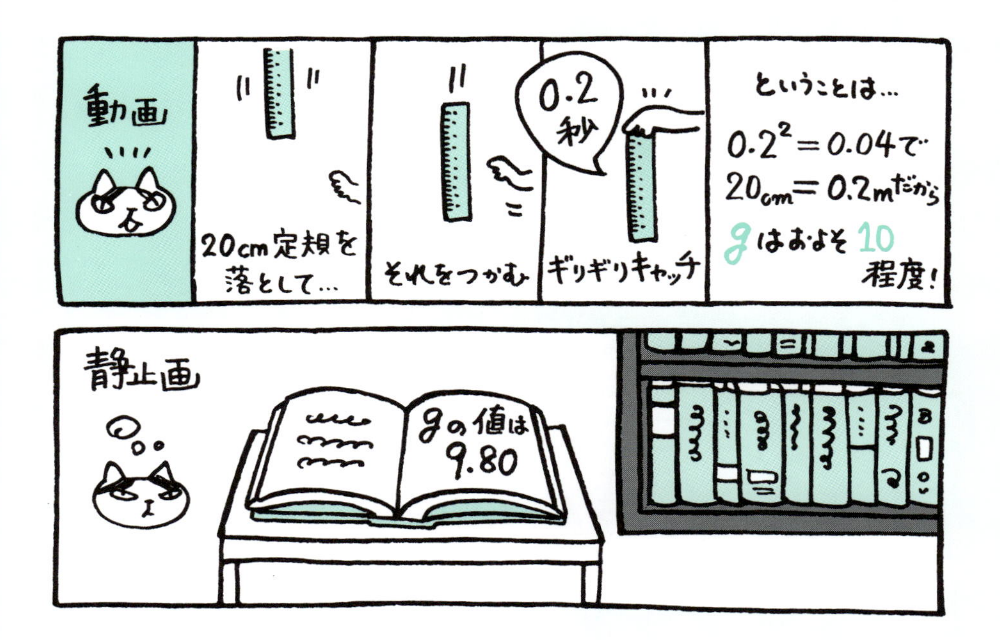

可能な限り要素を絞り，それを簡単な値に直して，現象を“数値で説明する”ことが重要です．何かに“記された内容”からではなく，自分自身で“算えた結果”を元に，議論を進めることが大切なのです．

式はすべてを知っている

自由落下に関する完全な情報は

$$z = \frac{1}{2}gt^2, \qquad v = gt$$

によって与えられると述べました．そうすると，この式に含まれていないことは，運動とは無関係だということになります．

さて，この式の何処にも質量 m の姿はありません．ここから導かれる結論は唯一つ．**質量は自由落下には無関係**だということです．

空気抵抗などを考えない自由落下においては，物質は重さによらず，同じ割合で落ちていきます．そのことが，こうした形で示されているわけです．すなわち，数式は“そこに書かれた内容”と同じレベルで，**そこに何が書かれていないか**が重要なのです．

物理学者の間で“式はすべてを知っている”と言われるのは，こうした数式の本質を忘れないためなのです．皆さんも一度，“眼光紙背に徹す”という言葉の意味を調べてみて下さい．

計算の途中では，至る所にあった記号が，最後の最後にすべて消えてしまうことがあります．これは物理学者がもっとも驚きを感じる瞬間であると同時に，もっとも喜びを感じる瞬間でもあります．

また，ホッとする瞬間でも，何故もっと早く気附かなかったのか，と悔やむ瞬間でもあります．しかし，何度も繰り返していますように，物理学は一直線には学べない学問なので，これは致し方がないことなのです．試行錯誤こそが物理学学習の本質です．

やがて皆さんも，ある記号を強く強く見詰めながら，“頼む消えてくれ！”と念じながら，計算用紙と格闘することになるでしょう．実験装置の横で寝泊まりするようになるでしょう．計算用紙の上に，実験装置の傍らに，喜怒哀楽のすべてがあります．そこには，“大自然の謎に挑む”物理学者の人生そのものがあるのです．

41 時間の平行移動

数式は見て楽しむものです．長く長く見詰めていると，向こうから語り掛けてくるものです．問うてもなかなか答えてはくれませんが，ある日ある時，突如として，その意味が分かるようになるものです．

記号を操る

もう一度，自由落下の式：z, v をよく見て下さい．そして，円の面積 s と，周長 ℓ の式を思い出して下さい．何処かが似ていませんか．

$$z = \frac{1}{2}gt^2, \quad v = gt$$

$$s = \pi r^2, \quad \ell = 2\pi r$$

「位置の時間微分が速度である」と説明しました．すなわち，位置 z を時間 t で微分すると，速度 v になる．記号では

$$\frac{\mathrm{d}z}{\mathrm{d}t} = v$$

と表すのでした．そして，これは

$$\frac{1}{2}gt^2 \text{ を } t \text{ で微分すると，} gt \text{ になる}$$

ことを意味しています．ここで，式の形の変化だけを採り上げますと，t の肩に乗った 2 が，下に降りていることが分かります．降りてきた 2 が，その前の 1/2 と打ち消し合って，gt になっているわけです．微分とは，こうした“記号の操作”だと見ることもできます．

では，その逆はどうでしょうか．この逆向きの操作が，**積分**でした．この場合の積分とは，速度から位置を求めることです．位置の微分が速度であったのと同じ意味で，速度の積分が位置になるわけです——ここでの操作は，単なる 2 の上げ下げです．

これで両者の間を往復できました．では，円の場合はどうでしょうか．面積と周長にも，同じ関係があるのです．r^2 の肩の 2 を降ろせば $2\pi r$，まさに周長になります．これを運動の場合と同様に，「面積の微分が周長に，周長の積分が面積になる」と表現することができます．

位置の時々刻々の変化が速度であったように，面積の微細な要素として周長を考えるわけです．また，速度変化の積み重ねが位置になったように，周長を束ねたものが面積になると考えるわけです．

さらに，もう一つの例として，球の体積 V とその表面積 S の式：

$$V = \frac{4}{3}\pi r^3, \qquad S = 4\pi r^2$$

を見て頂きましょう．両者の関係が見えてきましたか．3 を降ろして 1/3 を消し，肩の数字は一つ減らす，そんな操作が思い浮かびます．

砂を繰り返しまぶして泥団子を作るように，「表面積を多層に集めれば，球になる」というイメージさえ持つことができれば，ここに微分・積分が関わることが，自然なことだと感じられるでしょう．

すなわち，微分とは“全体を微細な要素に分けること”であり，積分とは“微細な要素を集めて全体を構成すること”なのです．

位置，速度，加速度と，運動を表す各要素が，この立場から一つのものとしてつながります．同様に，長さ，面積，体積といった幾何学的な要素も，微分・積分の考え方から統一的に論じられるわけです．

特に幾何学の場合，これら各要素は長さの次元 $\mathbf{L}$ を元に，面積 $\mathbf{L}^2$，体積 $\mathbf{L}^3$ と肩の数が一つずつ大きくなりますが，この数を一つ小さくするのが微分，大きくするのが積分だということになります．

基準の移動

物理学では，式の形はそのまま残して，基準となる点をズラしたり，視点を変えたりして，理論の中に隠されている本質を探ります．グラフの幾何学的なイメージを借用して，単純な加・減による基準の変更を，“平行移動”の名によって統一的に扱うのです．この方法は次元解析に似て，極めて効率的に理論全体の姿を明らかにしてくれます．

例えば，$g = 10$ とした自由落下の式において，落下一秒後の位置と速度は，$z = 5\,\mathrm{m}$，$v = 10\,\mathrm{m/s}$ と計算されましたが，これを後から追い掛けてみましょう．ブラックホールへと落ちていく“宇宙船 A”を，遥か上空から助けようと追跡する“超人 B”をイメージして下さい．

どうすれば追い附き，併走することができるでしょうか．先ずは，宇宙船 A の時々刻々の変化を表にまとめてみました．

$z_A = 5t^2$, $v_A = 10t$						
t	0	1	2	3	4	…
z_A	0	5	20	45	80	…
v_A	0	10	20	30	40	…

考察の始点となる“時刻ゼロ”での位置と速度を**初期位置**，**初期速度**と呼び，二つ合わせて**初期条件**（initial condition）といいます．

記号は，“初期”を印象附けるために，initial の頭文字である i，あるいは，数字のゼロを添字にします——「′（プライム）」記号を用いる場合もあります．ここでは，z_0, v_0 と表すことにします．

具体的にスタートが一秒遅れだった場合を考えましょう．既に相手は，5 m 下で速度 10 m/s を持って落下中ですから，“超人”は $t = 0$ において，同じ高度，同じ速度を持てば，後は「自由落下は質量によらない」ことから，共に並んで落ちていけるわけです．これは初期条件が，$z_0 = 5$, $v_0 = 10$ であることを意味しています．

そして，両者の関係は，時刻を $t \to t+1$ にしたがって“平行移動”することによって明らかになるはずです．これは

$$z_A = 5t^2 \text{ に対して，} z_B := 5(t+1)^2 = 5t^2 + 10t + 5,$$
$$v_A = 10t \text{ に対して，} v_B := 10(t+1) = 10t + 10$$

により，z_B, v_B を定義することです．

先の場合と同様に，B の時々刻々の表を作りますと

$z_B = 5t^2 + 10t + 5,\ v_B = 10t + 10$						
t	0	1	2	3	4	…
z_B	5	20	45	80	125	…
v_B	10	20	30	40	50	…

となります．確かに二つの表の数値は，一秒ズレて一致しています．

以上の結果から，超人を示す添字 B を外し，“平行移動”により現れた定数を，$5 = z_0$, $10 = v_0$ にしたがって書き直しますと

$$z = 5t^2 + 10t + 5 = 5t^2 + v_0 t + z_0,$$
$$v = 10t + 10 \qquad = 10t + v_0$$

を得ます．さらに，重力加速度を示す数値も，元の記号 g に戻して

$$z = \frac{1}{2}gt^2 + v_0 t + z_0, \qquad v = gt + v_0$$

を得ます．こうして，“時間の平行移動”の考察から，もっとも一般的な自由落下の式が求められました．この式において，$z_0 = 0$, $v_0 = 0$ とおけば，元の式に戻ることを，また各項の次元を計算して，全体が矛盾していないことを，自らの手で確認して下さい．

ここでは，平行移動の幅を具体的に一秒と決めて式変形をしたため，数値と記号の間を行ったり来たりしましたが，一般的な幅：$t \to t + t'$ を元にすれば，一気に答に辿り着きます——以降，「$'$」は初期条件に関連する量であることを示します．すなわち

$$z = \frac{1}{2}g(t + t')^2 = \frac{1}{2}gt^2 + gt't + \frac{1}{2}gt'^2,$$

$$v = g(t + t') \quad = gt + gt'$$

に対して，初期位置：$gt'^2/2 = z'$，初期速度：$gt' = v'$ と置き換えて

$$z = \frac{1}{2}gt^2 + v't + z', \qquad v = gt + v'$$

を得ます．これは先の結果と一致しています．

なお，t' は“ティ・プライム”，v' は“ブイ・プライム”などと読みます——これを“ダッシュ”と読むのは間違いです．

結果の確認

さて，ここまでに得た結果の確認をしておきましょう．初期条件：z_0, v_0 を含む自由落下のもっとも一般的な式：

$$z = \frac{1}{2}gt^2 + v_0t + z_0, \qquad v = gt + v_0$$

と微分の関係を調べます．位置の時間微分が速度，速度の時間微分が加速度であったことを思い出して下さい．

形式的な微分の計算方法として，これまでに紹介したものを使います．肩の数を下に降ろして二乗は一乗に，一乗は定数に，定数はゼロになります——微分とは変化の割合を示す計算でしたから，変化しないことを意味する“定数”という存在は，常に消えてしまうのです．

$$\frac{\mathrm{d}z}{\mathrm{d}t} = gt + v_0, \qquad \frac{\mathrm{d}v}{\mathrm{d}t} = g.$$

左式は，確かに v に一致しています．また，右式は m を掛けることで，$F = mg$ となりますから，両式は次のように変形できます．

$$\frac{\mathrm{d}z}{\mathrm{d}t} = v, \qquad m\frac{\mathrm{d}v}{\mathrm{d}t} = mg\ (=F).$$

こうして，この問題の元々の形である“重力加速度 g のみを F の原因と考える”という自由落下の定義式へと戻りました．これで全体に矛盾が無いことが，改めて明らかになったわけです．

この問題設定は，真下への落下だけではなく，投げ上げの場合にも適用することができます．要するに，g だけを考える問題は，すべてここで得た式によって解決するわけです．

また，$g=0$ の場合にも有効です．重力加速度がゼロの場合とは，力が働かない，すなわち，自由粒子を意味します．したがって，自由粒子に対する答も得られたことになります．

例えば，運動の方向を x とすれば，$g \to 0, z \to x$ と書き替えて

$$x = v_0 t + x_0, \qquad v = v_0$$

となるわけです——この運動が等速度のものであることは，右式：$v = v_0$（初期速度）が定数であることからも分かります．

42 位置の平行移動

時間を“平行移動”させることで，初期条件を含む自由落下の解が導かれました．もう一度，その結果を見てみましょう．

$$z = \frac{1}{2}gt^2 + v_0t + z_0, \qquad v = gt + v_0.$$

既にお馴染みになった数式ですが，まだまだ工夫はできます．初期条件を表す定数を左辺に移してみましょう．

$$z - z_0 = \frac{1}{2}gt^2 + v_0t, \qquad v - v_0 = gt.$$

もちろん，内容的には何も変わりませんが，両式の左辺には“平行移動”の気配が漂っています．二式の書き替えは，位置をズラす“位置の平行移動”，速度をズラす“速度の平行移動”の表現に見えます．

ベクトルの数学・ベクトルの物理

こうして，時間・位置・速度の基準点の移動ということを論じている中で，加速度だけは“移動”しなかったことを思い出して下さい．

位置と速度の初期条件を含んだ「位置を表す式」は，三つの項からできています．その微分である「速度を表す式」は，初期速度を含んだ二つの項から，そして，さらにその速度の微分である「加速度を表す式」は，唯一つの項 g だけからできていたわけです．

初期条件によって，位置や速度の基準を変えられますが，そこに働く力は変えられません．力を変えれば，それはまた別の問題です．

位置も速度も加速度も，ベクトルで表されるべき量でした．したがって，力学における諸量の関係は，ベクトルを中心に記述されるわけです．そして，そのベクトルは，**平行四辺形の対角線**を用いることで，幾何学的に合成・分解されました．

ベクトルが持つこの“幾何学的な性質”は，方向別の各要素，それぞれが独立に加・減できることに由来しています．しかし，この性質を，“自然が採用しなければならない理由”はありません．

力がベクトルとして表されるか否かは，実験により決まることです．これは，不明確な力を，明確な数学的ベクトルで“近似”できるか，それで「現実の物理現象を上手く表現できるか」という問です．

そこで，長さと力の大きさ（錘の質量）を対応させる以下の装置を開発しました．ここでは，錘の質量比 $3:4:5$ が，**345 の直角三角形**として，目に見える形で現れています．両端の錘により生じる力が，平行四辺形の対角線として合成され，中央の力とバランスしています．こうした実験結果から，力はベクトルと“見做されている”わけです．

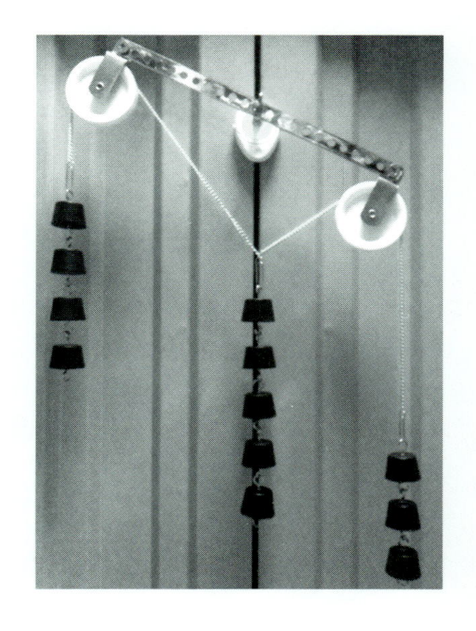

中でも特に重要なのは，直交する二つの方向への合成・分解です．今，この二方向を水平方向と垂直方向に選びましょう．そして，水平方向の運動を“自由粒子”，垂直方向の運動を“自由落下”とします．すなわち，重力加速度 g のみを考える運動で，しかも落下しながら水平方向にも移動する場合を考えたいのです．

ベクトルは分解されます．そして，そのことが解くべき式も同様に分解するのです．垂直方向の座標をこれまで通り z で，水平方向の座標を x で表すことにしますと，二組の式を立てることができます．

$$\text{垂直方向}\begin{cases} m\dfrac{\mathrm{d}v_z}{\mathrm{d}t} = F_z = mg, \\ \dfrac{\mathrm{d}z}{\mathrm{d}t} = v_z \end{cases} \qquad \text{水平方向}\begin{cases} m\dfrac{\mathrm{d}v_x}{\mathrm{d}t} = F_x = 0, \\ \dfrac{\mathrm{d}x}{\mathrm{d}t} = v_x \end{cases}$$

こうして，方向別に分解できることさえ分かれば，問題はほぼ解決です．後は，初期位置：(x', z') と，初期速度：(v'_x, v'_z) を与えれば

$$\text{垂直方向}\begin{cases} z = \dfrac{1}{2}gt^2 + v'_z t + z', \\ v_z = gt + v'_z \end{cases} \qquad \text{水平方向}\begin{cases} x = v'_x t + x', \\ v_x = v'_x \end{cases}$$

によって，落体の運動はすべて決まります．ここで，位置の組：(x, z) と，速度の組：(v_x, v_z) は，それぞれベクトルとして振舞います．

影絵の手法

それでは，具体的に初期条件を定めて，x-z 平面上における運動の様子を描いてみましょう．初期位置を $(x' = 0,\ z' = 0)$，初期速度を $(v'_x = 2,\ v'_z = 0)$ と設定し，$g = 10$ としますと

$$\begin{cases} z = 5t^2, \\ v_z = 10t \end{cases} \qquad \begin{cases} x = 2t, \\ v_x = 2 \end{cases}$$

となります．ここで欲しいのは，x と z の関係ですから，各組の上段の式を組合せて，t を消去します．$x = 2t$ より，$t = 0.5x$ となるので，これを z の式に代入して，$z = 1.25x^2$ を得ます．

水平方向の刻みを 0.1 として，以上の関係を表にまとめますと

$z = 1.25\,x^2$						
x	0	0.1	0.2	0.3	0.4	…
z	0	0.0125	0.05	0.1125	0.2	…
t	0	0.05	0.10	0.15	0.2	…

最下段には，元の式から定まる「その位置の時刻」を追加しました．

z 軸を下向きにプラス，x 軸を左向きにプラスと定めてグラフを描きますと，下図のようなものになります．ここでは，“一つの物体”が水平・垂直の両方向に運動する場合を考えました．それぞれの方向に働く力を分けて考え，それぞれの条件の下で答を導きました．その“二つの結果”を持ち寄ることで，“一つの運動”が記述されたのです．

このことに対して，“当たり前のような，そうではないような”不思議な感覚を持たれるかもしれません．何故，二つの運動が混じり合ってしまわないのか，どうして別々に解いても構わないのか．

先にも述べましたように，ベクトルという数学的表現そのものが，こうした分解を許す構造になっています．よって，“力がベクトルとして近似される”という実験的な結果が，これを保証しているのです．

実際の力は，点と点ではなく，面と面との関係，数学的には**テンソル**と呼ばれるものです．また，その面の位置も容易に定まるものではないのです．そこで，単なるベクトルとして近似しているわけです．

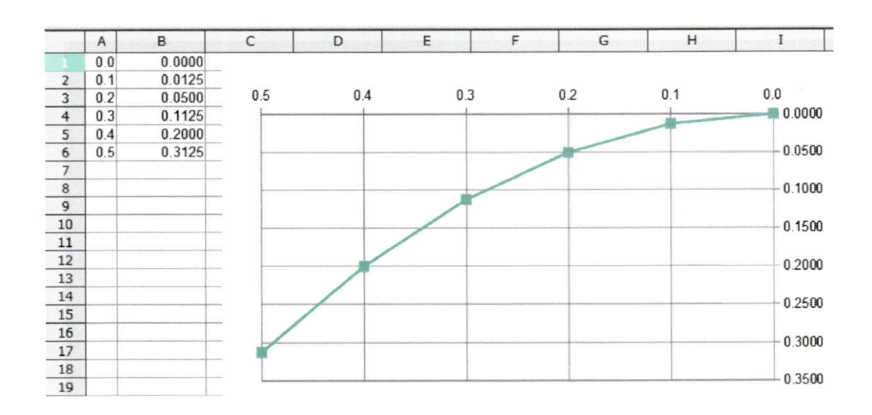

この表の運動は，例えば「机の上を転がって，端から落ちるボール」に対応しています――水平方向のみ初期速度を持っているわけです．

しかし，問題は“運動を見る位置”です．もし，影絵のように，遠近感の無い“壁に映った像”しか見えなければ，どう感じるでしょうか．

机の真上から見れば，ボールが下方向へ落ちていくことは分かりません．机の端も，その先も，何も無かったかのように，等速直線運動を続けていく様子が観察されます．真横から見れば，確かにボールは水平方向に進みながら，垂直方向へ落ちていく様子が見えます．

しかし，真正面から見れば，今度は水平方向への運動が見えないため，ボールは下に向かって自由落下していると判断するでしょう．

これは，数学的な“式の分離”と物理的な現実の運動が，見事に対応していることを示しています．このことによって，私達は三次元の運動を二次元に，二次元の運動を一次元にと，“影絵の手法”によって分解し，それを解くことができるのです．

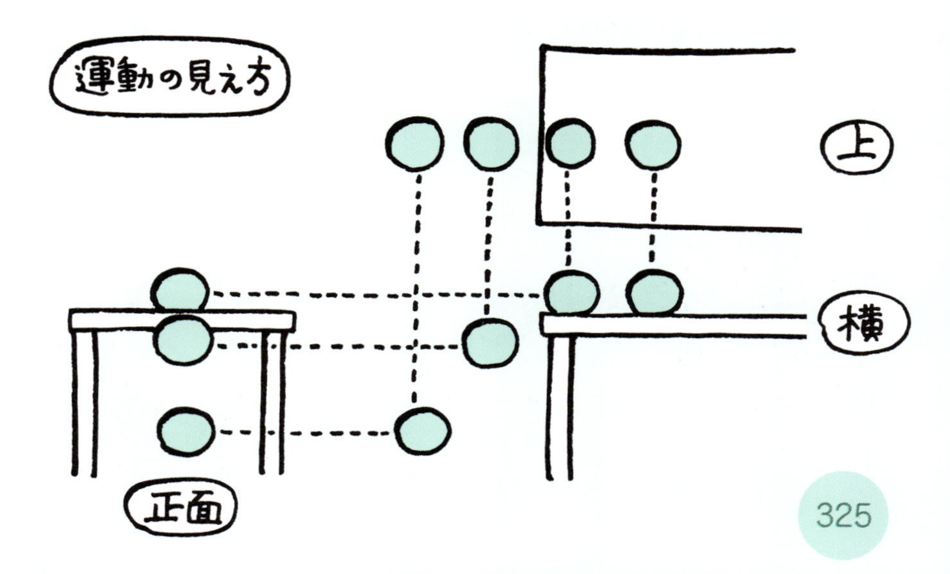

力学と幾何学の関係

先に，質量が自由落下の式の中に“存在しないことの意味”について，数式は，“何について語っているか”を考えるのと同様に，“何について語っていないか”を考えることが重要だと述べました．

ここでは，時間を表す t を消去することによって，x と z の関係を導きました．よって，これは“時間については語らない”，時間に無関係に成り立つ座標平面上の図形，すなわち，“幾何学的関係”だということになります．幾何学化とは“動画の静止画への変換”なのです．

このように，運動を記述する時間と位置，時間と速度の関係から，時間を消去して得られる幾何学的関係を**軌跡**，あるいは**軌道**と呼びます．これは，時間を消去することによって，逆に“永遠の時間を取り込んだもの”だとも言えます．

太陽の周りを回っている地球の位置は，春には何処，夏には何処と，春夏秋冬，季節によって決まっていますが，それ自体は“ある時刻”に“ある位置”に居ると主張しているだけで，一年の全体を考えた時に，“その道中は如何なる形になるか”については教えてくれません．

そこで，時間を消去した関係を導くことによって，**円軌道**だとか**楕円軌道**だとかいった幾何学的な“形”を見出していくのです．

幾何学は，無限の時の流れを一枚の絵に収めてくれます．長時間に渡る動画の内容を，静止画に束ねる技を持っています．

力学は，こうした幾何学の手法を取り込むことによって，「千年後，一万年後にどうなるか」「その運動は永遠に安定か」といった大きな枠組での“運動の性質”を論じられるようになったのです．

43 自由落下の宴

さて，前章で採り上げた「水平方向のみに初期速度を持った落体の運動」について，その軌跡を映像化しましょう．その映像によって，水平・垂直の“運動の分離”について，さらに考察したいのです．

これは，ストロボ装置が一番得意とする分野です．あたかも多数のボールが同時に存在しているかのような写真が，様々な教科書・参考書に採用されていますので，御覧になった方も多いでしょう．

ここでは，同種の写真を，独自に開発しました「**シンクロナイズド・フォール（Synchronized fall）**」という装置で撮影します．最大で五つの金属球を，個別に固定・落下させることができるこの装置で，ストロボ無しの“ストロボ風の写真”を撮りたいと思います．

実験の意味

アイデアは単純です．“多数の落体”を，時間をズラして順に落下させていけば，“一個の落体”の時間毎のストロボ映像が，多数の落体の同時撮影によって実現するでしょう．**多数による個体の模写です．**

シンクロナイズド・フォール（五番目離脱直前の映像）

この装置が模写する運動は，その時間間隔，落体間の相互距離から一つに決まります．すなわち，設計の段階で既に運動は“分離”されているのです．そして，現実の運動もまた“分離”されているということを，この模写との比較から検討しようというわけです．

この実験手法の本質的な意義は，単にストロボを使わないことにあるのではなく，同時に多数を扱うことによって，対象に働く“法則の全体像を一気に把握する”ところにあります．原子の物理学である「量子力学」を学ぶ際に，こうした発想の転換が大いに役立ちます．

五個の電磁石による分離機構を，小型コンピュータ「**アルディーノ**」で制御します．それぞれの末端に金属球を附け，**0.05 秒間隔**でスイッチを入れていきます．それぞれの金属球の**間隔は 10 cm** に調整してあります．設置された高さは 2 m です．

アルディーノ UNO

この条件設定により，扱う運動は，「水平方向に初期速度：2 m/s」を持ったものに限定されることになります——移動距離 10 cm を，所要時間 0.05 s で割れば，この値が出ます．これは，先の例題において与えられた初期速度 $v_x = 2$ に対応しています．以上のことから，この装置は，先の表の計算結果を“模写することができる”わけです．

その実験結果が先の写真です．先ずは，五個の金属球の位置を表：

$z = 1.25\,x^2$						
x	0	0.1	0.2	0.3	0.4	…
z	0	0.0125	0.05	0.1125	0.2	…

と比べましょう．これら落体の位置を滑らかに結ぶと，この計算値から描いたグラフと非常に似た形になります．“分離”を前提にした実験装置で，現実の運動を確かに模写することができたわけです．

実験装置の概略

この装置も，「ソニック・フォール」と同様に，ソレノイド機構を利用して，金属球の設置と分離を実現しています——用いた金属球も先例と同じ物です．先ずは，その制御システムから御紹介いたします．

アルディーノは，「シールド」と呼ばれる目的別のボードを載せることで，容易に機能を拡張することができます．写真は，リレーにより外部機器を制御するための自作シールド，その名も**花束**です．

ソレノイド機構により，金属球を固定・分離させるのですが，アルディーノ内部に電磁石を操るだけの電気的な余裕はありません．直接的にできることは，LED を点ける程度でしかありません．

そこでトランジスタを介してリレーを動かし，大電流はリレー内部のみを通過するようにします．同じ回路が五個収められています．以下の回路図はその一個分です．“アルディーノに花束を”載せることで，電磁石の入・切も素早く，精密に行えるようになりました．

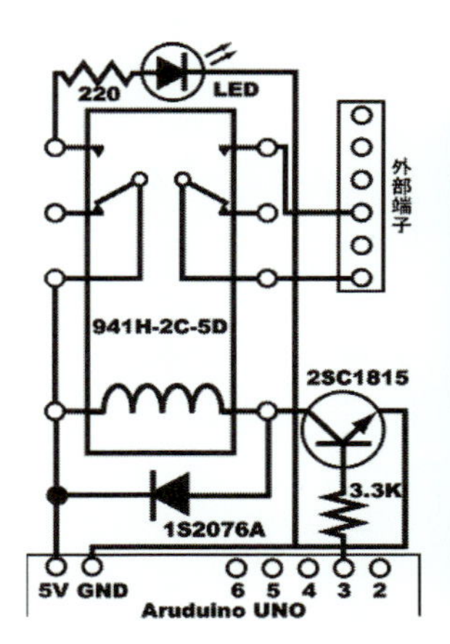

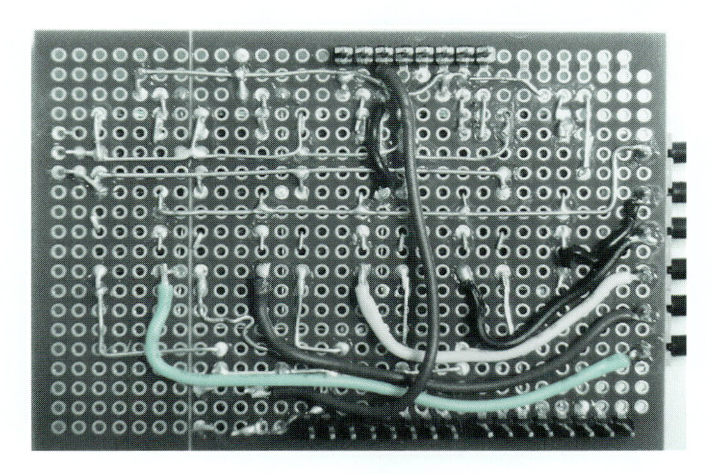

花束の表と裏・回路図

アルディーノの2番から6番までのデジタルピン出力により，五個のリレーを制御します――リレーに連動してLEDが点滅します．最上段のLEDは13番ピンにつながれています．なおボタンスイッチは，アルディーノ本体のリセットの複製です．

ソレノイド部は，長さ35 mm，直径15 mmの塩ビパイプを軸にコイルを巻いたものです．軸内部の構造は，以下の図に示した通りです．電磁石と永久磁石の間に生じる強い斥力により，永久磁石と金属球の間の引力を振り切り，金属球を離脱させる仕組は，前例と同様です．

なお，五つの電磁石に電流が流れるのは，それぞれ別の時刻であり，また瞬間的なものなので，コイルや電源が過熱する心配はありません．電源には乾電池三本を用いました．

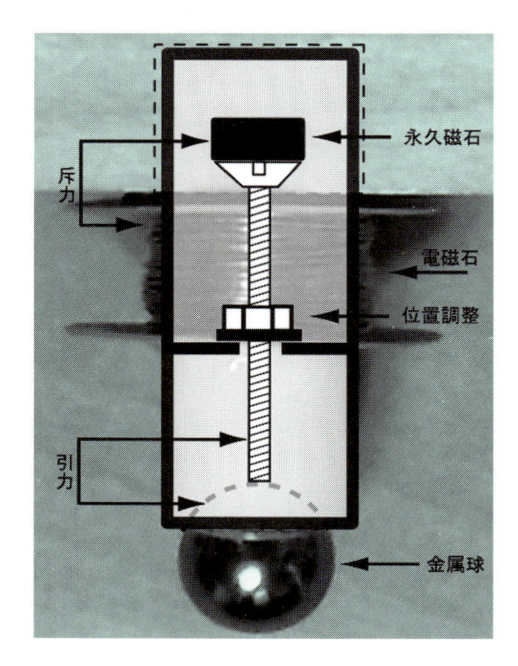

ソレノイドの透視図

できあがったハードを制御するのはソフトです．アルディーノを制御するプログラムは，**スケッチ**と呼ばれています．ここで用いましたのは，次に示しました極めて簡単（主要部抜粋）なものです．

```
int i; int relay[]={13,2,3,4,5,6};
void setup() {
  for (i=0; i<6; i++) {pinMode(relay[i],OUTPUT);}
  for (i=1; i<6; i++) {
    digitalWrite(relay[i], HIGH); delay(50);
    digitalWrite(relay[i], LOW);}}
void loop() {}
```

スケッチは二つの要素 **void setup( ){ }** と **void loop( ){ }** から成っています．これらは必ず両方が必要です．無内容でも書きます．どちらが欠けてもエラーになります．**setup** には一度だけ実行する命令を，**loop** には繰り返し実行する命令を書きます．

用いるデジタルピン番号を定義し，ピンを HIGH 状態にすることにより，対応するリレーを起動させます—— LOW 状態に戻すことで電源がオフになります．リレー起動の時間間隔を定めるのが **delay** 命令で，ここでは 50 ms，すなわち千分の五十秒を単位としています．

ここでは省略していますが，実際には 13 番ピンをカウントダウン用として定義し，ボード上の青色 LED を制御しています．金属球は，リセットを押した後，この LED の三秒間の点滅を経て落ちます．

本章では，回路やプログラムを含め，見知らぬ言葉が山のように出てきたことと思いますが，それぞれは検索すれば直ちに多くの情報が得られる“一般的なもの”ばかりです．必要最小限の情報は記してありますので，それを鍵として，未知の世界の謎解きに挑戦して下さい．ホンの少しの電子工作で，実験の幅が驚くほど拡がります．

44 落下の藝術

自由落下運動は質量に関係しない．質量が大きい物も小さい物も，すべて物質は同じ加速度を持つ．同様に落ちる．このことが，理論的にも実験的にも示されていることは，既に述べてきた通りです．

質量 m が，自由落下の式には登場しないこと，その“不在”をもって，質量が関係しないことの理由としてきました．また，1971 年のアポロの月面実験によって，このことは劇的に追認されました．船長が両手に持ったハンマーと羽は，確かに同時に着地したのです．

横から縦へ

第 36 章でも紹介しましたスコット船長の実験（右手にハンマー，左手に羽）が典型例ですが，同時性を示すこの種の実験は，比較する二個の物体を，左右並列に配置して行うことが定番となっています．

ここでは，**並列から縦列へと，発想を転換してみましょう．**

磁石は金属を引き附けますが，その引き附けられた金属もまた磁石となって，後続を引き寄せます．この金属の性質を利用します．用いる装置は，再び「ソニック・フォール」です．ソレノイドにセットされた金属球のその下に，クリップを附けます．

比較の対象とするものは，この金属球とクリップです．

それを左右並列ではなく，上下縦列に配置するのです．ネオジム磁石からビスへ，ビスから金属球へ，そしてクリップへと磁石の力によって，これらは“接続”されています．しかし，ソレノイドから分離された後は，金属球はほぼすべての磁力を失いますので，クリップを引き附けておくことはできません．両者の運動はまったく自由です．

金属球とクリップ：縦列実験

金属球は自らの自由落下を，クリップもまた自らの自由落下を行います．両者を“合体させたまま”にしておく力はありません．

また，明らかに金属球の方がクリップよりも重いわけですから，重い方が早く落ちるなら，金属球とクリップの上下関係は崩れて，クリップは押しのけられるはずです．もし，軽い方が早く落ちるなら，両者の上下関係は崩れず，その隙間が大きく拡がっていくはずです．

両者が同じ速度で落ちるなら，最初に形成された“形”のまま，一体となって落ちていくでしょう．因みに，金属球の重さは 8.36 g，クリップ一本の重さは 0.38 g，両者の重量比は 22 です．

さて，現実はどうでしょうか．実験で確認すべき事柄です．結果を，より明瞭にするために，先ずは，クリップを縦に二個つなぎます．

儚さを愛でる

高さ 1 m ほどの区間であっても，“異変があれば”肉眼で充分に確認することができます．クリップで面白い形を作った方が，実験が楽しくなると同時に，異変の確認がし易くなります．藝術家はまさに腕の見せ所，様々な形を磁力によって実現して下さい．三本のクリップで三角形を作る程度のことは，比較的容易にできるでしょう．

目視でも，作られた“形”がそのまま落ちていく様子は見えます．そこには，“新しい藝術の誕生”を予感させるものがあります．デジタルカメラの高速度撮影機能を使えば，さらに面白い映像が撮れます．

この実験から再び，「自由落下は重さによらない」という結論を支持する結果が得られました．“形”はまったく乱れることなく，床に衝突するまで続きます．そこには，何の“異変”もありませんでした．

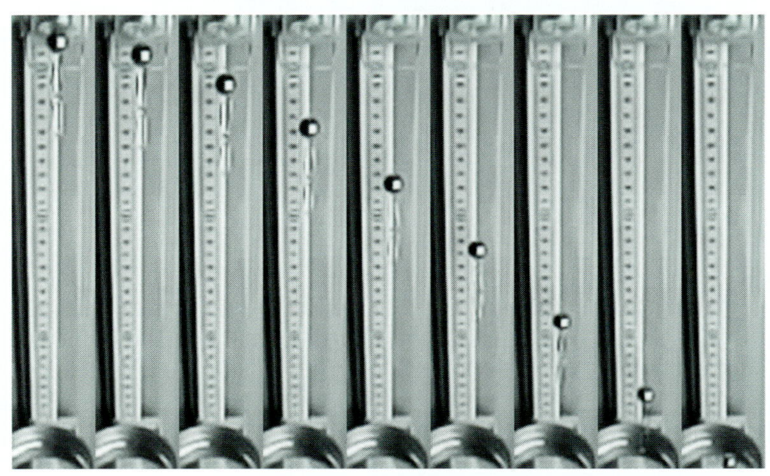

CASIO EX-ZR400による高速度撮影

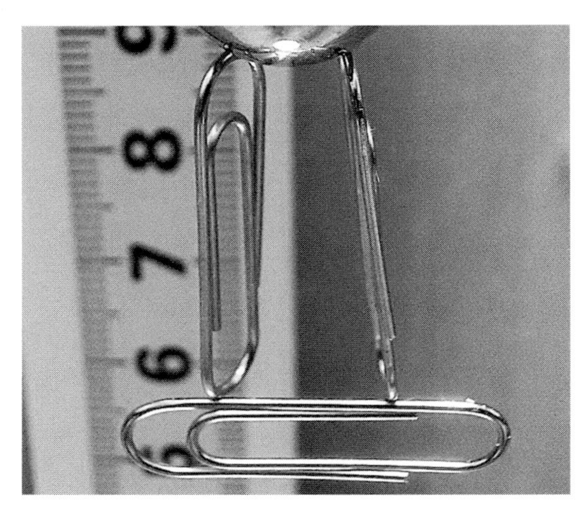

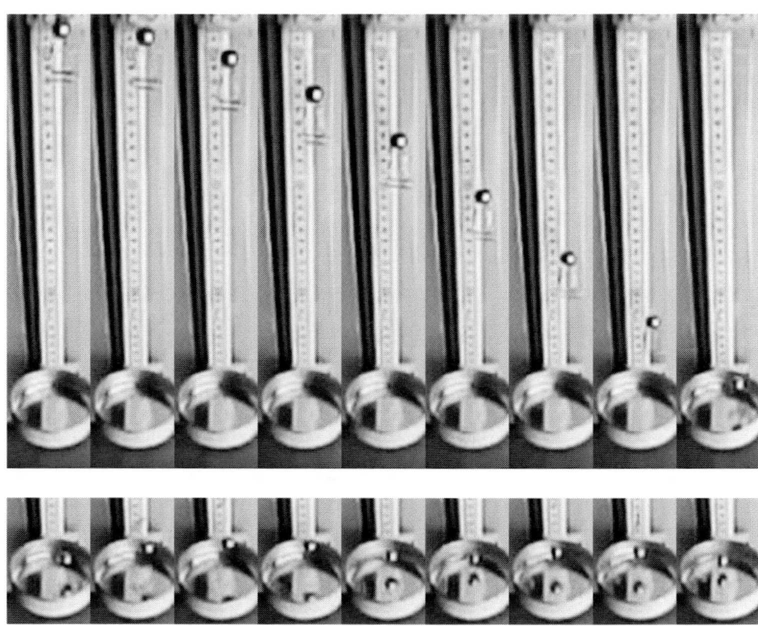

落下中の造形と衝突後の破壊

また，衝突時の“破壊の瞬間”を映像で見れば，金属球とクリップの間にも，クリップ同士の間にも，何の力も働いていないことを確認することができます．**すべての物は，同時に落ちたのです．**

夜空を焦がす大輪の花．真夏の風物詩，打上げ花火の美しさに感動する人は多いでしょう．そして，一瞬にその命を終える，その儚さにこそ心引かれる人も多いでしょう．そこには，本物の美があります．

打上げ花火の美しさ，儚さが藝術ならば，“打下げ実験”の美しさ，儚さもまた藝術ではないでしょうか．細かい手作業で作ったクリップの造形が，何分の一秒かで空中に四散していく様子を見るのは，分かってはいても，やはり寂しいものです．

工夫次第で，色々な映像が撮れると思います．定番の写真である「ミルククラウン」のような“一瞬”ではなく，短いとはいえ落下中は，その造形を保ってくれますので，撮影のチャンスは充分にあります．

皆さんも是非，この“落ちる藝術”に挑戦して下さい．落ちる瞬間までは藝術，落ちたその後は，科学的な分析が待っています．

これぞ科学と藝術の融合ではないでしょうか．

45 落ちるエレベータ

自由落下と物体の重さの関係について調べてきました．一切の抵抗を排除した環境で，それでもなお“重さによって加速は異なる”と結論附けた実験は，これまでありません．こうした実験結果に自信を得て，慣性質量と重力質量が等しいことを，**原理として導入**したのです．

物は落ちない

しかし，まだまだ満足しない人も居るかもしれません．確かに，「同時に落ちることは分かった」「実験事実なら認めよう」，そう考える人にも，「では何故，同時に落ちねばならないのか」という疑問は残るでしょう．この点に注目したのが，**アインシュタイン**でした．

アインシュタインは考えました．「光と同じ速さで並走すれば，そこに何が見えるだろうか」と．そして，「自由落下するエレベータに乗れば，そこでは何が起こるだろうか」と．前者からは**特殊相対性理論**が，後者からは**一般相対性理論**が生まれました．

この疑問に対するもっとも簡潔な答は，“物は落ちない”ということです．重い物も軽い物も，大きな物も小さな物も，“落ちさえしなければ”常に同じ高さに居続けます．それは慣性を持っているのですから，止まっているものは止まり続けるのです．落ちなければ，“どちらが先に駆けつくか！”という勝負は幻のように消えていきます．

物は落ちないのです．物は落ちず，床が上がってくるのです．

床が上がってくるならば，物は床に近づくしかありません．それを，私達は“物が落ちた”と表現しているのです．こう考えれば，すべての物質が同じように落ちることを，実に簡単に説明できます．

床は上がってきます．しかし，私達は質量を持っており，質量は慣性を持っています．したがって，そこに居続けようとします．それでも床は迫ってきて，遂には足を下から押し上げてきます．「床は上がる，慣性が邪魔をする」という連鎖で，私達は「床に押し附けられている」と感じるようになるでしょう．**それが重力相互作用の正体です．**

密室の悲劇

先に『加速度と力』を考えた時に，エレベータでの実験をお勧めしました．エレベータの上昇・下降時に，「林檎の重さはどう変わるか」という視点から，加速度の問題を考えてみたわけです．

これを思考実験として拡げます．舞台は，宇宙空間に孤立した“窓の無いエレベータ”．それは誰に制御されているのか，まったく分かりません．出演者はあなた一人．密室劇のはじまりはじまり……

宇宙空間の中で，寂しく漂うエレベータ．今あなたは，完全な無重力の世界に居ます．ところが，外部情報によれば，少し前からエレベータは，ある星の重力によって吸い寄せられているらしいのです．しかし，それをあなたは感じない，理解することもできないのです．

エレベータは，星に向かって自由落下しているわけです．「エレベータのロープが切れた！」という恐ろしい状態を想像して下さい．

エレベータもあなたも一緒に落ちるのですから，床との距離は一定のままです．押しも引きもありません．エレベータの中にある，すべての物が同様に落ちます．したがって，そこは無重力の空間になります．その結果，何も無い空間に漂っているのか，はたまた星に捉えられて引き寄せられているのか，あなたに判断する術は無いのです．

前章を思い出して下さい．金属球とクリップも，相互の距離を保ったまま落ちて行きました．“彼等”もまた，無重力を体験したのです．

エレベータが，“一定の速度”で移動すればどうなるか．床が追い附き，あなたは押されます．僅かに押されたと感じたのは，あなたに質量があるからです．止まり続けようとした慣性の仕業です．

しかし，やがてあなた自身も床と同じ速度を獲得するでしょう．そうなれば，床とあなたとの距離は一定のままで変化しなくなります．

一旦動き出せば，そのまま動き続けようとするのもまた，慣性の仕業です．その時，もうあなたは「床から押されている」とは感じなくなります．速度ゼロと何も変わらない状態です．

浮いてるね？
うん

エレベータが，“加速度を持てば”どうなるか．質量を持ったあなたは，床から押されていると感じます，しかし，その床の運動に順応しようとしても，さらに床は迫り上がってくるのです．

速度が連続的に変化していけば，あなたは押され続けるでしょう．そして，それを懐かしい感触で受け入れるのです．「重力だ，きっと何処かの星に降りたんだな」と“誤解”するのです．

さて，これは本当に“誤解”なのでしょうか．

一般相対性理論

アインシュタインは，これを“誤解”ではなく，“当然”のこととして受け入れました．しかし，「物は落ちず，床が加速する，それが目の前で起きていることだ」と，いくら一生懸命に話をしても，物理に興味の無い人は，真面目には聞いてくれないでしょう．

ところが，これは妄想ではありません．狭い空間，例えばエレベータ内の重力相互作用は，ロープの引き具合一つで自在に操れるのです．

これが，一般相対性理論の基礎となる考え方です．慣性質量と重力質量の同等性を“原理”としたのは，アインシュタインでした．その結果，**重力相互作用と加速度は区別不能である**ことに気附いたのです．そこで，この原理を**等価原理**と名附けて，理論の根本的な拠り所としました．アインシュタイン，生涯最高のアイデアです．

床が追い附くという論法から，光でさえ重力により曲げられることが分かります．光は物質ではありません．**質量はゼロ**です．また，徹底的に直進する性質を持っています．その光が，まるで質量を持つ落下物のように，重力によって自らの進路を曲げられるのです．

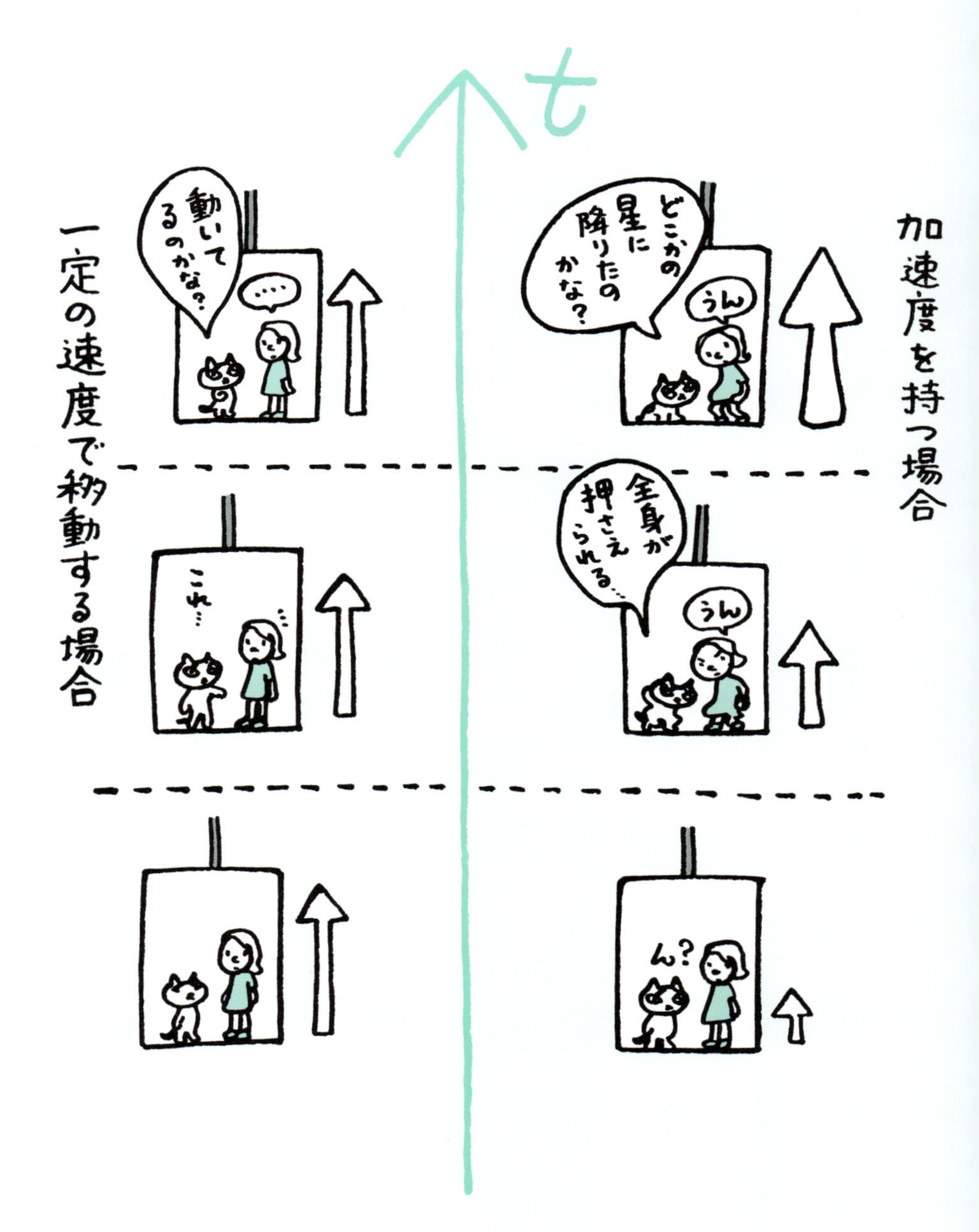
t
一定の速度で移動する場合
加速度を持つ場合
動いてるのかな？
・・・・
どこかの星に降りたのかな？
うん
これ…
全身が押さえられる…
うん
ん？

再び，加速度を持って上昇するエレベータを考えましょう．今，その壁の一点が光りました．その光が，向こう側の壁に着く頃には，床も壁も上がっています．したがって，“光自身は直進しているつもり”でも，その経路は曲がってしまいます．それが加速度で起こることなら，重力でも起こります．両者は区別不能の存在なのですから．

それでもなお「光は直進する」という立場を護ろうとすれば

空間が曲がっている

と考えざるを得ません．特殊であれ，一般であれ，相対性理論は，時間と空間を一つの組とする，**四次元の時空**において展開されます．これは，単に時間（一次元）と空間（三次元）を集めた言葉ではありません．両者が一体となって混じり合ったもの，それが時空なのです．

そして，**この空間の曲がりを作り出したのは，物質が持つ質量です．** 空間という名の舞台があって，物質という名の演者が踊る，それはアインシュタイン以前の考え方です．相対論的時空においては，演者の躍動が舞台を作り，舞台が演者の芝居を決めていくのです．

因みに，ニュースなどで，本来なら g を用いるべきところを，大文字のＧによって加重の大きさを表現している場合があります．例えば，「レーサーは負荷に耐えるため，首に荷重をかけるトレーニングをしています．4Ｇなら，体重の四倍の力が掛かるからです」などです．

しかし，加速がもたらす負荷は，身体の内側から，その全細胞，血の一滴，原子一個一個にまで同様に及ぶのです．外部から 300 kg の錘を載せたところで，それは部分的な訓練にしかならないわけです．

曲がった空間における“自由”の意味

さて，「ロープの引き具合一つで自在に操れる」ということは

重力相互作用は，見掛けの力である

ということになります．見掛けの力とは，質量と加速度の積の形に分割できる力でした．加速度の大きさは，座標系の選び方によって，その増・減は自在です．その結果，見掛けの力は，増やすことも減らすことも，消すことさえできたわけです．その一番劇的な例が，“ロープの切れたエレベータ座標系”における無重力なのです．

仮に，座標系の選択では消去できない力，例えば，頬をつねるとか，膝を叩くとかいった，“何かを変形させるような力”のみを，その名で呼ぶのであれば，**重力相互作用は力ではない**ということになります．

質量は物質の慣性の源であり，外力が無い自由粒子の場合には，等速直線運動をしました．ここでは，外力が働いていない点を強調する意味で，これを慣性運動の名で呼びましょう．注目して頂きたいのは，同義である「外力ゼロ」「自由」「慣性」という言葉の連鎖です．

そこで，落下運動をこれらと対比してみましょう．外力ゼロの落下運動は，“自由落下”と呼ばれました．しかし，ここでの“自由”は，先例とは少し意味が異なります．外力が無い“自由”ではなく，重力相互作用に身を委ね，為されるがままになる“自由”なのです．

しかし，重力相互作用は見掛けの力であって，“本物の力ではない”ということになれば，話は変わります．自由落下も，自由粒子と同じ意味で“自由”になるのです．それが一般相対性理論における自由落下の意味です．この意味で，自由粒子の場合と同様に，自由落下もまた慣性運動の名で呼ぶことができるわけです．

質量は，周りの空間を曲げます．このような，変化を伝える媒体のことを物理学では，**場**（field）と呼びます．場の変化が拡がっていくことで，他に影響を与えると考えるのです．重力相互作用を伝える場は，**重力場**と呼ばれています．四次元時空の曲がりを，そのまま描くことはできません．そこで，そのイメージのみを抽出しましょう．

以下は，一つの質量が作る“空間の曲がり”を漏斗によって表現したものです．そして，もう一つの質量（金属球）が，この面に沿って“自由落下”しています．一次元の“傾斜”を二次元の“曲面”にすることで，三次元以上での“曲がり”を想像させるための工夫です．

質量は重力場を作り，その場によって，他の質量と連絡を取ろうとします．その結果，互いの空間の窪みが重なり合って，自らの進路をも規定していきます．すなわち，重力は直接的な力ではなく，場であり，その場の変化が“重力の轍”を生み出し，その上に沿って慣性運動をしていく様子を，私達は自由落下と見ているわけです．

曲がった空間の模型

すなわち，自由落下とは，“曲がった空間での自由粒子”なのです．自由落下に，相互作用の強弱は無関係です．如何に強い重力場であろうと，それに身を任せる限り無重力になり，その存在を感じることはできません．それは，慣性系の速度を知り得ないのと同じことです．

運動を変えるには力が必要でした．私達は，“自由落下を手で止める”ことで，そこに“重量という名の力”を感じているのです．

国際宇宙ステーションは，上空およそ 400 km に位置しています．この高さでは，g の値はまだ地上の九割近くありますが，乗組員は“宇宙遊泳”をしています．その理由は，ステーション全体が自由落下しているからです．自由落下しつつも，地球の接線方向の速度も合わせ持っているため，何時までも地上に達しないだけなのです．

月は地球に向けて，自由落下しています．林檎もまた，地球に向けて自由落下しています．そして，地球は太陽に向けて，自由落下しています．太陽系の惑星はすべて，太陽に向けて自由落下しながら，周辺の衛星を自らに自由落下させているわけです．

自由落下の相関図

潮汐力

ただし，本章の議論は，空間の狭い範囲でのみ成立します．加速により消去できる重力は，厳密には空間の一点だけなのです．よって，この制約は，大きさのある物体の場合には，深刻な問題を生みます．

先に，地球規模の巨大天秤を考えました．天秤は，引力が二つの試料に平行に，真下に働くことで機能します．しかし，実際には引力は地球の中心から生じているので，両者の間隔は次第に短くなります．

また，遠・近で力の大きさが異なります．例えば，月から受ける引力は，面している海洋，地球，裏側の海洋，と順に小さくなります．この差によって，潮の満ち引きが生まれます．有限の大きさを持つ物質に対して生じる，この種の力を一般に**潮汐力**と呼びます――本章での議論はすべて，この力が無視できる大きさのものが対象です．

潮汐力は物質を壊します．重力場の中心に向かう物体はすべて，引き延ばされ，その直角方向に押し縮められて，紐状に潰されるのです．

46 保存量を探す

自由落下の問題から，“落下の同時性”を実験的に確かめ，その“理由”を，一般相対性理論を用いた原理的な問題として考えました．

本章では，自由落下の式を元に，“変化しないもの”を探します．

変化と不変

運動とは何か．異なる時刻において，異なる状態にあること，その変化の様子を指して“運動”と呼んでいるわけです．位置の変化，速度の変化，他にも変化する量は色々とあります．

“流れる時間”に対して，対象が如何に変化するか，それが問題です．それを見極めるのが「力学」という学問が目指すところなのです．

それでは，“運動”から時間を消去すれば，そこには何が残るでしょうか．動画を止めれば，そこには静止画が残ります．飛んでいる矢も，空中に停止したままです．しかし，別の瞬間に移れば，異なる静止画が得られるでしょう．矢も既に地面に落ちた後かもしれません．

もし，何処で止めても同じ静止画が得られたとしたら，それは時間に無関係なもの，まったく変化しないものだということになります．

すなわち，時間を含まない式が表しているのは，時間に対して不変な対象である，ということです．これを**保存量**と呼びます．位置や速度など，時間によって変化するものを組合せて，上手く時間を消すことができれば，それは保存量を発見したことになります．**変化するものを見極めるために，変化しないものを探す**のです．

動画よりも，静止画を調べる方が簡単でしょう．また，より詳細に調べられるでしょう．それを元にして，動画全体が持つ性質も分かります．保存量は，力学においてもっとも重要なものの一つなのです．

自由落下の保存量

それでは，保存量の問題を，自由落下の式を元にして，さらに考えてみましょう．位置と速度は，以下の式で表されていました．

$$z = \frac{1}{2}gt^2 + v_0t + z_0, \qquad v = gt + v_0.$$

さて，この二つの式を組合せて，時間 t が消去できるでしょうか．計算の方針を見附けるために，先ずは似たものを組合せましょう．初期条件を左辺に移します．“平行移動”の関係を思い出して下さい．

$$z - z_0 = \frac{1}{2}gt^2 + v_0t, \qquad v - v_0 = gt.$$

右式における gt に注目して，左式をこの項を含むように変形します．左式両辺に g を掛け算して，各項を整えますと

$$g(z - z_0) = \frac{1}{2}(gt)^2 + v_0(gt), \qquad gt = v - v_0$$

となります．そこで，右式を左式に代入して，以下の関係を得ます．

$$g(z - z_0) = \frac{1}{2}(v - v_0)^2 + v_0(v - v_0) = \frac{1}{2}v^2 - \frac{1}{2}v_0^2.$$

さらに次の変形をすると，秘められていた重大な意味が現れてきます．初期値に関する量だけを右辺に集めましょう．

$$\frac{1}{2}v^2 - gz = \frac{1}{2}v_0^2 - gz_0.$$

右辺は初期値に関する量だけで決まります．すなわち，これは定数です．したがって，左辺の位置と速度が，時間の経過と共に，どのように変わろうとも，その差は常に右辺の値になるわけです．

よって，これは保存量になります．説明を簡単にするために，この量を e と表すことにします．また，まったく同じ形である右辺を，初期条件から作られている量という意味で，e_0 と定義します．すなわち

$$e := \frac{1}{2}v^2 - gz, \qquad e_0 := \frac{1}{2}v_0^2 - gz_0$$

です．ここで分かったことは，この二つの量の大きさは，過ぎゆく時間とはまったく無関係に，常に $e = e_0$ という関係にあることです．

具体例によって，このことを確かめてみましょう．前に計算した"超人"の時々刻々の変化の表です．重力加速度の値は $g = 10$，与えられた初期条件は，($z_0 = 5, v_0 = 10$) でした．

$z = 5t^2 + 10t + 5, \quad v = 10t + 10$						
t	0	1	2	3	4	…
z	5	20	45	80	125	…
v	10	20	30	40	50	…

先ずは，この場合の e_0 を求めます．$z_0 = 5, v_0 = 10$ を代入して

$$e_0 = \frac{1}{2}v_0^2 - gz_0 = \frac{1}{2} \times 10^2 - 10 \times 5 = 0.$$

したがって，z, v のどのような組合せを計算しても，e の値はゼロになるはずです．実際に，$t = 3$ の場合を求めてみれば

$$e = \frac{1}{2}v^2 - gz = \frac{1}{2} \times 40^2 - 10 \times 80 = 0$$

となって，確かに e_0 の値と一致していることが分かります．

エネルギーを定義する

自由落下に対して，“高さゼロ”の場所から“静かに落とす”ことを前提にしてきました．これは初期位置がゼロ，初期速度もゼロという条件で，問題を解いたことになります．その結果，e_0 もゼロになりましたが，一般的な初期条件の下では，e_0 は様々な値を取り得ます．

少し感覚的な話をしましょう．私達は常に重力相互作用を体感しています．物理的な意味は別にして，物が下に落ちることは誰もが知っています．重ければ重いほど，高い位置にあればあるほど，落ちた時の“衝撃”が大きいことも経験しています．重い物が高いところから落ちれば，激しく壊れます．派手に部品が飛び散ります．

以上の経験的な事実から，物は重いことにより得た“何か”を，高いところに居たことによる“何か”を活用して，他の物を壊し，自分自身をも壊していると考えられます．さて，それは何でしょうか．

そこで，e に目を移せば，第一項は速度に，第二項は高さに関連している，その意味が分かってきます．落ちるにしたがって，すなわち，高さを失うにしたがって，速度は増していきます．「高さ」と「速度の二乗」が取引をして，その和が一定になっている．このことから，他に与える“衝撃”の正体は第一項にある，と考えられるわけです．

この考え方を数式に反映させていきましょう．これまでは，自分の手元から“物が落ちて**いく**”というイメージでした．それを，ゼロから下方向へ向かって数値が増える座標軸 z により表していました．

ここからは，下から上へと数値が増える座標軸 h を取ります．今度は，自分に向かって“物が落ちて**くる**”というイメージです．

軸を z から $-h$ へと置き換えた座標系では，g が作用する向きが反転します．したがって，力は座標系の数値が減る方向に作用します．このことから，第二項の符号はマイナスからプラスに転じます．

これで，高さに関する“実感”を活かす工夫はできました．次は，重さに関する“実感”を採り入れる番です．物の重さとは，力：mg のことでした．そこで，e の全体に質量 m を掛け算しましょう．これを大文字 E で表して，自由落下の**全エネルギー**と呼ぶことにします——同様に，e_0 も大文字化します．すなわち，以下が成り立ちます．

$$E := \frac{1}{2}mv^2 + mgh, \qquad E_0 := \frac{1}{2}mv_0^2 + mgh_0.$$

特に右辺第一項の“速度の二乗に関する項”を**運動エネルギー**，第二項の“位置に関する項”を**位置エネルギー**と呼びます——なお，E の表記において h を h_0 に，v を v_0 に代えたものが E_0 ですから，E（h, v）として，$E_0 = E$（h_0, v_0）と表すこともできます．

高さそのものが持っていた位置エネルギーは，その高さが失われた場合，総和を一定にする必要から，運動エネルギーに変換されます．この運動エネルギーこそが，“衝撃”の正体なのです．因みに，$mv^2/2$ は，「自由粒子の全エネルギーである」ということもできます．

エネルギーは，自由落下といった個別の問題においてのみ成立する考え方ではありません．力学全般だけでもありません．**エネルギーは科学全般において，もっとも重要な量です．**それは保存するという性質を持っているからです．様々に姿を変えはしますが，その総量は不変です．このことが，決定的に重要なのです．

対称性ある所、保存量あり

*例えば，*時間は
その流れは常に一定
“平行移動”に関して不変
過去と未来に対して対称

→ 時間の対称性に対する
保存量が存在する
それがエネルギーである

では，空間に対する対称性があれば……

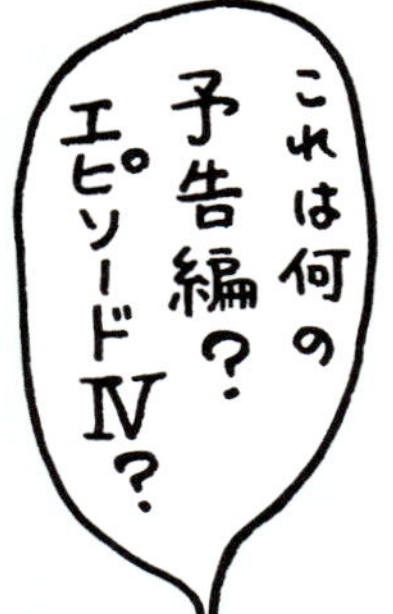

質量とエネルギーの関係

本章は“変化と不変”という表題からはじめましたが，変化する位置，変化する速度を議論し，そこから“変化しない量”としてのエネルギーを導いていく過程で，質量は定数として，すなわち，“変化しないもの”として扱ってきました．しかし，実は質量は変化するのです．ここでは，質量のさらなる性質について簡単に御紹介します．

日常生活において，“質量の変化を見る”ことはないでしょう．1 kg の塊を，如何に切断しようと，全質量は不変です．紙に火を点ければ，燃えてしまいますが，煙や灰などをすべて集めれば，元の量が再現されます――化学は，この経験を根拠に諸量を計算しています．

しかし，これは特殊相対性理論の世界では成り立ちません．ここまで展開してきたニュートンの理論は，光の速さに比べて，極めて遅い場合にしか成立しないことを，アインシュタインが示したのです．

第34章において，電車の中で動く人は，その速度分だけ増・減された対地速度を持つことを示しました．しかし，アインシュタインは，この原則は光には適用できない，「**光はすべての慣性系に対して同じ速度**c（秒速30万km）**を持つ**」としました．相対性理論の本質は，光に絶対的な役割を与えた“光の絶対性理論”なのです．

こうした光の絶対性を護るためには，位置も時間も，その在り方を変える必要があります．光の速さに近づけば近づくほど，空間は縮み，時間は遅れます．そして，質量は増加し，動かし難くなるのです．

では，「時間の遅れ」から説明しましょう．今，地上時間の T 秒間に水平方向に 4 m 移動する宇宙船（速度 $v = 4/T$）の内部で，床から出た光は「船内時間の t 秒間」で，高さ 3 m の天井に届いたとします．

この時，地上から見た光の移動距離は 5 m（345 の直角三角形の斜辺）となりますが，地上・船内共に，光の速度は同一の c だというのですから，二種類の時刻：t, T の関係として，以下の関係を得ます．

$$\frac{3}{t}=c=\frac{5}{T}\ \text{より，}\ t=\frac{3}{5}T.\quad \left(\text{この時，}\ v=\frac{4}{T}=\frac{4}{5}c\right).$$

すなわち，地上の 50 年は船内では 30 年になります．また，進行方向の空間が同じ割合で縮み，その結果，光速は一定の値を保ちます．

この時，質量は，時間遅れの割合の逆数，5/3 倍に増加します．すなわち，移動速度 v が増すにつれて，慣性も増すわけですが，無限大には成り得ません．その“壁”が光速なのです．光速は一定値 c を取ると同時に，「質量を持った物質には，決して到達することができない限界速度」という極めて重要な物理的意味を持っているのです．

そして，「質量はエネルギーの一形態である」というのが，相対性理論の結論です．それは世界一有名な数式：$E=mc^2$ に簡潔に表されています．質量は，膨大な量のエネルギーに変わり得るものなのです．なお，次章以降では，再び質量を不変なものとして扱います．

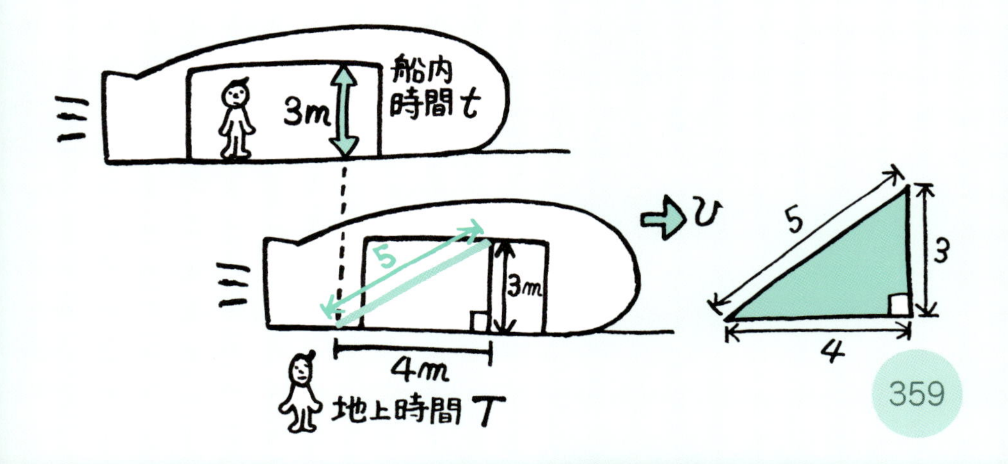

47 エネルギーと「仕事」

自由落下におけるエネルギーの式：

$$E := \frac{1}{2}mv^2 + mgh$$

を元に，その次元から単位へと話を進めます．エネルギーの次元は，この式を見ながら記号の意味を思い出せば，直ちに導き出せます．

便利なエネルギー

例えば，運動エネルギーに注目して計算すれば

$$\textbf{質量} \times \textbf{（速度の二乗）}: \ \mathbf{M} \times \frac{\mathbf{L}^2}{\mathbf{T}^2}$$

となります．一方，位置エネルギーに注目して計算すれば，「**力** × **距離**」からも引き出せます――もちろん，両者は同じものの別表現です．

したがって，MKS 単位系におけるエネルギーの単位は

$$\frac{\mathrm{kg}\cdot\mathrm{m}^2}{\mathrm{s}^2}, \text{ あるいは } \quad \mathrm{N}\cdot\mathrm{m}$$

となります．右は，力の単位：N（ニュートン）を用いたものです．

実際には，エネルギーは，その重要性から独自の単位：**ジュール**（Joule）が与えられています――記号 J により表します．すなわち

$$[\mathrm{J}] := \left[\frac{\mathrm{kg}\cdot\mathrm{m}^2}{\mathrm{s}^2}\right] = [\mathrm{N}\cdot\mathrm{m}]$$

となります．どの表記を用いるかは，分野や話題によって異なります．

エネルギーは，自在にその形態を変化させていきます．それ故に，科学において，もっとも重要な量だと認識されているわけです．

また，その扱いやすさも大きな特徴です．あまりにも便利なので，科学以外の方面では誤用も多く，新語・造語の“格好の材料”にもされていますので，その使用に当たっては充分な注意が必要です．

では何故，エネルギーが扱いやすいのでしょうか．その最大の理由は，「**エネルギーはスカラー量である**」という点にあるでしょう．

スカラーは方向性の無い量を意味していました．それは，ベクトルのように方向性を持ち，扱う次元数に応じた複数の成分を持つ量ではなく，単なる一つの数値として求められるものです．

しかも，「エネルギーが保存する場合」には，僅か一つの数値を追い掛けていくだけで，問題の核心部分を掴むことができるのです．

力や速度がベクトル量であることと比較して，エネルギーがスカラー量であることは，問題解決の指針として，圧倒的に有利な条件になるわけです．特に，量子力学においては，力などのベクトル量ではなく，エネルギーなどのスカラー量が理論の中心を占めています．

そこで，位置エネルギーを代表として採り上げ，その成り立ちについて考えましょう．位置エネルギーは，**ポテンシャル・エネルギー**とも呼ばれています．ただし，これは“将来利用可能なエネルギー”という意味を持つ一般的な用語であり，位置エネルギーは，その一つの例に過ぎません．したがって，両者を“等号”では結べません．

また，エネルギーの個別の内容まで論じたい場合には，運動エネルギーを K，位置エネルギーを U（あるいは，V）などと表記し，その総和：$E = K + U$ を**力学的エネルギー**と呼びます――両者の和であることを強調する場合には“全エネルギー”が，それが運動に由来するものであることを強調する場合には，“この名”が用いられます．

例えば，自由落下の場合であれば，以下のようになります．

$$K := \frac{1}{2}mv^2, \qquad U := mgh.$$

運動を通して，この二種類のエネルギーが移り変わっていくわけです．

では，その“将来使える”ものを与えたのは誰でしょうか．何故，物が高いところにあるだけで，「それはエネルギーを持っている」と言えるのでしょうか．そこで，mgh の出自について考えましょう．

それは「力 × 距離」から求められました．すなわち

$$U = Fh = mgh$$

から定義されました．この場合の力とは，物の重量そのものです．そして，それは重力に由来するものでした．重力が下向きに引っ張るのに逆らって，“誰か”が，あるいは“何か”が，質量 m を高さ h まで持ち上げたことによって，このエネルギーを得たのです．

これは，私達の直観にも沿っています．階段で重い物を上げる場合を考えましょう．二階へ上げる場合よりも三階へ上げる方が，ペットボトル一本よりも二本の方が，“より疲れる”ことは言うまでもありません．それだけ“消費”しているのです．その消費した実体を仮にエネルギーと呼べば，今の話とつながります．

「仕事」の定義

以上のことから，新たに以下のスカラー量：

$$W := Fs$$

を定義して，これを「**仕事**」と呼ぶことにします．

これもまた日常的に用いる言葉なので，極めて誤解を招きやすいのですが，英語でも同様の意味を持つ日常用語「work」が使われていますので逃れようがありません．以後，誤解を避ける意味から，物理用語としての「仕事」には，すべてカギ括弧を附けることにします．

なお．この式の計算には独特の規則があります．一般的には，力 F も距離 s もベクトル量ですが，両者の方向が揃った部分だけを取り出すことによって，計算の結果がスカラーになるように，この掛け算は定義されています．特に，両者が直交する場合はゼロになります．

また，式の定義から明らかですが，**「仕事」の単位はジュール**です．

この定義によって，エネルギーの“授受”に対応して，**「仕事」をする，「仕事」をされる**という“能動・受動”の表現が可能になります．

例えば，位置エネルギーを与えるために，重力の方向に逆らって，m を距離 h だけ持ち上げた場合，“私は” m に対して，mgh だけの**「仕事」をした**ことになります．一方，重力の方向に沿って落下した m によって，“地面は” mgh だけの**「仕事」をされた**ことになります．

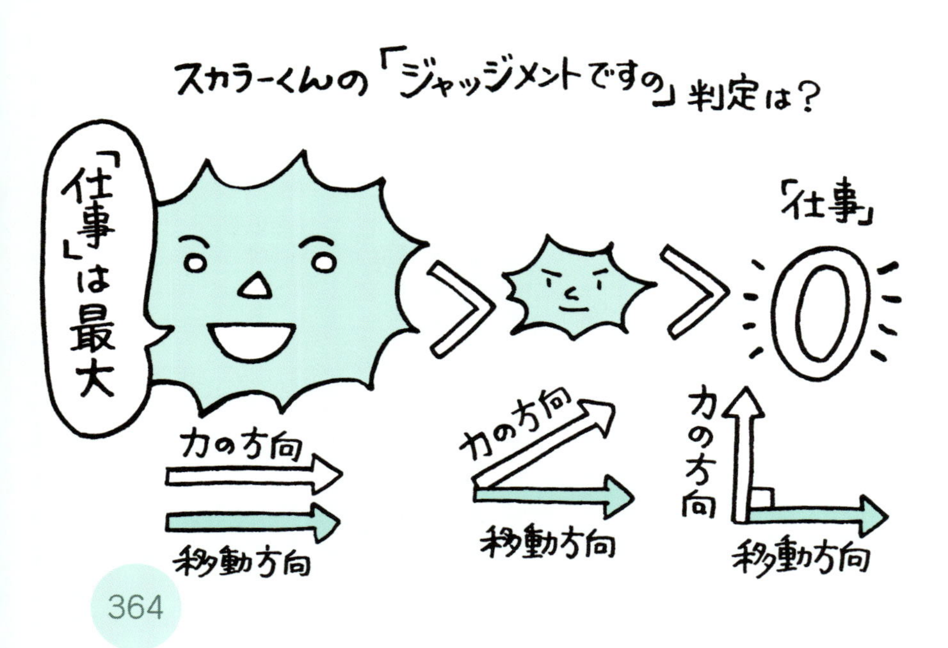

ここから逆に，エネルギーとは，他に対して「仕事」をする働きだと言い換えることができます．したがって，何らかの形でエネルギーが減った場合，それは他に対して「仕事」をしたことになります．

この意味から，位置エネルギーの差と同様に，運動エネルギーの差：

$$mgh_1 - mgh_2, \qquad \frac{1}{2}mv_1^2 - \frac{1}{2}mv_2^2$$

を調べれば，そこにエネルギーの授受があったか，「仕事」がされたか否かが分かるということです――添字は異なる二状態の象徴です．

水力発電所は，巨大な水瓶に蓄えられた水を“自由落下”させることで，水の位置エネルギーを運動エネルギーに変え，さらに電気エネルギーへと変換しています．電気から光へ，熱へ，そして動力へと，私達の身の回りには様々な“エネルギー変換器”があるわけです．

関取の「仕事」

ここで,「仕事」の意味を確認する意味で,水平・垂直の二方向を含む自由落下の場合について,もう一度考えてみましょう.

垂直方向 h は,F の方向でもありますから,「力 × 距離」は,そのまま $W = mgh$ となります.一方,水平方向は F に直交していますので,定義から $W = 0$ となり,F は**「仕事」をしない**ということになります.したがって,水平方向の運動に対して,重力相互作用はエネルギーを与えることも,逆に消費されることもないわけです.

格闘技全般,特に相撲において明瞭に分かることですが,真っ直ぐ押してきた相手を,その方向へと押し返すには,大きな「仕事」が必要です.同じ「押すという技」でも,脇を締めて,腕をできる限り“真っ直ぐ”に,できる限り“長い距離”に渡って力を伝えるようにしなければ,相手に対して充分な「仕事」をすることはできないのです.

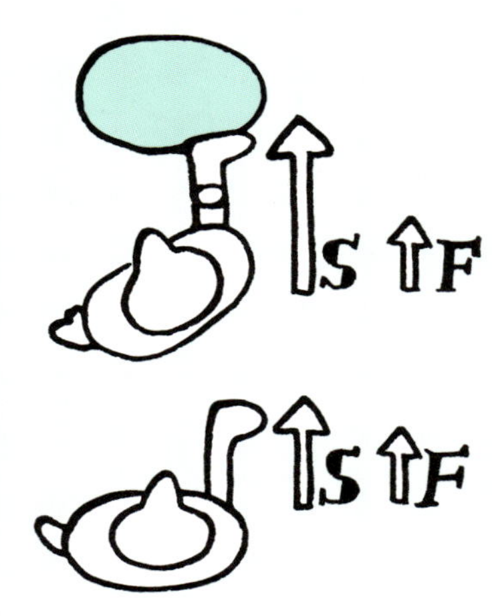

こうした腕の使い方を「**おっつけ**」と言います．これは，可能な限りsを長くすることで，積：Fsを大きくする技術なのです．

球を投げる場合でも，撃つ場合でも，回転運動の中に“できる限り直線部分を作ろう”と試みる時，この「おっつけ」が必要になります．

しかし，押してきた相手を，その力と直交する方向へ叩けば，「仕事」はゼロです．すなわち，この方法によれば，まったくエネルギーを消費することなく相手の向きを変えることができます．上手くいけば，そのまま相手は倒れてしまうでしょう．これは「**いなし**」と呼ばれています——相手を「いなす」とも言います．

“おっつけ”は「仕事」を最大にする腕の使い方であり，“いなし”は「仕事」ゼロで，相手の攻撃をかわす方法です．どちらも，力学的な根拠を持った身体運動だといえるでしょう．

機長の仕事

三次元の乗物である航空機は，下向きの重力（Gravity），上向きの揚力（Lift），前向きの推力（Thrust），後ろ向きの抗力（Drag）のバランスによって，各瞬間の位置と速度が決まります――四要素すべてに“力”が附いていますが，英語に“force”の文字はありません．

ここまでに，窓の外を見ないで，自身の速度を知る方法は存在しないことを学びました．ただし，これには例外に相当する条件があります．それは，静止状態を初期条件として与えられた場合です．そこで，離陸の場合を例に，航空機の対地速度について考えてみましょう．

今，あなたはBoeing777に乗っています．事前に調べたところ，この機体は「静止状態から40 sで，離陸速度320 km/hに達する」と書かれていました．では，離陸までの滑走距離はどれくらいでしょうか．シートベルトを締めたまま，目を瞑り“暗算”してみましょう．

先ず，滑走中の平均の加速度は，$v = at$ より a について解いて

$$a = \frac{320\ \mathrm{km/h}}{40\ \mathrm{s}} = \frac{320 \times 1000\ \mathrm{m}}{3600\ \mathrm{s} \times 40\ \mathrm{s}} = \frac{20}{9}\ \mathrm{m/s^2}.$$

よって，滑走距離は $s = at^2/2$ より，以下のようになります．

$$s = \frac{1}{2} \times \frac{20}{9} \times 40^2 = \frac{16000}{9} \approx 1778\,[\mathrm{m}].$$

この間，ペンを振子のように持っていたあなたは，重力と機体の加速度のベクトルとしての和が，ペンを 12 度ほど傾けたことを“観測”したはずです．この値は，以下の方法により簡単に求められます．

先ず，$g = 10$ とすれば，$\tan\theta = 2/9 \approx 0.22$. θ の小さい範囲では，$\tan\theta \approx \theta$ なので，18 度 $(\pi/10)$ での値は約 0.314．そこで，この値と 0.22 を比較し，18 度の 2/3 と見做して，約 12 度と見当を附けます．

この傾きさえ分かれば，以上の計算を逆に辿ることによって，離陸速度が求められます．必要な物は，ペンと時計だけ．後は，その傾きを目分量で読み取ります――傾きが分かれば，g との比較から a が求まり，離陸までの時間から t が求まり，両者の積 at から，対地速度 v が，“外の景色に頼ることなく”求められるというわけです．

機長は，時々刻々と変化する周囲の状況に配慮しながら，安全運行のために，持てる知力と体力のすべてを捧げています．その基礎となっているのは，こうした物理法則の理解と，技術への信頼なのです．

48 重心と運動量

ロケットの打上げの場面を，テレビや動画で見たことがある人は多いと思います．しかし，実物を生で見た人は少ないでしょう．

特に，打上げそのものは，天候，周辺環境を含めて，様々な条件が合わなければ，何度でも延期になりますので，必ず見られるという保証はありません．それでも，内之浦や種子島に行けば，自分の目でそれを見るチャンスは充分にあるので，長期的な計画を立てて挑戦してみて下さい．閃光と爆音の後には，何故か涙が出てきます．

打上げの思い出

ところで，専門用語でありながら，その枠を遙かに超えて，日常的によく使われている言葉に，**重心**があります——既に三角形を通して，その数学的な側面については御紹介しました．

これは“**重**力の中**心**（center of gravity）”を縮めてできた言葉だと思われますが，実際には“**質量の中心**（center of mass）”と呼ぶべきものです．地球表面近く，重力加速度 g を一定とする範囲においては，両者は一致するので混用されているのです．

物体の“中心”を考えるなら，それは**外的条件である重力相互作用**とは離れて，物体だけで決まる質量を元にしなければなりません．

実際，不均一な力が作用する状況では，この二つが異なる考え方であることは容易に分かるでしょう．以上のことを理解した上で，ここでは馴染みのある「重心」という言葉を使います．ただし，重心を扱うに際して，外的条件には頼らないように工夫します．よって，「質量の中心」を求めながら，それを重心の名で呼ぶことになります．

それでは，「ロケットと重心」について，考えてみましょう．

ロケットの重心は，先に行くほど細い円筒状の外観から，円筒の軸上にあり，全高の半分よりは下だろうと予想できます．しかし，ここで考えたいのは，「ロケットと地球を合わせた重心」の位置です．

共通の重心は，当然，地球中心近くにあります．ロケットは，地球の半径分だけ上に乗った位置にありますが，議論を簡単にするために，地球の質量はそのままに，半径をゼロにします．地球を質点，もちろん，ロケットも質点と見る近似です．この近似の下では，両者の共通重心は，互いの位置が重なった地球の中心にあります．

さて，点火，リフトオフ，そして宇宙へ飛び立ったロケットと地球の重心は，どうなったでしょうか．ほとんど何も変わりません．両者の圧倒的な質量の差から，重心はほぼ元の位置のままです．

月まで，いや太陽まで行っても，変化は微々たるものです．閃光と爆音の後，遙か彼方へと消え去ったロケット．しかし，共通の重心だけは地球に残ったままです．それは目には見えません．研ぎ澄まされた知性の働きだけが，あの日の勇姿を虚空の一点に見出すのです．

運動量の定義

力は"相互に働く"ことを繰り返し説明してきました．すなわち，どちらか一方だけが押されて，相手は何の変化も無いという状態は存在せず，"押せば・押される"というのが現実なのです．その意味で"相互作用"という言葉が用いられているわけです．

この条件が崩れるのは，"第三者が外部から干渉"してくる場合だけです．例えば，衝突する二つのボールに対して，一方をサッと取り上げたり，一方を後ろから押したりする"あなた"の存在などです．

そのような"超越的な存在"を考慮しない環境を，**孤立系**と呼びます．これは，「すべての要素が考慮されている場合」とも言えます．

一番簡単な孤立系は，以下に示す自由粒子です．

$$m\frac{\mathrm{d}v}{\mathrm{d}t} = F = 0.$$

この式は，v が定数であれば充たされます——これが等速直線運動の根拠でした．こうして，時間に関して不変な量，すなわち，保存量が導かれましたが，速度そのものを"その名"で呼ぶことはありません．

元々の式の意味に戻れば，与えられるべき定数は，「質量 × 速度」の次元を持つはずだと分かります．そこで

$$p := mv$$

とおき，これを**運動量**（momentum）と呼ぶことにします．

これも物理学における紛らわしい言葉の代表格です．スポーツなどでよく言われている“運動の量”とは，何の関係もありません．誤解されそうな場面では，英語に逃げて“モメンタム”と呼びましょう．

この運動量こそが，自由粒子の保存量なのです．m も定数，v も定数ならば，同じことではないか，と思われるかもしれませんが，運動量は，「m が変化する場合にも使える」のです．例えば，m が突如として二つに割れた場合でも，全体の運動量は保存します．

その意味で，物理学一般において，運動量は速度よりも重要視されています．ここまでは，力と加速度を一つの組として捉えてきましたが，運動を記述する基礎となる式は，運動量の時間微分：

$$\frac{\mathrm{d}p}{\mathrm{d}t} = F$$

という形で，表現すべきものなのです．

例えば，自由粒子の問題をこの形式で書きたければ，$F = 0$ として

$$\frac{\mathrm{d}p}{\mathrm{d}t} = 0$$

より，直ちに運動量の保存が出てくるわけです．先に掲げました「対称性ある所，保存量あり」によれば，**運動量は，空間の持つ一様性，平行移動に対する対称性から生じる保存量**だということになります．

質点の重心

自由粒子の位置と速度は，既に求めました．速度の微分の形に戻して書けば，初期位置を x'，初期速度を v' として

$$m\frac{\mathrm{d}v}{\mathrm{d}t}=0 \text{ より，} \begin{cases} x=v't+x', \\ v=v' \end{cases}$$

でした．そして，全体に m を掛け算すれば，運動量での表記：

$$mx=p't+mx', \qquad p=p'$$

を得ます．右式が，運動量の保存 $p'=mv'$（定数）を表現しています．

ところで，この運動量の値とは，どのようなものなのでしょうか．先に，速度は唯一つのものとしては決まらないこと，それを測定する立場によって変化することを御紹介しました．

質量が一定である場合，この速度の議論は，そのまま運動量についても当てはまります．運動量もまた，絶対的に決める手段は無いのです．保存すること，すなわち，一定の値を取り続けることは分かっても，その値の大きさには任意性があり，選び方があるということです．

そこで，その値をゼロとしましょう．この時，何が起こるでしょうか．それは“何を見ていること”になるのでしょうか．$p' = 0$とすれば，$x = x'$（あるいは，$mx = mx'$）となります．これは自由粒子が，初期条件として定めた位置x'に，静止し続けることを示しています．

対象が静止している座標系を，**静止系**と呼びます．ここでは，自由粒子の静止系が，$p' = 0$により与えられたわけです．これは，“自由粒子の上に乗った人の立場”だと言うこともできます．さらに，速度vで移動する自由粒子を，同じvで追走する人の立場だとも言えるでしょう．これらは，既に対地速度に関連して御説明した通りです．

何も無い空間を，独り淡々と歩み続ける質点の様子を，しっかりとイメージして下さい．もっとも簡単な例のように見えて，慣性系の問題につながる重要な考え方が，一杯詰まっています．

運動量の保存は，空間の対称性，一様性を示しています．逆に，その一様性が崩れれば，運動量は変化するわけです．空気の有る無し，水の有る無し，ガラスの有る無し，そうした「有ると無いの境目」で，運動量は変化します．これを**屈折**といいます．屈折とは，性質の異なる空間における運動量の比から定義されるものなのです．

さて，**一つの質点の重心は，質点そのものの位置にあります**．これは「質量を持った点」という質点の定義からして，当たり前のことでしょう．しかし，これが単に“当たり前”で済まないのは，多数の質点の集合体の場合，それを「それらの全質量を合算した値を持った一つの質点」に置き換えることができるからなのです．

また，重心は全体の運動量がゼロに“見える”点でもあります．各質点の運動量が時々刻々と変わろうとも，その総和がゼロになる，**その質点の位置こそが重心なのです．**集合体の場合であっても，内部の各質点の配置に関わらず，外部から力が働いてさえいなければ，重心は自由粒子の場合と同様に，等速直線運動をするのです．

一つの質点の場合には，重心位置は，その初期位置 x' になります．このことを示しているのが，数式：$mx = mx'$ です．両辺に m を掛け算しただけで，まるで無意味にも見える式が表しているのは，「重心の求め方」なのです．この式を

左辺 mx は，質量 m の質点が，位置 x に配置されている，
右辺 mx' は，全体の質量 m が，重心 x' に配置されている

と読みます．そして，この両者が等しいことから，重心 x' が決まるわけです．一質点の場合には，当然のこと過ぎて，その意味が見え難くなっていますが，二質点以上の場合には明瞭になります．

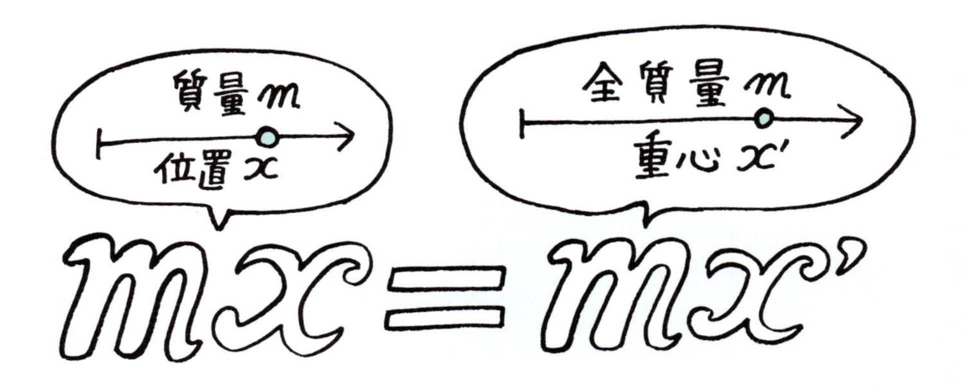

49 多質点の重心

前章の結果を受けて，先ずは二質点の場合を扱います．運動する質点，力を及ぼし合う質点の中で，それでも動かない点があることを導きます．そして，それがある種の“平均”であることを示します．

運動から重心へ

二つの質点を，番号を添字として特徴附けますと，それぞれに

$$\frac{\mathrm{d}p_1}{\mathrm{d}t} = F_1, \qquad \frac{\mathrm{d}p_2}{\mathrm{d}t} = F_2$$

という式が立てられます．力は相互に働くので，それは同じ大きさを持ち，互いに反対の方向を向きます．よって，$F_1 = -F_2$ より

$$\frac{\mathrm{d}p_1}{\mathrm{d}t} + \frac{\mathrm{d}p_2}{\mathrm{d}t} = F_1 + F_2 = 0$$

を得ます．微分の性質より，左辺は，$P := p_1 + p_2$ を用いて

$$\frac{\mathrm{d}p_1}{\mathrm{d}t} + \frac{\mathrm{d}p_2}{\mathrm{d}t} = \frac{\mathrm{d}P}{\mathrm{d}t}$$

と変形できます．よって，大文字の P による自由粒子の式：

$$\frac{\mathrm{d}P}{\mathrm{d}t} = 0$$

を得ます．ここからは，一質点の場合と同様に計算を進めるだけです．

先ずは，P に対応させる意味で，他も“大文字”を用いて

$$P = M\frac{\mathrm{d}X}{\mathrm{d}t} = P' \quad \text{より，} \quad \begin{cases} MX = P't + MX', \\ \quad P = P' \end{cases}$$

と表します．その一方で，元々の式より

$$\frac{\mathrm{d}p_1}{\mathrm{d}t} + \frac{\mathrm{d}p_2}{\mathrm{d}t} \quad \text{より,} \quad m_1 x_1 + m_2 x_2$$

を得ますので，両者を等号で結んで

$$m_1 x_1 + m_2 x_2 = P't + MX'$$

となります．この式では，左辺が表す二質点の集合体が，右辺により，一質点と同様の等速直線運動をすることが示されています．

それに対して，全体の運動量をゼロにする条件：$P' = 0$と，質量の総和を示す条件：$M = m_1 + m_2$を代入することで

$$m_1 x_1 + m_2 x_2 = (m_1 + m_2)X'$$

を得ます．この式は，一質点の場合と同様に

左辺は，質量m_1の質点がx_1に，m_2がx_2に配置されている，
右辺は，全体の質量$m_1 + m_2$が，重心X'に配置されている

と読みます．質量のバランスが，等式によって表されているわけです．

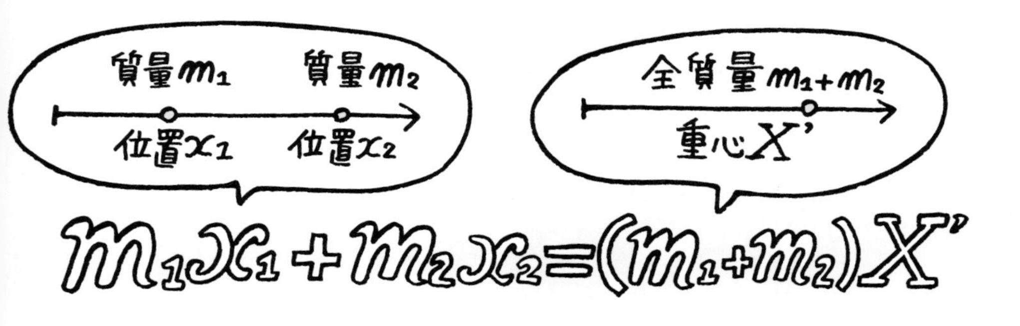

よって，X' について解いて，二質点の場合の重心の式：

$$X' = \frac{m_1 x_1 + m_2 x_2}{m_1 + m_2}$$

を得ます．こうして，**運動の考え方から重心を導く**ことができました．

この式は，**天秤**の理論的基礎をも与えています．

天秤とは，全体の重心が自らの回転軸に重なるように，錘を配置することによって，対象の質量を測る道具です．そこで，その回転軸を原点とする座標を考えましょう．それは $X' = 0$ により実現されます．その結果，二つの質点の間には，以下の関係が成り立ちます．

$$\frac{m_1 x_1 + m_2 x_2}{m_1 + m_2} = 0 \text{ より，} m_1 x_1 + m_2 x_2 = 0.$$

このように，天秤のバランスが，質量の幾何的な配置のみで決まることから，“重量という名の力”には無関係だということが分かります．したがって，天秤は地球でも月でも，同様に機能するわけです．

また，力の関係として扱いたければ，全体に重力加速度 g を掛けて

$$m_1gx_1 + m_2gx_2 = 0 \text{ より，} x_1F_1 + x_2F_2 = 0.$$

ここで，力を $F_1 := m_1g, F_2 := m_2g$ と定義しています．

これは，力が**作用する位置によって異なる結果を生む**ことを示しています．例えば，支点を重心より左に取れば，天秤は時計回りに，右に取れば反時計回りに回り出します．重心は，「どちらにも回り出さない，物体の特別な位置」という意味も持っているわけです．

さらに，$N_1 := x_1F_1, N_2 := x_2F_2$ を定義しましょう．一般に，力とそれが働く位置との積を**トルク**（torque）といいます．

働く力の総和がゼロである時，物体は動き出しません．同様に，働くトルクの総和がゼロである時，物体は回り出しません．

$$\underset{\text{力の均衡}}{F_1 + F_2 = 0,} \qquad \underset{\text{トルクの均衡}}{N_1 + N_2 = 0.}$$

運動を**起こす**ためには，これらの均衡を破る必要があるわけです．

平均値としての重心

ところで，二質点の場合について求められた式は，三質点の場合を“予想させる形”をしています．そして，その“予想”は正しいのです．

$$\frac{m_1x_1 + m_2x_2 + m_3x_3}{m_1 + m_2 + m_3}.$$

これが三質点の場合の重心です．これは二質点の場合の X' を元に

$$\frac{MX' + m_3x_3}{M + m_3} = \frac{(m_1 + m_2)X' + m_3x_3}{(m_1 + m_2) + m_3}$$

とすることからも，示すことができます．

以下，質点の数が増えても，この“形式”は変わりません．分子には，「質量とその位置の積」の総和．分母には，「質量の総和」です．

こうした一連の式において，各質量が等しい場合にはどうなるでしょうか．例えば，二質点の場合なら

$$\frac{mx_1 + mx_2}{m + m} = \frac{m(x_1 + x_2)}{2m} = \frac{1}{2}(x_1 + x_2)$$

となります．同じく，三質点の場合には

$$\frac{mx_1 + mx_2 + mx_3}{m + m + m} = \frac{m(x_1 + x_2 + x_3)}{3m} = \frac{1}{3}(x_1 + x_2 + x_3).$$

このように，すべての質量が等しい場合には，重心は質量の位置の“単純な平均値”になります．ここで，“単純”と形容したのは，元々の式も，数学で**重み附き平均**，あるいは，**加重平均**と呼ばれる，“平均値としての意味”を持つものだからです．“重み附き”を学ぶには，重心こそもっとも相応しい対象ではないでしょうか．

ベクトルとしての重心

ここまでは，位置はすべて x に代表される一つの座標に関するものでした．これは，質点が線上に配置されている状態です．では，平面的にも，立体的にも拡がった質点の配置に対して，その重心はどのようにして求めるのでしょうか．ここにベクトルが登場します．

その結果は，驚くほどに単純です．各方向に分割したものに対して，ここで求めた重心の式を，当てはめればよいのです．

例えば，x, y を直交軸とする平面に拡がった三質点の場合には

$$X = \frac{m_1x_1 + m_2x_2 + m_3x_3}{m_1 + m_2 + m_3}, \qquad Y = \frac{m_1y_1 + m_2y_2 + m_3y_3}{m_1 + m_2 + m_3}$$

で与えられます．この X, Y が，重心位置を示すベクトルの成分になります．立体的な分布の場合には，Z に関する同様の式が必要です．

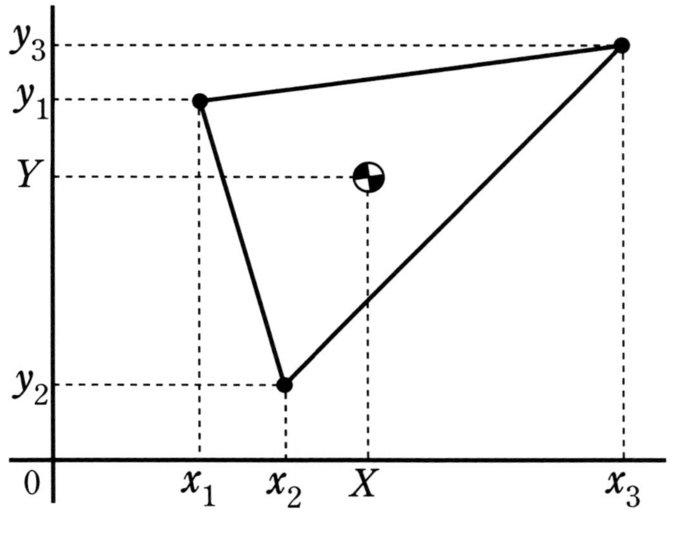

重心の位置

前例と同様に，質量が等しい場合には

$$X = \frac{1}{3}(x_1 + x_2 + x_3), \qquad Y = \frac{1}{3}(y_1 + y_2 + y_3)$$

と簡単な形になります．これは「幾何学として求められた三角形の重心」と同じ結果になっています．

ここでは，二質点に一つを加えることで，重心の考察を拡げてきましたが，その逆は，「三つの要素を二つに分ける」ことです．その結果，要素は必ず二対一に分けられることから，「係数 1/3」の持つ意味が見えてきます．重心に関しては，後でもう一度，より詳しく扱いますが，そこで再びこの係数に出会うことになるでしょう．

ここで，具体的な例を一つ挙げておきましょう．三質点の位置を，$(x_1, y_1) = (0, 0), (x_2, y_2) = (4, 0), (x_3, y_3) = (4, 3)$ で与えれば

$$\frac{1}{3} \times (0 + 4 + 4) = \frac{8}{3}, \qquad \frac{1}{3} \times (0 + 0 + 3) = 1$$

となります．これは，辺の長さが 3, 4, 5 である直角三角形の重心の位置が (8/3, 1) にあることを示しています．

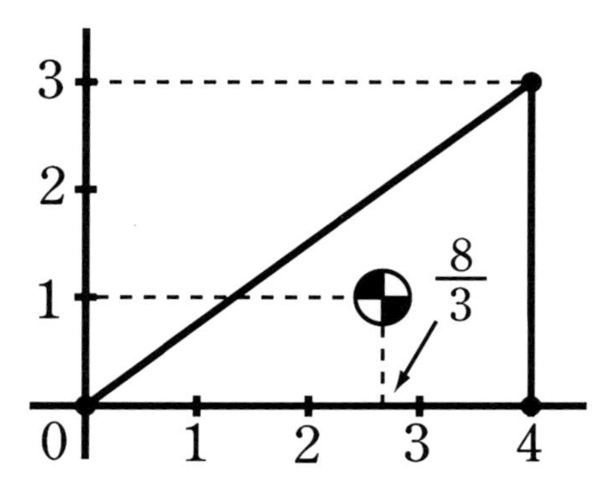

重心の位置

再び打上げ基地へ

最後に，“ロケットと地球の重心の問題”を数値を用いて確かめておきましょう．今，質量 $m_1 = 6 \times 10^{24}$ kg の地球が $x_1 = 0$ にあり，自重 $m_2 = 10^5$ kg のロケットが，そのまま $x_2 = 1.5 \times 10^{11}$ m に位置する太陽まで辿り着いたと仮定します．この時の重心は

$$\frac{(6 \times 10^{24}) \times 0 + (10^5) \times 1.5 \times 10^{11}}{6 \times 10^{24} + 10^5} = \frac{10^5 \times 1.5 \times 10^{11}}{6 \times 10^{24} + 10^5}.$$

分母の 10^5 は，10^{24} に比べて極めて小さいので，これを省略して

$$\frac{10^5 \times 1.5 \times 10^{11}}{6 \times 10^{24}}$$

より求めます．その結果は，重心の位置は 2.5×10^{-9} m となります．

百トンのロケットが遙か太陽附近まで飛んで行き，宇宙サイズの“超巨大天秤”を作っても，その共通重心は 2.5 ナノメートルという原子・分子のサイズ程度しか変わらないのです．その“痕跡”は，なお発射台に残っているということです．

50 ゆりかごと乳母車

一質点の議論からはじめて，運動量との関係から重心を求める方法を紹介しました．この方法を採ることによって，外部からの力が働かない限り，**重心は等速度運動をする**ことが自然に導かれました．

また，各質点それぞれが動く場合でも，**全体の運動量がゼロになる点**があり，“その点こそが重心なのだ”ということが分かりました．

ニュートンのゆりかご

ニュートンのゆりかごと呼ばれる力学玩具を御存知でしょうか．教科書・参考書，テレビ・動画，あるいは科学博物館の展示物など，様々な場所に“出会いの場”がある有名なものです．

もちろん，玩具とはいっても，その前に“力学”とか“科学”とかの言葉が附くものは，得点を競い合うゲームのようなものではありません．ただ，その不思議な動きを見て楽しみ，考えるためのものです．

物理学者は，こうした玩具が大好きなのです．

ニュートンのゆりかご：五連

その名称は手に取れる具体的な器械のようなものだけではなく，“純粋な数式”に対しても使われています．例えば

$$E = \frac{1}{2}mv^2 + \frac{1}{2}kx^2$$

は，**調和振動子**と呼ばれている“最高の玩具”です．

これは“トイ・モデル（toy model）”とも単に“モデル”とも呼ばれますが，複雑な現象の中から，その本質的部分だけを切り出したものです——トイは玩具，モデルは模型の訳語です．物理学者や数学者が「玩具で遊んでいます」と言った場合，それはこうした“具体的な器械や数式”を手掛かりに研究しています，という意味なのです．

“本質的部分を切り出した”ということは，現実とは異なるということです．例えば，重力の問題を考える際，空気抵抗は無視しました．よって，あの式は“現実とは異なる”ものであることは明白です．

調和振動子は，理想的な振子を数式化したもので，摩擦や空気の存在は無視しています．地球や太陽を，“点”という数学的な存在に置き換えることもまた，数学的玩具（model）と言えるでしょう．

こうした考え方や研究の方法に，馴染めない人も居ます．しかし，ガリレオが言ったように，確かに「自然は数学の言葉で書かれている」のです．したがって，この複雑な世界を，何とか単純に切り分けて，数式に乗るようにしなければ，学問の基礎は築けないのです．

そのためのモデル，そのための玩具なのです．モデルを理解できない人は，その背後に隠れた本質を理解することはできないでしょう．適切なモデルを見附ける才能，それを作る才能こそ，科学研究において“もっとも必要とされる才能の一つである”と言えるでしょう．

さて，「ゆりかご」の話に戻ります．この複数の金属球が紐でぶら下げられているだけの玩具は，**運動量の保存**を視覚化してくれます．

端の一つを取って，残りの集団にぶつけると，反対側の端の一個だけが飛び出します．二個をぶつければ，同じく二個だけが飛び出します．間にある金属球の中をすり抜けて，まるで両端の金属球だけが対話をしているかのように，見事に運動が伝わっていくのです．

何故，このような運動が起こるのか，皆さんは既に理解しているでしょう．数式で証明したり，言葉で説明したりすることは難しくても，この不思議な運動は，実は不思議でも何でもない，「自然界の法則に沿ったものだ」ということは，直観されていると思います．

摩擦のために，直ぐに揺れが止まったり，一個が二個を動かしたりしますが，その背後にある法則性だけは，“見抜いている”でしょう．この場合，もし摩擦が無かったならば，「この運動は永久に続くのではないか」というアイデアを持てるか否か，そこがポイントです．

それが大枠で考える，物理的に考えるということなのです．

一個には一個

ニュートンの乳母車

さて，「ゆりかご」の台座は，金属球が揺れる度に，ゴソゴソと動いて落ち着きません．考えてみれば当たり前の話ですが，端の金属球を持ち上げた“あなた”は，外部の存在です．外部から「ゆりかご」に対してエネルギーを与え，運動を生み出したわけです．

金属球をつまんだ瞬間に，「ゆりかご」の重心は移動しています．そして，手を離した後は，その移動分を何とかして解消しなければなりません．それが台座の不安定さにつながっていたわけです．

このような状況では，「では，台座をしっかりと机に固定しよう」という話になるのが一般的ですが，ここでは逆に，「では，もっと動きやすく」してみましょう．台座に車輪を附けるのです．車輪附きの「ゆりかご」ですから，**ニュートンの乳母車**とでも名附けましょうか．

注目したいのは，運動量の移動ではなく，重心の問題ですから，金属球は一つで充分です．そこで，次のような形にしました．

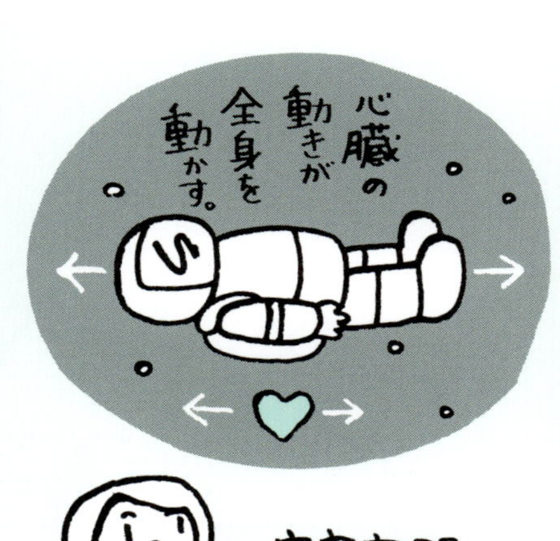

その遊び方ですが，先ずは枠全体を持って，左右に振って下さい．中央の錘が連動して動くでしょう．そして，ある瞬間を見計らって，手を離して下さい．この時，「乳母車」の運動は，二種類に分かれます．

第一は，錘の運動に伴う重心の移動を，逆側に振れる枠で解消しようとするものです．

この動きを観察していると，虚空に不動の点，すなわち，「乳母車の重心」が見えてきます．「乳母車」自体は前後動するだけで，決して特定の方向へと動き出すことはありません．

第二は，錘の振動を伴いながら，定まった方向へ動くものです――この方向が，途中で入れ替わることはありません．

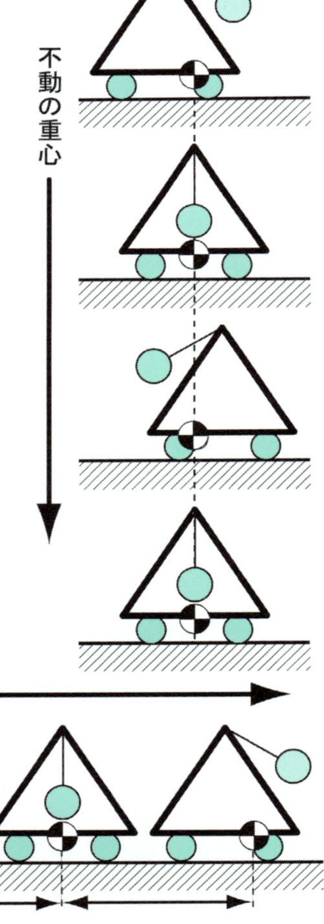

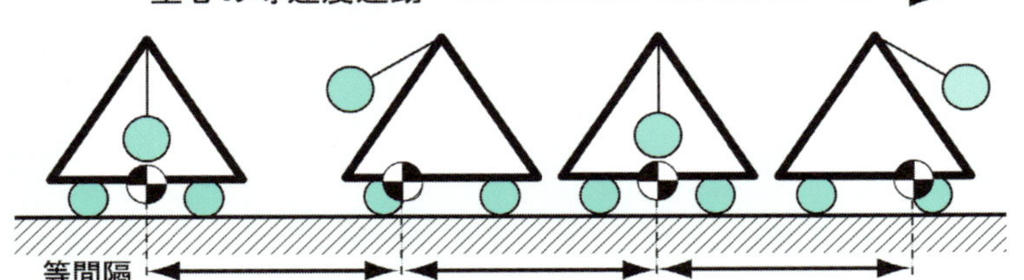

二種類の運動

揺れ動く錘に目を奪われて，全体の移動の様子を観察することは難しいかもしれません．枠全体がその場で右往左往するだけの第一の場合のように，一目で運動を把握することができないのです．

この場合，容易に推察されることは，第一の場合における錘の揺れはそのままに，「乳母車の重心が等速度運動をしているのではないか」ということです．これは，既にこの種の問題に適用可能な理論を知っている私達にとって，ごく自然な無理のない発想でしょう．

そこで，この仮説を具体化し，その動きの意味を調べます．第22章で示しましたように，移動する台車上のバネの振動は，三角関数のグラフを再現しました．この逆を考え，さらに“等速度の移動”を加えたものが，横軸を時間 t，縦軸を位置 x とした以下のグラフです．

記号「■」は，台座の位置の変化を $x = t + \sin t$ により，記号「×」は，錘の位置の変化を $x = t - \sin t$ により表しています．両グラフの対称軸となる直線 $x = t$ は，全体の重心の動きを示しています．

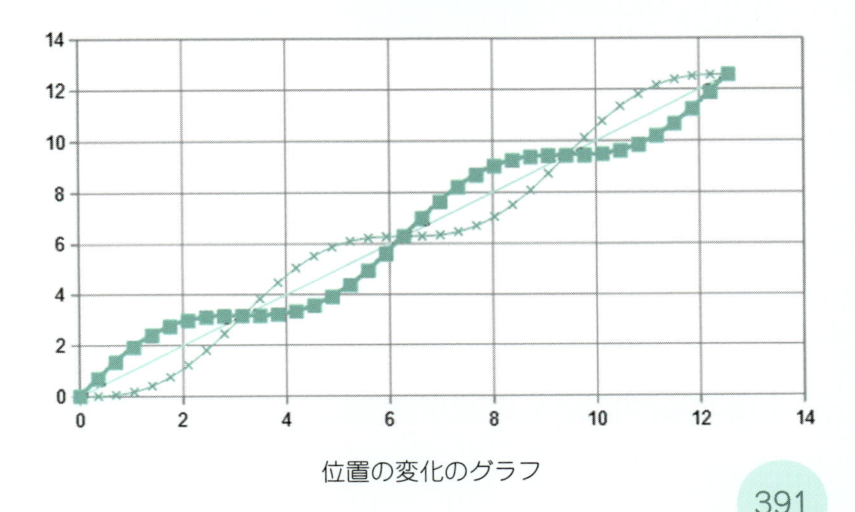

位置の変化のグラフ

台座のグラフは，二ヶ所で平坦になっています．これは，台座の速度がゼロになっている場所を示しています．すなわち，この設定では，台車そのものが静止する瞬間さえあるにも関わらず，全体の重心は等速度運動を続けているわけです．こうした“脈動”が確かな意味を持つか否か，それは実験により明らかにすべきことです．

物理シミュレータ

しかし，この玩具のレベルでは，その推察を証明する実験は難しいでしょう．実写で難しいことは，CG に頼るのが近頃の定番です．そこで，計算でもない実験でもない，「第三の方法」を模索します．

ここでは，**物理シミュレータ**と呼ばれる，コンピュータソフトを利用します．これは，単に映像を製作するための CG，すなわち，コンピュータ・グラフィックスのソフトではなく，実際の物理現象を，模倣（シミュレーション）し，それを映像化するためのものです．

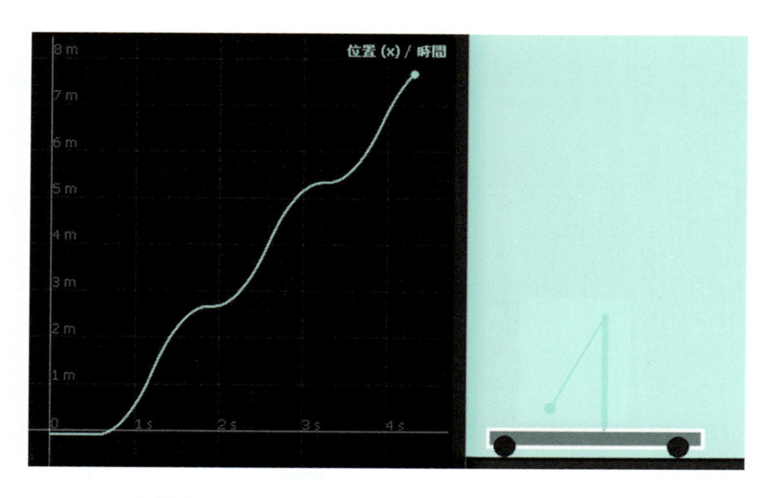

乳母車のシミュレータ・モデルと位置の“脈動”

要約すれば，「高いところからボールを落とす」という設定をするだけで，現実の自由落下と同じ割合でボールが落ち，衝突した後は床との間で何度もバウンドし，次第にそれが落ち着いて，遂には静止する，という現実の“似姿”を映像として見せてくれるものです．

ここでは，無料で使えるソフト **Algodoo** を使いました．この種のソフトは，定型のプログラムを作るには参考資料も多く，さほどの苦労を感じませんが，少し工夫をしようとすると，機能の基本的な部分まで調べる必要が出てきます．よって，参考プログラムの改良という形で，学んでいくことが一番手早い利用方法になるでしょう．

このソフトにより，実際の実験では容易に実現できない，理想状態での運動が確認できました．台座の位置の変化を示すグラフは，先例と同様に“脈動”を示しています．これより，「重心の等速度運動」という仮説に，より強い根拠ができたわけです．これは，第 48 章における，ハンマーの運動に類似した「重心の特性」を示しています．

第三部で学ぶこと

第三部は，ここまでの内容を受けて，力の持つ性質と働きを，応用面も含めて調べていきます．

先ず，原子の下の階層に降り，電磁相互作用の本質である電荷とこの世界の関わりを論じます．

そうした議論から，物質の硬さの理由を探り，剛性の考え方へと歩を進めていきます．そこで主役を演じるのは調和振動子です．この数学的なモデルを基礎に，簡単なロボットアームの模型を作り，剛性を整えるための条件について考えます．

力を編集し，力を伝送する．最新の工学的実現の成果を見ながら，それらの基礎となっている，位置と力の双対性の考え方を紹介していきます．

表計算ソフトを用いて，数値解析の基礎を学びます．二次元の調和振動子と逆二乗力問題を数値的に解き，両者が描く楕円軌道の比較を行います．そこで，面積速度の考え方を紹介し，それが保存量となることを数値的に確かめます．

輪ゴムや棒などの身近な素材から玩具を作り，そこから物質の剛性や力の性質を導いて，物理学の本質に迫りたい．これが第三部の狙いです．

力の理解と応用

宇宙への扉

【第三部】

「原子」からはじめよう

第二部冒頭で，「後生に私達の宇宙の仕組について，もっとも短い言葉で，もっとも効果的に伝えるには，**原子の存在とその性質を記せばいい**」というファインマンの言葉を引きました．この言葉の持つ重要性を感じるためには，実際に様々な自然現象が，「原子」を主役として説明できることを学び，また自らそれを示す必要があります．

物理学者の考え方

物理学者は，自然現象をどのように見ているのでしょうか．そして，問題を如何にして解決しているのでしょうか．

身の回りの小さな問題も，宇宙の誕生のような大きな問題も，一本の輪ゴムで済む小さな実験も，設備そのものが複数の国家を跨ぐような大規模実験も，同じように接していくのが，物理学者のやり方です．

では何故，そうした対応が取れるのでしょうか．それは日頃から，“小さな問題を大きな問題に適用し，大きな問題の中に小さな問題を見出す”という方法で，対象を調べているからです．昔から，詩人は「一杯の杯に人生を見る」と讃えられていますが，物理学者は，譬え話では無く，本当の意味で「コップの中に全宇宙を見ている」のです．

ここで「原子から考える」という言葉には，二つの意味が重なっています．それは文字通り，“実在の原子”を主役として議論をする場合と，対象が本来持っている属性を可能な限り排除して単純化し，それを“思考の最小単位”としたものを原子の名で呼ぶ場合の二つです．

例えば，人や車を“円”で表せば，それだけで行列の混雑や渋滞する交差点の様子などを，平面の幾何学として簡潔に表すことができるでしょう．この時，私達は一個の“原子”と見做されているわけです．

およそ36度の熱源を持った一個の“球”と仮定すれば，満員電車の中で，どのように周辺の温度が変化していくのかが調べられるでしょう．また，伝言ゲームをする個々人を一個の“点”と見做すことで，ネットワーク理論の基礎についての知見が得られるかもしれません．

思考の最小単位を，どのように選ぶか，また別の言い方をすれば，如何にして対象を簡略化するか，が難解な問題を“解ける形にする”ために必要なのです．ミクロの世界の問題を解くために，その役割を果たすのが，実在の原子であるということなのです．そもそも，この原子そのものが長く“仮説の地位”にあったわけですから．

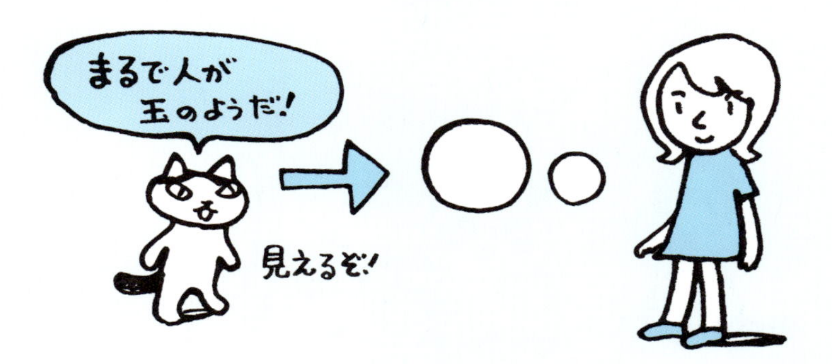

アナロジーを用いる

アナロジー（analogy），日本語では“類推”という言葉が当てられていますが，“あるもの”から“あるもの”を思い浮かべること，表面的には異なって見えるものの，その裏側に隠れている共通点を見抜いて関係附けることを指す言葉です．要するに“似たもの探し”です．

似ているものを探して，両者の対応関係を明確にします．そして，その対応に頼って，既知のものから未知のものを調べるのです．もちろん，これは“論証”ではありません．対象についての詳細な観察から生まれる一つの“予想”を与える思考方法です．

しかし，**研究には何より“予想”が必要なのです**．

科学は，論理のみで構成された“硬いもの”であると考えている人が多くいますが，それは既に完成された科学においてのみ言えることであって，新しい研究分野を興し，その先端に立って活動している人達は科学を，もっともっと“柔らかいもの”として捉えています．

そこでは精密さや論理よりも，対象を見抜く直観が重んじられます．論理に多少の飛躍があっても，新しいアイデアが歓迎されます．そして，アナロジーには，そうした予想を生み出す力があるのです．

「似たもの探し」

ブチ猫

パンダ

パンダ豆

豆大福

問題の発見

研究者は，問題を解くだけではなく，新しい問題を作る，証明する価値のある“予想”を生み出す必要があります．人類全体が長く課題としてきた難問を解くことは，それは素晴らしいことです．しかし，そうした大業績ではなくても，誰も気が附かなかった問題を発見することもまた，充分な業績として評価されます．

たとえ，自分自身では解くことができなくても，「解くべき問題を提示した」ということは，科学全体にとって大きな貢献になるのです．

そうした新しい予想，新しい問題を発見するためには，アナロジーを駆使して，既に解けた問題と未知の問題を関連附けねばなりません．また，大胆な省略を行って，解ける形に変えていくことも重要です．本質的な部分を見抜いて，簡潔な式に直さなければ，答は見附かりません．具体的に解ける問題は，ホンの僅かしかないのです．

そこで，「次元解析」や「桁の見積」の技法を用いて，“解かずに答を求める”ことも必要になってきます．実際，現象を本質的に理解するためには，数式を直接解かなくても分かること，状況証拠を集めて，答を推測することが，非常に重要になってくるのです．

双対性と相補性

さて，解決への糸口も見出せないような，難しい問題に対しては，どのように迫ればいいでしょうか．問題の中に，他との関連性を見附けることが，アナロジーの発想でした．ここでは，問題そのものの中に潜む関連性について考えます．それは“ペア”を探す方法です．

二つで一組，一つの“対”を基準にすることで，明快になる対象が数多く見られます．例えば，「天・地」「陰・陽」「生・死」「善・悪」など，思考の対象を二つに分け，それを“対”と見做すのです．

これを**双対性**（duality）といいます．その定義に関しては，分野ごとに異なる面がありますが，ここでは，「よく似ているが，属する世界が異なっているもの，その一組」と，緩やかに定義しておきます．

例えば，直線上の二つの点 x_1, x_2 は，確かに似ていますが，同じ線上にあるので，ここでいう双対ではありません．一方，平面上の線を表す（x, y）の関係は，互いに異なる世界に属するので双対です．

双対性の威力は，対である二つを互いに入れ替えても，同じ型式の主張が成り立つ場合，最大限に発揮されます．一方の表現が，他方よりも理解しやすい，解きやすい場合が多く見られるからです．

例えば，回路に割り込む必要がある電流よりも，電圧の測定の方が容易です．そこで，両者の双対性が利用できる形に問題を変形すれば，扱いやすくなるわけです．その他，「電気・磁気」「粒子・波動」「制御・観測」等々，物理学における双対関係も多数存在します．

単純な比例関係の中にも，双対性は潜んでいます．例えば，電流と電圧の関係：$V = IR$ と同様に，「仕事」が力と距離の積：$W = Fs$ で定義されていることに気が附けば，そこに「力・距離」の双対性が見出せるでしょう．この問題に関しては，後でより詳しく論じます．

特に，双対関係の中でも，対になる対象が両立不可能なもの，互いに矛盾しているものを，**相補性**（complementarity）と呼びましょう．本書冒頭の徒然草，“矛盾に関する話”を思い出して下さい．

相補性とは，一方の見方で見てしまうと，他方の見方が採れないもの，例えば，以下の図のような関係です．この図は，「正六角形に対角線を引いたもの」に見えますか．それとも「立方体」に見えますか．どちらにせよ，一方の図形が見えている間は，他の図形は見えません．

この意味から，ミクロの世界における「粒子・波動」の双対性は，相補性として理解すべきものだと分かります．この発想を得たことによって，人類はミクロの世界を理解する糸口を掴んだのです．

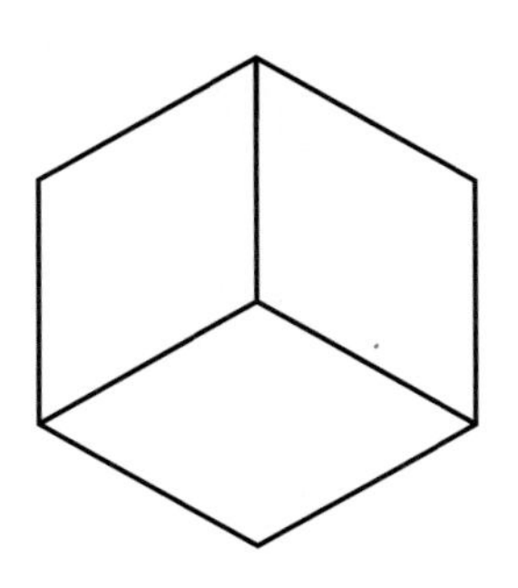

具体的・抽象的

これらの言葉は，聞いたことがあると思います．そして，その“評判”もおよそ知っていると思います．多くの場合，“抽象的”という言葉は，否定的な含みを込めて語られます．例えば，「そんな抽象的な話ではなく，もっと具体的に頼む」というように．

しかし，数学や諸科学において，抽象的な議論をするのは，断じて“相手を煙に巻くため”ではありません，「話を分かりやすくするため」なのです．**抽象的であればこそ，分かりやすくなるのです．**

この点を理解しない限り，“世の評判”に引き摺られます．具体的であることは，説明には向いていますが，事の本質には届きません．**具象・抽象の間を何度も往復しなければ，深い理解はできないのです．**

古来，多くの科学者達が「何故，抽象的な数学がここまで科学の役に立つのか」と驚きの声を挙げてきました．その一つの答は，「科学そのものが，既に対象を抽象化しているから」です．事物に沿って考えながらも，色々なものを削り取って純化させているからです．

点ではないものを点と見做し，ベクトルではないものをベクトルとして扱うことで，抽象化の準備段階を終え，それに続くさらなる抽象化，すなわち，数学的処理の受け入れ準備を整えているからです．

例えば，「例えば……」というのは具体的です．「これから事例を挙げて説明します」という場合の“宣言”です．そこで，例えば

$$2 \times 3 = 6,\ 3 \times 2 = 6, \quad 2 \times 4 = 8,\ 4 \times 2 = 8, \ldots$$

によって，掛け算の順序は交換可能だと示したとします．

しかし，単純な事例列挙は説明にはなっても，証明にはなりません．単なる説明としても，例の選び方に規則性が無いことから，判断に困る場合が多いのです．そこで，数を文字に置き換えて“抽象化”するわけです．この場合なら，$a \times b = b \times a$ と書けばいいわけです．

モデルの意味も，ここにあります．「具体的にモデルを作る」という表現がよく見られますが，「作る行為」は具体的であっても，モデルそのものは抽象化されたものです．抽象化されてこそモデルなのです．

筋肉一本一本をそのまま扱っていては，運動の本質には迫れません．そこで何本かの筋肉をまとめ，ゴムで代用します．骨も長さを揃えます．そうした抽象化の果てに，はじめて実体が見えてきます．

棒と輪ゴムの“抽象的なモデル”の方が，“具体的な生身の人間”よりも遥かに分かりやすいからこそ，それを利用しているのです．「そんな具体的な話ではなく，もっと抽象的に頼む」ということです．

志を立てる・式を立てる

志を立てることを“立志”といいます．志を立てるとは，何かを成し遂げようと強く決意することです．決意とは，誰に対しても，何より自分に対して“嘘は吐かない”と心に誓うことです．

物理学を学ぼうと決意すること，大自然を物理的に理解しようと試みること，すなわち，物理学に対する“立志”のためには，ここまでに紹介してきましたような幾つかの要点があります．

先ずは，対象を簡略化すること，その究極が“原子”だったわけです．“思考の最小単位としての原子”は，数学の対象ですが，それが“実在の原子”につながることで，物理学の対象になります．

例えば，人間を熱源を持った球体と見做した場合でも，熱そのものは“実在の原子”の運動によるものとして扱うのであれば，球体人間は，現実の似姿としての確かな意味を持つわけです．もしそうでなければ，それは数学的な対象，“思考単位としての原子”に過ぎません．

さらに，大枠で考えること，行きつ戻りつを苦にしないこと，アナロジーを用いて既知の結果を他に転用すること等々，解くべき問題を，解ける問題に変えていく作業には，様々なポイントがありました．

こうして志が，ある姿を持って現れてきます．ここで，何より大切なことは，アイデアです．そのアイデアは，直観を磨くことによって育まれます．しかし，その直観はしばしば裏切られます．

直観を信じ，直観に導かれてなお，直観を疑う余裕が必要です．

一目で分かる問題に対しても，数学的な裏附けを取る必要があります．式を立て，それを解いて，現実と比較しなければなりません．問題を数式の形にまとめること，それを“立式”といいます，

等式とは，数学における天秤です．等号記号の左右でバランスを取ります．二つの異なるものが等号で結ばれることで，両辺の意味がはじめて見えてきます．したがって，何と何がバランスを取っているか，それを見抜くことが，物理学の問題を立式する要点になります．

その一番の例は，“静止状態”です．何かと何かがバランスを取って動かない，それが静止です．そして，その静止状態を“ホンの少し”動かしてみます．少し動かせば，少し変わります．この手法によって，物理学者は運動に対する式を立てるのです．記号「Δ」から発想することで，物の変化を記述していくわけです．

52 原子の仕組

物質を構成する最小要素として採り上げてきた原子，個性を持たない，いや“持てない”はずの原子には，実は下部構造があります．したがって，実際には多種多様な原子が存在するわけです．このことは，既に知っていた人もいるかと思いますが，原子は，**陽子**と**中性子**，そして**電子**からなる複合体です．本章では，この問題を採り上げます．

電磁相互作用

この世界には，電荷と呼ばれるものが存在しています．電荷には，**正**と**負**の二種類があり，その電荷間に働く力の遣り取りが，“四つの相互作用”の中の一つ，**電磁相互作用**なのです．

二つの電荷間に働く力は，重力相互作用の場合と同様に，電荷の大きさの積に比例し，相互距離の二乗に逆比例します．そして，無限の彼方まで届きます．異なる点は，その強さと斥力の存在にあります．

重力相互作用に比べて，40 桁近くも大きさが違う，桁外れに強力な力を生み出す能力が電荷にはあるのです．この力は，「＋」と「＋」，「－」と「－」は互いに反発する**斥力**として，両者の組合せの場合には互いに引き合う**引力**として働きます．また，電荷には**最小単位**があり，電荷はすべてこの単位の**整数倍**として現れます．

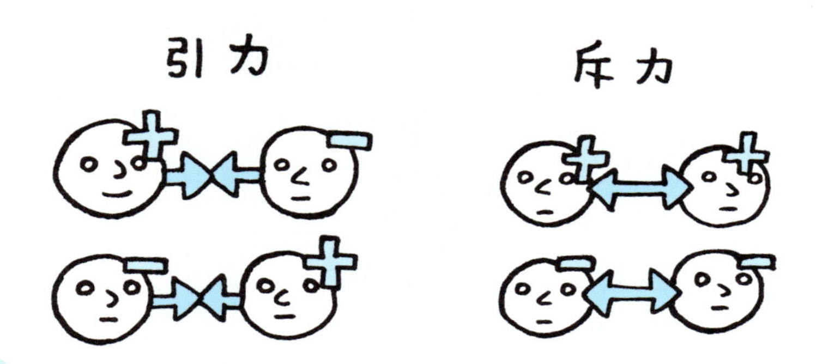

すなわち，電荷の最小単位を q で表せば，以下の関係：

斥力	$q \times q$,	$(-q) \times (-q)$
引力	$q \times (-q)$,	$(-q) \times q$

が成り立つということです．これは正負二数の掛け算と同じ仕組です．例えば，斥力を$+1$，引力を-1と表せば

1	1×1,	$(-1) \times (-1)$
−1	$1 \times (-1)$,	$(-1) \times 1$

と象徴的に書くことができるでしょう．二つの表を見比べて下さい．

原子の構成要素は，この電荷と質量により区別されます——なお，一般に電荷を持った粒子を総称して，荷電粒子ということがあります．

電子は負の電荷$-q$を，陽子は正の電荷 q を持っています．中性子は電荷を持っていません．陽子と中性子は，電荷を除けば，ほぼ同じものであり，そのため**核子**と総称されます．核子は，電子の約1800倍の質量を持っています．精確な値は以下です——添字は，電子（**e**lectron），陽子（**p**roton），中性子（**n**eutron）の頭文字です．

$$m_{\mathrm{e}} = 9.10938356 \times 10^{-31}\,\mathrm{kg}, \quad \left(\begin{array}{l} m_{\mathrm{p}} = 1.672621898 \times 10^{-27}\,\mathrm{kg}, \\ m_{\mathrm{n}} = 1.674927471 \times 10^{-27}\,\mathrm{kg}. \end{array} \right.$$

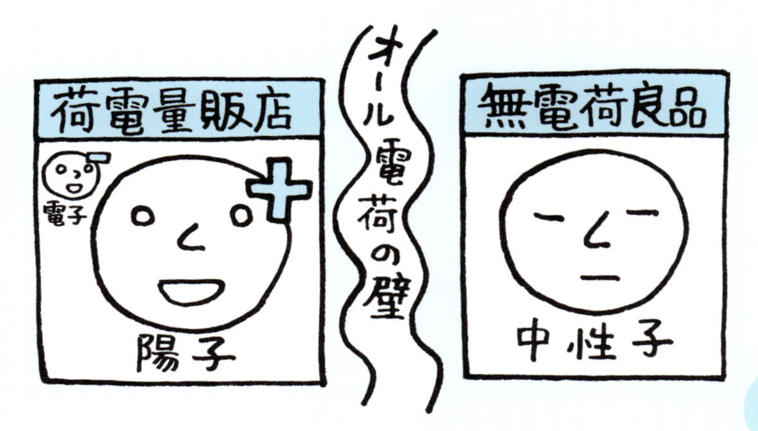

電子は回らない

　さて，これから皆さんがその生涯に渡って，何百回となく見たり聴いたりするであろう困った表現，その一つに“原子の中央に陽子と中性子があって，その周りを電子が回っている”というものがあります．

　現代の物理学は，この“回っている”という表現，「太陽の周りを回る地球」という“現実”のアナロジーに対する疑問から生まれました．“回る”ということは，その運動方向が変化する，すなわち，加速度を持った運動です．しかし，電荷が加速度運動をする時には，**電磁波**を外部に向けて放出することが知られているのです．

　したがって，電子の運動は，自身のエネルギーを電磁波として放出することになります．その結果，電子は居場所を保てず，陽子に吸い寄せられます．これでは，原子は一瞬にして崩壊してしまいます．

　しかし，実際には原子は安定して存在しています．その御陰で私達自身も存在できているわけです．要するに，**決して電子は回ってなどいない**ということです．では，電子は如何にして，陽子との間の引力に打ち勝って，その位置を保ち，原子を構成しているのでしょうか．

この謎は，ミクロの物理学である**量子力学**によって解決されました．

確かに．核子は原子の中央に存在しています．それは，電子と核子の質量の比を考えても納得できる話です．両者の重心は，核子附近にあるわけですから，核子を中心に据えた原子のイメージは正しいわけです．この辺りまでは，圧倒的な質量を持つ太陽をその中心とする“太陽系とのアナロジー”も上手く機能していると言えるでしょう．

問題は電子です．電子は，確かに核子の周辺に存在していますが，回ってはいません．実験をする度に，原子内の異なる位置に，異なる速度で見出されます．これを位置と速度の**不確定性**と呼びます．両者は互いに規定し合う**相補的な関係**にあります．つまり，“位置と速度を同時に確定させて，今この状態にある”とは言えないのです．

この不確定性こそ，ミクロの世界の本質です．原子の大きさとは，この電子の“出没範囲”のことを指します．それは，およそオングストローム単位の大きさ，すなわち，10^{-10} m の程度です．

これが量子力学における結論です．これまで，何かを省略することで，対象を“近似”してきました．しかし，量子力学においては，多くの観測結果を束ねた結果が“近似的な世界”，すなわち，私達が体感しているマクロな世界をなしていると考えるのです．

強い相互作用

原子の中央附近に位置する核子は，一定の範囲内に収まって存在しています．それを**原子核**と呼びます．原子核の大きさは，およそ 10^{-15} m 程度です．この狭い範囲の中に，複数の陽子，中性子が一団となって存在しているのですが，これもまた“不思議な話”です．

原子の大きさ，すなわち，電子の活動の範囲に比べて，原子核の大きさは著しく小さいのです．その狭い狭い範囲の中に，複数の正電荷を持った陽子と，電荷を持たない中性子が同居しているのです．

電磁相互作用は，遙か遠方の電子と陽子との間に働き，それを一つの原子として構成させるほどの強さを持っています．その同じ強さの相互作用が，原子核内の陽子間にも働くわけです．何故，陽子同士は互いの斥力によって，原子核を破壊しないのでしょうか．何故，電磁相互作用には無関係な中性子が，その近くで存在するのでしょうか．

この謎を解いたのが，**湯川秀樹博士**の中間子理論でした．それは現在，**強い相互作用**としてまとめられています．最初に紹介しましたように，これは電磁相互作用よりも，さらに**強い力**なのです．原子核内という極めて短い距離でしか働きませんが，電荷による斥力により飛び散ろうとする核子を押さえ込むほどの凄まじい力を持っています．

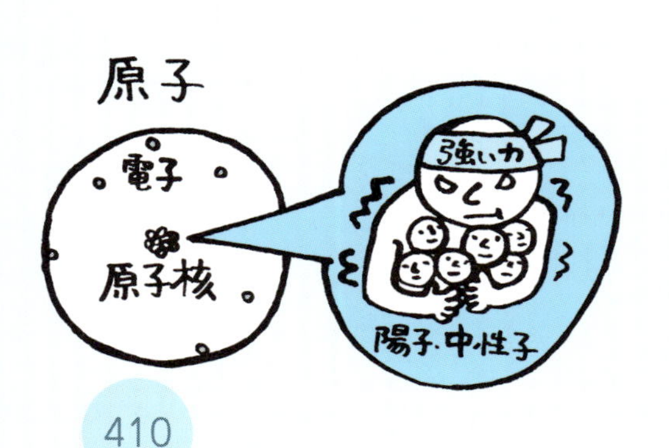

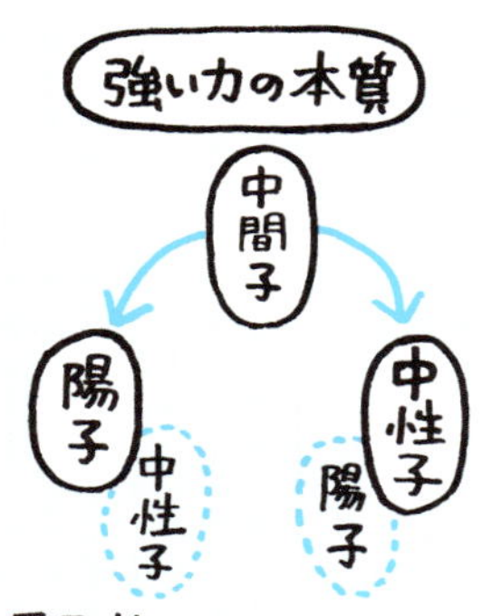

電荷の保存

マクロな世界に影響を与える相互作用としては，電磁相互作用がもっとも強力です．先に，地球全体が引っ張る重力に打ち勝って，米粒大の磁石がクリップを引き附けることを紹介しました．

ホンの僅かに電荷のバランスが崩れただけで，ビルも山も吹き飛ばすほどの力が生じるのです．これを逆に見れば，この宇宙の至る所で，電荷は恐ろしい精度でバランスしているということになります．しかも，**その場その場で正負が打ち消し合って，電荷ゼロの状態を作っている**のです——この状態を**電気的に中性である**ともいいます．

宇宙全体で，正負が打ち消し合ってゼロになっているわけではありません．もし，正電荷だけでできた星があり，別の場所に負電荷だけでできた星があれば，両者は直ちに接近をはじめ，直ぐに合流して消えてしまうでしょう．電磁相互作用は，無限の彼方まで届くのです．

こうした形ではなく，電荷の過不足はその場その場で解消されます．これを**局所的な作用**と呼びます．以上のことをまとめて，**電荷の保存**といいます．電荷は，宇宙全体で増えも減りもせず保存されますが，その保存のされ方は局所的なものです．これは，あらゆる物理法則の中で，もっとも精密に成り立っている法則だと言えるでしょう．

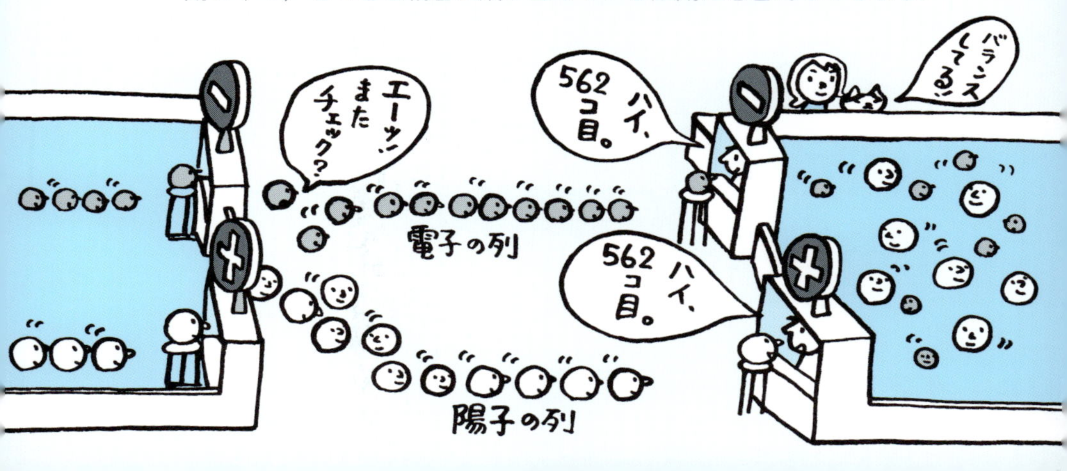

物質の性質

原子は，原子核内にある陽子と中性子の個数によって，その性質が決まります．原子は，電気的に中性なので，電子は必ず陽子と同じ個数だけ存在します．その質量は，核子と電子の質量比から，ほぼ核子の総和によって決まります．こうして，多種多様な原子の存在は，その構成要素の個数によって理解されるわけです．

化学とは原子，特に電子の働きについて主に研究する学問です．

電磁相互作用が，私達が直接的に目にする物質の性質のほとんどを決めています．例えば，磁石が持つ力，すなわち，**磁力**は電子の運動によって生み出されます．電子の流れがある所には，磁力が生じます．これを**電磁石**と呼びます．電源不要の**永久磁石**は，**スピン**と呼ばれる電子そのものが持つ性質によって，説明することができます．

先に紹介しました電磁波は，実は電磁気力を媒介する**光子**と呼ばれる粒子なのです．私達の網膜は，その電磁波の一部に反応します．それを私達は**可視光**と呼んでいるのです．電荷の過不足を，地球規模で補う現象が**雷**です．身近な所では，ドアノブと私達の指先の間に生じる火花があります．私達の回りは，電子と光子に充ちているのです．

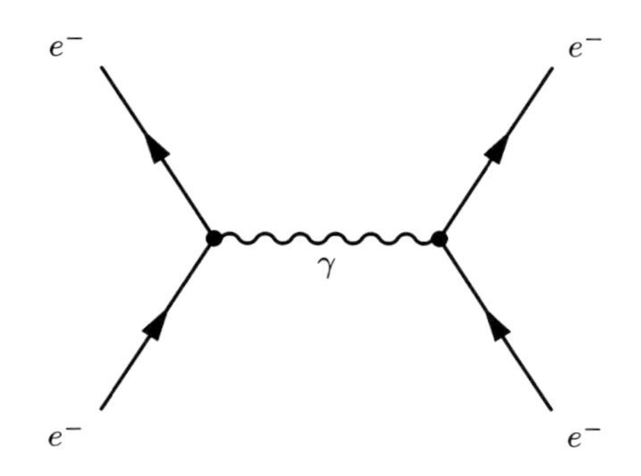

ファインマン・ダイヤグラム

原子そのものは電気的に中性でも，互いに近づくと電子の貸し借りをすることで，マクロな大きさの物質を構成することができます．そこに生じる強烈な電磁気力によって，原子は結び附くわけですが，しかし，これだけでは，**物質が潰れない理由**が分かりません．強く引き合えば引き合うほど，物質は縮んで潰れてしまうはずです．

電子が持つ不確定性は，もちろん，陽子も中性子も持っています．そして，それは原子にも及びます．これが，ファインマンの言葉の後半：

永久に動き回りながら……，**近づき過ぎると反発する**

の意味です．要するに，電子は静止できないのです．もし静止できれば，「ここに電子あり」と場所が特定できます．これは不確定性に反します．したがって，永久に動き回らねばならないわけです．

そして，それらが“近づき過ぎる”と，電子の行動範囲が絞られ，位置が明確になってきます．その時，不確定性により速度は増大します．これが電子を安定した位置に保つための斥力になるわけです．

物質が有限の大きさを保ち，容易に潰れないのは，常に動き回り，居場所が特定されることを拒む，原子が持つ量子力学的な性質によるのです．このように，床が抜けずに，私達が立っていられるという単純な事実も，実は量子力学によってのみ説明されるわけです．

モデルの変遷

物理学におけるモデルの大切さ，アナロジーの価値については先にも論じた通りです．核子を太陽，電子を地球と見做す“惑星モデル”には，思考を整理する上で大きな意味がありました．

その結果，今なお，このイメージは広く一般に利用されています．例えば，国際原子力機関（**IAEA**：International Atomic Energy Agency）の旗なども，“回る電子”の図案を含んでいます．

しかし，実際に電子が回っているのを“見た”人はいないのです．そもそも，電子は，言葉の通常の意味での“見える”ものではありません．如何なる実験装置を用いても，一個の電子の運動が，惑星のような連続的な軌道として観測されることはありません．

原子が，一定の大きさを持つという実験事実を説明するためには，潰れないための理由が必要でした．そこで，惑星の円運動のアナロジーが採用されたのですが，不確定性により生じる反発力の発見によって，この種の“目に見えるモデル”は無用となったのです．

潰れない理由が，量子力学によって明らかにされた以上，機械的な“惑星モデル”に頼る必要は無くなったわけです．

物理学の発展と共に，近似のレベルと共に，対象を表現するに相応しいモデルは変わります．量子力学が誕生して，既に百年近くの月日が過ぎようとしています．そろそろ，学びはじめの時期から，公転したり自転したりする“機械的なモデル”から距離を置き，“数学的なモデル”によって議論すべき時代になっているのではないでしょうか．

電磁相互作用の基礎の基礎を発見したのは，**マイケル・ファラデー**でした．そして，それを数式化して電磁気学の巨大な体系を築き上げたのは，**ジェームズ・クラーク・マクスウェル**でした．

ファラデーは，空間に浮かぶゴム紐のようなものを考えて，電気と磁気のモデルとしました．マクスウェルは，歯車で充ちた宇宙を夢想して，そこから数式を導きました．しかし，実際にはどちらのモデルも必要ではなかった，ゴムも歯車も無用だったのです．

もちろん，それが無ければ偉大な発見も無かったでしょう．問題は，適切なモデルを設定し，その限界を見極めて，近似のレベルを上げていくことにあります．そのためには，数式に直していくことが必須なのです．何しろ，自然は数学の言葉で書かれているのですから．

IAEA の旗が数式に変わる日は来ないでしょうが，“回る電子”のイメージに縛られる人は，次第に減っていくでしょう．

53 原子の働き

さて，原子核を構成する核子，すなわち，陽子と中性子にも，また下部構造があるのです．それは**クオーク**（quark）と呼ばれています．

また，中性子は単独では安定ではなく，**弱い相互作用**の働きでおよそ15分ほどで，陽子，電子，**ニュートリノ**（neutrino）に崩壊します．ニュートリノについては，岐阜県神岡鉱山地下 1000 m に設置された観測装置**カミオカンデ**のことを思い出される方も多いでしょう．

境界を探る

下部構造の，そのまた下に構造があるのなら，「さらにその下はどうなっているのか」という疑問を持たざるを得ません．しかも，粒子を大きさゼロの点として捉えている間は，どうしても無限大に関わる泥沼から抜けられません．そこで，点粒子から弦へ，弦の振動により様々な粒子の性質を説明する理論への飛躍が試みられているのです．

こうした立場から見れば，原子とは「随分と大きなものだな」という印象を受けます．一段下の階層の理論を知ることで，それまでの理論に具体的な，直観的なイメージが自然に湧くようになります．

ここでは，すべての物質が一種類の原子からできていると仮定して，「そこから何が分かるか」について考えます．

デカルトの有名な言葉に「**我思う故に我有り**」があります．この言葉が導く哲学的な問題は横に置き，物理的に私は今ここに，「私」として他と完全に区別できる状態で存在しているのでしょうか．

映画などでは，しばしば廃墟のイメージを，「工場跡の鉄骨が錆びて朽ちている場所」を強調することによって与えています．これによって，長い時間の経過と，人の不在を表現しているのですが，では「鉄が錆びる」とは，どういうことなのでしょうか．

実は，どのような個体も，明確な境界を持っているわけではありません．例えば，「私」も「鉄骨」も，ここまでが私で，ここからが大気だとハッキリとした線を引くことはできないのです．そこで，その境界部分を拡大してみましょう．お馴染みの思考実験です．

原子は，留まることなく動き続けているのでした．そのような性質を持っている原子が，電磁相互作用によってスクラムを組み，物質を形成しているのです．境界附近では，原子の間を跨いだ電子が右に左に飛び交っています．そして，その間を縫うように，外界の原子も往来しているのです．その何処までが私なのでしょうか．

長時間の間には，鉄の原子と大気中の原子が入れ替わる場合も出てきます．入れ替わりがあれば，そこは既に鉄ではありません．

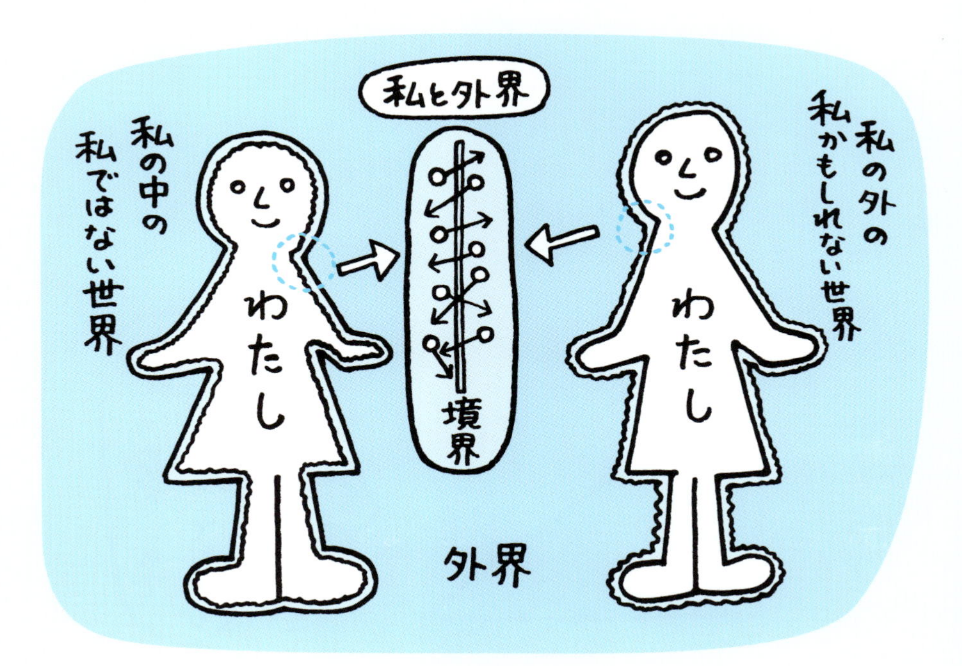

摩擦の本質

こうして，鉄は大気中の原子と関わることで，自らの境界を不明確にしていくわけです．長い時間の間に，物が朽ちていくのは，落ち着きのない原子のためなのです．いくら「私がここに存在することは疑えない」と考えても，「物理的存在としての私」は，外界から常に接触を受けており，その境界は不明確なのです．

さらに，“原子のスクラム”そのものにも問題があります．例えば，三角形で他の図形を模倣する場合を考えて下さい．正方形でも円でも同じことです．与えられた図形を，それより小さな単一の図形で埋めていこうとしても，綺麗に埋められるとは限りません．特に，境界附近では辻褄が合わない場所が数多く出てきます．

これを原子の立場で見直せば，境界附近では電子の遣り取りが上手く行えず，些細なことで仲間から外れたり，外の原子にその場を奪われたりする場所が出てくるということになります．

例えば，表面を磨き上げた金属を，二つ用意します．ここで“磨く”とは，単に附着しているゴミを取り除くことではなく，金属の内部と境界を，まったく同じ構造を持つようにすることを意味します．

しかし，この仮定は，非常に実現の難しいものです．金属の内部で，前後・上下・左右と過不足なく結合されている状態が，境界面においては，相手の半分を失っているわけですから，その矛盾を自ら解消しなければなりません．それが結果として，不純物を引き寄せることにもなっているのです．よって，境界面は非常に不安定なのです．

また，別の表現を採れば，非常に“凶暴”だとも言えます．本来なら，居るべき相棒がそこに居ないのですから，何としても，それを捉えようとして虎視眈々としています．獲物に飢えているのです．今，そんな状態にある二つの金属を，並べてみようというのです．

結果は，二つが一つになります．それは，まさに吸い寄せられる形で合体します．接着剤は無用です．二つの表面が並べられることで，それは既に「表面」ではなく，「内面」になっているのです．

以上の結果から，**摩擦**というものの正体が分かります．物と物とが接触して，その滑りが悪い時，摩擦による力が運動を妨害しているといわれます．そして，その摩擦を小さくするために，間の不純物を取り除こうとします．表面の凸凹を削り，綺麗な面を出そうとします．

しかし，こうしたすべての行為が裏目に出ます．微細なレベルでは，不純物があり，凸凹があってこそ，摩擦が少ないのです．

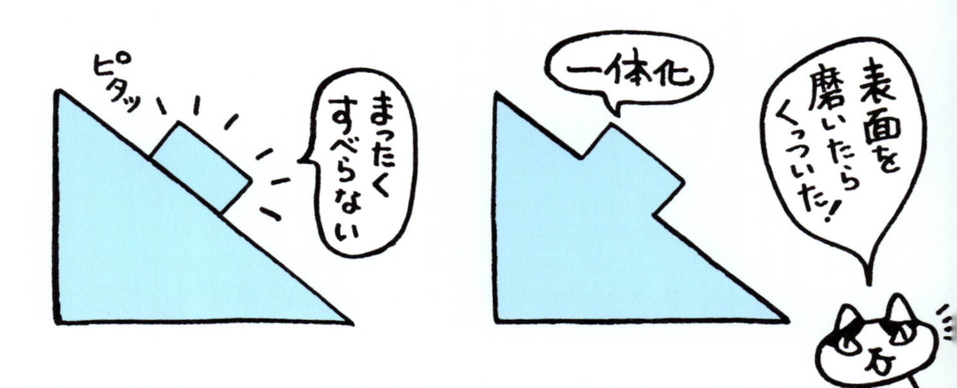

特に，同種の金属は，表面を磨けば磨くほど，その“凶暴性”のため，直ちに二つの面は一つになります．接着などという生易しいものではなく，何の跡形も無い，本物の一体化がそこで実現されるのです．

物体の重量に比例する摩擦を仮定する場合があります．さらに，運動直前までを静止摩擦，以後を動摩擦として，区別することもありますが，ここまでの議論から，こうした設定は，経験に頼った便宜的なもので，一般性を持たないものだということが分かります．

自然はシンプルとは限らない

ここで，科学と工学の違いについて，述べておきましょう．

調べれば調べるほど簡単になるのが，科学の本質的部分であり，とりわけ，数学は創造された空間における厳密解を模索するものです．

調べれば調べるほど複雑になるのが，工学の実際的部分であり，これは科学における近似解の応用として理解されるものです．

科学的な問題として摩擦を理解しようと思えば，原子レベルにまで戻ることで，このような極めて単純な仕組を提示することができます．しかし，工学的な問題として摩擦を扱えば，深く追求するほどに，複雑な多くの問題を処理しなければならないことが分かります．

俗に「“Simple” is “best”」などと言いますが，それは科学の一部に対して，結果を見た後ではじめて言えることで，工学においては，単純さを追い求めれば追い求めるほど，むしろ複雑になります．それは現実の難しさがそのまま反映されるためであり，多くの単純化や省略を前提にした理論的な手法とは，はじめから異なるからです．

現実の難しさを正面から受け入れず，必要以上に標語的なものに頼っても，上手くはいかないということです．大自然が，人間一般の好みの姿，好みの考え方に馴染むものか否か，少し考えてみれば分かることです．実際，歴史上の第一級の科学者達ですら，「何故，自然はこうも複雑なのか」と嘆いているくらいですから．

科学と，その応用である工学は，自然のありのままの姿を実験を通して学ぶものです．「簡単な問題には簡単な原理がある」と考えても，それは簡単には見附かりません．**専門家は，簡単な問題の中に難しい問題を見出し，難しい問題の中に簡単な原理を見出す**ものです．

自然はシンプルとは限らないのです．人間の願望に，大自然が沿わねばならぬ必然性など，何処にもありません．私達は，美と調和，統一性といったものを研究の指針としつつも，その一方で，「自然は複雑で醜いものである」という可能性も排除するべきではないのです．

熱と運動

さて，“留まることのない原子の運動”の全体を，一つの方向に動かすことができます．その方法は，物体の移動です．例えば，ヤカンを横にズラせば，ヤカンを構成している全原子が，その距離だけ平行移動します．当たり前のように思いますが，これは非常に重要です．

移動の最中でも終了後でも，“留まることのない運動”は，まさに留まりません．これはヤカンの中の水も同じことです．

ところで，この水が湯に変わればどうなるでしょうか．水と湯は何が違うのでしょうか．水を構成する最小単位は，分子 H_2O として知られています――これを承知の上で，ここでは原子の名で呼びます．

熱は，物質を構成する原子，その「向きの不揃いな運動」として考えられます．もし，方向が揃っていれば，それはその方向への物体の移動ということになりますから，熱にはならないわけです．壁にぶつかっても，そこでエネルギーを消費せず，方向だけを変えて，また元の速度で動き続ける，そのような運動を仮定します．

そう考えますと，湯が入ったヤカンの移動とは，基準となる位置の移動と，それとは別の，一個一個の原子のバラバラな運動が同時に起こったものとして扱うことができます．

お茶でもスープでも，熱いものを口にする前には，それを吹きます．何故，吹くのでしょうか．また，何故吹くと冷めるのでしょうか．

多くの熱を含んだものは，激しく運動する原子，運動エネルギーの大きな原子の数が多いものと考えられます．そして，運動が激しいが故に，そうした原子は表面附近まで出没してきます．その原子を，吹き飛ばすことで，飲み物の中の，運動の激しい原子が減るわけです．吹いて冷ます行為は，すべて同じ理由によるものです．

熱した金属に触れた瞬間に，「熱い！」と感じるのも，運動エネルギーの大きな原子が，皮膚の表面を叩くからです．火傷は，こうした原子が皮膚を破壊した結果です．切り傷よりも，広い範囲で深く傷付ける火傷の方が直りにくいことが，こうしたことからも分かります．

全体の運動エネルギーが増えれば増えるだけ，それを抑え込むことが難しくなります．その結果，密閉された環境では，蓋が強く押しのけられ，全体の体積が増えることになります．その変化を動力として取り出したものが，蒸気機関などの原動機システムです．

また，原子の運動エネルギーが，可能な限り小さくなった極限は，**絶対零度**と呼ばれています．ただし，“留まることなく”の言葉通り，原子が完全に静止することはありません．

54 静中の動・動中の静

さて，量子力学によって，私達が「床の上に立っていられる理由」が分かりました．ミクロの世界の不確定性が，私達を支えていたのです．ここでは，この問題をもう少し掘り下げて考えます．先ずは「静止とはどのような現象か」という所からはじめましょう．

静止状態と力の均衡

物がその場に静止しているためには，**“実質的な力”が働いていない，ゼロである**ことが必要でした．ここで，実質的な力（正味の力ともいいます）がゼロとは，何らかの力（複数）が働いてはいるけれども，それらを合算した結果がゼロであるという意味です．

如何なる力も働いていないという条件は，あらゆる重力場から離れた遙か宇宙の果て，を前提にした“思考実験”でのみ設定可能なものなので，実際的な問題の場合には，正味の力がゼロ，すなわち，力の均衡によって静止状態を保っている，ということになります．

では，床の上に置かれた質量 m の物体から，考察をはじめましょう．ここでは，これを敢えて質点とせず，底面積が S である小さな立方体としておきます．この設定は，次の理由によります．

皆さんは，錐を使って穴を空けた経験はありますか．また，満員電車で足を踏まれたことはありますか．先の尖ったもので，押されると痛いものです．その極端な例が，錐であり，注射器の針です．ホンの小さな力で材料に穴を空けます．皮膚を貫いて血管にまで届きます．

このような体験から，力とそれが働く面積の関係に興味が湧きます．すなわち，同じ力であっても，接触する面積が小さければ，相手に与える“影響”は異なるという現実を，上手く表現したいわけです．

そこで，力を面積で割った量を定義します．これが**圧力**（pressure）です．具体的な力の影響は，すべてこの圧力の形式で物体から物体へと伝わります．質点では，接触する面積もゼロになりますから，圧力が無限大になって，それ以上の考察ができなくなってしまいます．

圧力は，外部から対象に作用します．そして，その圧力と均衡を保つために，物体の内部に**応力**（stress）が発生します．圧力も応力も，同じ次元：[N/m^2] を持った同質の量です．それが外部から“圧する”か，内部からそれに“応じる”かで名称が変わっているだけです．

したがって，考察すべき二種類の力とは，実際には，圧力と応力の形で議論されるべきものになりますが，両者の分母に相当する接触面の面積が等しいため，力で考えても同じことになるわけです．

重量を体感する

ここまでに，すべての質量は，その周囲の空間を曲げ，互いにその歪みの中へ，加速度を持って誘導することを論じてきました．重力相互作用の本質は，「力（force）」ではなく「場（field）」でした．そこから，重力場という表現が自然に出てくるのでした．

この重力場においては，自由落下（free fall）が物質の一番自然な運動でした．すなわち，“一切の力が働いていない”環境では，物質は自由落下するということです——これは，“重力相互作用は力ではない”ことを前提にした，表現になっています．

では何故，私達は“重量という名の力”を感じるのでしょうか．

ニュートンの展開した論理にしたがえば，“重力という名の力”が，そのまま床を押しています．そこで，間にバネ秤を挟めば，それが“重量という名の力”を，長さに換算して表示するわけです．

ここでの立場は異なります．重力場は，質量に加速度を与える環境です．その場の導きにしたがって自由落下してきた質量に対して，それ以降の落下を阻止する働きを加えた時，そこに力が生じます．

例えば，床が自由落下を阻止した場合，それは床を構成する原子団が，互いの電磁相互作用の結果，自らの変形を許さなかったことを表しています．それが質量を受け止め静止させるということです．その時，力は床が発生させています．バネ秤の伸びも，自由落下を阻止した代償としての，自らの変形の度合が，そこに示されているわけです．

このように，私達が目にする具体的な力というものは，電磁相互作用により生じる物体の硬さに依存したものなのです．仮に，床が自由落下を阻止することができなければ，質量は床を通り抜けて，さらに落下を続けます．よって，この場合には，力は計測されないわけです．

以上，床の上に静止した質量がある場合，それは本来ならば地球の重力場に導かれて自由落下すべき存在が，床表面の電磁相互作用により，その落下を阻止された結果だということが分かりました．

すなわち，この場合，鉛直下向きに働いている重力場に対して，電磁相互作用は鉛直上向きの力を生み出し，その二つの働きが均衡して，静止状態を作り出している，ということなのです．

重心と“不倒”の条件

天秤の働きについては，その理論的な背景も含めて，既に御紹介してきた通りです．天秤は，誰でも簡単に作れる計測器ではありますが，その精度を上げるためには，中央の支持部を非常に繊細に作らなければなりません．しかし，それは非常に難しいのです．

薄いナイフ状の物で支えれば，精度は上がりますが強度が下がり，すぐ壊れてしまいます．逆にすれば，丈夫にはなりますが，高い精度は望めません．両者の妥協点を見出すことが難しいのです．**実際の問題を処理する工学は，常にこうした“妥協との闘い”なのです．**

ここでは，まったく逆の発想で，天秤の精度を徹底的に下げてみます．そのために，下のような「**二点支持の天秤**」を作りました．この天秤には，反応しない部分，“不感領域”とも呼べる部分があります．

二本の支点の間に重心がある場合，天秤はピクリとも動きません．当然のことながら，これでは質量などまったく測れません．この模型が果たすべき役割は，通常の天秤とは異なるのです．

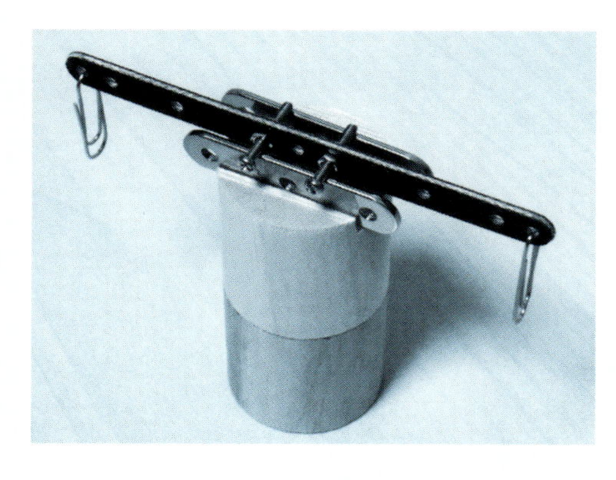

二点支持天秤

では，天秤が動き出すのは，重心がどのような位置にある場合でしょうか．実際に，錘を吊して実験して下さい．

直ちに分かることは，右側の軸よりも，少しでも右に重心が移動すれば，時計回りの回転がはじまること，同様に左側の軸よりも，少しでも左に移動すれば，反時計回りの回転がはじまることです．

要するに，左右のどちらを問わず，重心が二本の軸の外側に移動した場合には，天秤は動き出すということです．

さて，これで二支点天秤の果たすべき役割が明らかになりました．

この模型は，床に置かれた物体が倒れるか否か，その仕組を論じるために作りました．二つの支点を，物体の底面における境界だと考えて下さい．その境界を重心が越えた時，物体は倒れます．二支点間に重心があれば，外側から力を加えても，元の姿勢に戻ります．

物体が倒れない条件を，仮に“不倒条件”と名附ければ，それは「重心が底面を超えない」ということになります．ここで重心位置の高さは問いません．真上から見た場合に，底面に投影された重心が境界線を越えさえしなければ，物体は倒れません．

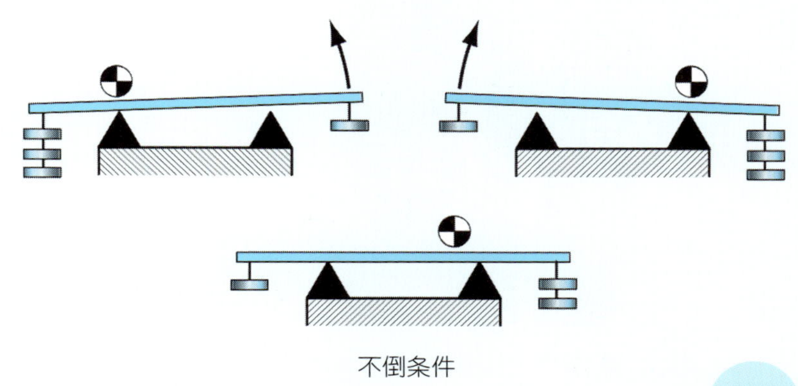

不倒条件

重心とトルク

ここでは，実際に木製のブロックを手で傾けて，どうすれば倒れるかを調べます．床に接したブロックの境界線（二点支持天秤の軸の位置に相当します）で，物体は滑らず，回転をはじめると仮定します．

単純な直方体のような物の重心は，その奥行きによらないので，その断面の図形を元に考察することができます――逆に，下図のような立体は，正面から見れば同形ですが，重心位置はすべて異なります．

先ずは，一辺 2，質量 m の立方体を正方形に，さらに重心位置（対角線の交点）に位置する質点に置き換えて，転倒問題を考えます．作用する「正味のトルクがゼロ」であれば，物体は回転しません．そのトルクとは，力が作用する位置とその角度が意味を持つ量でした．

この質点には，mg の力が作用しています――議論を簡単にするために，負号は外しました．先ずは，右の境界線を回転の軸として考えます．この点と質点を結ぶ線分の長さは $\sqrt{2}$ です．mg の中で回転に関係するのは，この線分に垂直な方向の力：$mg/\sqrt{2}$ です．

重心位置が異なる具体例：転倒角度で奥行きが分かる

これは，物体を“反時計回りに回す作用”ですが，まったく同じ議論を左の境界線に対して行えば，そこに“時計回りの作用”が現れます．すなわち，この両者がバランスして，立方体は回らないわけです．

このバランスを“手で”くずし，全体を傾けてみましょう．次第に，回転に関係するトルクの部分が，小さくなっていきます．そして，ちょうど質点が境界線の真上，すなわち，力に沿う方向に来た時，トルクはゼロになります．この“分岐点”を超えると，今度は時計回りの回転が生じます．これが“倒れる”ということです．

以上は，既に御紹介しました天秤，あるいは，**シーソー**や**梃子**などの働きを説明すると同時に，物体の回転運動の基礎を与えています．**力のベクトルが物体の重心を通らない場合には，必ずトルクとしての働きが生じて，“それを回そうとする”わけです．**

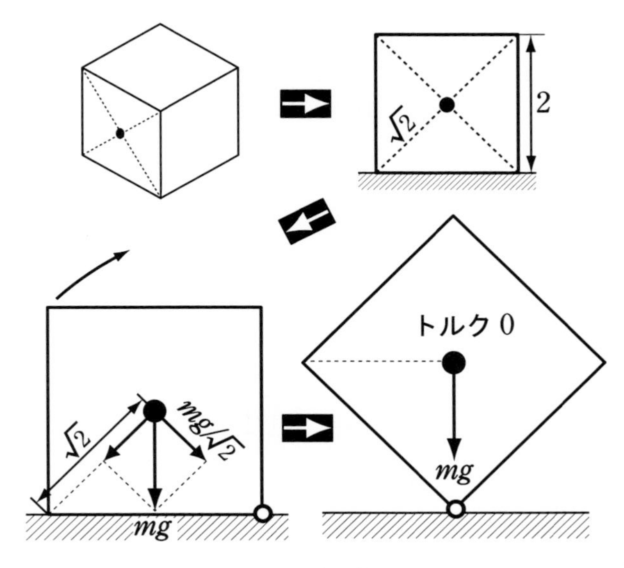

回転運動の基礎

数学的事実と物理的現実

ここでは，倒れそうで倒れない“魔法の桟橋”を机の上に作ります．

先の不倒条件を意識しながら，重さ１，全長２の直方体を積んでいきます．よって，単体の重心は，端から長さ１の位置にあります．

この直方体を“できるだけ遠くに届く”ように積みましょう．先ずは，この問題を“数学的”に，すなわち，“理想化”して考えます．

直方体の重心は端から長さ１の位置にありますから，机の端から１まで外へ出すことができます．そして，その下へ下へと順に直方体を差し込んでいきます．“積む”というよりも“潜らせる”感じです．

二個目は，端に重さ１の質点が載ったものと同じ状態ですから，全体の重さは２，その重心は全長の3/4．よって，机の外へ1/2だけ出すことができます．同様にして，三個目で1/3，四個目で1/4と続きます．その結果，n個の和を示すH_nが，桟橋の到達点になります．

$$H_n := 1 + \frac{1}{2} + \frac{1}{3} + \frac{1}{4} + \frac{1}{5} + \cdots + \frac{1}{n}.$$

驚くべきことに．この和はnに応じて，幾らでも大きくなるのです．

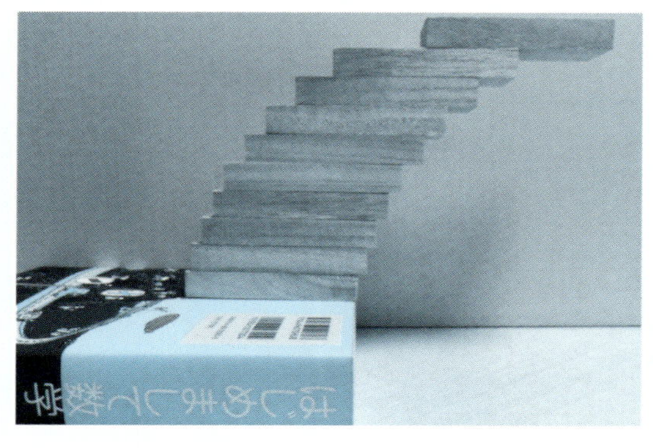

柱の要らない魔法の桟橋

四個目で，直方体一個分，外へ出ますが，その“伸び”は極めて悪く，百万個を積んでも七個分が出るだけです．また当然，物理的には限度（しかも相当低い）があります．無限大になるのは，理想化された設定の中での“数学的な事実”ですが，“物理的な現実”は十個程度が限界というわけです――写真のものは，各段の間を接着しています．

本棚の仕切りに，吊り下げオブジェに，一つ如何でしょうか．

下図では，左に実際の桟橋の状況を描き，右に各段階で外部にはみ出した量を“ブロックを質点で置き換える”ことで計算しています．

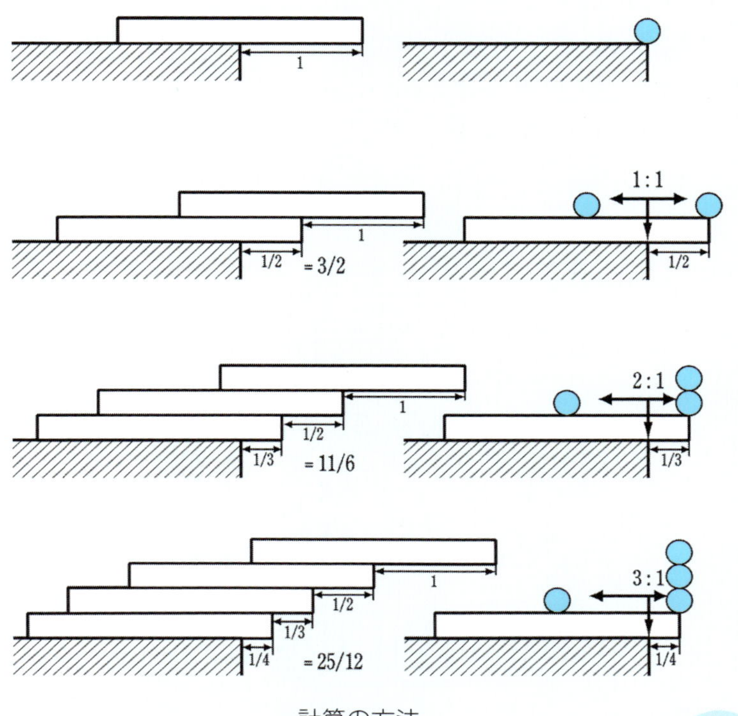

計算の方法

55 振子の周期

さて，ようやく自由粒子，自由落下に続く，代表的な運動である**振子**が扱えるようになりました．振子の“動力源”は，自由落下と同じ重力相互作用ですから，それほど難しいものではありません．唯一にして最大の違いは，先の二例とは違って“自由ではない”ことです．また，各所で論じました三角関数との関係も，本章で明確になります．

次元解析の威力

自由でない理由は，言うまでもなく紐で結ばれているからです．ここで紐の長さをℓ，錘を質量mの質点としましょう——紐の重さは考えません．さて，もっとも知りたいことは，この振子が行って返って，元の姿勢に戻るその時間，すなわち，周期です．

物理量の次元はすべて，$\mathbf{L}$（長さ），$\mathbf{M}$（質量），$\mathbf{T}$（時間）の組合せで書けました．この問題の場合，周期に関係する“かもしれない量”は，紐の長さℓと質量m，そして，重力加速度gのみです．

そこで，この三要素の組合せで，時間の次元$\mathbf{T}$を作ってみましょう．例えば，m, ℓ, gの単純な積ならば，以下のようになります．

$$m\ell g \text{ の次元は } [\mathbf{M}]\,[\mathbf{L}]\,[\mathbf{L}/\mathbf{T}^2] = \mathbf{M}\,\mathbf{L}^2\,\mathbf{T}^{-2}.$$

しかし，相殺する相手の居ない質量 **M** は，明らかに不要です．そこで，はじめから質量を外して，ℓ と g の組合せから，次元 **T** を作ればよいこと，また，g の逆数を取れば **T** が分子にくることから ℓ/g が答の候補に挙がってきます．実際，これを計算しますと

$$\ell/g \text{ の次元は } [\mathbf{L}]\,[\mathbf{T}^2/\mathbf{L}] = \mathbf{T}^2$$

となります．よって，この平方根を取ることで，周期の式：

$$T \propto \sqrt{\ell/g}$$

が得られました．この式は，振子の運動に関係する量が，すべて考慮された結果です．そして，次元は確かに **T** になっているので，振子の運動の“時間に関連した量”であることは間違いありません．

まったく問題を解くことなく，答が求められました．これが次元解析の威力です．しかし，その弱点は，次元に無関係な量が決まらないことです．したがって，比例関係としてしか書けないわけです．

では，次元解析では得られなかった部分を補いましょう．比例式を，係数 C により等式に変え，この係数を実験的に求めます．紐の長さは1.00 m とします．質量は無関係なので，錘は何でも構いません．

$$T = C\sqrt{\ell/g} \text{ より，} C = T/\sqrt{\ell/g}.$$

錘を，最下点から掌のサイズ（約 15 cm）ほど横に引き，離すと同時にストップウォッチを押し，10 回の往・復を計測したところ，20.1 秒掛かりました．一回当たり 2.01 秒，これがこの振子の周期です――この設定は，片道が約 1 秒になることから**秒振子**と呼ばれています．

因みに，半径 1 m の円の周 6.28 m に対して，その 1/40 は 15.7 cm．これは角度にして 9 度になります．したがって，この実験は，「$\sin\theta$ を，θ で近似できる範囲」で行われたことになります．

よって，$T = 2.01, \ell = 1.00, g = 9.80$ を代入して，係数 C は

$$C = 2.01/\sqrt{1.00/9.80} \approx 6.29.$$

これは何処かで見たような数値です．2 で割れば，3.145 となります．ここから，「$C = 2\pi$ ではないのか」という疑問が湧いてきます．

数学と物理を結ぶ等式

それでは，その予想が正しいか否か，振子に働く力を求め，そこから運動の様子を調べることで，確認してみましょう．その前に，理解しておくべき重要な要素が，二つあります．

一つ目は，加速度 a と力 F，及び質量 m を結ぶ関係：

$$a = F/m$$

です．ニュートンにより導かれた，この有名な関係は，もちろん，“数学的な単なる等式”としては，$F = ma$ と書いても同じことです．

では何故，このような表記を選んだのでしょうか．そこには単純な数式の処理だけではない，“物理的な意味”があります．

この式の左辺は数学です．右辺は物理です．

左辺は，位置と時刻の関係から定義される幾何学的なものです．それは，数学的な計算だけで処理できる純粋なものです．一方，右辺は対象となる物体の質量であるとか，それに加わる力であるとか，測定を含む現実の“生々しい問題”を処理しなければ分かりません．

このことを明示的に表現するために，両者を分けたのです．

また，これは“力の定義式”ではありません．加速があれば，その原因として力がある，**“加速の影に力あり”**という因果関係を表したものなのです．一般に，数式は左から右へと読むものですから，通常の表記では，この因果関係が逆転した形で理解されてしまうわけです．

すなわち，この関係は，「力とは～である」と読むのではなく，「加速がある，その原因として～がある」と読むべきものなのです．

よって，問題の立式に当たっては，働いている力を探す，その力を上手く数式で表す，という手順で**右辺を作っていく**わけです．

この意味からは，$ma = F$と書いて，「質量mの物体が，加速度aで移動している，その原因は力Fである」と読んでもいいでしょう．

何れにしましても，これから皆さんが，この関係に出会う“ほとんどの場面”において，それは$F = ma$という姿で登場してくるでしょう．また，これを語呂よく，標語的に口にする人も多いことでしょう．しかし実際は，このように複雑な問題を含んだ関係なのです．

以上のことを理解した上で，その場の表記にしたがって下さい．

調和振動子の運動

二つ目はトイ・モデルとして紹介しました調和振動子の運動です．

調和振動子とは，理想のバネの数式化です．多くの場合，バネは何も附けない時の自然の長さ（これを**自然長**といいます）からの小さな変化xに対して，逆向きの力：$F = -kx$を生むものと仮定されます．

この仮定は，極めて広い範囲の問題に対して有効です――バネ秤は，この仮定を充たす代表例です．調和振動子は，このような制限の無い，“すべてのxにおける比例関係”を条件としたものなのです．

よって，加速度と力の関係は，先の式に代入して

$$\boxed{a = -\frac{k}{m}x} \quad ここで，v := \frac{\mathrm{d}x}{\mathrm{d}t}，a := \frac{\mathrm{d}v}{\mathrm{d}t}，k はバネ定数$$

となります．“調和振動子”とは，この式の名称だともいえます．

さて，この式は，三角関数における微分の関係：

$\sin A\theta$ を θ で微分すると　$A\cos A\theta$ になり，
$\cos A\theta$ を θ で微分すると $-A\sin A\theta$ になる

を思い出させます．すなわち，「$\sin A\theta$ の微分を二度繰り返すと，A が二回外に出て $-A^2\sin A\theta$ になる仕組」との類似性です．

これをヒントに，$x := \sin At$ を定義すれば

$x =\quad \sin At$ を t で微分すると，$v =\quad A\cos At$ になり，
$v = A\cos At$ を t で微分すると，$a = -A^2\sin At$ になる

ことが分かるでしょう――変数 θ を t で置き換えただけです．ここで再び，x の定義を用いれば，a に関する式は，次のようになります．

$$a = -A^2\sin At = -A^2x.$$

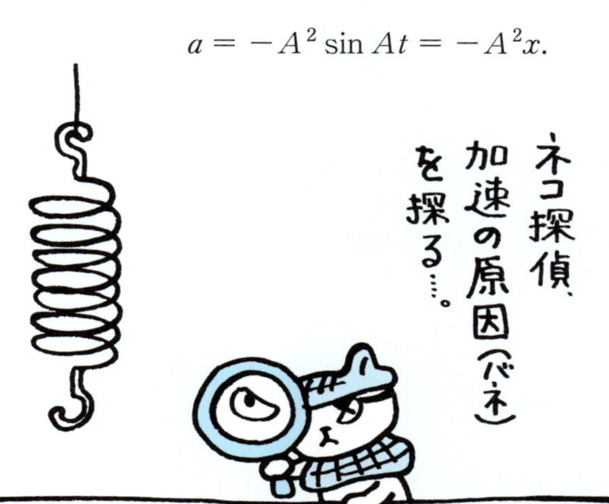

この結果と，調和振動子の式を比較して，定数 A は

$$\boxed{a=-\frac{k}{m}x,\ \ a=-A^2x} \text{ より，} A=\sqrt{\frac{k}{m}}$$

と定まります．これより，定数 k で表される“理想のバネ”につながれた「質量 m の物体の運動」に対する以下の解を得ます．

$$F=-kx \text{ の場合，} x=\sin\sqrt{\frac{k}{m}}\,t \text{ となる．}$$

そして，これが解になるのなら，以下もまた解になります．

$$x=\cos\sqrt{\frac{k}{m}}\,t.$$

両関数の違いは“ズレ”だけであって，本質的な違いは無いのですから，サインが顔を出す場面には，必ずコサインも登場するわけです．

この問題の場合，“ズレ”は，直接には“位置のずれ”として現れるものですから，位置 x と時刻 t の関係を調整する場面で，はじめて議論の対象になります．この“選択”の問題は，後で詳しく扱います．

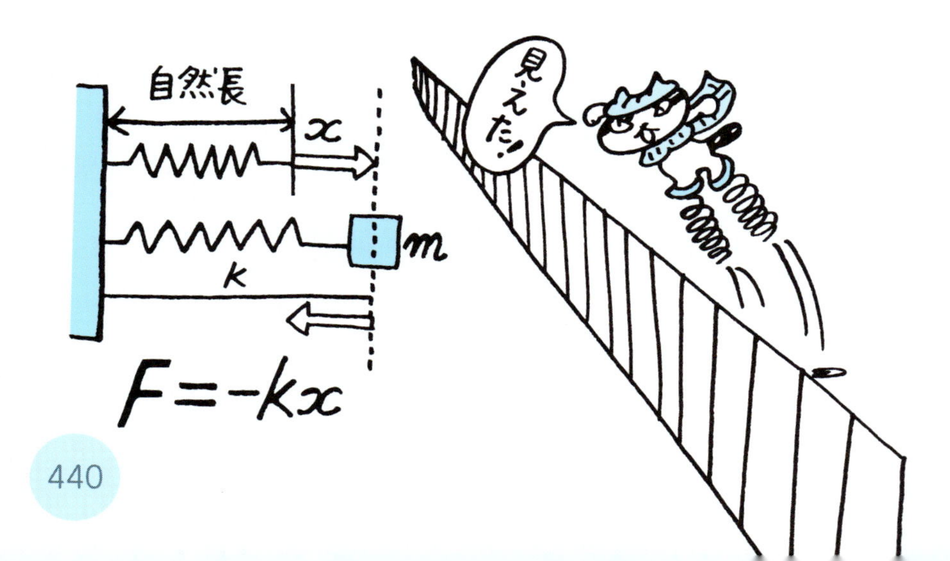

三角関数の周期が 2π であることから，解の変数部全体が 2π になる時刻 T が，そのまま周期になります．すなわち，$t=T$ として

$$\sqrt{\frac{k}{m}}T = 2\pi \text{ より，} T = 2\pi\sqrt{\frac{m}{k}}$$

を得ます．周期 T が，m が大きくなるほど遅くなることは，質量が動き難さの尺度であることから，k が大きくなるほど早くなることは，この定数がバネの伸縮の強さを表していることから理解できます．

振子の運動

これで振子の運動が扱えます．ここまで来れば，後は置き換えだけです．振子の運動は，調和振動子の特殊例として理解できます．

錘は，紐の長さ ℓ を半径とする円周に沿い，その動きは，下図のように，角 θ のみで表されます――真下を $\theta=0$ として基準にします．

今，振子は“真下”で静止しています．これは，本来なら“自由落下するはずだった錘”が，紐によってその運動を阻止された状態です．そして，そこには質量 m に比例した力 $-mg$ が生じています．

この紐と錘の間に生じる力は，錘を円周上にしばる働きをします．錘を紐に沿って回転させる，すなわち，円の半径に直交する力は，真横で最大，真下でゼロ，角 θ においては，$-mg\sin\theta$ となります．

円周上の距離は，半径 ℓ と角 θ の積になりますが，これを錘の運動を表す変数として，$x := \ell\theta$ と定義します．速度 v が，x の t に関する微分，加速度 a が，v の t に関する微分であることは同様です．

特に，θ が小さい範囲（$\sin\theta \approx \theta$）では，運動に関わる力は

$$F/m = -g\sin\theta \approx -g\theta = -gx/\ell$$

と近似することができます――最後の変形で，$x = \ell\theta$ より，$\theta = x/\ell$ を用いました．よって，振子の小さい角での運動を表す式：

$$a = -\frac{g}{\ell}x$$

を求めることができました．これは調和振動子の式，そのものです．

よって，解とその周期の“正しい式”は，以下のようになります．

$$x = \sin\sqrt{\frac{g}{\ell}}\,t, \quad T = 2\pi\sqrt{\frac{\ell}{g}}.$$

これで，次元解析では得られなかった係数が求められました．実験から予測された通りの値でした．また，この結果は，**周期が振れ幅によらない**ことを示しています．これは，$\sin\theta$ が θ で近似できる範囲で（調和振動子の場合には全域で）成り立つ極めて重要な性質です．

何か結果を得たら，先ずそこに数値を代入することが，理解を深めるための一番の方法です．例えば，$\ell = 9.80$ m の場合には，平方根の部分が消えて，$x = \sin t$ に，周期は 6.28 秒になります．また，偶然にも，$3.14^2 = 9.8596$ と $g = 9.80$ は近いので，この比を 1 として

$$T = 2\sqrt{\pi^2\ell/g} \approx 2\sqrt{\ell}$$

という近似式を得ます．これは暗算に非常に適した式です．例えば，「往復で一秒の振子」の長さは，およそ 25 cm だと直ぐに分かります．

最後に，上の“正しい式”を g について解き，実験で得た周期を代入して，以下の値を得ます．最初は g を既知として，係数 2π を予測しました．ここでは，係数を既知として，g の値を得るわけです．

$$g = 4\pi^2\ell/T^2 = 4\times3.14^2\times1.00/2.01^2 \approx 9.76\ [\mathrm{m/s^2}].$$

これが第 37 章冒頭で述べました“g を求める一般的な方法”です．

物理学を学ぶために大切な暗算とは，ここで示しました次元解析や桁の見積，平方根や三角関数の値などが対象です．決して，一般性の無い方法を駆使して，何桁もの数を乗除することではありません．

56 地震：宿命を手懐ける

私達は，地震が猛烈に多い国に住んでいます．大きな地震のレベルでは，全世界で起こる約20％が，日本周辺で発生しているのです．

地震を無くすことはできません．それを止めることもできません．発生を予知することも難しく，事前に取れる対応には限界があります．

私達にできることは，知ること，そして考えること，唯それだけです．現象の細部を調べ，その特徴を洗い出し，不可能なことと可能なことを明確にして，冷静に科学的に，根気よく対処するのです．敵対し闘うのではなく，宿命を受け入れ，そしてそれを手懐けるのです．

慣性を体感する

部屋が揺れ，建物が揺れ，地面が揺れ，何もかもが揺れている中で，どのようにすれば，“その揺れの大きさ”を知ることができるでしょうか．どのようにすれば，それが測れるのでしょうか．

この揺れに注目して，地震の規模や拡がりなどを測定する装置は，一般に**地震計**と呼ばれています．地震の性質のどの部分を測るかで，測定方法や必要な感度が変わりますので，それに応じて様々な装置が使われていますが，ここでは，この用語にすべてを代表させます．

地震計は，非常な速さで進歩しました．しかし，その根本の仕組は，昔も今も振子です．では，振子によって何が分かるか，振子の如何なる性質が，測定に利用されているのかを考えましょう．

先ず，振子の紐を手で持ち，錘が揺れないように注意しながら，“ゆっくり”と真横に動かして下さい．大切な物を運ぶ時と同じ要領ですが，どんなに注意深く試しても，僅かに揺れてしまいます．

細心の注意を払って動かしても，それでも錘は動いてしまうのですから，もし乱暴にやれば，どんな酷いことになってしまうでしょうか．そこで，紐を持った手を，思い切りよく“サッ”と真横に動かして下さい．意外や意外，この時，錘はほとんど動かなかったはずです．

特に，手を動かしはじめた瞬間は，錘は少しもズレません．これは，錘が持つ質量，その慣性によって，錘が手の動きに追随できないためです――止まっている物は止まり続ける，この慣性の性質を，一番明確に体感する方法は，他の何よりも，この実験かもしれません．

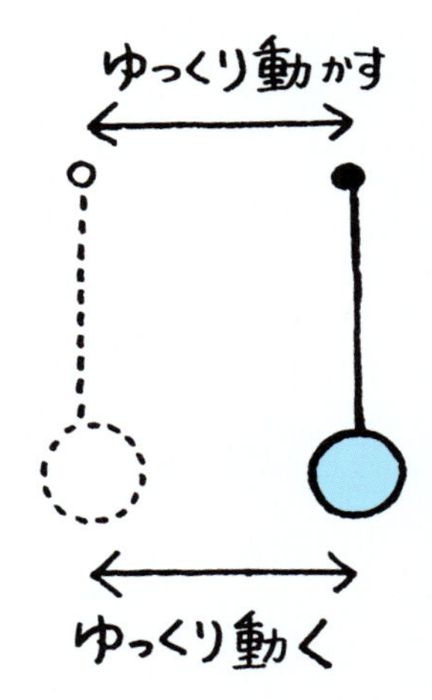

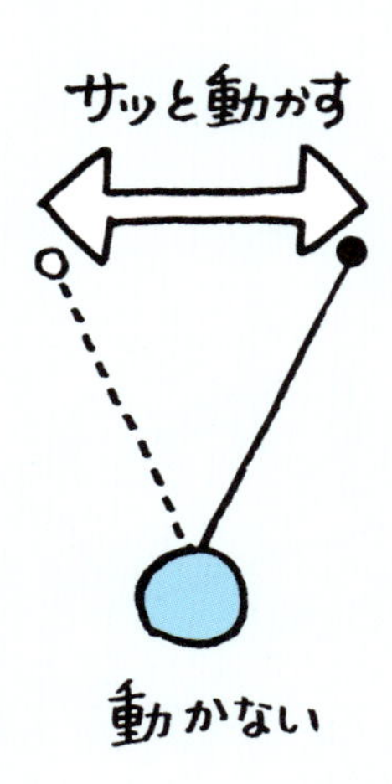

振子の感受性

手を動かす割合を，色々と変えてみて下さい．“ゆっくり”と“サッ”の違いは，どの辺りにあるのか．錘の揺れは，何によって決まるのか．また，紐の長さも変えてみて下さい．長い紐と，短い紐でどう変わるのか．僅かこれだけのことで，非常に面白いことが分かります．

振子は，紐の長さで周期が変わりました．錘の質量には無関係でした．この実験も，振子の周期，すなわち，紐の長さが大きな意味を持っているのです．そこで，もう一つ実験をしてみましょう．

公園でブランコ遊びをした経験があるでしょう．一人でブランコが漕げるようになるまでは，誰かに後ろから押して貰っていたのではないですか．友達を，押す側に回ったこともあるでしょう．

その時，自分の掌で何を感じていましたか．友達の背中を押す瞬間，ホンの少しだけ友達を受け止め，そして，送り出すようにして，揺れを大きくしようとしたはずです．それは，ブランコの周期を感じ取り，その周期を崩さないように押し出す行為だったのです．

振子の周期に比べて，遅い動きに対しては，振子全体が平行移動するような形になります．近い周期を持つ動きに対しては，振子はその振れ幅を増大させます．そして，振子の周期よりも，速い動きに対しては，振子はそれに追随することができません．すなわち，振子には，「外部から加えられた揺れの周期を判定する働き」があるわけです．

この性質によって，振子は地震計になるのです．

振子の周期をできる限り長いものにすれば，地面の急速な動きを，振子自身はまったく無視します．すなわち，揺れる大地の上に置かれながら，まるで宇宙空間にピン留めされたように，動かないわけです．

ところが，振子を収めている箱は，地表と同じ割合で揺れます．そこで，振子の先にペンを附け，その下にロール紙を動かしていけば，地表と同様に動くロール紙の上で，不変の振子が，揺れの変化を記録していくことになります．錘は揺れず，その支持台が揺れるという逆転現象を，私達は普通の振子の揺れのように観測しているわけです．

したがって，地震計を構成する振子の周期は，可能な限り長くするように工夫されてきました——地震計の発展史は，そのまま振子の長周期化の歴史である，と言っても過言ではありません．

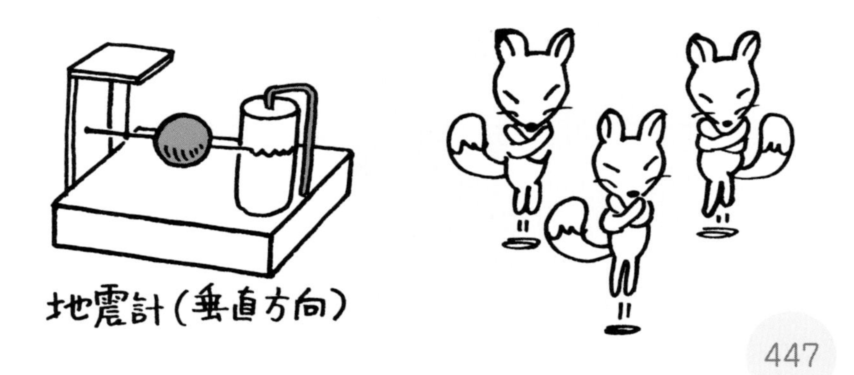

マグニチュードの意味

地震の情報が流れる時，そこには必ず，「震源の場所」「震源の深さ」「震度」「マグニチュード」が記されています．ここで，場所と深さは，地震の発生場所を一つの“点”とみて，その三次元的な位置を伝えているわけです．そして，震度は地表面での揺れの具合を，マグニチュードは，“発生地点”での地震の規模を表しています．

震度も**マグニチュード**（magnitude）も，どちらも地震計の振幅を一つの根拠にした数値ですが，“揺れの実感”を表す震度の階級は，発生地点との距離により変わります――**その最大値は定義により7です**．

すなわち，震源が深いほど，震源の真上（震央）に居たとしても，揺れは小さくなるので，それを表す震度もまた小さくなるわけです．よって，震度には，常に震源とその深さを並記する必要があります．

一方，マグニチュードは，地震そのものの規模を表す「エネルギーから定義された数値」なので，もし，その規模だけを伝えたいのであれば，震源の位置情報は特に必要ではありません．したがって，マグニチュードが大きくても，震源から遠ければ震度は小さく，逆に，小さくても震源に近ければ，震度は大きくなります．

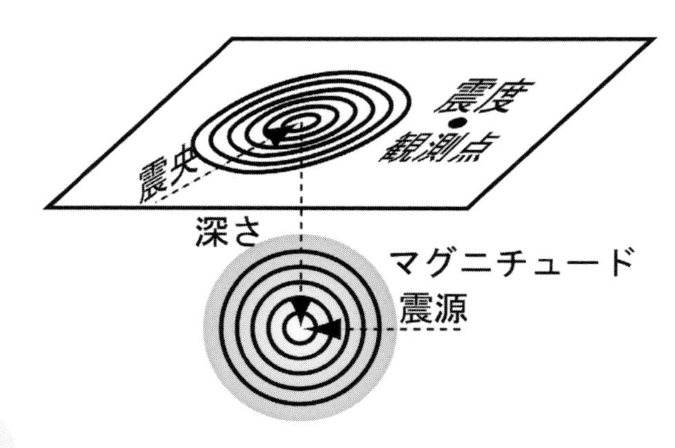

では，その頭文字からMと略されるマグニチュード（本来は，単なる大きさの意味）は，如何に定義されているのでしょうか．地震そのものが持つエネルギーを表現しているということですが，それでは，値の増え方，すなわち，刻みの幅はどうなっているのでしょうか．

マグニチュードは，地震研究の進歩に伴い，様々に定義されてきましたが，それらの細かい違いなどは，より深い勉強をする中で学んで下さい．今，是非とも知らねばならないことは，その大枠です．

マグニチュードが“0.2”増えれば，地震が持つ“エネルギーは二倍”になる，このことだけを先ず覚えて下さい．すなわち，マグニチュード3.0の地震は，2.8の地震の二倍のエネルギーを持っているということなのです――小さな変化だと侮ってはいけないのです．

Mが0.2増えれば2倍になるのなら，0.4増えれば4倍，0.6で8，0.8で16，1増えれば，抱えるエネルギーは32倍になるわけです．

M5.0の地震は，M3.0の地震の32 × 32 = 1024倍，M7.0の地震なら，1024 × 1024 = 1048576倍のエネルギーを持っています．このM5.0の地震で，既に核爆弾レベルのエネルギーだと推定されていますから，東日本大震災のようなM9.0という地震が起こった場合，それに真正面から対応することは，ほとんど不可能なのです．

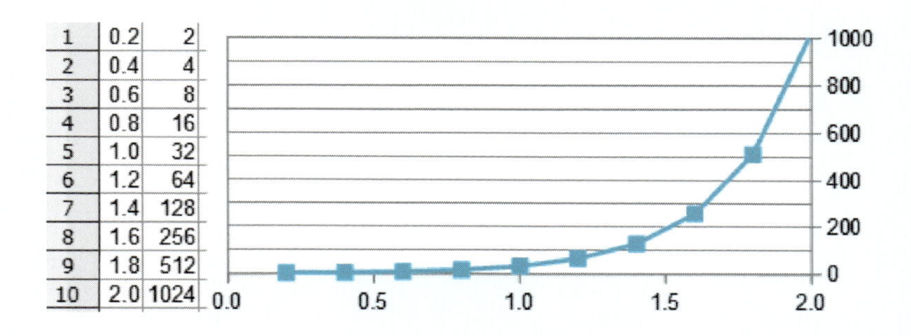

1	0.2	2
2	0.4	4
3	0.6	8
4	0.8	16
5	1.0	32
6	1.2	64
7	1.4	128
8	1.6	256
9	1.8	512
10	2.0	1024

Nippon2061

そこで，科学と技術，人間の知恵と勇気のすべてを結集して，この巨大なエネルギーの解放に対して，一人一人ができることを根気よく続けて行かねばなりません．それには，新鮮なアイデアが必要です．これまで誰も考えもしなかったような，アイデアが必要なのです．

緊急地震速報がある御陰で，どれだけの人が助けられているでしょうか．僅か数秒前の告知でも，ガスの火を消したり，机の下に隠れたりするチャンスが生まれます．予知研究も永続的に続けられていますが，それが容易でないことは，理性的な人なら誰にでも分かるはずです．もし，分からないのなら，先ずは理性的な人になって下さい．

地殻や火山の直接的な研究，それを支える情報工学，土木工学，建築工学等々，およそ地震に関係の無い理学，工学などありません．相手は，総動員体制を必要とする自然災害なのですから，無関係な分野など無いのです．よって，多くの科学者，技術者が必要なのです．

奇妙奇天烈なアイデアを出すのは，若者の特権です．しかし，アイデアを実現させるためには，徹底的に基礎を学ぶ必要があります．

緊急地震速報の譜面

人間は，ピストルの弾を掴むことはできません．しかし，引き金に手を掛けた狙撃手の指を止める方法ならあるかもしれません．

核爆弾千発に匹敵するような地震のエネルギーを処理する方法はありません．しかし，その引き金を止める方法ならあるかもしれません．破裂せんとする風船の，空気を静かに抜く方法はあるかもしれません．待ちの戦略から一歩出て，地震を迎え撃ち，それを手懐ける方法が模索される時代がやがて来るでしょう．そう信じて疑いません．

東日本大震災に際して，大学出版協会に参加する出版社 12 社と共立出版，CQ 出版，島津総合サービスは，『震災復興プロジェクト Nippon2061』を立ち上げ，被災地域の中学・高校の部活動支援を主目的として，専門書や，測定器・工具・電子部品などを寄贈しました．

震災から 50 年後の 2061 年，ハレー彗星が回帰するこの年，今の中高生が世界の防災研究のトップとして活躍することを夢見たのです――著者は，この企画の発起人として取りまとめを行いました．

2016 年 4 月，熊本は連動する特異な地震に見舞われました．まだまだ，何も分かっていないのです．若い才能が期待される所以です．

57 様々な振子

振子の名を持つ研究対象は，物理学にだけ限っても数多くあります——これらと区別する意味で，前二章で扱いました“普通の振子”は，**単振子**と呼ばれています．その中の幾つかを御紹介しましょう．

フーコーの振子

先ずは，**フーコーの振子**を御紹介します．これは，特別な名前が附いてはいるものの，普通の振子，すなわち，単振子です．

錘に引かれて動く紐が作る平面を，振子の振動面と名附ければ，単振子の振動面は不動のはずです．しかし，同一線上を往復するはずの振子の振動面が，何故か移動していく現象が発見されました．

その理由は，振子ではなく，地球の自転にありました．

1851 年，**フーコー**は，長さ 67 m の紐に重さ 28 kg の錘を吊した長周期の単振子によって，地球が自転していることを，この地上に居たままで証明しました．**この“居たまま”こそが科学の力なのです．**

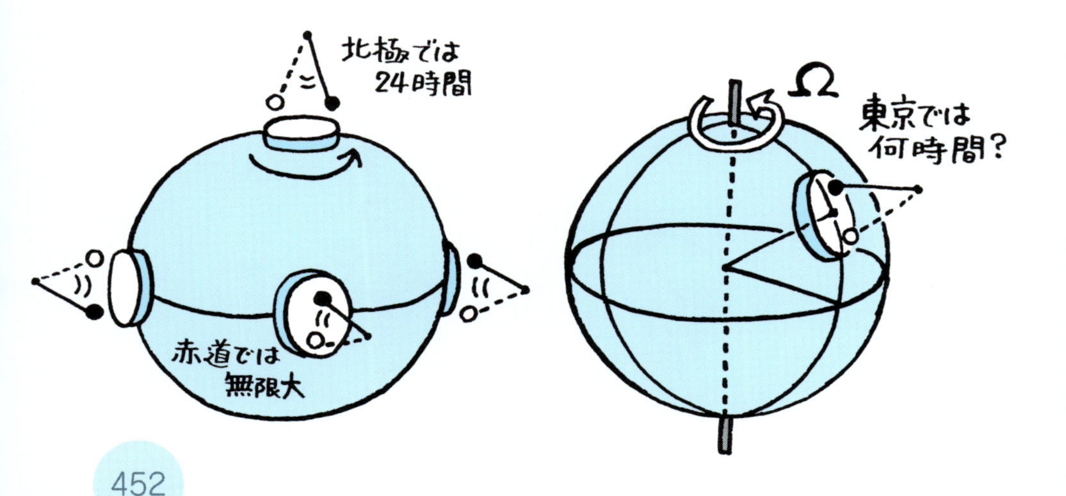

バレーボールが丸いことは“一目”で分かります．同様に，人工衛星から見れば，地球が丸いことも，自転していることも，まさに一目瞭然です．しかし，地球の表面に住む私達が，そのことを確認するためには“知性の眼”が，視点の大転換が必要だったわけです．

振動面の変化を“肉眼で確認するため”には，ゆっくりした変化，すなわち，長い周期が必要です．そのための“長い紐”なのです．実際，紐の長短に関わらず，振子の振動面は回転します．したがって，「この種の振子はすべて，フーコーの振子である」とも言えるわけです．

フーコーの振子は，全国の科学館などにあります．二度見る必要はないかもしれませんが，何とか一度は見て下さい．目の前で動いている，その理由がそれ自身にはなく，“大地の動きによるものである”ということを，全身で感じることは非常に大切だからです．

角速度の振舞い

また，振動面の移動周期は緯度によっても変わります．例えば，北極・南極なら周期は24時間，赤道では無限大，すなわち回転しません．これらは，図を見ながら考えれば，直ぐに分かるでしょう．

問題は，その中間の緯度の場合です．第34章で示しましたように，回転軸から垂直に伸ばした腕の長さrと，角速度Ωの積が，腕に直交する方向の速度$v = \Omega r$になります．そこで，地球の半径をRとし，緯度θの位置に，半径aの円板の中心を置いて，円板上の東西南北（以後，E・W・S・Nと略記します）の端点での速度を調べます．

この時，水平線が赤道，垂直線が南北の極点を結ぶ回転軸になりますから，円板の南端，中心，北端では，それぞれ軸からの距離が異なります．よって，対応する腕に直角な方向の速度も異なるわけです．

そこで，各距離を $d_{\mathrm{S}}, d_{\mathrm{C}}, d_{\mathrm{N}}$ として，端点での速度 $v_{\mathrm{S}} = d_{\mathrm{S}}\Omega$, $v_{\mathrm{C}} = d_{\mathrm{C}}\Omega$, $v_{\mathrm{N}} = d_{\mathrm{N}}\Omega$ を得ます——添字 C は Center の頭文字です．また，図下段の二つの θ に関連した三角形の相似から，以下を見出します．

$$\left.\begin{aligned} d_{\mathrm{S}} &= d_{\mathrm{C}} + a\sin\theta \\ d_{\mathrm{N}} &= d_{\mathrm{C}} - a\sin\theta \end{aligned}\right\} \Rightarrow \begin{array}{c}\text{両辺に}\,\Omega\\ \text{を掛けて}\end{array} \Rightarrow \left\{\begin{aligned} v_{\mathrm{S}} &= v_{\mathrm{C}} + \Omega a\sin\theta \\ v_{\mathrm{N}} &= v_{\mathrm{C}} - \Omega a\sin\theta \end{aligned}\right.$$

この時，円板の中心に乗れば，速度 v_{C} はゼロですから，南北両端の速度は，$\pm\,\Omega a\,\sin\theta$ に見えます．これは，円板が $\Omega' = \Omega\,\sin\theta$ という角速度で自転していることを示しています（灰色部分右）．これより，以下の「緯度 θ における振子の**振動面の周期** T_θ」を得ます．

$$T_\theta = \frac{2\pi}{\Omega'} = \frac{2\pi}{\Omega\sin\theta} = \frac{24\,\text{時間}}{\sin\theta}.$$

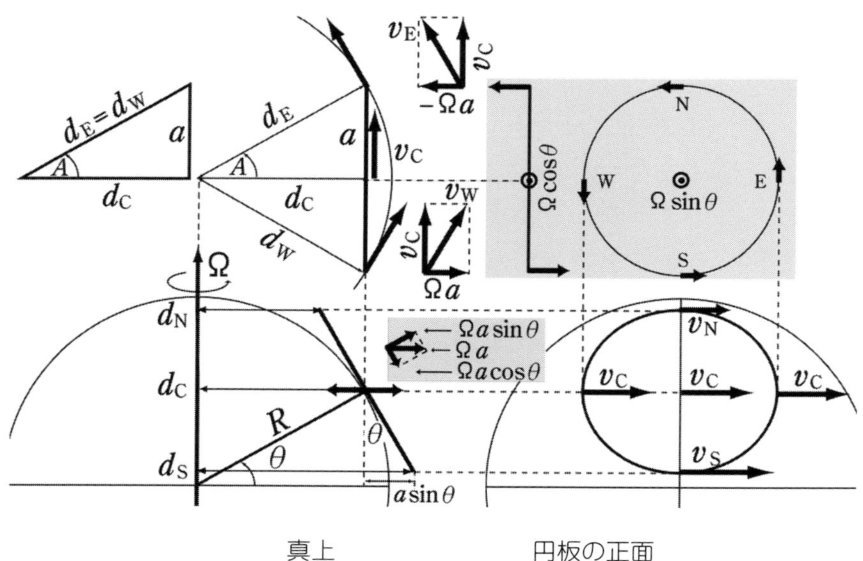

真上　　円板の正面
真横　　正面

因みに，東京・国立科学博物館（北緯 35.7 度）にあるフーコーの振子は，24/sin 35.7≈41.13 より，約 41 時間で振動面が一周します．

さて，図上段（左）は，円板の中心を赤道に平行な平面で切り，北極側から見たものです．そこで，角 A を含む三角形の辺の比から，西端における速度 v_W を，円板に沿った方向と垂直な方向に分解しますと

$$v_W \cos A = \Omega d_W \times \frac{d_C}{d_W} = v_C, \quad v_W \sin A = \Omega d_W \times \frac{a}{d_W} = \Omega a$$

となります．よって，円板上（$v_C = 0$）における，d_C に平行な方向の速度は，西端で Ωa，東端で $-\Omega a$ だけが残ります（灰色部分・左）．

以上の結果から，下段灰色部にありますように，緯度 θ における円板上の速度は，円板に沿った方向 $\Omega a \cos\theta$ と，これに垂直な方向 $\Omega a \sin\theta$ に分解できることが分かりました．そしてこれは，**角速度が，ベクトルとして合成・分解できる**ことの具体例になっています．

地球の角速度ベクトルは，円板にその対称軸における回転と共に，南北方向を軸にした回転も与えているわけです．このことは，地球儀にコースターを貼り付けて，回してみれば分かります．回しながら，意識の中から地球儀を消し去れば，なおよく理解できるでしょう．

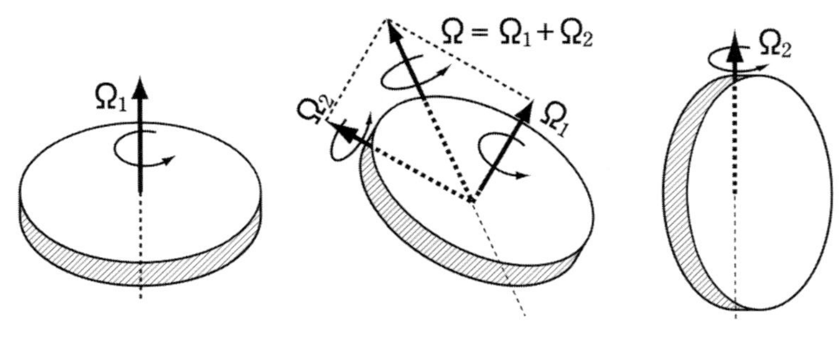

角速度ベクトルの合成

角速度を操る：差動ギアの仕組

さて，赤道上全域で地表から1mの高さに張った紐の周長は，赤道全長と，どれくらい異なるのでしょうか．赤道の半径を R とする時，この紐は $R+1$ の半径を持ちますので，意外にも両者の差は

$$2\pi(R+1)-2\pi R = 2\pi \, [\mathrm{m}]$$

より，僅か6mほどしか違わないのです．また，この答が R を含まないことから，対象が太陽半径であっても，銀河系半径であっても，同じ結論になることが分かります．何か不思議な感じがしますね．

そこでさらに，次の問題を考えましょう．車の旋回能力の問題です．

今，後輪の間隔が $D = 1570\,\mathrm{mm}$，タイヤの半径が $r = 314\,\mathrm{mm}$ の四輪車に乗っています．この車が反時計回りにグルッと一周した時，左側のタイヤが半径 R の円を描いたとすれば，右側のタイヤは半径 $R+D$ の円周上を移動することになります．この時，何が起こるか？

タイヤの回転数は，移動距離をタイヤ自身の周長で割ったものですから，右（外側）のタイヤと左（内側）のタイヤの回転数の差は

$$\frac{2\pi(R+D)}{2\pi r} - \frac{2\pi R}{2\pi r} = \frac{D}{r} \left[= \frac{1570}{314} = 5 \right]$$

で与えられることが分かります．すなわち，コンビニの周りを回ろうと，球場の周りを回ろうと，両輪の差は，その車固有のタイヤ間隔とタイヤの半径だけで決まり，この場合なら僅か5でしかないのです．

しかし，両輪が軸で直結されているなら，これを“僅か”とはいえません．Uターンするだけでも，タイヤは滑り，軸は歪むでしょう．そこで作られたのが，差動ギア（differential gear），通称“デフ”です．

デフには，自由に回転する一組の傘歯車（図中の上下二枚）と，左右のタイヤに直結する傘歯車が組込まれており，その全体を回転させることで，両輪に動力を伝えます．この簡潔な仕組が回転数の差，あるいは，角速度［rpm：回転数 / 分］の差を解消するのです．**重要な点は，左右の軸が同じ角速度で逆回りに回ること，唯それだけです．**

デフ全体が角速度 Ω で回っていても，その“内部に入れば”，$\pm\omega$ で逆向きに回る二軸の姿が見えるだけです——もし $\omega = 0$ なら直進中．これを外部の人は，右の角速度は $R = \Omega + \omega$，左は $L = \Omega - \omega$ と見るわけです．よって，駆動側の角速度 Ω は，その平均値になります．

$$R + L = 2\Omega \text{ より，} \Omega = \frac{R+L}{2}.$$

すなわち，定速走行中（$\Omega =$ 一定）でも，旋回時に必要な両輪の差 2ω は，デフが「$R + L =$ 一定」を保ちながら，経路に応じて生成します．その結果，タイヤも滑らず，軸も歪まない旋回が実現するのです．

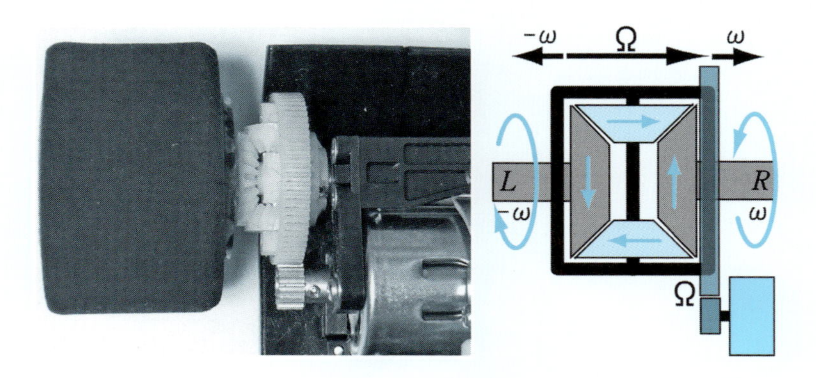

模型のデフとその仕組

ねじれ振子

それでは，再び振子の話題に戻りましょう．

ねじれ振子とは，例えば，金属製のワイヤーなどで吊した物質を回した時，ワイヤーがその“ねじれ”を解消しようとする力と，それに対抗する物質の慣性力によって繰り返される，順方向と逆方向の回転運動を指して，“振子”の名を与えたものです．

この振子も，小さな回転に対しては，調和振動子として扱うことができます．したがって，円周方向の小さな変位 x に対して，ねじれを解消しようとする力は，$-kx$ という形式によって与えられます――これは，振子の実体である物質の質量や形状など，あらゆる要素を「ワイヤーの硬さを表す定数 k に繰り込んでしまおう」という発想です．

また，長い周期のものを容易に作ることができるので，非常に小さな力の性質を調べることに利用されています．その代表例が，1798年に**キャベンディッシュ**が行った“地球の密度測定の実験”です．

この実験から，万有引力定数 G が導き出されました．ここでは，その概略を紹介しておきます．仕掛けの本質的部分は，微小な角のねじれ振子が，調和振動子で近似されることによって尽くされています．

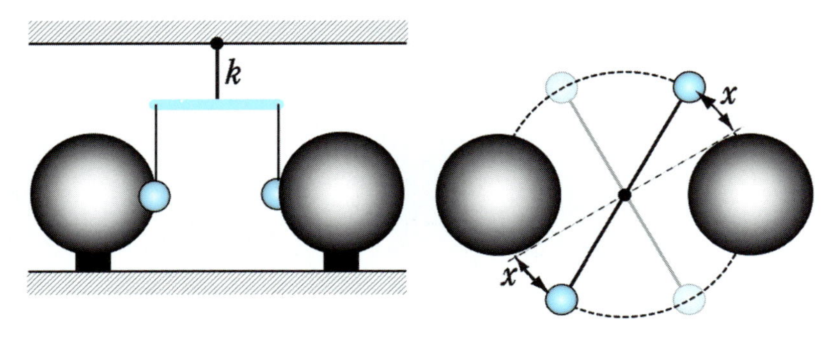

ねじれ振子の利用

二つの質量をバランスさせた天秤の重心をワイヤーで吊ってねじれ振子とし，その周期から k を求めます．これを“回転型のバネ秤”と見て，外部の質量との引き合う力を，変位 x から求めるわけです．

キャベンディッシュが作った実際の装置は，小屋一つをまるまる使った，当時の基礎実験としては大がかりなものでした．また，精密さを求める姿勢も，現代に通じる本格的なものでした．

それから今日に至るまで，G を求める人類の挑戦は絶えること無く続いていますが，重力相互作用は，まさに“万物”に作用するため，装置を含めたあらゆる周囲の環境が，実験に関わる“雑音”になってしまうので，他の物理定数のように細部までは解明されていません．

現在，推奨されている G の値は，以下のものです．

$$G = 6.67408 \times 10^{-11}\ \mathrm{m^3kg^{-1}s^{-2}}.$$

キャベンディッシュの装置と類似の機構のものは，科学博物館や大学などで所有している場合がありますので，一度調べてみて下さい．

X字振子

長い周期を持つ振子は，“ねじれ”を利用したものだけではありません．紐を“たすき掛け”にした振子もまた，長周期を実現させるには有力な仕組です．これは，その姿から**X字振子**と呼ばれています．

実際に，GをX字振子によって測定する実験もあります．また，振子は自身の周期より素早い動きには対応できないので，X字振子は，より広い範囲の振動を緩和する防振装置としても応用されています．

この振子が，長い周期を持つ理由は簡単に説明できます．単振子が振動し続ける理由は，回転運動に伴い，紐に引かれた錘が上下動して，そこに位置エネルギーと運動エネルギーの交換が起こるためでした．よって，その上下動をできる限り少なくすれば，エネルギー交換の割合も小さくなり，周期も長くなるということなのです．

普通の二本吊りの振子と，X字振子を比較すれば，上下動の幅の違いは明らかですが，特に「X字が正方形の対角線になる」ように設定した場合，下部に附けた錘の位置は，左右にほぼ水平に移動します．

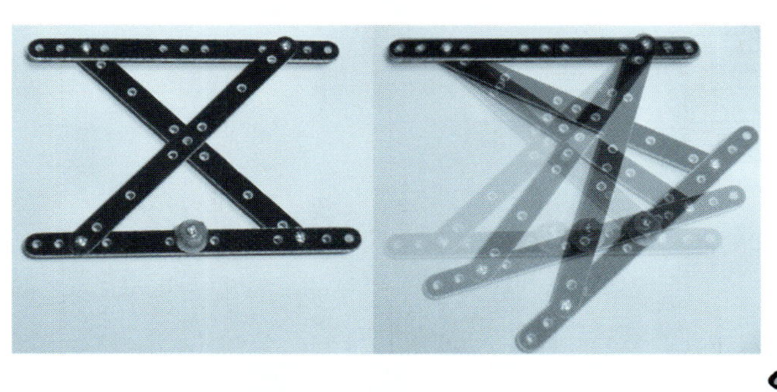

X字振子の例

ホントだ！

そこで，二本吊りの振子から，X 字振子へと“連続的に変形”する玩具をレゴで作りました．上部のノブを回すことで，直下の歯車が互いに反対方向に回転して，左右の紐の支持部が入れ替わります．

この装置は，振子の主要素である錘も紐も変わりません．ただ，その配置が変わるだけなのですが，その周期は大きく変化します．また，外部から加えられた力に対する反応も，著しく変わります．X 字振子の形態を取った場合には，それ以前よりも小さな力で揺れるので，“柔らかく”なったような印象を受けるでしょう．

物質は，同じ構成要素でありながら，見掛けの様子が極端に変わる場合があります．例えば，液体の水は，温度によって固体の氷に，あるいは，気体の水蒸気にと変化します——これを**相転移**といいます．

相転移は，原子の結合状態や相互距離の変化を元に理解されるものですが，“硬さが調整できる玩具”も，何かの役に立つかもしれません．アイデアは形にすると，また別のアイデアの素になるものです．

58 調和振動子のエネルギー

調和振動子は，“理想のバネの数式化”であると同時に，摩擦や空気の抵抗などを考慮せず，振幅にも制限を課さないことから，**理想の振子の数式化**であるともいえます．調和振動子をしっかりと理解することで，極めて多くの問題が処理できるようになります．

解の線型性

先に，調和振動子の解として，サインとコサインという二種類の関数を得ましたが，調和振動子は，**二つの解の和も，また解となる性質**を持っています．この性質は，**線型性**と呼ばれています．また，このことを「解の重ね合わせが利く」と表現する場合もあります．

問題を解くに当たって，これほど重要な性質は，他にありません．もし，解くべき問題が，線型性を持っていることが分かれば，その解法に対して，大きな方針を立てることができるからです．

例えば，何らかの方法で解を一つ発見したとします．その解を定数倍したものも，また解になります．例えば，X が解ならば，定数 A を掛けた AX もまた解になるわけです．定数の値は自由に選べますから，この段階で既に“無限個の解”を得たのと同じことになります．

ただし，これは意味のある“進展”とは見做されません．欲しいものは，本質的に異なるもう一つの解です．それを Y と書けば，先の場合と同様に，定数 B を掛けた BY も解になります．この時

$$AX + BY$$

もまた解になるのが，問題が線型性を持つということなのです．

そこで，以後の表記を簡潔にするために，バネ定数 k を $m\omega^2$ に置き換えた調和振動子の解を，次の形に定義します．

$$a = -\omega^2 x \qquad x = A\cos\omega t + B\sin\omega t.$$

ここで，A, B は定数，ω は第 34 章で議論した，角振動数の意味を持ちます――周期 T とは，$\omega T = 2\pi$ なる関係にあります．

このの x が，実際に解になっているか否かは，具体的に微分して

$$v = -\omega A\sin\omega t + \omega B\cos\omega t,$$
$$a = -\omega^2 A\cos\omega t - \omega^2 B\sin\omega t = -\omega^2 x$$

より確かめられます．次に，定数と初期条件の関係を求めましょう．

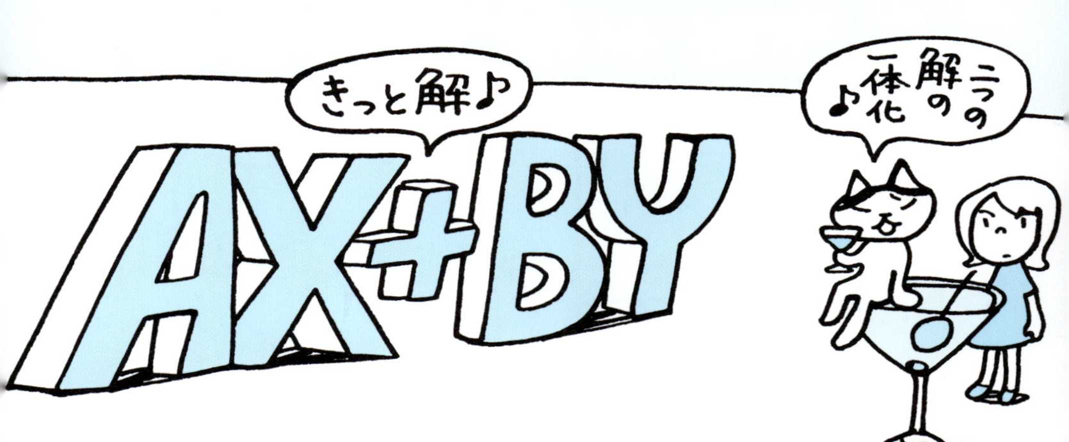

初期条件，すなわち，$t = 0$ での位置と速度を，x_0, v_0 としましょう．$t = 0$ においては，$\sin 0 = 0$, $\cos 0 = 1$ ですから，上の x, v は

$$x = A, \quad v = B\omega$$

となります．これが，それぞれ x_0, v_0 に等しいわけですから，A, B は，$A = x_0$, $B = v_0/\omega$ と決まります．よって

$$x = x_0 \cos \omega t + \frac{v_0}{\omega} \sin \omega t$$

が，初期条件を含んだ調和振動子の一般的な解になります．

バネがする「仕事」

第 47 章では，自由落下を例に引き，エネルギーと「仕事」の考え方を紹介しました．ここでは，調和振動子について考えます．先ずは

$$W = Fs$$

を思い出して下さい．力 F の働いている方向に，どれだけ移動したか，その移動距離 s との積が，「仕事」W だったわけです．

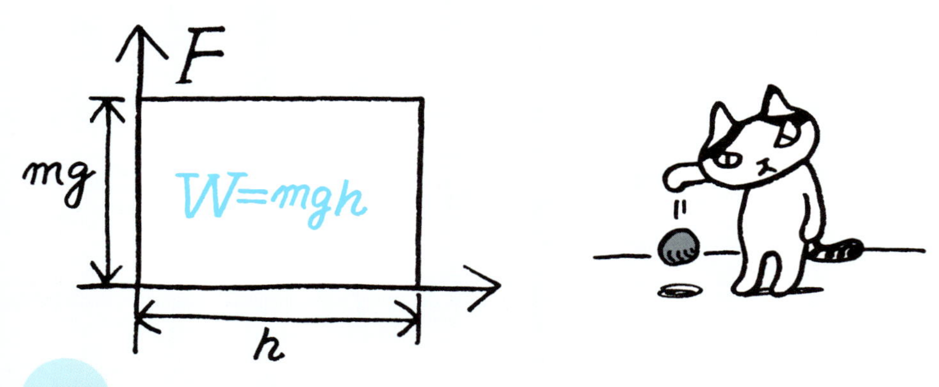

例えば，地表附近にある質量 m の物質には，下向きに $F = mg$ という力が働いており，両者の距離が h だけ縮まれば，地球は対象に対して，$W = mgh$ だけの「仕事」をしたことになるのでした．

二要素の積を考える場合，直交座標での面積に置き換えることが，問題の本質を見やすくする場合があります．例えば，縦軸を力，横軸を移動距離に取れば，「仕事」は囲まれた部分の面積になります——この場合なら，縦 mg，横 h の“長方形の面積”が求めるものです．

面積を求めることは，積分の一つの役割ですが，逆に単純な面積計算をしているつもりが，実は重要な積分計算をしていた，ということもあるのです．多くの人が“知らない中に積分をしていた”というわけですから，積分は決して難しいものではないことが分かります．

それでは，“理想のバネ”の「仕事」を求めることにしましょう．

バネ定数 $m\omega^2$ のバネが，自然長から x だけ伸ばされた時，それを戻そうとする力は，$F = m\omega^2 x$ で表されます．したがって，バネがする「仕事」は，底辺 x，高さ $m\omega^2 x$ の“直角三角形の面積”$m\omega^2 x^2/2$ として求められます——「底辺 × 高さ /2」という簡単な“積分”です．

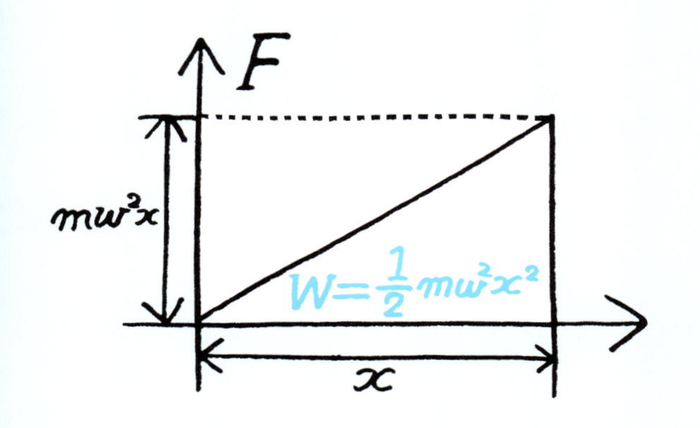

このように，調和振動子の「仕事」は，位置 x だけで決まる，位置エネルギーの形式を持っています．そこで，これを U で表し，運動エネルギー $K = mv^2/2$ と合わせて，以下の全エネルギーを得ます．

$$E = K + U = \frac{1}{2}mv^2 + \frac{1}{2}m\omega^2 x^2.$$

ここで，重要なことは，K と U が共に変数の二乗で表された同じ形式を持っていることです――自由落下の場合と比べて下さい．この位置と速度に関する完全な対称性は，調和振動子が力学全体の本質に関わるモデルであることを暗示しています．

では，E はどのように変化していくのでしょうか．それを調べましょう．先ず，位置 x と，その時間微分（速度）v を列挙します．

$$x = x_0 \cos \omega t + \frac{v_0}{\omega} \sin \omega t, \quad v = -\omega x_0 \sin \omega t + v_0 \cos \omega t.$$

次に，それぞれの二乗から，K, U を計算します．

$$\begin{aligned} K = \frac{1}{2}mv^2 \quad &= \frac{1}{2}m\omega^2 x_0^2 \sin^2 \omega t + \frac{1}{2}mv_0^2 \cos^2 \omega t \\ &\qquad - m\omega x_0 v_0 \sin \omega t \cos \omega t, \\ U = \frac{1}{2}m\omega^2 x^2 &= \frac{1}{2}m\omega^2 x_0^2 \cos^2 \omega t + \frac{1}{2}mv_0^2 \sin^2 \omega t \\ &\qquad + m\omega x_0 v_0 \sin \omega t \cos \omega t. \end{aligned}$$

これをまとめて，全エネルギーは，以下のようになります．

$$\begin{aligned} E &= \frac{1}{2}mv_0^2(\cos^2 \omega t + \sin^2 \omega t) + \frac{1}{2}m\omega^2 x_0^2(\sin^2 \omega t + \cos^2 \omega t) \\ &= \frac{1}{2}mv_0^2 + \frac{1}{2}m\omega^2 x_0^2 \end{aligned}$$

結果は，E から時刻 t に関する項がすべて消えて，初期条件 x_0, v_0 のみを含むものになっています．以上のことから，調和振動子の全エネルギーは，時間の経過に無関係な定数，すなわち，保存量になっていることが分かりました――これは，元々の全エネルギーの表記において，単に $v \to v_0$, $x \to x_0$ と置き換えたものになっています．

エネルギーが定数であることを，より明確に示すには，“幾何学的な表現”を用いることが非常に効果的です．例えば，$m = 2$, $\omega = 1$ の場合を考えますと．$E = v^2 + x^2$ となりますが，これは「位置と速度を二軸とする平面上」では，半径 $\sqrt{E}$ の“円”になります．

また，同じ条件の下，エネルギーの大きさが，E_1, E_2, E_3,… で表される場合，これらは同心円になることが分かります――ここから逆に，「位置と速度の組」をグラフから定めることができます．

なお，一般的な m, ω の場合に，どのような曲線が描かれるかについては，次章の内容によって，自然に理解できるでしょう．

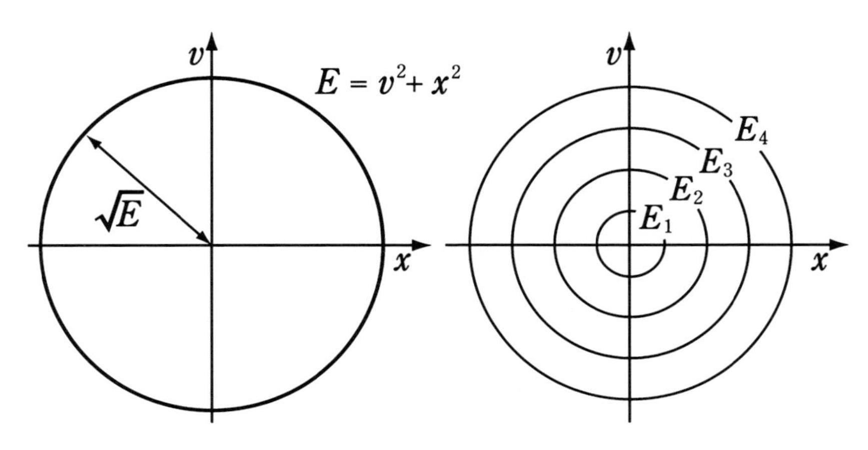

位置・速度のグラフ

59 二次元の調和振動子

調和振動子について調べています．ここでは，変数の個数を増やして，そこから導かれる運動を探りましょう．二次元的な拡がりを持つ振動の理想型として調和振動子を扱います．

一次元から二次元へ

その前に今一度，“一次元”の調和振動子の基礎から入ります．初期条件：$x_0, (v_x)_0$ を含んだ調和振動子のもっとも一般的な解は

$$x = x_0 \cos \omega t + \frac{(v_x)_0}{\omega} \sin \omega t$$

と表せました——ここでは，$v_0 \to (v_x)_0$ と書き替えています．

以上のことを確認した上で，二次元の問題，直交する二軸を x, y とする平面座標系の問題へと移ります．x 軸上の調和振動子の解が，上式の形を取るなら，y 軸上のそれも同形式になるはずです．そこで

$$\frac{\mathrm{d}v_x}{\mathrm{d}t} = -\omega^2 x \;\Rightarrow\; x = x_0 \cos \omega t + \frac{(v_x)_0}{\omega} \sin \omega t,$$

$$\frac{\mathrm{d}v_y}{\mathrm{d}t} = -\omega^2 y \;\Rightarrow\; y = y_0 \cos \omega t + \frac{(v_y)_0}{\omega} \sin \omega t$$

という，二つの問題を同時に扱うことを考えます．

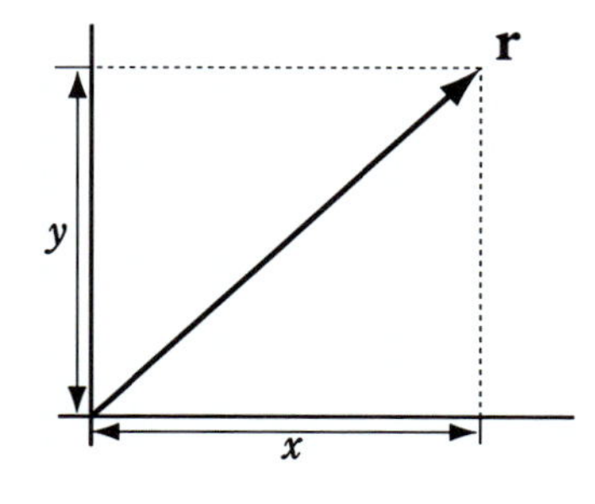

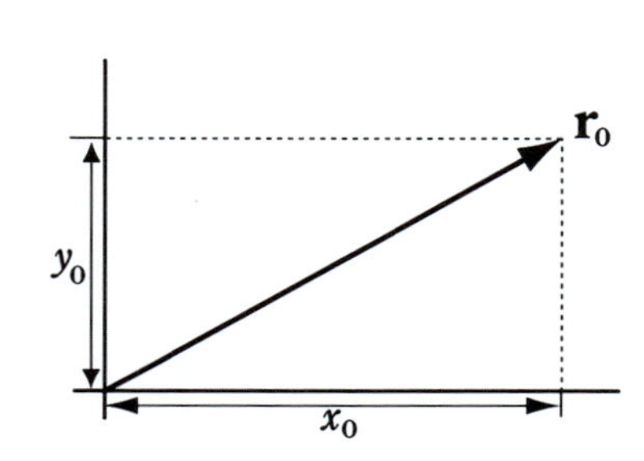

これは，x, y を平面上のベクトル $\mathbf{r}$ の成分と見ることに他なりません．位置に関する初期値の組：x_0, y_0 を同じく $\mathbf{r}_0$ で，速度：v_x, v_y を $\mathbf{v}$ で，その初期値の組：$(v_x)_0$, $(v_y)_0$ を $\mathbf{v}_0$ で表すことで，二つの式は，一つのベクトルの式にまとめることができます．

$$\frac{\mathrm{d}\mathbf{v}}{\mathrm{d}t} = -\omega^2\mathbf{r} \quad \Rightarrow \quad \mathbf{r} = \mathbf{r}_0 \cos\omega t + \frac{\mathbf{v}_0}{\omega}\sin\omega t.$$

この式を，**二次元の調和振動子**と呼びます．ここでは，一次元の調和振動子の解から，これを組立てるという“逆のコース”を辿りましたが，本来は，与えられた左側の式から右側の解を求める，そのために“一次元の二つの式に分解する”という手順になります．

ただし，これは単に二つの式をまとめたことに留まりません．x, y のそれぞれで定義されていた一次元の問題を，ベクトルの形式にまとめた結果，基礎となるベクトルが，直交する二軸 x, y に沿うものから，自由な $\mathbf{r}_0$, $\mathbf{v}_0$ へと書き替えられたと考えられるからです．

運動の本質であるベクトルから見れば，座標はその影に過ぎません．影の長さは，見る立場で変わります．よって，本質的な問題を解いて，影の長さを求めることが，“通常のコース”になるわけです．

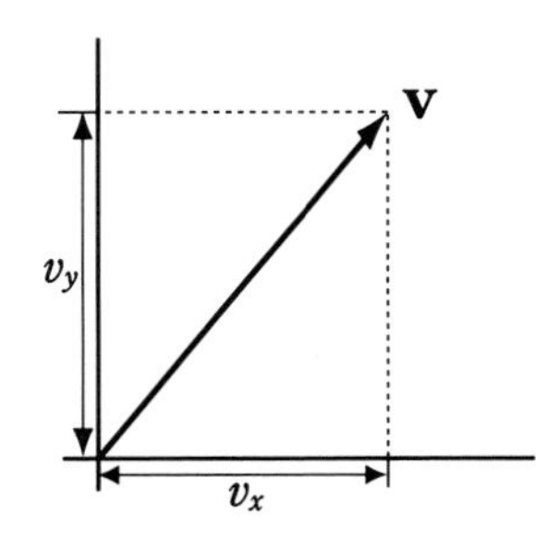

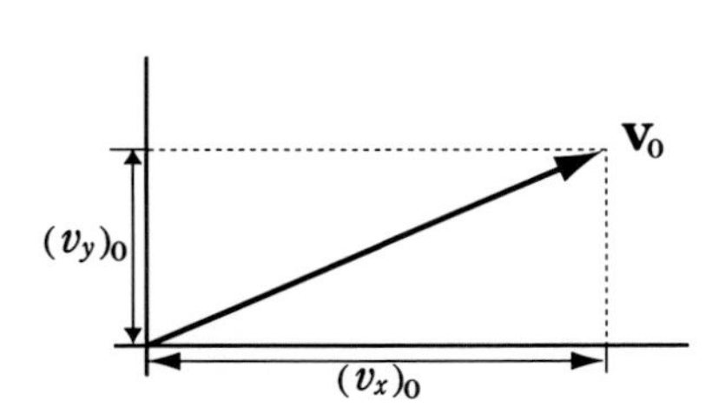

楕円の性質

では，この $\mathbf{r}$ が指し示す点，二次元の調和振動子の軌道は，如何なる図形になるでしょうか．図形としての興味だけならば，$\omega t = \theta$ として，時間を角度で置き換え，初期値の部分も長さ一定のベクトル：$\mathbf{A}, \mathbf{B}$ で置き換えた方が，見通しがよいでしょう．すなわち

$$\mathbf{r} = \mathbf{A}\cos\theta + \mathbf{B}\sin\theta$$

が描く図形，その幾何学を調べるわけです．

もっとも簡単な例は，$\mathbf{A}$ を x 軸，$\mathbf{B}$ を y 軸に沿ったものとし，その長さ A, B を等しく取った場合です――本来は，初期値 $\mathbf{r}_0, \mathbf{v}_0$ と同様に，ベクトル $\mathbf{A}, \mathbf{B}$ も自由な方向と長さを持ったものですが，ここではこれを制限し，再び x, y 軸に戻すことで，議論を簡潔にします．

この時，$\mathbf{r}$ は円を表します．特に $A = B = 1$ の場合には，単位円になります．これは，サイン・コサインの定義そのものです．

次に，両者の長さが異なる場合を考えます．これは，x, y の二軸の比を変えた場合，すなわち，円をある方向から潰した場合とも考えられます．こうして定まる図形を，**楕円**（ellipse）と呼びます．

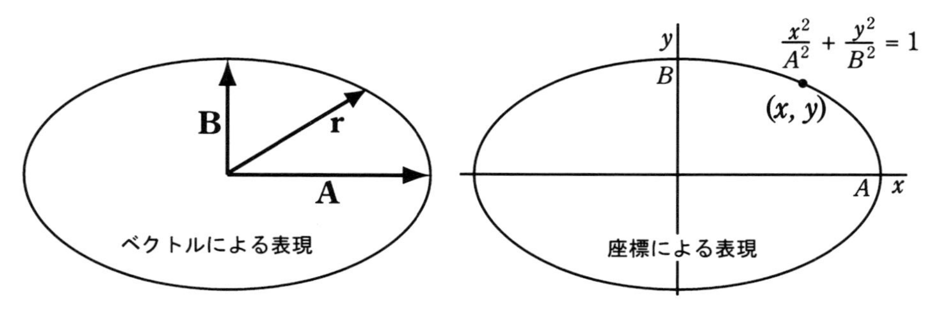

楕円の表現

楕円は，陸上競技のトラックに見られる，“長方形の角を丸めた”ような**長円**でも，“卵のような形”を意味する**卵形**でもありません．楕円は，円を一方向に潰したもの，あるいは，円を斜め上方から見たものです．すなわち，逆の方法で，円に戻せないものは，楕円ではありません．楕円は，“円の一般化”なのです．

それは，次のような意味です．今，ベクトル $\mathbf{A}$, $\mathbf{B}$ は，x, y 軸に沿ったものを考えていますので，$\mathbf{r}$ の軸方向の成分として，それぞれ

$$x = A\cos\theta, \quad y = B\sin\theta$$

が成り立っているわけです．ここで，両式をそれぞれの長さ A, B で割り，二乗したものを加えますと，以下のようになります．

$$\frac{x^2}{A^2} + \frac{y^2}{B^2} = \cos^2\theta + \sin^2\theta = 1.$$

これが座標を用いた楕円の式です．ここで，$A = B = C$ と置けば，直ちに半径 C を持つ円の式：$x^2 + y^2 = C^2$ が得られることが分かるでしょう．以上が“一般化”の意味なのです――前章の「位置・速度平面におけるエネルギーの曲線」も，一般的には楕円になります．

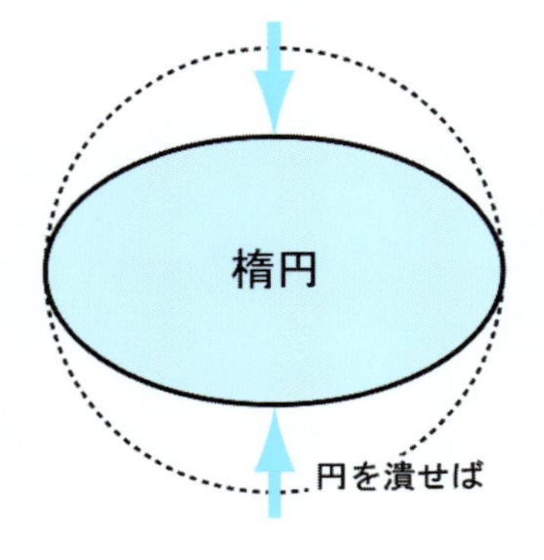

円を潰せば

円を斜めから見れば楕円

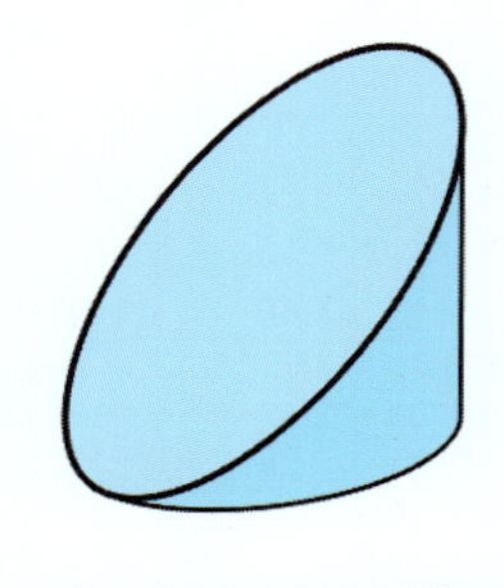
円柱の斜め切断面は楕円

では，その具体的な形，その概略を，表計算ソフトを使って描いてみましょう．ここでは，ソフト内蔵の関数：SIN( )，COS( ) を，さらに，与えられた角度を弧度に直す RADIANS( ) を用いました―― 逆に，弧度を角度に直す DEGREES( ) という関数もあります．

先ず，A 列には 30 刻みの角度が入るようにします―― A2 に 0 を，A3 に ＝ A2 ＋ 30 と入力して，後はその複写です．

次に，B2 に ＝COS(RADIANS(A2)) と入力して，これを複写します．さらに，C2 に ＝ SIN(RADIANS(A2)) と入力して，複写です．

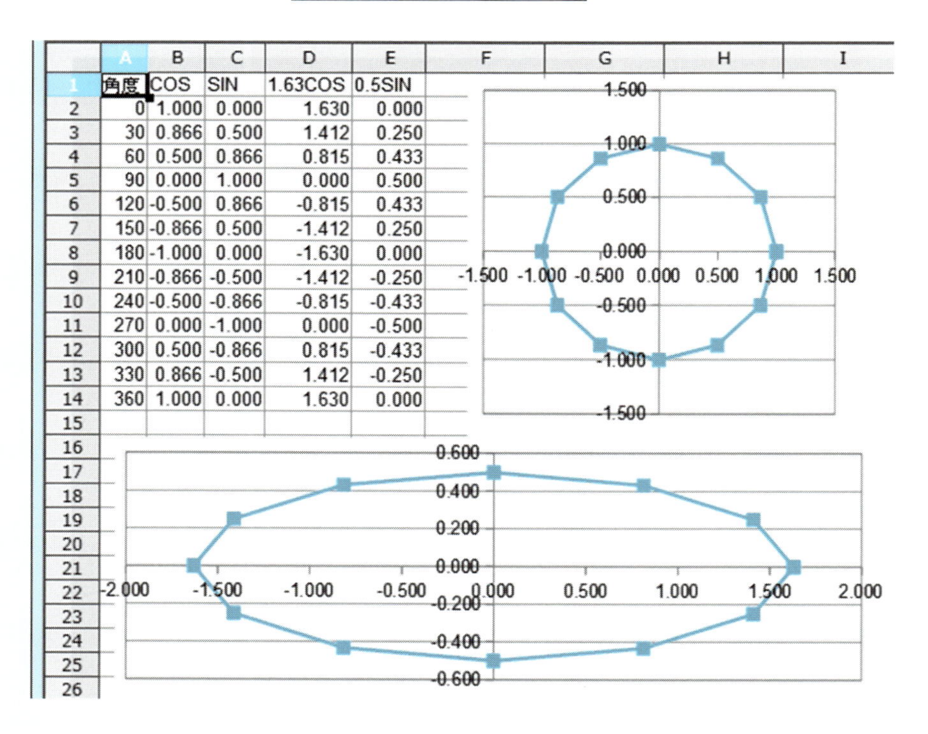

	A	B	C	D	E
1	角度	COS	SIN	1.63COS	0.5SIN
2	0	1.000	0.000	1.630	0.000
3	30	0.866	0.500	1.412	0.250
4	60	0.500	0.866	0.815	0.433
5	90	0.000	1.000	0.000	0.500
6	120	-0.500	0.866	-0.815	0.433
7	150	-0.866	0.500	-1.412	0.250
8	180	-1.000	0.000	-1.630	0.000
9	210	-0.866	-0.500	-1.412	-0.250
10	240	-0.500	-0.866	-0.815	-0.433
11	270	0.000	-1.000	0.000	-0.500
12	300	0.500	-0.866	0.815	-0.433
13	330	0.866	-0.500	1.412	-0.250
14	360	1.000	0.000	1.630	0.000

この二列を選択して，散布図を選べば，左頁上のグラフが描かれます——縦横の比を 1 : 1 にするように，グラフを調節して下さい．

続いて，$A = 1.63$, $B = 0.5$ とした場合のグラフを得るために，D, E の二列を作ります—— D2 に =1.63*B2 ，E2 に =0.5*C2 と入力して，それぞれ下のマスへ複写します．このグラフが下の楕円です．

もちろん，円の場合も，楕円の場合も，角度の刻みを細かくすれば，曲線は滑らかになりますが，ここでは見易さを優先しました．

なお，$A > B$ の場合，A に沿う方向を長軸，A そのものを長半径，B に沿う方向を短軸，B を短半径といいます．楕円の潰れ具合は

$$e := \sqrt{1 - B^2/A^2}$$

により定義されます——これは離心率と呼ばれています．

ところで，“素手”で楕円を描くには，どうすればいいでしょうか．円なら，釘一本と紐があれば描けました．楕円の場合には，この釘が二本，すなわち，固定点が二ヶ所必要になります．

ある点からの距離が等しい点の全体が円でした．この点を円の中心といいました．二つの点からの距離の和が一定になる点の全体が，楕円になります．この二点のことを，楕円の**焦点**と呼びます．

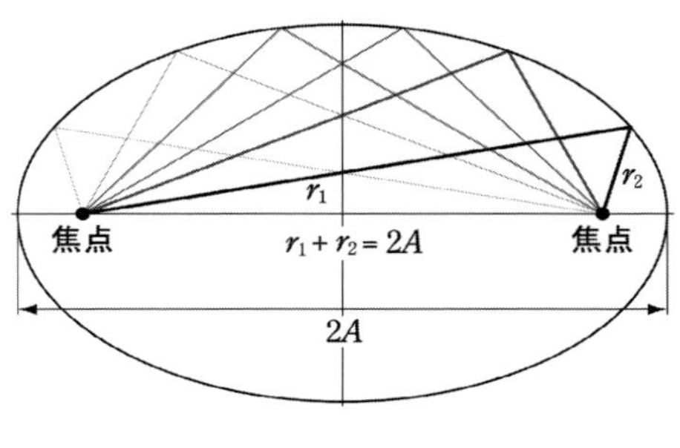

焦点の位置

この焦点の位置を定めましょう．

先ずは，x 軸上に二点を取ります．その位置を，$-w$, w とすれば，原点は楕円の対称の中心になります．ここから直ちに，楕円は x 軸，y 軸に関して対称な図形になることが分かります．したがって，その詳細は全体の四分の一（例えば，第一象限）を調べれば充分です．

二点を結んだ紐の長さを $2A$ とすれば，x 軸上の最遠地点は，二つの焦点の距離が正・負で打ち消し合うことから，全体のちょうど半分，すなわち，描かれる楕円の長半径は A になることが分かります．

また，y 軸上の最遠地点を B とすれば，原点と焦点との距離 w は，直角三角形の辺の比から $\sqrt{A^2-B^2}$ と決まります．これを離心率を用いて書き替えれば，その距離は Ae となることが分かります．

先の例：$A=1.63, B=0.6$ の場合なら，離心率，焦点の位置は

$$e=\sqrt{1-(0.5/1.63)^2}\approx 0.952, \quad Ae=1.55$$

と求められます．因みに，楕円の面積は πAB となります．

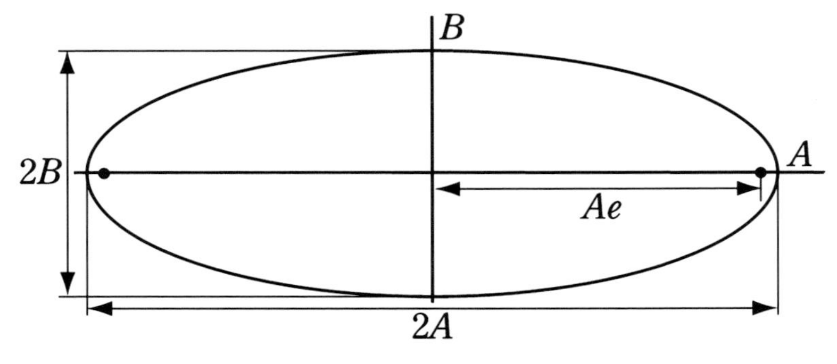

長半径と短半径

Y字振子

振幅が小さい単振子の場合，その運動は一次元の調和振動子として解くことができました．この場合の振動面は，空間に固定されたものになりました――これが“一次元”の理由でもあります．

しかし，同じ小振幅の単振子であっても，二方向からの力を受けている場合は，二次元の調和振動子として扱いました．ここでは，さらに方向によって異なる力：$-m\omega_x^2 x$，$-m\omega_y^2 y$ が働く場合を考えます．

この設定は，二点から垂らした短い紐の中央に，もう一本の紐を結び，さらにその先に錘を附けた振子によって容易に実現されます．これは，その形がYの字になっていることから，**Y字振子**と呼ばれています――“ブラックバーン振子”という名前もあります．

紐の枝分かれによって，揺れやすい方向と，その方向に直角な揺れ難い方向が生じます――両者で紐の有効な長さが異なるためです．

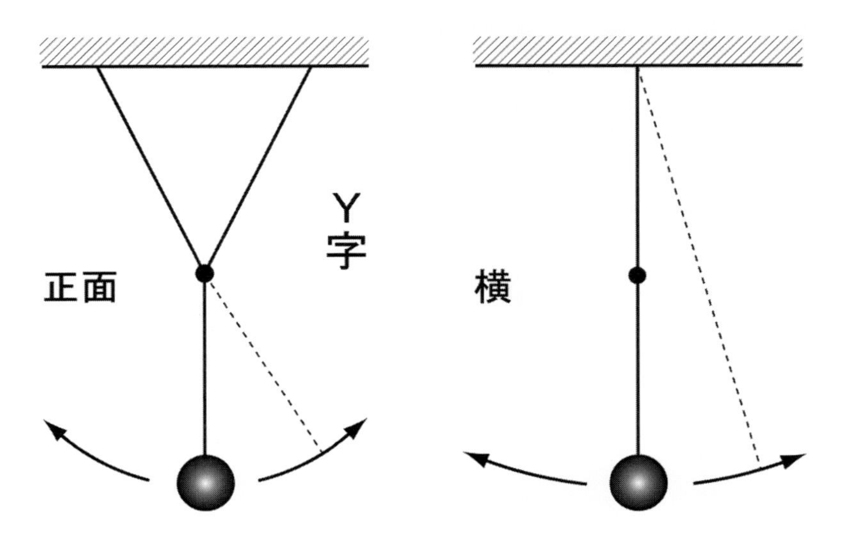

Y字振子の性質

これは，私達が脚を開いて踏ん張った時，それでも前後方向には倒れやすく，真横の方向には倒れ難いことと同様です．この性質が，Y字振子の特徴的な運動を決定するわけです．

その解を，先の結果を流用して，以下の形式で与えましょう．

$$x = \cos\omega_x t, \quad y = \sin\omega_y t.$$

Y字振子が描く軌道は，定数 ω_x, ω_y の値によって，次のように分類されます――両者が等しい場合には，当然，楕円軌道になります．

先ず，二つの定数の比が有理数の場合は閉じた軌道になりますが，楕円のように一周期では閉じません――この閉じた図形は，**リサジュー図形**と呼ばれる，幾何学的に美しいものになります．なお，ここで“閉じた図形”とは，ある時間の経過後に軌道の様子が一巡し，その後は同じ軌道を繰り返す場合に描かれる図形をいいます．

次に，その比が無理数の場合には，何時までも閉じることはなく，軌道は“平面の一部を埋め尽くす”ように続きます．

ここでも表計算ソフトを用いて，図形を描いてみましょう．

B列には，$\omega_x = 1$ に対応するコサインの値が，C列には，$\omega_y = 2$ に対応するサインの値が計算されています．角度は 0° から 720° まで，この場合の x に対する二周期分を取りました．この二つの関数から描かれた図形が，右の上のものです．

同じく，D列には，$\omega_x = 3$ に対応するコサインの値が，E列には，$\omega_y = 5$ に対応するサインの値が計算されています．右の下の図が，描かれた図形になります．どちらのグラフも，「点の間を滑らかな曲線でつなぐ」という描画のオプションを選択しています．

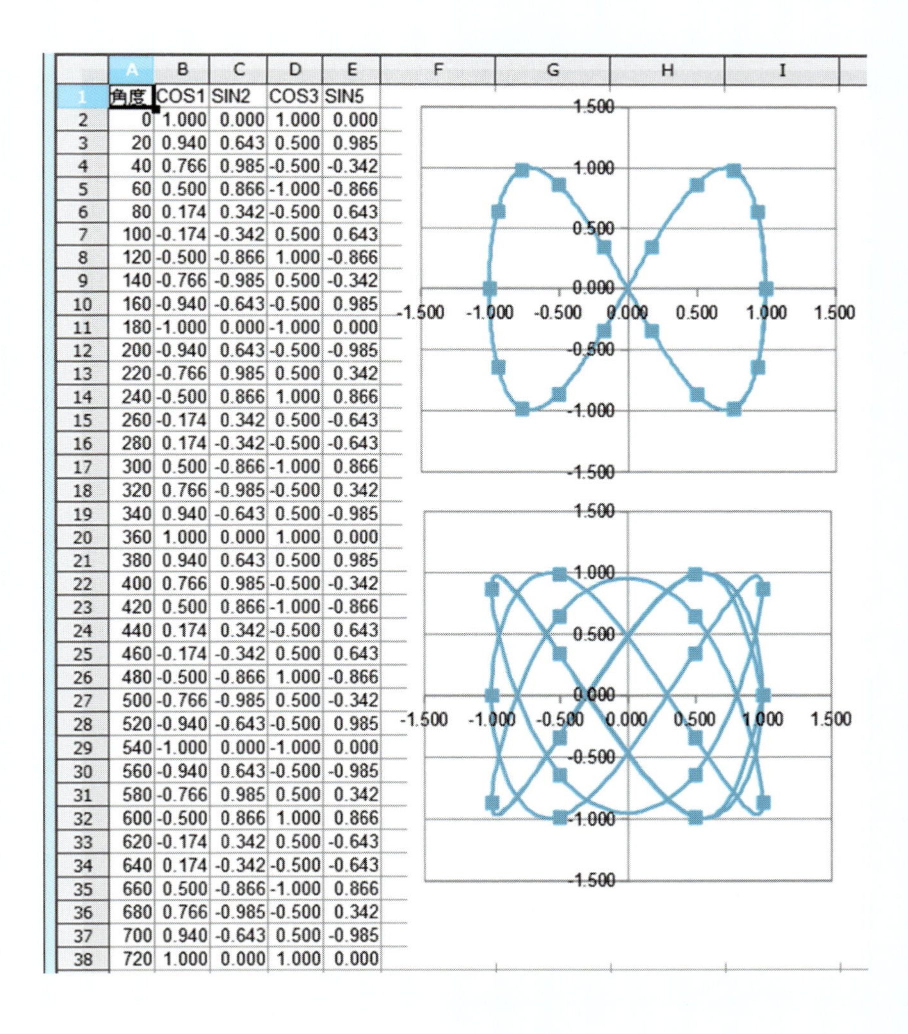

	A	B	C	D	E
1	角度	COS1	SIN2	COS3	SIN5
2	0	1.000	0.000	1.000	0.000
3	20	0.940	0.643	0.500	0.985
4	40	0.766	0.985	-0.500	-0.342
5	60	0.500	0.866	-1.000	-0.866
6	80	0.174	0.342	-0.500	0.643
7	100	-0.174	-0.342	0.500	0.643
8	120	-0.500	-0.866	1.000	-0.866
9	140	-0.766	-0.985	0.500	-0.342
10	160	-0.940	-0.643	-0.500	0.985
11	180	-1.000	0.000	-1.000	0.000
12	200	-0.940	0.643	-0.500	-0.985
13	220	-0.766	0.985	0.500	0.342
14	240	-0.500	0.866	1.000	0.866
15	260	-0.174	0.342	0.500	-0.643
16	280	0.174	-0.342	-0.500	-0.643
17	300	0.500	-0.866	-1.000	0.866
18	320	0.766	-0.985	-0.500	0.342
19	340	0.940	-0.643	0.500	-0.985
20	360	1.000	0.000	1.000	0.000
21	380	0.940	0.643	0.500	0.985
22	400	0.766	0.985	-0.500	-0.342
23	420	0.500	0.866	-1.000	-0.866
24	440	0.174	0.342	-0.500	0.643
25	460	-0.174	-0.342	0.500	0.643
26	480	-0.500	-0.866	1.000	-0.866
27	500	-0.766	-0.985	0.500	-0.342
28	520	-0.940	-0.643	-0.500	0.985
29	540	-1.000	0.000	-1.000	0.000
30	560	-0.940	0.643	-0.500	-0.985
31	580	-0.766	0.985	0.500	0.342
32	600	-0.500	0.866	1.000	0.866
33	620	-0.174	0.342	0.500	-0.643
34	640	0.174	-0.342	-0.500	-0.643
35	660	0.500	-0.866	-1.000	0.866
36	680	0.766	-0.985	-0.500	0.342
37	700	0.940	-0.643	0.500	-0.985
38	720	1.000	0.000	1.000	0.000

60 三角形の重心

作図法からはじめて，三角形に関する様々な問題を採り上げてきました．本章では，ここまで残されてきた「図心から重心へ」という問題を，三質点，三角板，三角枠に分けて順に調べていきます．

三質点の重心

はじめに，ここまでの結果から得られた，重心が持つ最重要の性質：「**重心は一つしか存在しない**」ということを確認しておきます．では，もっとも簡単な例である「三質点の重心」から考えましょう．

三つの質点が，空間に配置された時，それは一つの平面を形成します．そこで，それらを“見えない線”でつないで，三角形と見做すのです．その“空想上の三角形”の重心を求めることは実に簡単です．

二質点の重心は，両者を結ぶ直線上，距離の比が，質量の比と逆の関係になるところにあります．次に，この位置に，二質量の和を持つ新しい質点を仮定します．この新質点と残る質点を，再び二質点の問題と見做せば，直ちに求めるべき「三質点の重心」が決まります．

この「二つを一組として束ねる手続き」を繰り返すことで，どのような質点の集団に対しても，その重心が求められるわけです．

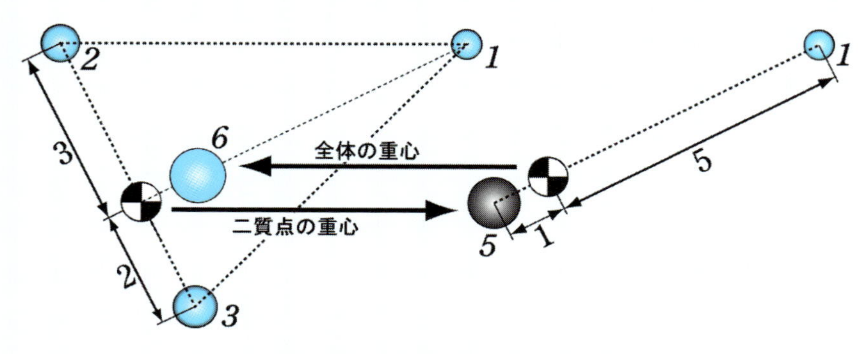

三質点の重心（質量が１，２，３の場合）

三角板の重心

次は，三角“板”の重心です．円周と円板のように，“中身の有る無し”を区別するために，この名称を使っています．したがって，これから求めるものが，一般に知られている「三角形の重心」になります．

先ず，その大前提は，細い均一な棒の重心が，その中央にあることです．天秤の棒が釣合っているのも，重心が棒の中央にあるからです．さらに，小さな質量からなる“直線的な鎖”を，二つ一組の質量として束ねることから，棒の重心の意味を探ることもできます．

さて，三角板を細い棒で区切っていけば，その重心の並びは板の中央線，すなわち，中線になります．この中線上の何処かに重心があるわけですが，棒で区切る方法は，三辺に対応して三種類あります．ここで，重心が唯一つ存在することを思い出せば，三本の中線は一点で交わること，そして，その点が重心になることが分かります．

ところで，四つの三角形を並べることで，相似比 2 の“大三角形”が作れることは，既に何度も紹介しています．この時，中央に位置する“逆三角形”と，外側の大三角形とは中線を共有しています．

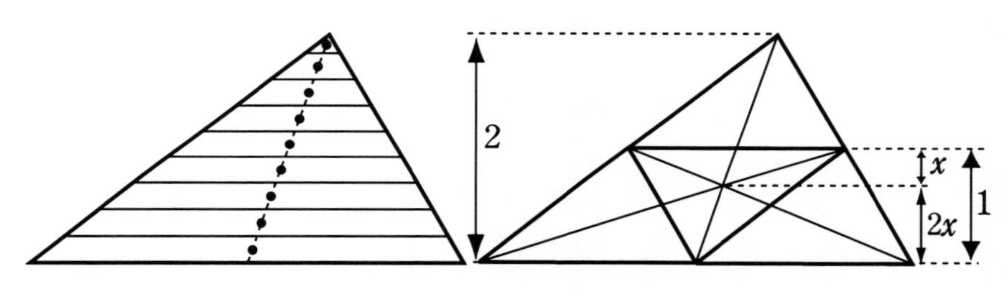

三角板の重心

したがって，この二つの三角形の重心は，同じ位置にあるわけです．一つ分の三角形の高さを1，逆三角形における上の辺から重心までの距離をxとすれば，大三角形の重心までの距離は$2x$になります．

この和$3x$が高さ1に等しいわけですから，$x = 1/3$となります．この処理も，三辺それぞれに対して同様に行えますので，結局，三角板の重心は，三本の中線の交点であり，その交点までの距離は，中線全体の長さの1/3であることが分かりました．

また，重心を共有していることから，大三角形から逆三角形を除いた"中空大三角形"の重心もまた，同じ位置にあることが分かります．

三角枠の重心

残るのは，"枠"の場合です．これは，通常の三角形（三角板）から"中身"を除いたものです．この枠は，細い均一な棒からなっており，長さに比例した質量を持っていると仮定します．したがって，各枠の重心は，その中央にあります．なお，三角形の高さはhとします．

これは，直ちに質点で置き換えられます．その結果，各辺の中点に，その辺の長さに比例した質量を持つ質点を仮想したものから，三角枠の重心が求められます（一つの辺について求めれば，他は同様です）．

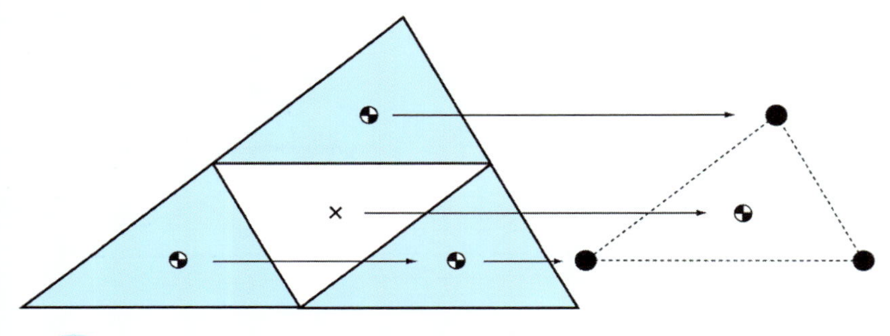

中空三角形の重心

そこで，$\mathbf{M/L}$ を次元として持つ定数 k を導入しますと，ka, kb, kc は質量の次元を持ちます——三質点を結ぶ破線の図形は，相似比 $1/2$ の逆三角形になります．距離を，kc, kb を結ぶ線から測り，重心を x とします．これより，以下の“辺の長さによる関係”を見出します．

$$kbx + kcx = ka\left(\frac{1}{2}h - x\right) \text{より，} (a+b+c)x = \frac{1}{2}ah.$$

さらに，これを半周長：$t = (a + b + c)/2$ と，面積：$S = ah/2$ で表して，$2tx = S$．重心位置 x について解いて，$x = S/2t$ を得ます．

ところで，第 25 章では，内接円の半径と，周・面積の関係：$r = S/t$ を導きました．これを，相似比 $1/2$ の三角形に対して適用すれば，長さに関する全要素は $1/2$ になりますので，当然，内接円の半径も $1/2$．これを元の三角形の要素で書けば，$(S/t)/2 = S/2t$ となります．

これは，上で求めた枠の重心 x と一致しています．すなわち，「枠の重心は，相似比 $1/2$ の“逆三角形”の内心の位置にある」というわけです．以上で，板と枠を区別する理由も明確になったでしょう．

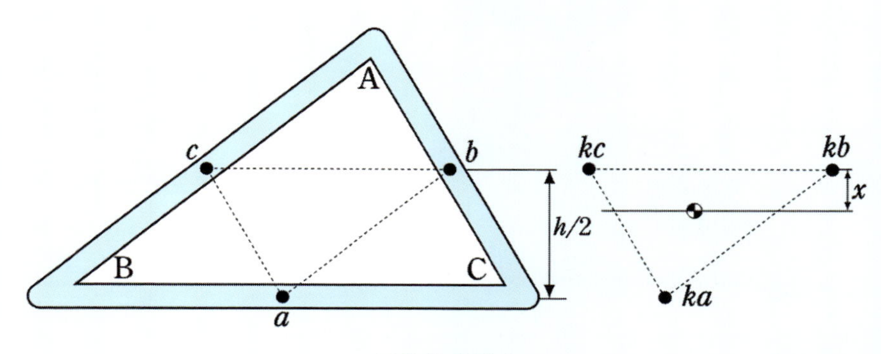

三角枠の重心

では，内心の話題をもう一つ．下図は，輪ゴムの力で三角形の二辺を動かし，円柱の中心が内心になるように自動的に調整するものです．ロボット工学では，物体を掴み支える機構を**把持機構**といいますが，これは，丸い物を簡単に，滑らせずに掴める把持機構なのです．

この機構が“滑らない”理由は，三角形の辺に相当する棒の部分が，円の接線方向に位置するため，そこから働く力は，その直角方向，すなわち，円の中心を向いて作用するからです．この道具によって，強く締まったビンの蓋などを，容易に開けることができます．

剛性のバランス

第17章では，図心を輪ゴムを用いて実験的に求めました．ここでは，輪ゴムを「伸び **X** に比例した力 **F** を生むもの」と仮定して，力のベクトルのバランス計算から重心（図心）を導きます．一般に，物の硬さや柔らかさのことを**剛性**と呼びますが，その本質は力のバランスにあります．すなわち，重心は剛性の中立点でもあるわけです．

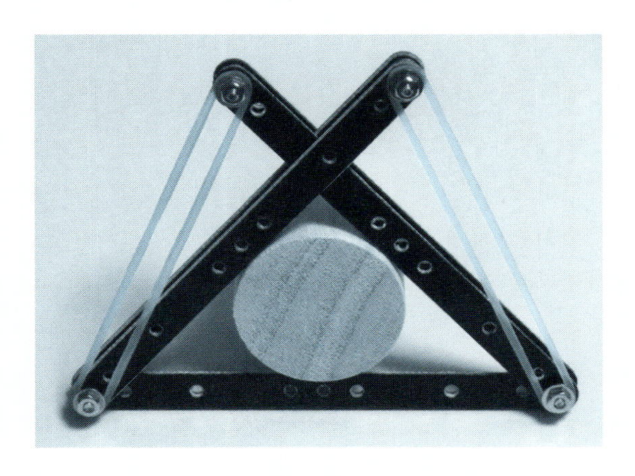

円柱を掴む

今，三本の輪ゴムは釣合いの状態にあるので，三頂点 A, B, C から作用している力のベクトル：$\mathbf{F}_\mathrm{A}$，$\mathbf{F}_\mathrm{B}$，$\mathbf{F}_\mathrm{C}$ の総和はゼロです．仮定より，これを伸び（長さ）で置き換えて，交点を指すベクトルの関係：

$$\mathbf{F}_\mathrm{A}+\mathbf{F}_\mathrm{B}+\mathbf{F}_\mathrm{C}=\mathbf{0}\ \text{より，}\ \mathbf{X}_\mathrm{A}+\mathbf{X}_\mathrm{B}+\mathbf{X}_\mathrm{C}=\mathbf{0}$$

を得ます．各頂点と輪ゴムの交点の位置を **a**, **b**, **c**, **s** で表し，そこにできる三つの三角形に対して，それぞれ **0** を作る工夫をします．最後にそれらを足し合わせ，上式の関係を用いて，**s** が求められます．

$$\left.\begin{array}{r}\mathbf{a}+\mathbf{X}_\mathrm{A}+(-\mathbf{s})=\mathbf{0}\\ \mathbf{b}+\mathbf{X}_\mathrm{B}+(-\mathbf{s})=\mathbf{0}\\ \mathbf{c}+\mathbf{X}_\mathrm{C}+(-\mathbf{s})=\mathbf{0}\ \ (+\\ \hline (\mathbf{a}+\mathbf{b}+\mathbf{c})+(\mathbf{X}_\mathrm{A}+\mathbf{X}_\mathrm{B}+\mathbf{X}_\mathrm{C})-3\mathbf{s}=\mathbf{0}\end{array}\right\}\Rightarrow \mathbf{s}=\frac{1}{3}(\mathbf{a}+\mathbf{b}+\mathbf{c}).$$

よって，輪ゴムの交点 **s** は，重心に一致する，すなわち，三頂点からの剛性のバランスは，重心において充たされることが示されました．

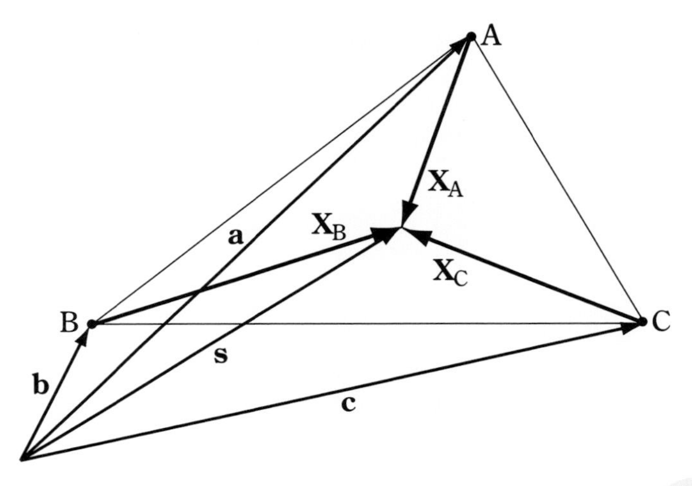

重心を示すベクトル

身体の重心・文字の図心

両手を目一杯に突き出し，掌を拡げて呪文を唱えれば，閃光が闇を切り裂く．これはアニメでお馴染みの場面ですが，実際には幾ら秘技の呪文を唱えても，身体からは何も出ず，ちり紙一つ舞いません．

しかし，ホンの少し屈むだけで，腰の辺りから，パッと飛び出してくる，眼には見えないものがあります．それは“あなたの重心”です．

立姿の美しい人は印象に残ります．綺麗な御辞儀のできる人は尊敬されます．派手な決めポーズは無用です．鍛えられた肉体，穏やかな精神の象徴として，“一枚の静止画”が，人に感銘を与えるのです．

真っ直ぐに立っている時，私達の重心は“体内”にあります．ここでは，平均的な値として「足下から測って身長の 56％程度のところにある」としておきましょう．では，深々とした御辞儀，腰を直角にまで曲げた場合，重心は“体外”のどの辺りに移るのでしょうか．

身長を L，体重を M とします．また，便宜的に「重心より上を上半身，下を下半身」と呼び，上・下半身の重心は，その中央に位置するとします．実際には，頭部が特に重いのですが，それは無視します．

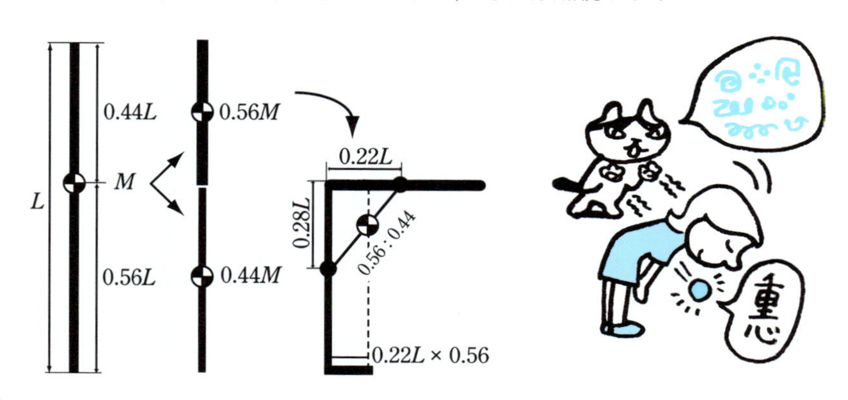

後は，二質点の重心，三角形の相似の問題です．上半身の重心位置 $0.44\,L/2$，重さ $0.56\,M$，下半身の重心位置 $0.56\,L/2$，重さ $0.44\,M$ のバランスから，「逆さ L 字型になった身体全体」の重心は，前方：

$$0.22\,L \times 0.56 = 0.1232\,L$$

に位置します．ここで，第 54 章で論じました“不倒条件”を思い出せば，足のサイズがこれ以上あれば転倒しないこと，すなわち，重心位置が，つま先より先に出ないことが分かります．

例えば，$L = 160$ cm なら，足のサイズが 20 cm 程度あれば倒れません．一般に「腰を引く」という言葉は，実際の姿勢の意味にも，精神的な意味にも用いられますが，どちらも「転倒（失敗）を恐れる」ことを表しています――腰を引けば，逆さ L 字は T 字になり安定します．

練習に，英大文字：ABCDEFGHIJKLMNOPQRSTUVWXYZ の重心（図心）を求めて下さい．重心が，文字の線内に有るもの無いもの様々ですが，二質点の関係に直していく方法，あるいは，実際にボール紙で作って「紐で吊す方法」などで調べて下さい――異なる二方向から吊して，紐の延長の交点を取れば，それが求めるものです．

61　剛性を知る

前章では，三角形の図心に関連して，剛性を紹介しました．私達は毎日，硬い物と柔らかい物の間で暮らしています．私達自身もまた，骨という硬い物を，筋肉や皮膚という柔らかい物で包んだ存在です．

そもそも“硬さ・柔らかさ”とは何でしょうか．この言葉もまた，先に論じました「軽・重」「高・低」などのように，どちらか一方を基準に取れば，数値で表すことができる関係です．

力と負号の問題

それを剛性と呼び，高・低という言葉を添えて表しているのです．**剛性が高いとは“硬い”こと，剛性が低いとは“柔らかい”こと**，こう決めておけば，後は基準値を定め，他と比較することで，漠然としていた“硬い・柔らかい”が数値を伴った議論の対象になります．

先ずは，「剛性とは何か」を知るために，次の関係を利用します．

$$F = -kx.$$

この関係を元に，負号の意味から考えます．一変数の場合でも，ベクトルを用いて考えた方が，問題の見通しが良いことは，既に御説明しました．特に，負号がある場合には，“矢印”の発想が役に立ちます．

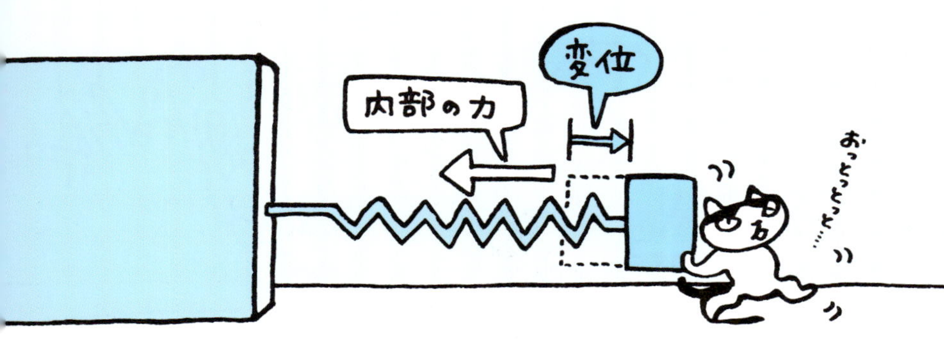

繰り返し述べてきましたように，力は相互作用であり，必ず作用とそれに対する反作用の組として現れます．例えば，外側からの圧力を作用とみれば，応力は内側から生じる反作用です．そして，どちらを作用と呼ぶか，反作用と呼ぶかは，「主語を何にするか」という単なる表現上の問題です．ここに負号が関わってくるのです．

バネの場合は，引き伸ばした時に，内部に“その変化を元に戻そうとする力”が生じます．したがって，バネの結合点を左に取り，そこから右向きに伸ばせば，左向きの力が“内部”に生じて縮むわけです．ベクトルを用いれば，右向きの矢印が変位，左向きが力になります．

一方，外部からの力に注目した場合には，変位と力は同じ向きになり，負号は附きません．バネ自身が生み出す力と，バネに加えられた力では，向きは反対になりますが，それを変位の方向を基準にして，符号によって区別しているわけです．“向き”の問題になれば，“反転”が使えるベクトルによる表現の方が，より直観が利くわけです．

こうして，負号の無い $F = kx$ が，外部からの力と変位の関係を与えること，k が剛性に関わる定数であることが分かってきます．

成立範囲と応用範囲

この場合の「変位 x に比例した力 F」や，「電流 I に比例した電圧 V」など，一般に $a = bc$ という形式で表される関係：

$$F = kx, \quad V = IR, \quad 一般形：a = bc$$

は極めて重要です．前者には「フックの法則」，後者には「オームの法則」という呼び名があるのも，発見者の名前を冠することで，その業績を讃えると共に，関係の重要性を意識させるためなのです．

実際これらの式は，その応用範囲の広さで，とりわけ有名です．しかしながら，確かに“**応用範囲は広いが，その成立範囲は狭い**”ものであることもまた，常に強く意識しておく必要があります．

現実の問題としては，引けば引くだけ大きな力を出すバネは，決して存在しません．同様に，電圧と電流が比例しているような状況は，広大な応用を持つ電磁気学の中の，極々一部でしかありません．

多くの応用例を持つから，「それは広い範囲で成立しているはずだ」と勘違いをすると，深刻な失敗をしてしまいます．これらは，非常に狭い範囲の中でしか成立しない関係であるにも関わらず，その狭い狭い部分でも，無数の応用につながるほど強力なのです．

さて，机の上に物が置けること，私達が床の上に立てること，その理由は，重力相互作用の 40 乗倍近くもある強烈な「電磁相互作用により作られた原子間のつながりの強さ」にありました．さらにその背後には，原子が特定の場所に留まることを決して許さない「量子力学的な効果」があることは，既に御紹介した通りです．

この強さこそが物質の持つ硬さ，すなわち，剛性です．

二十一世紀に生きる私達が，先ず第一に学ぶべきは，マクロな世界，目に見える世界における“大自然の振舞い”です．

物が個体として存在するためには，硬さが必要です．そして，それらの個体は互いに引き合います．「剛性と落下という二つの現象」に注目することから，科学の学習ははじまります．

そのどちらの問題も，鍵を握っているのは「力」です．

ミクロとマクロは双対関係にあります．ミクロな科学は，マクロな科学の基礎ではありますが，ミクロな科学もまた，マクロな科学によって規定されています．その両者の間に入って，相互作用という名の“力”が，私達をより深い理解へと導いているのです．

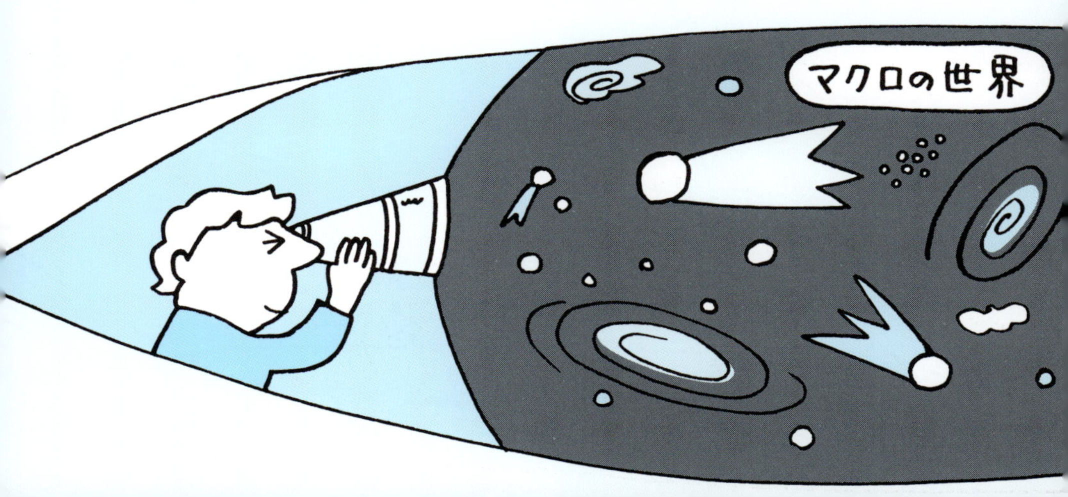

力と位置の双対性

量子力学や，電磁相互作用の集積の結果が，私達が目にするマクロな物理現象です．原子の個々の状態，運動は捉えられなくても，その集団の振舞いを予測すること，理解することは可能です．それがマクロの物理学，すなわち，普通の力学，電磁気学の法則なのです．

剛性の正体が，原子間の相互作用の結果だとしても，机やバネの硬さを論じるために，ミクロの世界にまで降りる必要はありません．あらゆる剛性の基礎として，その変位が小さいという条件さえあれば，「力と変位の比例関係」だけを用いて議論することが可能なのです．

第21章において議論しましたが，三者の関係：$a = bc$ には，“形式的には三通りの表し方”がありました．その扱いを思い出して

$$F = kx, \qquad x = \frac{F}{k}, \qquad k = \frac{F}{x}$$

と書いてみましょう．単なる等式として見れば同じものですが，奥に秘められた“物理”を導き出すには，こうした変形も役に立ちます．

左の式は，k をバネの性質を表す定数と考えて，「x だけ伸ばせば，F だけの力を出すもの」という意味で理解してきました．

中央の式は，この主・客を入れ替えたもので，「変位 x を起こさせるためには，力 F が必要である」と読めるでしょう．

同じ力を加えても，分母に位置する k が大きければ，変位 x は小さく，k が小さければ，x は大きくなります．そこで，もし k が，対象が持つ物理的な性質から決まる量であるならば，これは**マクロな世界での剛性の定義を与えている**と考えることができます．

右の式は，k の直接的な定義を与える式として理解できます．

一見すると堂々巡りのような三者の関係は，「実際に何が測定できて，何ができないか」という問題によって，大きく変わるのです．

もちろん，これら三通りの表記とその意味を，直接 $F = kx$ から導くことは可能です．しかし，具体的に対象の剛性を求めようとする時，得られる実験データは F と x の一覧表でしかありません．すなわち，第三の形式（右の式）によってしか，k は定められないのです．

しかし，本当に力は測定できるのでしょうか？

私達が日常的に口にする力とは何でしょうか？

ここまで来れば，“見掛けの力”のように観測される座標系によって変わるものではない，私達が日々体験している力，「頬をつねる」とか「膝を叩く」とかいった「身を以て感じる力」とは，実は変位のことだと気が附きます．それは，既にバネ秤が示していた“真理”です．

「歪み」「撓み」「曲がり」「凹み」など，物質が小さな変位を示した時に，これを表現する言葉は色々とあります．これらはすべて，外部からの力に対抗している原子の集団が，その居場所を僅かに変えたことを表しています．そして，**力はこのような具体的な変化からしか，測定することはできないのです**．ここに重大な問題が生じます．

バネ秤は，バネの長さの変化を測ることで，重量，すなわち，対象が秤に及ぼす力を測る器械でした．もし，1 kg でも 1 ton でも変化しないバネがあれば，そこに掛かっている力は，まったく分かりません．

これは，机の上に置かれた本の重さが“見ただけでは分からない”ことと同じです．天板が歪むなど，机の外見が変化しない限り，何冊の本を積み上げようと，その重量は“ゼロに見える”ということです．

そして，長さの変化を測るのはバネ秤に限りません．“力”測定器はすべて，内蔵された物質の歪みを測る，“歪み”測定器なのです．

以上は，**位置が確定している場合，そこに働く力は不定**だということを意味しています．力とは，ある位置に作用して，その部分が変化することによって測定される量でしたから，その位置から動かない，剛性無限大（無限に硬い）の物が相手では，力は測定できないのです．

逆に，**力が確定している場合，それが働く位置は不定**になります．これは，剛性ゼロ（無限に柔らかい）の物の中へ，重量を持った物質が，限り無くめり込んでいく状態として，イメージできるでしょう．

このように，力 F と位置 x は，決して切り離すことができない関係，剛性 k を仲立ちにした**双対関係**にあります．また，積 Fx が「仕事」であったことを思い出せば，エネルギーとの関連も予想されます．

力とそれが働く位置を，同時に正確に決めることはできません．したがって，両者の値は，ある幅の中で議論されるものとなります．

顕微鏡などで，異なる二点を“確かに二つある”と区別できる大きさの限界を，**分解能**という言葉で表しますが，実際の測定の立場からは，力とその位置にも分解能が存在するということになります．

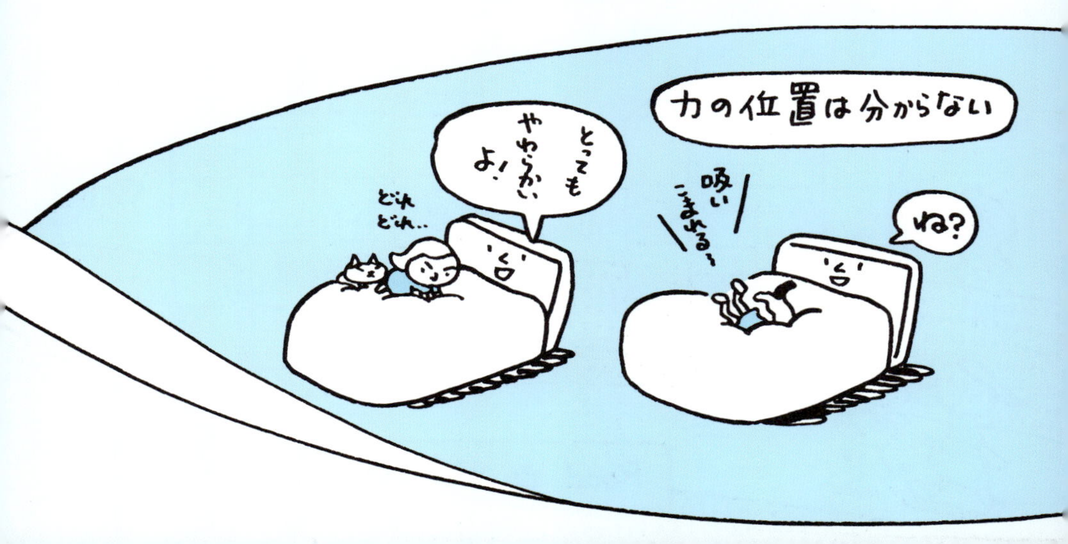

ベクトルの双対性

力はベクトルで表されます．位置もまたベクトルです．しかし，両者の積である「仕事」はスカラーでした．すなわち，**ベクトル同士の積がスカラーになる計算**，それが「仕事」を定めているわけです．

ベクトルは，矢印に象徴される“方向性を持った量”で，$\mathbf{X}$ などと表されましたが，“分解”した各要素を，括弧内に列挙しても構いません．例えば，二次元の場合なら，(x_1, x_2) などです．

ここで問題にしている，ベクトル同士の積の場合には，括弧内の同じ位置にある要素同士を掛け合わせ，その結果を足し合わせます．例えば，(x_1, x_2) と (y_1, y_2) ならば，$x_1y_1 + x_2y_2$ とします．

しかし，括弧でまとめる方法は，横ばかりではありません．縦に並べても構いません．一般に，各要素を横に並べてベクトルの表現とする場合を**横ベクトル**，縦に並べる場合を**縦ベクトル**といいます．

この縦・横の表現を用いれば，積は以下のように表せます．

$$(x_1, x_2)\begin{pmatrix} y_1 \\ y_2 \end{pmatrix} = x_1y_1 + x_2y_2.$$

この計算だけでは，横のものを縦にする意味が感じられませんが，この関係は次のような計算の基礎として与えられたものなのです．

$$\begin{pmatrix} x_{11} & x_{12} \\ x_{21} & x_{22} \end{pmatrix}\begin{pmatrix} y_{11} & y_{12} \\ y_{21} & y_{22} \end{pmatrix} = \begin{pmatrix} x_{11}y_{11} + x_{12}y_{21} & x_{11}y_{12} + x_{12}y_{22} \\ x_{21}y_{11} + x_{22}y_{21} & x_{21}y_{12} + x_{22}y_{22} \end{pmatrix}$$

前半の四つ組の横の並びと，後半の四つ組の縦の並びが対応しています．すなわち，前半は横ベクトルの二段組，後半は縦ベクトルの二列組と捉えられているわけです．この意味から，横ベクトルを行ベクトル，縦ベクトルを列ベクトルとも呼びます．

これらは，その名称：縦・横，行・列が暗示しているように，双対関係にあります．属する世界は異なっても，鏡に写したような共通性があるわけです．そこで「仕事」を，この表記により書き直せば

$$(F_1, F_2)\begin{pmatrix} x_1 \\ x_2 \end{pmatrix} = F_1x_1 + F_2x_2 \quad \left[= (x_1, x_2)\begin{pmatrix} F_1 \\ F_2 \end{pmatrix}\right]$$

となります．“縦・横”という異なる種類のベクトルでありながら，右端の式が示すように，入れ替え：$F_1 \leftrightarrow x_1$, $F_2 \leftrightarrow x_2$ に対して結果は不変です．これもまた，力と位置の双対関係を表しているわけです．

62 剛性を与える

本章では再び，輪ゴムを使って玩具を作ります．今回は，初等幾何学の理解のためではなく，“力と剛性の理解”のために作ります．値を測るためではなく，性質を論じるために使います．したがって，特に数式は用いませんが，頭の隅に置いているのは，バネで御馴染みの“自然長からの変化 x に比例する力”：$F = -kx$ です．

直列・並列

この式が象徴しているように，“押し・引き”の両面があるバネに対して，**ゴムには“引く力”しかありません．私達の筋肉も同様です**．よって，バネの代用としては，ゴム二本を一組にする必要があります．関節を動かす筋肉もまた，二本一組の“対”で機能します．

では，輪ゴムを使って，ロボット・アームを作りましょう．**アーム**とは腕のことですが，ここでは単なる“棒”でこれを表します．また，関節に相当する二本のアームの結合部を**リンク**と呼び，その個数でアームを特徴附けます――リンクの元々の意味は“つなぎ”です．

一番簡単なアームは，ゼロリンク・アームです．これは可動部の無い，例えば，壁の釘や棚のようなものですが，それでも物は支えます．立派な一つのアームです――これは，片持ち梁とも呼ばれています．

次に簡単なものは，**1リンク・アーム**です．これは，肘関節から手先までを一本の棒に見立てたようなものです．作り方は簡単です．棒の端を一本の釘で止めます．棒は，釘を中心に360度回転します．この部分が関節，リンク機構になるわけです．よって，“手の届く範囲”は，棒の長さを半径とする円の内部になります．

しかし，一点で止めただけでは，棚にもなりません．ぐるりと回って物は落ちてしまいます．アームには剛性が必要なのです．

ここで，アームの剛性の話に入る前に，バネにもゴムにも共通する話題として，複数のものを束ねた時の働きについて，簡単にまとめておきます．そのために，先ずは電池と電球の関係からはじめます．

二個の電池をつなぐ方法には，二つの種類があります．電池の「＋」と「－」をつないで，その両端から電球に供給する**直列**と，「＋」同士，「－」同士をつないで，それらから供給する**並列**の二種類です．

電球が放つ光の強さは，両者でまったく異なります．気軽に実験できるものですから，是非一度は自分でやってみて下さい．

1.5 V の乾電池二個であれば，直列の場合の電圧は二倍の 3 V，並列の場合は 1.5 V のままになります．これは，よく水瓶を使って説明されます．水瓶を縦に並べて下から水を出すように仕組めば，その勢いは二倍．横に並べれば，勢いはそのままで，持続時間が二倍になります．同じことが，電池の直列・並列にも当てはまるというわけです．

さて，これらの言葉を，バネ（ゴム）の場合に適用してみましょう．先ずは，まったく同じ二本のバネを，直列につなぎます．すなわち，バネの下にバネをつないで，その下に錘を吊すような状態です．

この時，二本のバネの何処を切っても，そこには作用と反作用が組になって存在しています．後で詳しく述べますが，ここに**力が持つ金太郎飴的な性質**が現れているのです．したがって，バネは，一本の時と同じだけ伸びますので，合わせて二倍の長さになります．これは，剛性が半分になった，二倍柔らかくなったことを意味しています．

一方，二本のバネを並列につないだ場合には，錘を支える物が二倍になったわけですから，それぞれのバネには，半分の力しか加わりません．したがって，伸びは半分になります．これは，剛性が倍になった，二倍硬くなったことを意味しています．

これは，同じ剛性を保ちながら，長さを二倍にしたければ，全部で四本のバネが必要になることを示しています．よって，長い筋肉は必然的に太くなります．逆に，柔らかい筋肉が必要であれば，細くすればいいわけです．“細くて長くて高剛性”は不可能なのです．

この性質を利用すれば，バネやゴムで線や角の等分割ができます．例えば，二本で綱引きをすれば二等分，片方を二本にすれば，剛性は2対1になるので，三等分が自動的になされます．これが，第13章で紹介しました「**角の等分器**」が成り立つ理由です．

ロボット・アームの剛性

これらの結果を前提に，ロボット・アームの話題に戻りましょう．

下は，**剛性を持つ1リンク・アーム**です．「T字」に組まれた白色の二本：手前がアームの本体で，奥は基準線を示すためのものです．「X字」に組まれた黒棒から，輪ゴムで引かれた白棒には剛性が生じます．また，その位置は，X字の対称軸の方向へと誘導されます．

黒棒は，白棒アームを影で操る“黒子”なので，その役割を理解した後は，視界から消して下さい．また，「対称軸への誘導」は，既に角の等分器において，何度も確かめてきた事柄です．

基準線からの黒棒の角度を，それぞれ θ_1, θ_2 で表しますと，白棒の角度はその平均：$(\theta_1 + \theta_2)/2$ で与えられます．その剛性は，“有効なゴムの長さ”を定める開き角：$(\theta_1 - \theta_2)/2$ に関係して決まります．

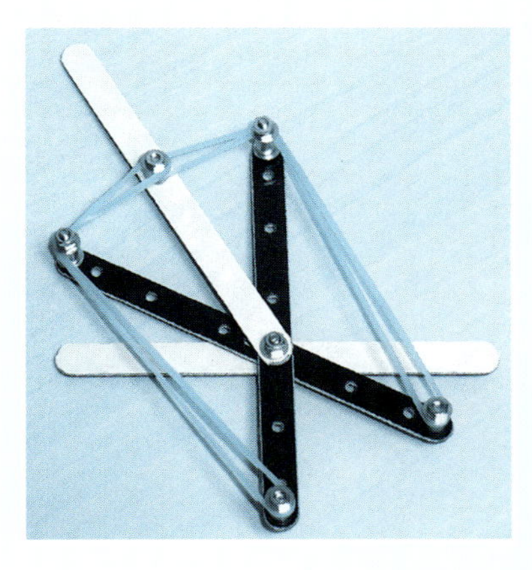

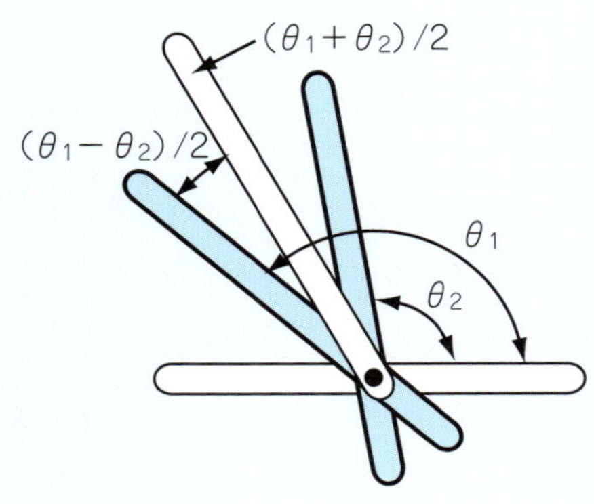

高剛性の状態

すなわち，このアームは，奥に控えた黒棒の変数：θ_1, θ_2 を定めることで，その位置と剛性が決まるわけです．実際，二変数の差を大きくすれば，引き合うゴムの有効な長さが長くなり，剛性は下がります．逆に小さくすれば，有効な長さが短くなって，剛性は上がります．

ここで，ゴムの長さ全部を使って，開き角だけを大きくして強く引っ張っても，剛性の値は変わらないことに注意して下さい．

この白棒をカッターの刃と見做せば，面白い応用が考えられます．黒棒の開き角を調整することで，剛性を下げれば，重ねた紙を下の分まで切ってしまう可能性が下がります．また，何枚も重ね切りをしたい時には，剛性を上げればよいわけです．

一般に固体は，硬いほど高い明瞭な音を出します．実際，固体の性質を調べる一番簡単な方法は，叩くことです．硬い物を叩けば，響きのよい音がします．柔らかい物の出す音は鈍く，こもっています．この違いは，物質表面の凹みから説明できます．

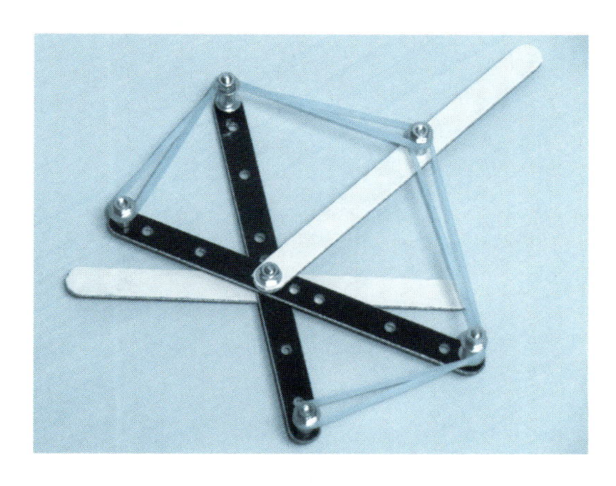

低剛性の状態

硬い物は，凹む量が少なく，それを回復するのに要する時間も短いのです．硬い物は小さく凹み，その凹みを素早く取り戻すために，振れが空気を鋭く振動させて，高くて響きのよい音を生み出すわけです．音とは空気の振動であったことを思い出して下さい．

一方，柔らかい物は大きく凹み，なかなか元には戻りません．目に見えるような遅い動きから生じる空気の振れを，私達は音として認識しません．木の枕を叩けばコンコンと音が響きますが，低反発枕を叩いても凹んだままで戻りません．もちろん，音などしないわけです．

剛性の異方性

最後に，2 リンク・アームを考えます．これは関節が二つ，例えば，肘と肩の二つの関節を考慮した場合と見做せます．

ちょうど机に伏した状態で，腕が机の天板上の前後・左右だけを動く，二次元の運動を想像して下さい．三本の棒と，それらをつなぐ二個の回転軸（リンク機構）が，このアームの構成要素です．

二次元の運動を漏れなく記述するには，位置を表す二つの変数が必ず必要です．これは，ベクトルの要素の数からも分かります．このことに対応して，剛性も方向ごとに定まるわけです．

一方向の剛性に関しては，バネ秤そのものが，“剛性の模型”になっていました．1 リンク・アームの場合について考えても同じです．

問題は，二次元以上の対象において生じる，**剛性の異方性**です．ある方向には硬く，ある方向には柔らかいという性質が出てくるのです．

これは卵など，非対称な幾何学的形状を持つ物体を見れば，あるいは，コツンと叩けば，直ぐに分かることです．これは，先にも述べましたように，音色によって剛性を判断することができるからです．

さて，ここからは，皆さん自身が実験の対象です．自分自身に“質問”してみましょう．あなたの身体の剛性，その異方性を探ります．

「あなたは，縦の線と横の線，どちらが書きやすいですか？」

「ノートに円を描くことができますか，黒板ではどうですか？」

「手にバッグを提げたまま，黒板に自分の名前が書けますか？」

私達の腕や手先は，小さな可動範囲の中では，剛性に異方性が出ないように作られています．したがって，ノートに小さな円を描くことはできます．しかし，それが大きくなると，苦痛を感じはじめます．

そこで，次のような玩具を作りました．外側には，黒棒にて電車のパンタグラフと同じ構造を持ったフレームを，その内側には，白棒による２リンク・アームを配しています．外側の対角線に沿って十字に輪ゴムを張りますと，フレームは自動的に正方形になります．

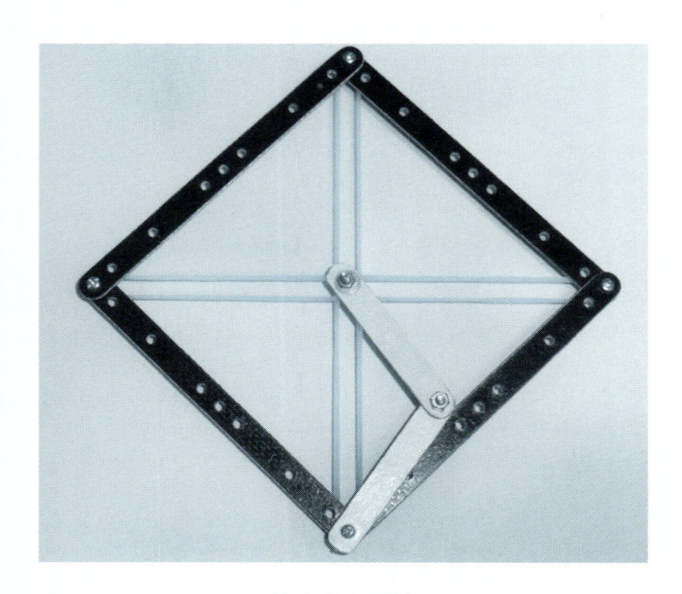

等方的な剛性

その二本の輪ゴムの交点に，2 リンク・アームの末端を結びます．そして，黒棒を視野から消して，白棒が「肩と肘が軽く曲がって，ノートに字を書こうとしている様子」に見えるまで見詰めて下さい．

その後，先端部をつまんで，実際に字を書くように動かして下さい．特に，普段と変わりなく，前後左右に動かせたことと思います．

この玩具は，剛性の異方性を“演出”します．一方のゴムが，自然長になる程度までフレームを変形させれば，明確な異方性を体験することができます．その結果，円などの対称図形を描くことが難しくなります．漢字なども滑らかには書けなくなります．

これは，バッグを提げたまま，字を書く場合と同じ効果です．この場合は垂直方向の細かい動きを，重力が妨害します．どちらも外部からの条件によって，特定の方向に対する身体の動きが難しくなる例ですが，もし，筋肉を痛めたり，骨に問題が生じたりした場合には，身体の内部の問題として，剛性の異方性が現れてくるわけです．

異方性を持った剛性

63 剛性を整える

本章では，“私達の身体の中に潜む”剛性の問題を扱います．

関節と筋肉の関わり合いを考えます．筋肉は二本一組，一つの対の形式で関節を囲み，それを曲げ伸ばしします――これを一つの関節に関わっていることから，**一関節筋**といいます．ロボットの場合には，各関節に最低一個のモータを取り付ければ，それで充分なわけです．

しかし，私達を含め，多くの陸上生物には，二つの関節をまたいだ，**二関節筋**と呼ばれる筋肉が備わっています．何故でしょうか．

二関節筋のモデル

例えば，上腕部にできる“力こぶ”の根元を，肩に肘にと辿っていけば，それは共に関節を超えた所でつながっていることが分かります．

このように，肩・肘という二つの関節を超えてつながる二関節筋は，誰にも容易に，自分の体を使って確かめることができるのですから，その“存在”を疑う人はいません．しかし，存在することは分かっても，その“働きの本質”について知る人は少ないのが現状です．

ここでは，**二関節筋を“抽象化”して，その働きについて調べます**．何故，余分にも思える筋肉を，多くの動物が採用しているのでしょうか．その謎を，剛性の立場から考えてみたいのです．

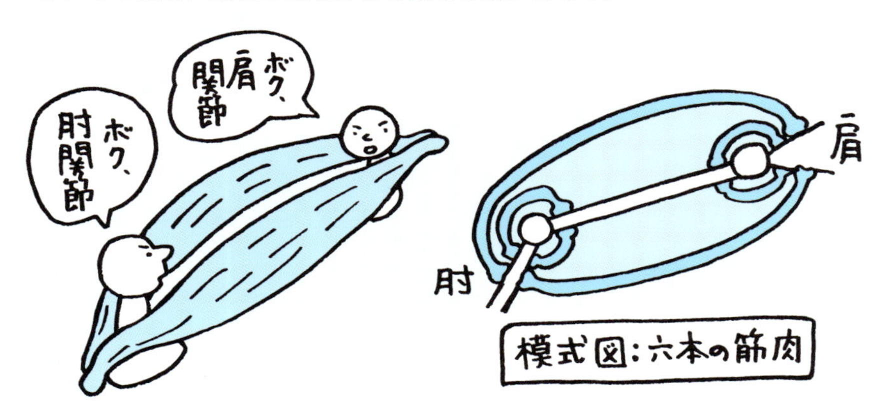

二つの関節にまたがって，一関節筋の対が二組，二関節筋の対が一組の合計六つの筋肉によって，私達の肩・肘は連係的に駆動されています．そして，まったく同様の機構が股関節と膝にもあるのです．

下の図版は，二関節筋と，そのモデルです．「六本のバネによって実際の関係を模したもの」と，これをさらに抽象化して，「骨格を含め，すべての要素を対称に配置したもの」を並べました．

さて，立てば転けます．転ければ怪我をします．時には，命も失います．ならば，転けない工夫，そのメカニズムを有することこそ，人類が生き残るための必須の条件だったということになるでしょう．

では，何故転けるのでしょうか．球は決して転けません．転ける方向が無いからです．残念ながら，私達は棒状の外見を持っています．異方性があるわけです．しかし，何より大切なことは，外見における異方性ではなく，剛性における異方性です．

左：六筋モデル・右：完全対称モデル

もし，剛性が等方的ならば，それは球と同じ性質を持ちます．脳やコンピュータで，“転ける・転けない”の判断を下して，手足に命令を出すよりも，身体機構そのものが，“力学的な球体”になっていればいいわけです．ここに二関節筋が登場してくるのです――なお，ここでは存在の理由，生物進化における意味といった難問は扱いません．

無任所の存在

剛性の異方性について考えてきました．もし，腕から手先にかけて，強い異方性があれば，決して滑らかな作業はできないでしょう．また，脚部においては，転倒の危険性が増すばかりです．

現状のロボットにおいて，容易に転けないシステムが確立された理由としては，先ず第一に，計算機の処理が極めて高速になったことが挙げられるでしょう．倒れるその前に，諸条件を計算し直して，その反対側へと身体を倒す仕組ができているわけです．

ここでは，脳に頼らず計算機に頼らず，骨と筋肉の仕組だけから，全体の剛性を整える，**自動調整機構**の可能性について考えます．もし，二関節筋が以下に示すモデルのように働くのであれば，それは**「全体の剛性を整える作用をする」**ということを示します．

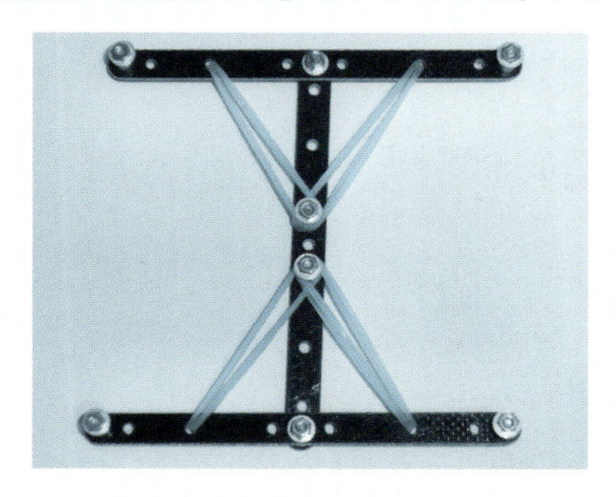

二関節筋を外せば単純な２リンク・アーム

二関節筋は，少なくとも表面的には“余分な存在”に見えます．実際，仮にこれを切断しても，手・脚は動きます．これは，別の見方をすれば，所属の無い“無任所の存在”だということになります．

肩・肘，そのどちらにも所属せず，そして同時に，どちらにも所属しているわけです．二関節筋は自由なのです．ただし，その自由は，所属を持つ一関節筋によって制限されます．六つの筋肉が協調して働くため，運動の結果を追っていては，役割分担が見えません．そこで，現実の二関節筋から離れて，モデルで考えようというわけです．

先の完全対称モデルを見ても明らかなように，二関節筋が縮めば，その作用と反作用は，肩と肘の両方に作用しますから，**肩だけ肘だけを単独で動かすことは不可能**だと分かります――仮に，肘関節が一関節筋の緊張により固定されれば，二関節筋は肩関節を，逆に肩関節が固定されれば，肘関節を動かすことはできます．

これは，逆の立場で考えた方が分かり易いかもしれません．例えば，クレーンのワイヤーは，荷物を吊り下げる際に，二ヶ所の滑車に加重を掛けます．どちらか一方だけということはありません．

二つの滑車をまたぐ，クレーンのワイヤーは二関節筋

このことからも，全体の方向性を決めているのは，一関節筋であって，二関節筋はその指示にしたがう存在であることは明らかです．では，その指示とは何でしょうか．それを剛性と捉えて，その意味を考えてみましょう．そのために，一関節筋だけでできた腕を考えます．これは，単純な2リンク・アームとして理解することができます．

腕の長さゼロのアーム

さらに，抽象化を進めます．腕の長さをゼロにしましょう．これは，二つの関節が一点で重なって，異なる二方向の運動が，その交点を原点として表される状態だと見做せます．二方向の剛性を，それぞれ同じ調和振動子で定義し，その二つの軸を角度 H で交わらせます．この方法によって，全体の剛性を示す平面図形が得られます．

角 H が直角ならば，この図形は円になります．すなわち，剛性に異方性はありません．H が，小さくなればなるほど，異方性は強くなります．描かれる図形は楕円になります．軸が重なってくれば，特定の方向に偏った力が働くわけですから，これは当然の結果でしょう．

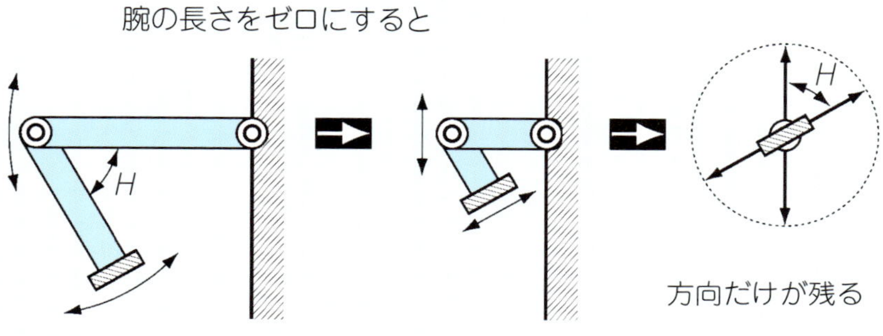

腕の長さをゼロにすると

H

H

方向だけが残る

この設定では，楕円の**長軸側が剛性の高い方向，短軸側が低い方向**になります．また，楕円は，円の潰れたものと解釈できました．ならば，短軸側に沿って外側に引っ張れば，楕円は膨れて，再び円になるはずです．そこで，短軸方向に三番目の調和振動子を加えます．この調和振動子の働きを上手く調整することで，楕円は円に戻せます．

この第三の調和振動子こそ，二関節筋だと考えるのです．**この“二関節筋”の働きによって，剛性は対称性を復活させます**．

この意味で，二組の一関節筋が作る軸（長軸）に対して，二関節筋は**常に直交する形**（短軸）で働くと考えるのです．以下は，この立場を形にした玩具（下段）と，剛性の計算結果（上段）を並べたものです——輪ゴムが捻ってあるのは，その方向性を明瞭にするためです．

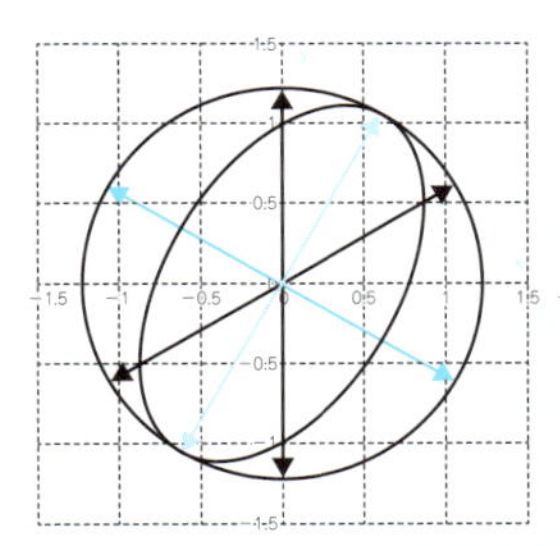

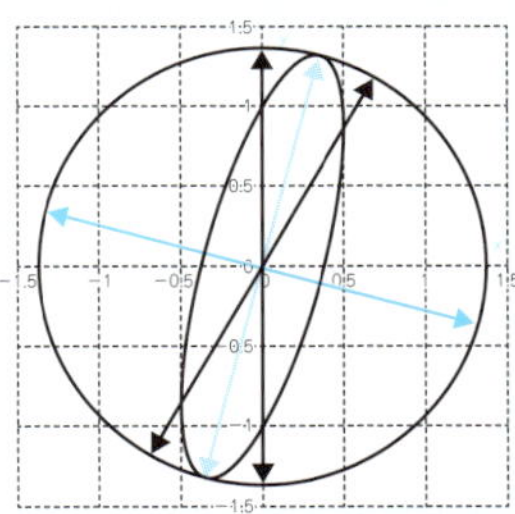

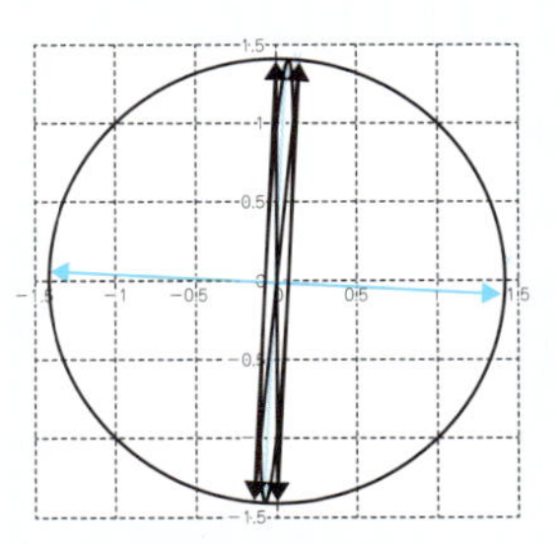

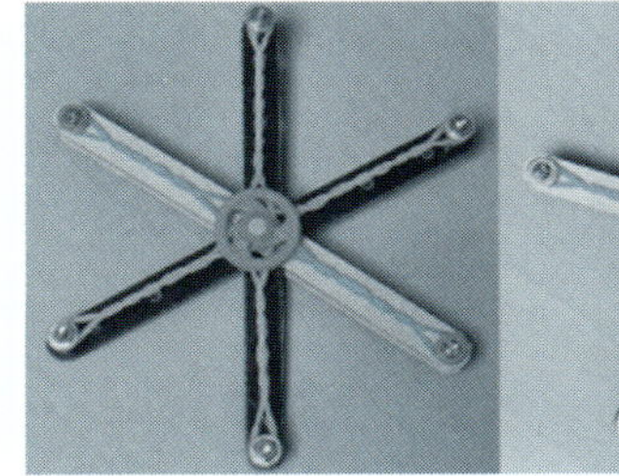

左から順に，$H=60$度・$H=30$度・$H=6$度

剛性の自動調節機構

以上の結果から，剛性の等方性のためには，第三の調和振動子を，楕円の短軸側に“配置すればよい”ことが分かりました．

さて，このモデルの第三の振動子に相当する輪ゴムの一方を外せば何が起こるでしょうか――これは，一対である二関節筋の一方が，完全に緩められたことに相当します．この時，振動子の軸は，角 H の値によらず，短軸に相当する方向へと自動的に移動します．意図を持って**“配置する”必要はなく，自動的に“配置される”わけです**．

この結果を，実際の二関節筋に当てはめますと，先ず，関節に固定された一関節筋が，互いの交わりの角を決めるように動き出し，それに僅かに遅れた二関節筋が，もっとも剛性の弱い方向に自動的に誘導されます．そして，それぞれの筋肉の立場が決まった段階で，必要な力を必要な方向に向けて出していく，という手順になります．

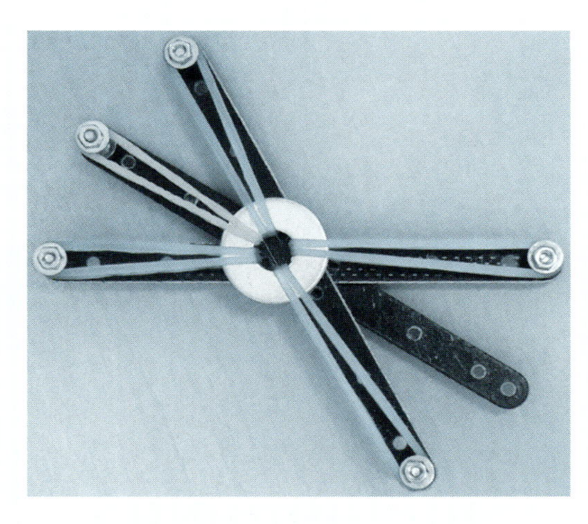

角の二等分線の場合と同様の動き

その際，二関節筋は，全体の剛性が可能な限り等方性を持つように調整する立場にあります．元々は無任所であった二関節筋が，このような流れで，自身の立場を確保しながら，全体で協調的に働きます．

第 47 章では，「仕事」：$W = Fs$ に関連して，相撲における「おっつけ」と「いなし」の力学的な意味について考えました．二つの力が直交している場合，もっとも効率的に相手の力の方向を変えられることを御紹介しました．それが「いなし」でした．

この関係が，二関節筋と一関節筋の間にも存在すると見做すのが，この“剛性を議論の中心に据えたモデル”が示す二関節筋像です．

一関節筋は，骨格に作用して，生じる力の方向も大きさも決まっている“ベクトル的な性質を持った筋肉”です．一方，二関節筋は，力の大きさは決まっていますが，生み出す力の方向は，一関節筋との関係で決まる“スカラー的な筋肉”です．これらの関係は，筋肉の組成などとは無関係に，その配置だけで決まるところが，大きな特徴です．

骨格と筋肉の研究は，ロボットへの応用が，大いに期待されている分野です．ここでは，剛性の異方性の立場から，私見を連ねました．

64　力を創る

私達は自分自身の身体を，ほとんど意識することなく操っています．どれほど複雑なことを行っているのか，どれほど繊細な作業を行っているのか，まったく自覚が無いままに，軽々と熟しています．

そのことに気附くのが，怪我をしたか病気になるか，はたまた加齢による具体的な支障が出た後，というのでは困ります．手遅れになる前に，身体の仕組，各部の働きには注目するようにしたいものです．

硬い機械

簡単な実験をしてみましょう．消しゴムに鉛筆の芯を当ててみて下さい．そして，鉛筆を押し込みながら，消しゴムが押し返す力を感じて下さい．ゆっくりと，芯が消しゴムの表面に穴を空ける直前まで力を入れ，「もうダメだ」と限界を感じたところで止めます．

これは簡単な作業ですが，自分では何をやったか，どの筋肉の，どの動きで“限界”を感じたかは，よく分かっていないはずです．したがって，ロボットに同じことをやらせようとしても，何をどうすればいいのやら，悩んでしまいます．消しゴムと鉛筆から，風船と針に，あるいは，患者とメスに代えれば，作業はより深刻なものになります．

誰もが容易に思い浮かべる方法は，消しゴムを板の端に固定し，その前にレールを敷いて，台車を走らせることでしょう．台車に固定した鉛筆がゴムに迫っていく，という装置を作るわけです．

ここまでは，機構上の問題ですから極めて簡単です．問題は，消しゴムに当たる直前，当たった直後，そこから引き返す瞬間，それらの判断です．計算機が発達したから何でもできる，各種のセンサが充実しているから外部の情報は幾らでも取れる，と考える人も多いようですが，それだけでは超えらなれい“高い壁”が存在するのです．

例えば，消しゴムの位置を厳密に決めたとしましょう．その位置に移動するまでは，鉛筆側にやるべきことはありません．では，そこから何 mm 進めば，限界に達するのでしょうか．消しゴムの成分を調べ，弾力性を調査し，他の方法で実験的に“限界値”を求めたとして，それを入力した結果，鉛筆は上手く引き返してくれるでしょうか．

こういった手法を，**位置の制御による方法**といいます．当然，これは私達のやり方ではありません．人間は，適当に突いて，適当に止めて，適当に引き上げます．すべては，相手との交渉の末の判断です．

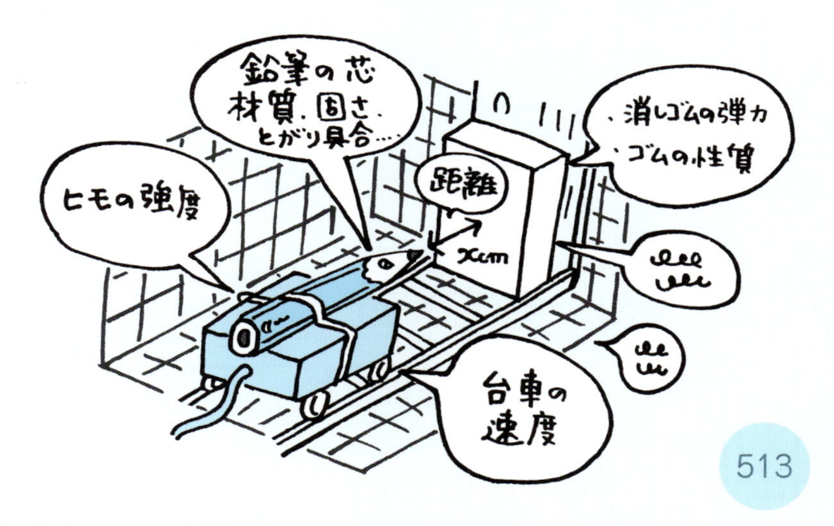

柔らかい機械

位置を頼りに尖端を進める機械の方法は，昼間の情報を頼りに，夜道を走るようなものです．何も変わりが無ければ，上手くいく場合もありますが，好んでこんな方法を選ぶ人は居ないはずです．

一方，**人間の方法は，万能性を持っています**．それは，消しゴムの材質によりません．風船と針の組合せにしても，患者とメスの組合せにしても，まったく同じ方法で，無事に作業を終えることができます．

私達は，位置ではなく，力を元に判断しています．もちろん，視覚情報は採り入れます．しかし，消しゴムの面に，鉛筆の先が本当に迫るまでは，注意深くは見ていません．先が触れた瞬間に，表面の変化を見て，手先でその弾力を感じて，そこから先の方針を立てるのです．

すなわち，相手からの力を感じ，それに対して自らの力をコントロールすることによって，あらゆる対象，あらゆる変化に対応していくわけです．これを**力の制御による方法**と呼びましょう．

位置による方法は強引です．事前に充分な情報を要求し，相手の変化を許さない硬い発想です．それに対して，力による方法は柔軟です．その場その場の判断で，相手に合わせていく柔らかい発想です．

硬い発想からは，硬い機械が作られ，柔らかい発想からは，柔らかい機械が作られます．柔らかい機械としてのロボット，あるいは，その研究を，**ソフト・ロボティクス**（soft robotics）といいます．

これは，構成する素材や扱う対象が柔らかいという意味ではありません．計算機のソフトウエアによる仮想ロボットの総称でもありません．環境と競い合い，それを変えることで問題を解決する手法を“ハード”と捉え，環境に溶け込み，自らが変わることで，問題に対処する手法を“ソフト”と捉えて，それを名称にしたものです．

もちろん，この目的を達成するために，柔らかい素材もソフトウエアも使いますが，それらの使用が前提ではありません．**相手を変える“ハード”に対して，自らが変わる“ソフト”という対比なのです．**

今世紀になって本格化したこの分野の研究は，俗に言うところの人間の五感，すなわち，視覚・聴覚・触覚・臭覚・味覚に加えて，力に対する感覚を学び，模倣するところからはじまりました．これを**力覚**といいます．力覚に対する自覚こそ，柔らかい機械の原点なのです．

以後，力覚と触覚をまとめて**力触覚**と呼びます．なお，この力触覚を主に研究する分野は，**ハプティクス**（haptics）と呼ばれています．

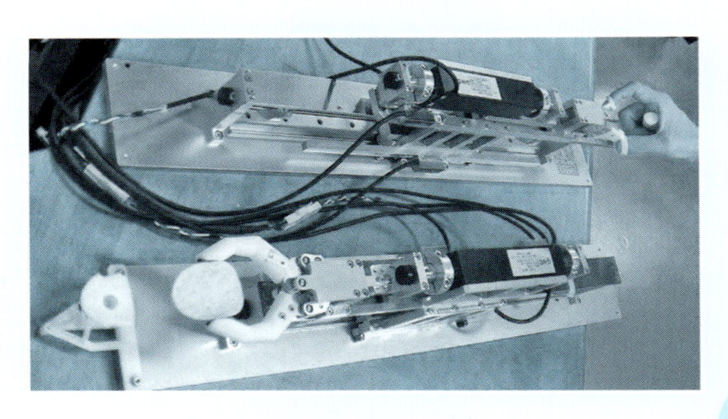

ポテトチップスを掴む

双方向性・同時性

では，硬いロボットは，どのようにして鉛筆を操るのでしょうか．

先ず，視覚に相当するカメラで，相手の位置や大きさなどを調べます．それを計算機で再構成して，活動の規範となる“地図”を作ります．地図には，相手の材質なども含め，可能な限りの情報が書かれています．そして，先端部の「力センサ」によって，加えている力を計算しながら進みます――すべての力センサは“歪み測定器”です．

しかし，この方法には明らかな限界があります．こうした事前情報は得られる場合の方が少ないのです．もし，得られたとしても，それは変化していきます．如何に手術台の上でも，患者の位置を mm 以下のレベルで決めることはできません．ましてや，臓器は生きています，動いています．その物理的性質にも極端な個人差があります．

これは，判断の問題を人間に委ねても避けられません．例えば，人間の手の延長としてのロボット・ハンドを考えても，加えた力による反応が手元に戻らない機構では，視覚を超える判断は不可能です．現在の医療用ロボットなども，極めて高度なものでありながら，基本構造とその発想は，こうした素朴な“硬い”ものに留まっています．

そこで，柔らかいロボットが必要となるのです．

柔らかいロボットは，力を操ります．力を操るからこそ，柔らかいのです．その**力が持つ，もっとも重要な性質は，双方向性と同時性**です．これは視覚にも聴覚にも無い，力触覚独特の特徴です．

私達は，コンサート会場で音楽を聴き，スタジアムでスポーツを見ます．そして，録音で講演を楽しみ，録画で家族旅行を懐かしみます．これらは，どちらも一方向です．目に耳に，音と映像の情報が伝えられれば，目と耳から，相手に何かを返す必要はありません．この特徴によって，比較的容易に情報の記録と再生ができたわけです．

本書において，繰り返し強調してきたことは，相互作用という言葉が表している内容：力は単独では存在しない，必ず**作用と反作用の組として現れる**ということでした．これが双方向性の所以なのです．

そして，この双方向性は常に“現在形”で語られるべき存在なのです．視覚や聴覚のように“過去形”でも，同質のものが再現されるわけではありません．押した瞬間に押し返されなければ，そこに何も存在しないことになります．時間が空けば，相手の状態も変わります．

この双方向性と同時性の実現こそが，力の記録・再生を可能にし，環境に順応するロボットを生み出すための基盤技術になるのです．

位置は位置にして位置にあらず

柔らかい機械は，視覚，聴覚に留まらず，力触覚も活用して自らが置かれた環境を学び，壊さない，それが，ここまでの論点でした．

すなわち，「押す・押される」という力の遣り取りを，短い時間の間に繰り返し行うことで，双方向性・同時性を擬似的に実現させて，相手の剛性を求め，それに応じた処理を決めていくことが，“環境に順応する”という言葉の意味なのです．そのために，力と位置の双対性を利用する手法が，既に大きな成果を挙げています．

その方法を簡潔に紹介しましょう．力を各種のセンサで認識するのではなく，位置の情報を利用するのです．手先を確認するために位置を測るのではなく，そこに働く力を知るために位置を測るのです．

それを保証しているのが，力と位置の双対性です．力と交換される位置は，唯の位置ではありません．力の特徴である双方向性（作用・反作用）を託された“位置”であり，その時々刻々の変化において意味を持つ量なのです．“位置は位置にして単なる位置にあらず”です．

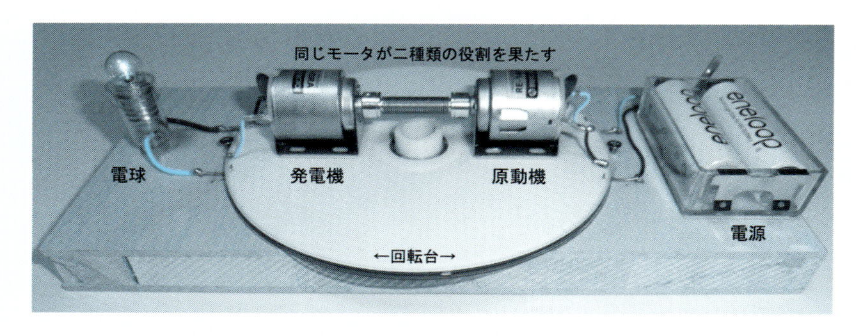

原動機と発電機の双対性を示す実験装置「デュアリティＭ」

さて，位置の時々刻々の変化とは，速度のことでした．すなわち，**力と位置の双対性は，具体的な測定の中で，力と速度の双対性に置き換えられる**わけです．力の本質が双方向性と同時性にあることから，測定されるべき位置もまた，時刻における“しばり”を受けるのです．

速度は，積分すれば位置に戻り，さらに微分すれば加速度，すなわち，質量当たりの力になります．この意味で，位置と力の“中央に位置する”速度が，この手法の鍵を握っているというわけです．

位置の変化を“力の化身”として理解する柔らかい機械は，その手法により絶対的な位置の情報を必要としません．僅かに触れたその結果，相手の歪みを捉え，剛性の情報として取り込みます．人間と同様に“触れては離れる”という繰り返しの中で，状況を判断するのです．

したがって，先端部の力センサは無用です．適当な場所に取り付けられた「位置センサ」のみで充分なのです．時々刻々の位置情報が手元に戻ってくれば，後は計算機が具体的な処理を決めます．

このように，**自ら作用を与え，自ら反作用を創る**，まさに“力を創る”ことによって，柔らかい機械は力触覚を獲得するのです．

二台のリニアモータによる双対性

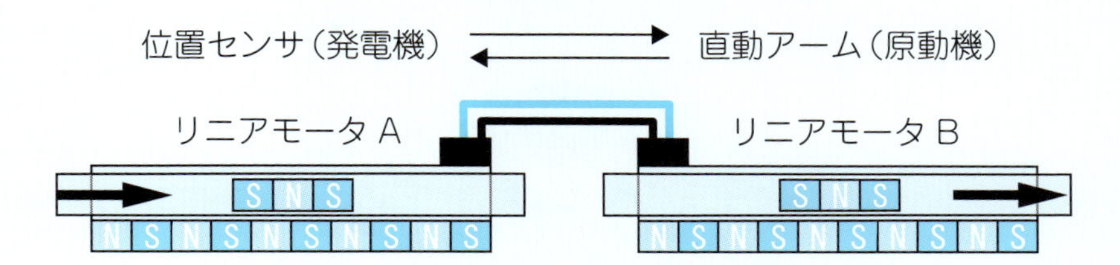

65 力を送る

力触覚を持った機械は，環境に順応することができます．そのためには，位置情報の活用が必須でした．ここでは，この力触覚を“遠くに伝える技術”について御紹介します．これは，遠い未来の夢物語ではありません．既に，現実に稼働しているシステムなのです．

力の編集

力と位置（速度）の双対性から，位置センサのみで，力触覚が実現されていることを御紹介しました．これは，「位置と時刻の一覧表」の形で取得されるデータですから，容易に編集することができます．

例えば，g の値を測った際に用いましたソフトは，音を取り込んで，雑音部分を切り取ったり，一部の波形を際立たせたりすることができました．また，装置の写真を白黒にするために，画像処理ソフトも使いました．これらと同様に，力についても編集，加工ができるのです．

例えば，力を入れたり抜いたりする過程はそのままに，その大きさを千倍にしたり，逆に千分の一にしたりすることができます．すなわち，力の“相似形”が作れるのです．その“相似比”は，機械が破損しない範囲で自由に選べるので，小さな力を拡大する“力の顕微鏡”にも，大きな力を縮小する“力の望遠鏡”にもなるわけです．

また，綿を鉄のように，あるいは，鉄を綿のように感じさせせること，すなわち，“偽の剛性”が作り出せます．この“トリック”により，極めて繊細な作業が可能になります．例えば，細胞の薄皮一枚を剥ぐような作業でも，本の頁をめくる程度にまで反作用を拡大してやれば，神経が磨り減る大仕事も，日常的な作業レベルになるわけです．

趣味の世界は極めて広く，誰もが尻込みするような難しい作業でも，自ら好んでこれを行い，楽しむ人が多くおられます．ビンの中で船を作る「ボトルシップ」なども，様々な大きさのものがあり，ピンセットと拡大鏡を駆使した小型化の競争まであるそうです．

小さな折紙に挑む方も多くおられます．こちらはピンセットと共に爪楊枝が活躍しています．何れの場合も，拡大鏡を利用することで，作業範囲は充分確認できる大きさになりますが，自分の手先をコントロールして，作業に応じた力を出すこと，それが難しいのです．

まさに“手加減”の問題ですが，これを医療の問題に置き換えてみれば，その深刻さが分かるでしょう．視野の確保はできても，臓器の表面と中身を切り分けるような場合，それに最適な力を安定的に出すことは，人間には難しいのです．ここぞ，力の制御の出番です．

実世界ハプティクス

皆さんは“テレ（tele）”という語から何を想像しますか．これは「遠く離れた」という意味を持っており，言葉の前に附いて，次々と新しい単語を生み出してきました．有名なものを紹介しましょう．

先ずは，テレフォンです．これは，音を意味する“フォン”の前に附いて，遠く離れた音，すなわち，電話の意味になりました．映像を意味する“ビジョン”の前に附ければ，テレビジョンになります．

文字を意味する“グラム”の前に附いて，テレグラムは電報．見るを意味する“スコープ”に附いて，テレスコープは望遠鏡等々です．また，タイプライター型の通信機は，テレタイプと呼ばれていました．

さて，力触覚は，はじめから送り手と受け手の間をつなぐ「通信の問題」と一体です．すなわち，力触覚を異なる場所に伝送する，“力を送る”ことが技術の基礎になっているわけです．

こうした問題を主に扱う分野を，**テレハプティクス**（telehaptics），あるいは，**実世界ハプティクス**（real world-）と呼びます．ここで“実世界”とは，計算機上の仮想現実に対するものではなく，「現実の世界と関わり合う」という点を強調するために附けられた言葉です．

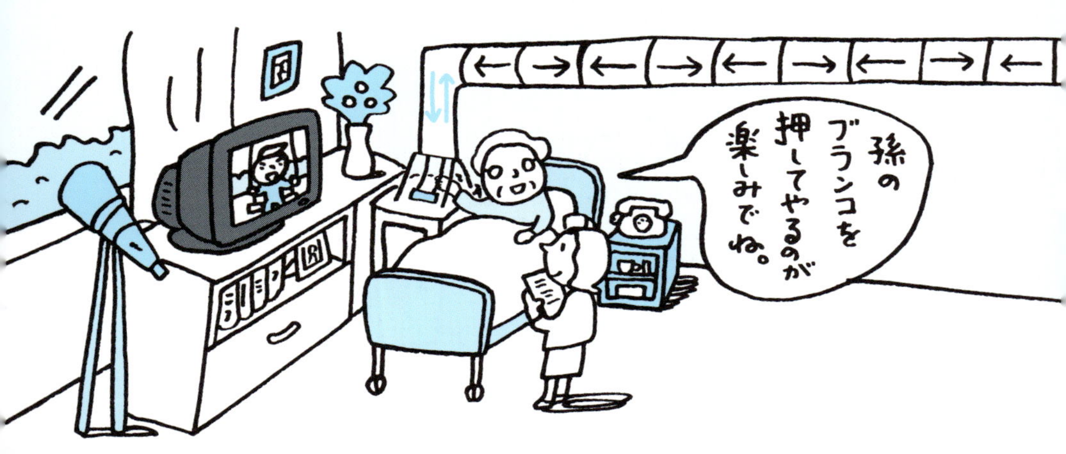

ここには，通信の遅延という難しい問題が入ってきます．同時性が何より重要な意味を持つ力触覚の問題において，作用と反作用の間に時間のロスがあることは致命的です．そこで，そうした時間の遅れがあった場合でも，システムを安定させる方法が研究されています．

日頃，インターネットを使う人なら，一度や二度は経験したことがあると思いますが，ネットワークの中にも道路と同じような“渋滞現象”があります．そうした一時的な混雑や，回線の不調なども乗り越えて，確実に“力を送る”ことができなければ，**遠隔手術**（telesurgery）などの失敗が許されない分野では，なかなか使えないでしょう．

以上のように，この分野では，力学，制御，通信といった工学の主要な分野，その最前線の問題が，複雑に絡み合っているのです．

ここで，力を伝送することの不思議さを，改めて感じて貰うために，**今一度，力の性質の根本的な部分を見直しておきましょう．**

何故，力はその本質が掴めないのでしょうか．本質を掴むためには，“よく見る”必要がありますが，力はその“内部”に入らなければ“見えない”のです——川の中に入らなければ，水の流れが実感できないことに似ています．しかも，その中が“中ではない”のです．

電気回路の例を引けば，電圧と電流の違いにも似ています．電圧は，回路の外から測れますが，電流は回路の一部を切断し，その中に電流計を割り込ませる必要がありました．しかし，その瞬間に“異物”が回路に入ったわけですから，問題は面倒になるのです．

磁石にはＮ極とＳ極があり，どんなに分割しても，これらを単独で取り出すことができないことは，知っている人も多いでしょう．まるで金太郎飴のように，何処で切っても，必ず二極ができるのです．

力も同じ．磁石と同様に，金太郎飴なのです．中には中があるのです．力を伝達する媒体を切っても切っても，そこには作用と反作用の組しか現れません．歪みの連鎖が，媒体の中を決められた速度で走り，端点で放出されるのです．「ニュートンのゆりかご」で起こった連鎖の現象が，ミクロの世界でも起こっているわけです．

ハプティクスは，そうした連鎖を断ち切って，作用から“学び”，反作用を“創る”技術であり，力の内部に割って入り，間を通信でつなぐ技術なのです．科学・技術は，私達の五感を拡張，延長してきました．遠くを見，遠くを聞き，遂に遠くに触れられるようになりました．そのためには，力の本質を知ることが，何より必要だったわけです．

科学・技術と魔法

小説『2001 年宇宙の旅』で広く知られた作家，アーサー・クラークの言葉に，「**充分に発達した科学技術は魔法と見分けが附かない**」というものがあります．これは，クラークの法則とも呼ばれています．

昔々，生演奏のみが“音楽”であった時代には，食事をしながら音楽を楽しむなどということは，王侯貴族のみに可能な贅沢でした．今は，録音・録画のシステムの御陰で，誰もが自由に，好きな音楽や舞台を楽しめます．自宅で寛ぎながら，世界ツアーを駆け巡るアーティストの勇姿を，国ごとに異なる聴衆の反応を論じ合えるのです．

生演奏や舞台の存在意義は，少しも下がりませんが，こうした新しい価値を人類が手放すことはもはやないでしょう．前の世代から見れば，まさに魔法にしか見えないようなことも，日常になります．最初は驚いた人々も，直ぐに慣れ，続く世代の人には当たり前になってしまいます．科学は魔法を実現させ，遂に日常にしてしまうのです．

テレビや電話に“回すもの”があった時代のことを知っていますか．「箱入りティッシュ」が無かった時代には，どうしていたのでしょうか．切符は“切る”ものでしたが，今は触れるものになっています．

携帯端末では，画面に触れることで，選択する方式が主になってきましたが，据置き型のコンピュータでは，なお主流はマウスです．しかし，このデバイスも無線タイプが多くなったため，「何故マウスと呼ばれるのか？」，その理由が分からない人も多いでしょう．コードの無いマウスなど，尻尾の無いネズミのようなものですから．

想像できるものは必ず実現できます．実現できないものは，想像できないものだけです．想像力の欠如が，科学・技術の限界を定めています．アイデアの枯渇が，すべてを妨げているのです．

科学・技術に不可能はない，万能である，などと主張したいわけではありません．人類は，自らの運命に抗おうとする時，必ず冷静に，論理的に考えて，それを克服する術を獲得してきたことを強調したいのです．それは一人二人の英雄や天才の成せるものではなく，過去も現在も含めた人類のすべてが関わって作り上げてきた文化なのです．

次の時代を担うのは，アイデアに溢れた若者以外にありません．若さとは，想像力のこと，新鮮なアイデアのことと心得て下さい．

やがて，力触覚技術は日常的なものになります．しかし，それで現実のこの世界が，痩せ衰えたものになるのではありません．新しい価値がそこに生まれ，さらに面白い世界が見出されていくのです．

古来「同じ場所に同時に座ることはできない」と考えられてきました．しかし，今やその“感触”は同時に共有することができます．

王様の椅子に，千人の人が同時に“座り”，その感触を共に論じることができるでしょう．患部を百人の医師が同時に触り，適切な処置は何かと議論することができるでしょう．誕生日会では，赤ちゃんの時の肌触りを記録媒体から再生され，冷やかされるかもしれません．

国立民族学博物館では，「触る展示」を積極的に進めています．しかし，貴重な文化財に触るには，関係者にも入館者にも躊躇いがあります．壊すことに対する恐怖心が，楽しみに勝ります．こうした問題も，テレハプティクスが日常化した時代には，無くなるでしょう．

誰もが，自宅で文化財の“肌触り”を楽しむことができるのです．管理も毀損も補修の問題も無く，それが当たり前の時代になっていくのです．力触覚の技術は，点字の世界を動画に変えるでしょう．“触るナビ”は，視覚の障碍を補完します．それは無音の案内板です．

私達は今，遠くのものに触れる，記録する，再生する，編集するといった“魔法の世界”を，科学と技術によって現実に変えようとしています．“魔法学校”は大学の中，理学部・工学部の中にあります，

只今生徒募集中です．

66 数値解析Ⅰ：調和振動子の場合

調和振動子から剛性へ，剛性から力の伝送へと話を進めました．ここで再び，調和振動子を題材にして，“数値的な計算から問題を解く手法”を，表計算ソフトを使って学びます．これは**数値解析**と呼ばれています．先ずは，解析という言葉から説明していきましょう．

数値解析の威力

一般に**解析**とは，対象を理論的に詳しく調べることをいいます．先に扱った次元解析も，次元の四則計算から，問題解決の糸口をつかむ方法のことを意味していました．この点では，数値解析も同様です．

ただし，“解析”を単独で用いる場合には，主に微分・積分の意味になります．また，答が数式で明確に表される場合を**解析解**と呼び，数値を元にした近似的な解を，**数値解**と呼ぶ習慣もあります．この数値解を求める手法の全体を，数値解析と呼ぶのです——最初は，“解析”の使い方に混乱するかもしれませんが，直ぐに慣れます．

例えば，第55章で示しましたように，三角関数は“調和振動子の解析解”になっています．ここでは，表計算ソフトを用いて，“調和振動子の数値解”を求めることから，その性質をさらに探っていきます．

数値解を求める場合，係数を文字のまま残して扱うことはできません．ある値に対する特別な解しか求めることはできないのです．そこで，一番簡単な $\omega = 1$ とした場合，すなわち

$$\boxed{a = -x} \quad \text{ここで，} v := \frac{\mathrm{d}x}{\mathrm{d}t}, \ a := \frac{\mathrm{d}v}{\mathrm{d}t}$$

を解くことにします．ここからは，“$\varDelta$（デルタ）の世界”です．それは，微分の定義にまで遡ることを意味しています．

上の微分による速度 v の式は，元々は「短い時間 $\varDelta t$」の間の，「小さな位置の変化 $\varDelta x$」の比から，発想されたものでした．そこで，元の発想に戻って，時刻 t_0 での位置を x_0，時刻 t_1 での位置を x_1 として，この時の速度 v_0 を以下のように定めます．

$$v = \frac{\mathrm{d}x}{\mathrm{d}t} \quad \text{より，} \quad v = \frac{\varDelta x}{\varDelta t}. \quad \text{よって，} \quad v_0 = \frac{x_1 - x_0}{t_1 - t_0}.$$

ここで，時間の間隔をすべて等しく取りますと，分母は一つの記号，例えば，ギリシア文字 ε（イプシロン）で置き換えられます．この記号は $\varDelta$ と同様に，数学においては，“小さな値であることを暗示”しています――ただし，大・小は比較であり，絶対的な意味は持ちません．

よって，時刻 t_0 から，時間 ε だけ経過した後の位置 x_1 は

$$v_0 = \frac{x_1 - x_0}{\varepsilon} \text{ より，} x_1 = x_0 + \varepsilon v_0.$$

速度については，上式を $x_1 \to v_1$，$x_0 \to v_0$，$v_0 \to a_0$ と置き換えて

$$a_0 = \frac{v_1 - v_0}{\varepsilon} \text{ より，} v_1 = v_0 + \varepsilon a_0.$$

となります．ここに，調和振動子の関係：$a = -x$ を加えます．この式から，$a_0 = -x_0$ を導き，これを用いて $v_1 = v_0 - \varepsilon x_0$ を得ます．

ここで，x_1, v_1 は共に，それ“以前”の時刻の量 x_0, v_0 で書かれているので，次の計算から，“以後”の位置と速度が順に決まります．

$$\begin{aligned} x_1 &= x_0 + \varepsilon v_0, & v_1 &= v_0 - \varepsilon x_0, \\ x_2 &= x_1 + \varepsilon v_1, & v_2 &= v_1 - \varepsilon x_1, \\ x_3 &= x_2 + \varepsilon v_2, & v_3 &= v_2 - \varepsilon x_2, \\ &\vdots & &\vdots \end{aligned}$$

では，この計算をソフトにより実行してみましょう．鍵になる値を具体的に決めなければ，数値解析はできません．そこで，時間の刻み幅を $\varepsilon = 0.05$，最初の位置と速度を，$x_0 = 0$, $v_0 = 1$ とします．

A 列に位置，B 列に速度の計算値が出るようにします．先ずは最初の値，A 列一行目に 0 を，B 列一行目に 1 を入力します．

続いて，A 列二行目に，[= A1 + 0.05*B1] を入力して，黒枠右下の突起部を 126 行目まで下に引きます．これで，A 列の各行に対して，その行に対応した処理方法が複写されました．B 列二行目には，[= B1 − 0.05*A1] を入力し，同様に 126 行目まで突起部を引きます．

これで計算は終りました．次は，この結果をグラフにします．

先ず，位置と時間のグラフを描くために，列名 A をクリックして A 列を選択します．次に，「挿入」以下にある「グラフ」を，さらにその下の「散布図」を選択します．これで，$x = \sin t$ であることを予想させるグラフが描けました．なお，数値を読みやすくするために，「書式」下の「セル」を選び，小数点以下の桁数を「3」としました．

速度と時間のグラフも，同様です．結果は，$v = \cos t$ であることを予想させます．なお，行数 126 は，ε との積が $126 \times 0.05 = 6.3 \approx 2\pi$ となることから選びました．この意味で，ε の値と行数は連動します．

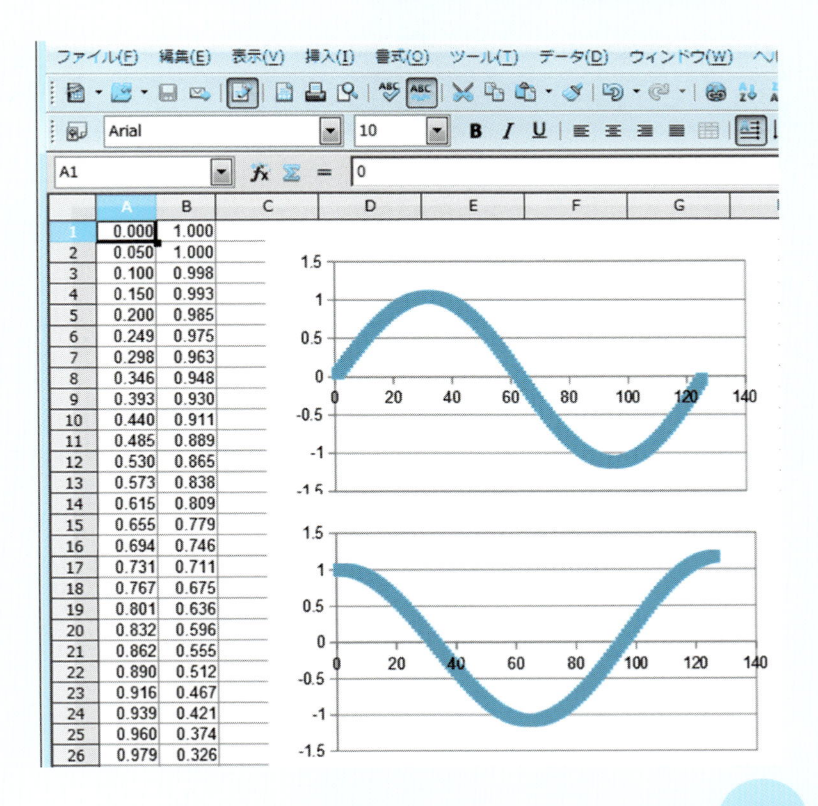

	A	B
1	0.000	1.000
2	0.050	1.000
3	0.100	0.998
4	0.150	0.993
5	0.200	0.985
6	0.249	0.975
7	0.298	0.963
8	0.346	0.948
9	0.393	0.930
10	0.440	0.911
11	0.485	0.889
12	0.530	0.865
13	0.573	0.838
14	0.615	0.809
15	0.655	0.779
16	0.694	0.746
17	0.731	0.711
18	0.767	0.675
19	0.801	0.636
20	0.832	0.596
21	0.862	0.555
22	0.890	0.512
23	0.916	0.467
24	0.939	0.421
25	0.960	0.374
26	0.979	0.326

さて，そのままA列一行目に1，B列一行目に0を入力して下さい．すべての項目が再計算され，グラフも描き直されたはずです．これは，最初の位置と速度を，$x_0 = 1, v_0 = 0$ にしたことに対応します．

上段のグラフは $x = \cos t$ を，下段のグラフは $v = -\sin t$ であることを示唆しています．しかし，既に解析解を知っている人にとっては，これらは“予想”でも“示唆”でもない事実として，“行った数値計算の正しさを保証するもの”として理解されるでしょう．

以上は，調和振動子の解を求めることと，運動の状態（位置と速度の組）を定めることとは，別の問題であることを表しています．特に，時刻ゼロでの運動の状態を定める条件を，**初期条件**といいますが，この初期条件こそ，先にも述べました関数の“選択”の根拠なのです．

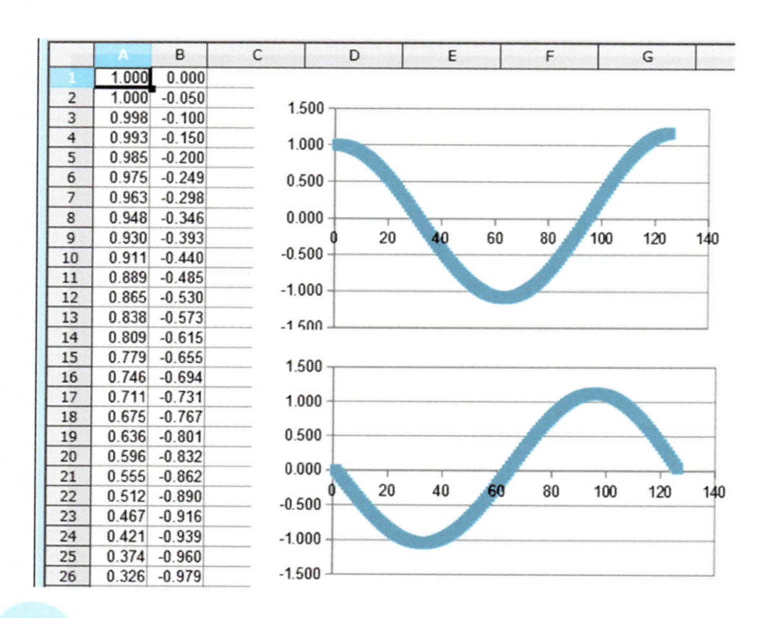

	A	B
1	1.000	0.000
2	1.000	-0.050
3	0.998	-0.100
4	0.993	-0.150
5	0.985	-0.200
6	0.975	-0.249
7	0.963	-0.298
8	0.948	-0.346
9	0.930	-0.393
10	0.911	-0.440
11	0.889	-0.485
12	0.865	-0.530
13	0.838	-0.573
14	0.809	-0.615
15	0.779	-0.655
16	0.746	-0.694
17	0.711	-0.731
18	0.675	-0.767
19	0.636	-0.801
20	0.596	-0.832
21	0.555	-0.862
22	0.512	-0.890
23	0.467	-0.916
24	0.421	-0.939
25	0.374	-0.960
26	0.326	-0.979

すなわち，調和振動子の位置は，初期条件の選び方，例えば，位置0から速度1で“ピン”と弾いた場合：($x_0 = 0$, $v_0 = 1$) なら $\sin t$，位置1から速度0で静かに離した場合：($x_0 = 1$, $v_0 = 0$) なら $\cos t$ が，その解になるわけです——速度は，位置を時間で微分して得ます．

計算技法の改善

数値計算の結果は，刻みの幅によって大きく異なります．ε は，“デルタ世界”の時間の最小単位なのです．ε が大き過ぎると，グラフも読み取れないほどに，精度が落ちます——実際，先のグラフにおいても，時間の経過と共に，誤差が大きくなっています．また，小さ過ぎると計算量が膨大になり，全体を見渡すことが難しくなります．

実際に，$\varepsilon = 0.1$ と 0.01 の場合を計算させて，結果を比べて下さい．数値計算の難しさの多くは，この“刻み”の採り方にあります．

また，別の立場から見れば，この方法は，「三角関数の値を知るための簡便な技法」だとも言えます．極めて簡単な四則計算だけから求められたわけですから．実際，最初の数項なら手計算で充分です．

よって，刻み幅の問題とは別に，計算手法を改善することから，精度を上げる工夫が求められるわけです．そのためには，ここまでの“反省”からはじめる必要があります．基本は，以下の二式でした．

$$x_1 = x_0 + \varepsilon v_0, \qquad v_1 = v_0 + \varepsilon a_0.$$

問題は，速度とその測定時刻，そして，時間の最小単位である ε との関係です．この手法では，ε の幅の中では，速度は一定（この場合なら v_0）であり，両者の積が次の位置を導くと定義しています．

この積は，第 39 章でも議論しましたように，速度と時間を軸とする直交座標系においては，長方形の面積を表していました．また，速度が一定でない場合でも，その変化が“ε の幅の中で直線的なもの”であれば，等積変形により直角三角形で表せました——長方形では，一段階ごとに“面積にして二倍の見積り違い”をしていたわけです．

そこで，ε の片側だけではなく，その両側の速度を対象にして均したもの，すなわち，区間の平均速度を求めることにします．これは，図形としては，台形を長方形に等積変形することに対応します．

要するに，速度 v を平均速度 $\bar{v}$ で置き換えることによって，計算技法の改善を試みたいわけですが，問題は，平均速度は，その時刻における“未来の値”を必要としていることです．例えば，$\bar{v}_0$ の場合なら，それは ε だけ後の速度 v_1 を含んだ，以下の形式で定義されます．

$$\bar{v}_0 := \frac{v_0 + v_1}{2}.$$

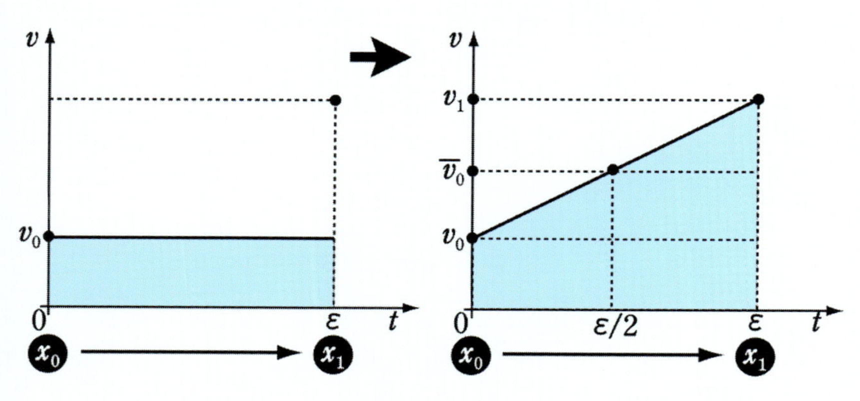

長方形から台形へ

しかし，手元にあるのは初期条件：x_0, v_0 だけですから，これでは計算をはじめることができません．そこで，先にも掲げました基本的な関係：$v_1 = v_0 + \varepsilon a_0$ を用いて，v_1 を書き替えます．これより

$$\bar{v}_0 = \frac{v_0 + (v_0 + \varepsilon a_0)}{2} = v_0 + \frac{\varepsilon}{2}\, a_0$$

を得ます．これで，すべて“現在の値”で定義することができました．

以上のことからも明らかなように，“足して 2 で割って得た平均の速度”は，「時刻 $\varepsilon/2$ における速度」に等しいわけです．したがって，以後の平均の速度 $\bar{v}_1$, $\bar{v}_2$, $\bar{v}_3, \ldots$ は，この時刻を起点として，ε 刻みで測ったもの，個別の見方をすれば，対応する速度 v_1, v_2, $v_3, \ldots$ より，$+\varepsilon/2$ だけ進んだ時刻での速度ということになります．

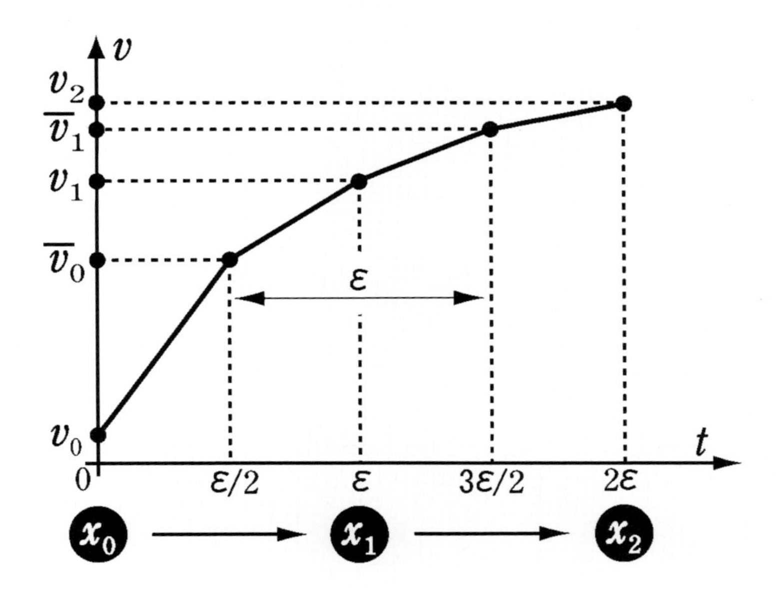

ここまでの結果をまとめ，計算すべき式を順に並べますと

$$
\begin{aligned}
&x_0, &&\bar{v}_0 = v_0 + \frac{\varepsilon}{2}a_0 = v_0 - \frac{\varepsilon}{2}x_0,\\
&x_1 = x_0 + \varepsilon\bar{v}_0, &&\bar{v}_1 = \bar{v}_0 + \varepsilon a_1 = \bar{v}_0 + \varepsilon x_1,\\
&x_2 = x_1 + \varepsilon\bar{v}_1, &&\bar{v}_2 = \bar{v}_1 + \varepsilon a_2 = \bar{v}_1 + \varepsilon x_2,\\
&x_3 = x_2 + \varepsilon\bar{v}_2, &&\bar{v}_3 = \bar{v}_2 + \varepsilon a_3 = \bar{v}_2 + \varepsilon x_3,\\
&\quad\vdots &&\quad\vdots
\end{aligned}
$$

となります——最右辺では，調和振動子の関係を用いて，加速度を位置で置き換えました．では，この計算をソフトで実行してみましょう．

前例と同様に，A 列に位置，B 列に平均の速度が入ります．初期条件は，$x_0 = 1$, $v_0 = 0$，刻み幅は $\varepsilon = 0.1$ とします—— B1 には，$\bar{v}_0$ を手計算で計算した結果を入力しました．A 列二行目には，= A1 + 0.1*B1 を，B 列二行目には，= B1 − 0.1*A2 を入力します．両列共に 63 行目まで，この内容を複写して計算終了です．

グラフを描けば，ε が前例より二倍大きいにも関わらず，精度が格段に上がっていることが分かります．これを数値で確かめましょう．

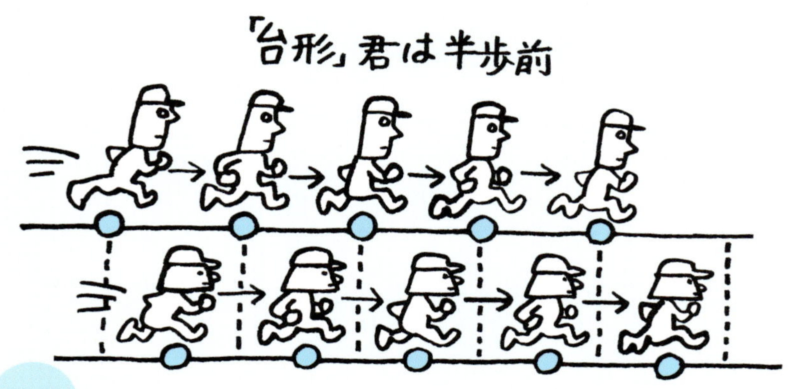

C，D両列共一行目には0を入力します．次に，C列二行目には ＝C1＋0.1 を，D列二行目には ＝A2－COS(C2) を入力し，63行目まで複写します．その結果，C列には，ε刻みの時刻が，D列には，ソフト内蔵の三角関数と，各時刻における計算値の差が記録されます．

D列の各行に並んでいる表示：0.000（あるいは0.001）は，計算値が各時刻において，小数点以下三位（あるいは小数点以下二位）まで正しい値であることを示しています．

同様にして，初期値：$x_0 = 0, v_0 = 1$から，sin tを得ます．そこで，時刻を表す変数を，“ラジアンを単位とする角”と見直せば，以上の計算は，0.1ラジアン（角度にして約5.73度）刻みのサイン・コサインの数表を，実用に充分な精度で求めたことにもなります．

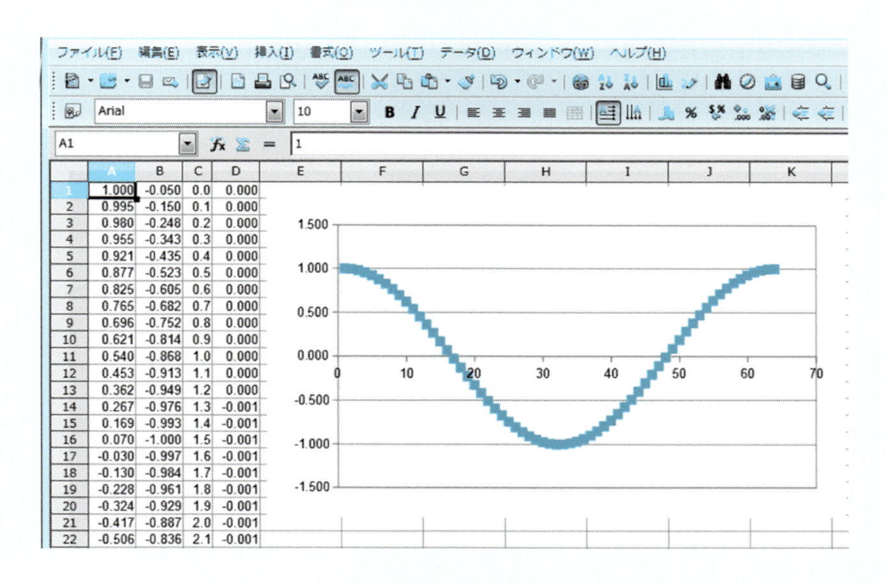

	A	B	C	D
1	1.000	-0.050	0.0	0.000
2	0.995	-0.150	0.1	0.000
3	0.980	-0.248	0.2	0.000
4	0.955	-0.343	0.3	0.000
5	0.921	-0.435	0.4	0.000
6	0.877	-0.523	0.5	0.000
7	0.825	-0.605	0.6	0.000
8	0.765	-0.682	0.7	0.000
9	0.696	-0.752	0.8	0.000
10	0.621	-0.814	0.9	0.000
11	0.540	-0.868	1.0	0.000
12	0.453	-0.913	1.1	0.000
13	0.362	-0.949	1.2	0.000
14	0.267	-0.976	1.3	-0.001
15	0.169	-0.993	1.4	-0.001
16	0.070	-1.000	1.5	-0.001
17	-0.030	-0.997	1.6	-0.001
18	-0.130	-0.984	1.7	-0.001
19	-0.228	-0.961	1.8	-0.001
20	-0.324	-0.929	1.9	-0.001
21	-0.417	-0.887	2.0	-0.001
22	-0.506	-0.836	2.1	-0.001

二次元の問題

続いて，二次元の調和振動子を例に引き，その処理方法を考えます．第59章において紹介しましたように，この問題の場合，二つの方向を分離して扱うことができました．そのため，形式的にはベクトルで書かれていても，二つのスカラーの式を，それぞれで解いて，結果を持ち寄るという手法が採れたわけです．すなわち

$$\frac{\mathrm{d}v_x}{\mathrm{d}t} = -\,\omega^2 x, \qquad \frac{\mathrm{d}v_y}{\mathrm{d}t} = -\omega^2 y$$

という二つの式を，別々に解く問題だと考えればよかったわけです．したがって，数値解析も二つの問題を並べて解けばよいだけです．

そこで，$\omega = 1.5$，x 軸方向の初期条件として $x_0 = 0.5$, $(v_x)_0 = 0$，y 軸方向の初期条件として $y_0 = 0$, $(v_y)_0 = 1.63$ を与え，それぞれを一次元の調和振動子として，$\varepsilon = 0.1$ の刻みで計算を行いました．

なお，C列二行目には，= 0 − (0.1/2)*1.5∧2*B2 を，同じくE列二行目には，= 1.63 − (0.1/2)*1.5∧2*D2 を入力しています．

計算は，一周期が完了するまで，グラフは，軌道の最初と最後が明確になるように，一段階手前まで表示しています．

調和振動子の周期 T は，$\omega T = 2\pi$ を充たすことから，$\omega = 1.5$ より，$T = 6.28/1.5 \approx 4.19$ となります．これは，表計算が42ステップ（4.2秒相当）で一周期を為していることと合致しています．

また，先に求めた解析解のグラフも，まったく同形の楕円になっていることから，数値解の正しさが分かります——ただし，解析解では，楕円の幾何学を論じるために，軌道の向きが90°異なっています．

ところで，“F 列の面積 S” とは何でしょうか．それは如何なる意味を持つものなのでしょうか．次節では，この問題を扱います．

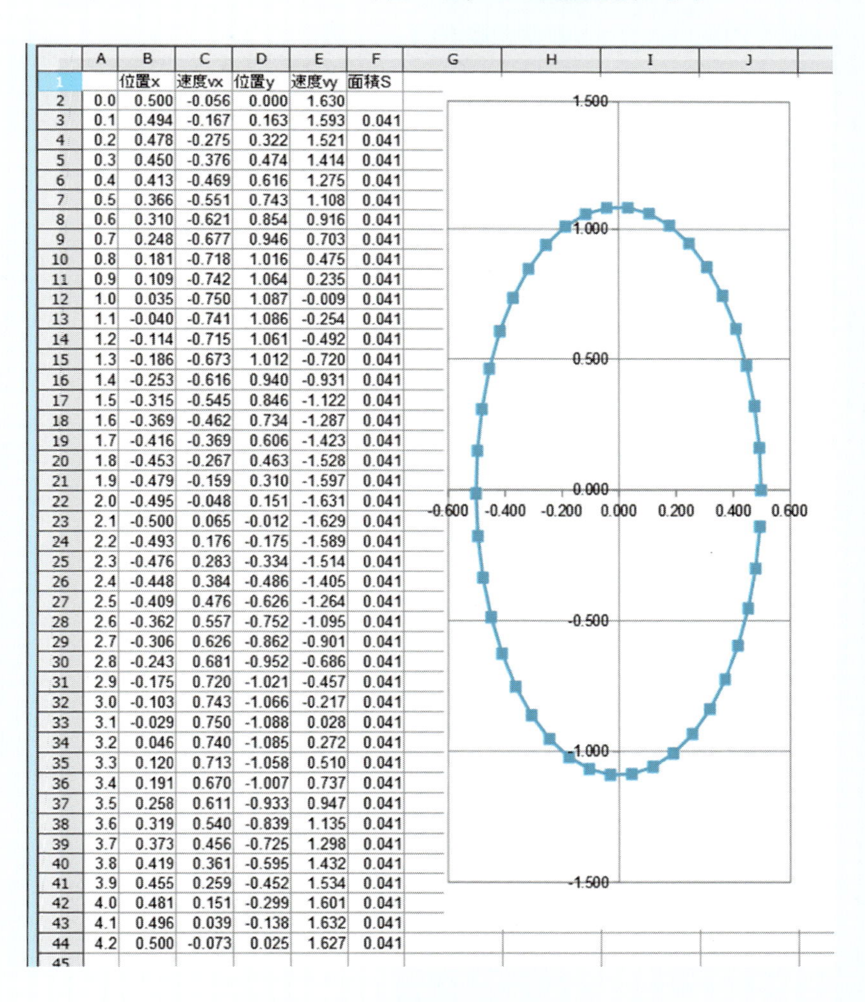

	A	B	C	D	E	F
1		位置x	速度vx	位置y	速度vy	面積S
2	0.0	0.500	-0.056	0.000	1.630	
3	0.1	0.494	-0.167	0.163	1.593	0.041
4	0.2	0.478	-0.275	0.322	1.521	0.041
5	0.3	0.450	-0.376	0.474	1.414	0.041
6	0.4	0.413	-0.469	0.616	1.275	0.041
7	0.5	0.366	-0.551	0.743	1.108	0.041
8	0.6	0.310	-0.621	0.854	0.916	0.041
9	0.7	0.248	-0.677	0.946	0.703	0.041
10	0.8	0.181	-0.718	1.016	0.475	0.041
11	0.9	0.109	-0.742	1.064	0.235	0.041
12	1.0	0.035	-0.750	1.087	-0.009	0.041
13	1.1	-0.040	-0.741	1.086	-0.254	0.041
14	1.2	-0.114	-0.715	1.061	-0.492	0.041
15	1.3	-0.186	-0.673	1.012	-0.720	0.041
16	1.4	-0.253	-0.616	0.940	-0.931	0.041
17	1.5	-0.315	-0.545	0.846	-1.122	0.041
18	1.6	-0.369	-0.462	0.734	-1.287	0.041
19	1.7	-0.416	-0.369	0.606	-1.423	0.041
20	1.8	-0.453	-0.267	0.463	-1.528	0.041
21	1.9	-0.479	-0.159	0.310	-1.597	0.041
22	2.0	-0.495	-0.048	0.151	-1.631	0.041
23	2.1	-0.500	0.065	-0.012	-1.629	0.041
24	2.2	-0.493	0.176	-0.175	-1.589	0.041
25	2.3	-0.476	0.283	-0.334	-1.514	0.041
26	2.4	-0.448	0.384	-0.486	-1.405	0.041
27	2.5	-0.409	0.476	-0.626	-1.264	0.041
28	2.6	-0.362	0.557	-0.752	-1.095	0.041
29	2.7	-0.306	0.626	-0.862	-0.901	0.041
30	2.8	-0.243	0.681	-0.952	-0.686	0.041
31	2.9	-0.175	0.720	-1.021	-0.457	0.041
32	3.0	-0.103	0.743	-1.066	-0.217	0.041
33	3.1	-0.029	0.750	-1.088	0.028	0.041
34	3.2	0.046	0.740	-1.085	0.272	0.041
35	3.3	0.120	0.713	-1.058	0.510	0.041
36	3.4	0.191	0.670	-1.007	0.737	0.041
37	3.5	0.258	0.611	-0.933	0.947	0.041
38	3.6	0.319	0.540	-0.839	1.135	0.041
39	3.7	0.373	0.456	-0.725	1.298	0.041
40	3.8	0.419	0.361	-0.595	1.432	0.041
41	3.9	0.455	0.259	-0.452	1.534	0.041
42	4.0	0.481	0.151	-0.299	1.601	0.041
43	4.1	0.496	0.039	-0.138	1.632	0.041
44	4.2	0.500	-0.073	0.025	1.627	0.041
45						

67 二種類の掛け算

本章では，ベクトルの掛け算から話をはじめます．それは第一部で学んだ初等幾何学の延長にあり，座標の考え方にもつながるものです．その結果を得て，前章の面積計算の意味について考えます．

三平方の定理の拡張

ベクトルの和と差は，平行四辺形の対角線として理解することができました．では，積には，どのような幾何学的イメージを持てばいいのでしょうか．何しろ，その掛け算には二つの種類あるのですから．

しかし皆さんは，既にその“影”を見ています．ここでは影の正体を，辺と角の関係を駆使する初等幾何学的な手法と，座標の考えを採り入れた結果を結ぶことで，明らかにしていきます．

一つ目の掛け算は，三平方の定理の“拡張”として理解できるものです．先ずは二つの三角形，「直角三角形 345」「不等辺三角形 758」の辺上の正方形の面積について考えます．これらの間には

$$3^2 + 4^2 = 5^2, \qquad 5^2 + 7^2 \neq 8^2$$

なる関係がありました．直角三角形に対して“だけ”成り立つ式を，そうではないものに当てはめたのですから，等式は成立しません．

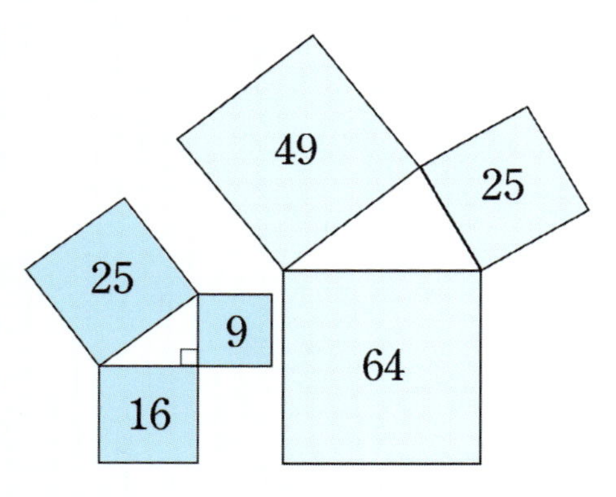

しかし，何とかして，この等式の鮮やかさを残したいものです．そこで，辺だけの関係は諦めて，角も含めた式を探すことにします．

不等辺三角形の垂心を求め，辺と垂線の交点をL，M，Nとします．そして，下図を見ながら，そこにできる六種類の直角三角形から，六種類の線分の長さと，間の角との関係を求めて下さい．

$$\left.\begin{aligned} \mathrm{AL} &= \mathrm{CA}\cos\angle\mathrm{CAB} = b\cos A \\ \mathrm{AN} &= \mathrm{AB}\cos\angle\mathrm{CAB} = c\cos A \end{aligned}\right\} \Rightarrow c\mathrm{AL} = b\mathrm{AN},$$

$$\left.\begin{aligned} \mathrm{BM} &= \mathrm{AB}\cos\angle\mathrm{ABC} = c\cos B \\ \mathrm{BL} &= \mathrm{BC}\cos\angle\mathrm{ABC} = a\cos B \end{aligned}\right\} \Rightarrow a\mathrm{BM} = c\mathrm{BL},$$

$$\left.\begin{aligned} \mathrm{CN} &= \mathrm{BC}\cos\angle\mathrm{BCA} = a\cos C \\ \mathrm{CM} &= \mathrm{CA}\cos\angle\mathrm{BCA} = b\cos C \end{aligned}\right\} \Rightarrow b\mathrm{CN} = a\mathrm{CM}.$$

この時，角に隣接する二つの長方形の面積（図の斜線部の場合なら，$c\mathrm{AL} = b\mathrm{AN}$）は等しくなります．よって，底辺上の正方形の面積 a^2 は，斜辺上の長方形の面積の和（$b\mathrm{CN} + c\mathrm{BL}$）として表せます．

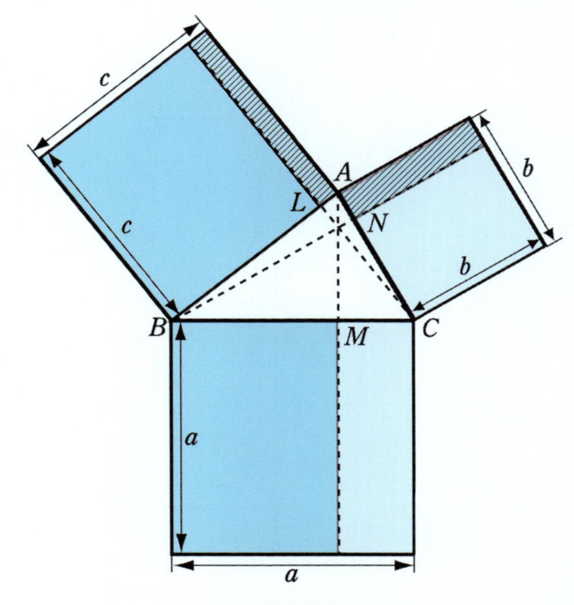

長方形の面積の関係

さらに，これらの長方形には，それぞれ関係：

$b\mathrm{CN} = b^2 - b\mathrm{AN} = b^2 - bc\cos A$，$c\mathrm{BL} = c^2 - b\mathrm{AL} = c^2 - bc\cos A$

がありますので，これをまとめることで，三平方の定理の拡張：

$$a^2 = b^2 + c^2 - 2bc\cos A$$

を得ます――さらに，辺と角の循環置換：$a \to b \to c \to a$, $A \to B \to C \to A$ より，直ちに以下の関係が導かれます.

$$b^2 = c^2 + a^2 - 2ca\cos B, \qquad c^2 = a^2 + b^2 - 2ab\cos C.$$

ところで，二本のベクトル $\mathbf{A}$, $\mathbf{B}$ の長さを A, B，その先端の位置を（x_1, y_1），（x_2, y_2）とし，二点間の距離を C で表す時，その二乗は

$$\begin{aligned} C^2 &:= (x_1 - x_2)^2 + (y_1 - y_2)^2 \\ &= x_1^2 + y_1^2 + x_2^2 + y_2^2 - 2(x_1x_2 + y_1y_2) \\ &= A^2 + B^2 - 2(x_1x_2 + y_1y_2) \end{aligned}$$

となります――ここで，$A^2 = x_1^2 + y_1^2$，$B^2 = x_2^2 + y_2^2$ を用いました.

一方，$\mathbf{A}$, $\mathbf{B}$ の間の角を θ とする時，辺の長さの関係：

$C^2 = A^2 + B^2 - 2AB\cos\theta$

が成り立つことは，先にも見た通りです.

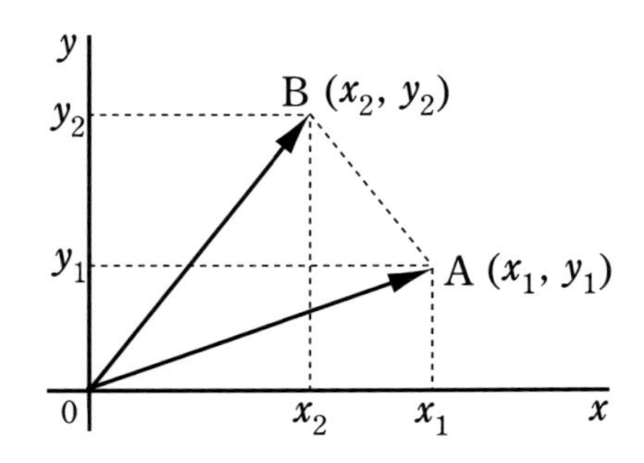

よって，二式をまとめて

$$x_1x_2 + y_1y_2 = AB\cos\theta$$

を得ます．これは**内積**と呼ばれる，ベクトルの積の一つです――ドットを用いて，$\mathbf{A}\cdot\mathbf{B}$ と表されることから，ドット積とも呼ばれます．

繰り返し登場しています「仕事」の定義は，内積の代表的な例です．

$$W = \mathbf{F}\cdot\mathbf{s}\,(= F_1s_1 + F_2s_2 = FS\cos\theta).$$

この定義にしたがえば，力と変位の方向が直交（$\theta = \pi/2$）している場合，$\cos\,\theta = 0$ となることから，$W = 0$ であることが，容易に分かります．また，両者の方向が揃っている場合，$\theta = 0$ から $\cos\,\theta = 1$ となって，W が最大の値を取ることも明確に分かります．

二本のベクトルが直交しているか否かが，$x_1x_2 + y_1y_2 = 0$ だけで分かるのですから，非常に見通しがよいわけです――これは，第 61 章において，縦ベクトルと横ベクトルの積として既に紹介しています．

すなわち，内積とは，二本のベクトルが“平行の関係”とどれくらい似ているか，その度合いを示すものです．これは，一方のベクトルが，“他方に作る影の長さ”との積を取る手法と言ってもいいでしょう．

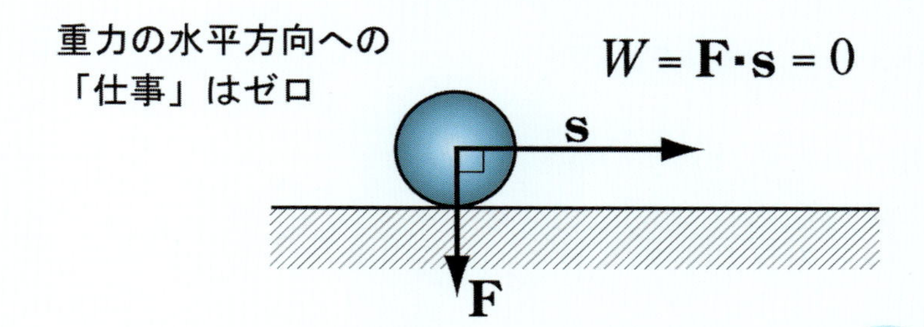

三角形の面積

次は，ベクトル $\mathbf{A}$, $\mathbf{B}$ が作る平行四辺形の面積 S を求めます．これは，底辺に対する高さが分かれば，積がそのまま面積になるので，間の角を θ として，以下のようになります．

$$S = A(B\sin\theta) = B(A\sin\theta) = AB\sin\theta.$$

上式は，どちらのベクトルを底辺と見るかで，それに対する高さは変わりますが，積は同じになることを表しています．

さて，下図の三角形（斜線部）の面積は，平行四辺形の半分，すなわち，$S/2$ ですが，これは座標を用いて，以下のように求められます．

$$\frac{1}{2}S = \triangle\mathrm{OAB} = \triangle\mathrm{Ox_2B} + \text{台形}\ \mathrm{x_1ABx_2} - \triangle\mathrm{Ox_1A}$$
$$= \frac{1}{2}x_2y_2 + \frac{1}{2}(x_1 - x_2)(y_1 + y_2) - \frac{1}{2}x_1y_1$$
$$= \frac{1}{2}(x_1y_2 - x_2y_1).$$

以上の二式をまとめて

$$x_1y_2 - x_2y_1 = AB\sin\theta$$

を得ます．この式もまた，ベクトルの積としての意味を持ちます．これを**外積**と呼びます――クロス記号を用いて，$\mathbf{A} \times \mathbf{B}$ と表されることから，クロス積ともいいます．

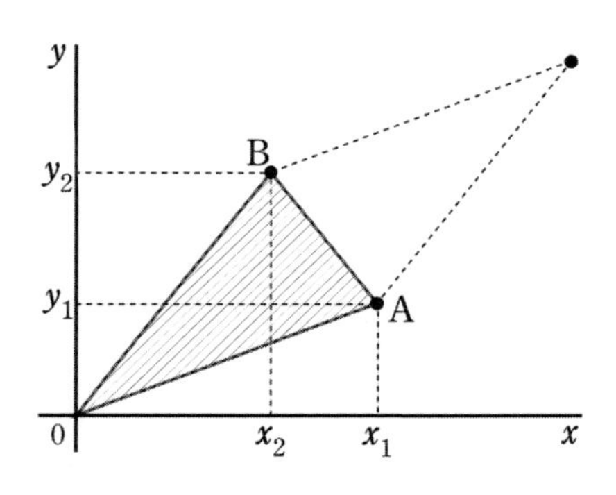

トルクがその代表的な例です．それは以下のように定義されます．

$$\mathbf{N} = \mathbf{r} \times \mathbf{F}, \ (N = xF_2 - yF_1 = rF \sin\theta).$$

また，角速度と速度の関係も外積：$\mathbf{v} = \boldsymbol{\omega} \times \mathbf{r}$ で表されます．

ここで注目して頂きたいことは，内積の結果がスカラーであるのに対して，外積の結果は，再びベクトルになることです――このことを理由に，内積をスカラー積，外積をベクトル積と呼ぶ場合もあります．

外積のベクトルとしての方向は，二本のベクトルが作る平面に垂直な方向になります．したがって，平面の問題を扱っていても，そこに外積があれば，自然に“第三の方向”が問題になるわけです．

外積は，二本のベクトルが“直角と似ている”，その度合いを示すものです．もし，直角であれば最大値，それぞれを辺とする長方形の面積を値として取ります．一般の場合には，平行四辺形の面積となり，まったく“似ていない”平行の場合，その値はゼロになるわけです．

この“直角”と“平行”を入れ替えれば，内積の最大値とゼロの関係になります．以上が，外積に $\sin\theta$，内積に $\cos\theta$ が現れる理由です．

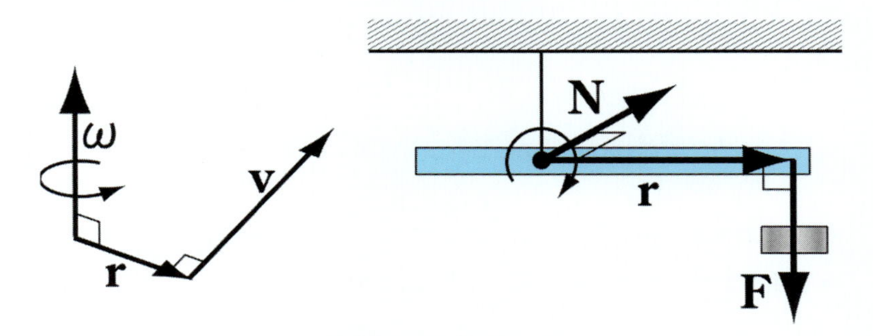

外積は“ひねり”

面積速度と角運動量

さて，ようやく前章の宿題に答える準備が整いました．

表のF列に並んでいる“面積S”とは，座標原点と，隣接する二つの時刻における点で作られる三角形の面積の意味です．

その計算式は，先に求めました三角形の面積の式です．具体的には，F列三行目に，=(B2*D3-B3*D2)/2 を入力して，それを各行に複写しています．そうして求められた面積Sが，すべての時刻において同じ値0.041を示していることに注目して下さい．

このような面積の時間的な変化のことを，力学では**面積速度**と呼びます．それが一定である，すなわち，保存しているわけですから，面積速度は調和振動子の保存量になっているわけです．

そして，この二倍（平行四辺形の面積の時間変化）は，位置と速度の外積に等しくなります．これは，次元の立場から見れば

$$\frac{\text{面積}}{\text{時間}} \Rightarrow \frac{\text{長さ}\times\text{長さ}}{\text{時間}} \Rightarrow \text{長さ}\times\frac{\text{長さ}}{\text{時間}} \Rightarrow \text{長さ}\times\text{速度}$$

が成り立つことから理解できるでしょう．そこで，これに質量 m を掛けた量を $\mathbf{L}$ と書き，**角運動量**と呼びます．式で表せば

$$\mathbf{L} = \mathbf{r} \times \mathbf{p}$$

となります．面積速度の保存とは，角運動量の保存に他なりません．

そして，角運動量の保存とは，運動量保存の“回転版”です．すなわち，**止まっているものは止まり続ける，回っているものは，その割合を変えることなく回り続ける**ということを表しています．これは，第46章の表現によれば，「空間の等方性による保存量」だといえます．

調和振動子は，理想のバネの表現でした．バネは引けば引くほど，強く引き返しますが，それは原点附近では，余り強い力を生み出さないことを意味しています．グラフは，同じ時間間隔で点を記していますので，その位置でのおおよその速度を見積ることができます．

一目で分かることは，$\mathbf{r}$ の長さが短いところでは点の間隔は広い，すなわち，速度が速いこと，逆に長いところでは間隔は狭い，すなわち，速度が遅いことです．しかし，三角形の辺の長さは，両者で逆転していますから，面積はどの時刻を取っても一定になるわけです．

このように，角運動量が一定であることと，速さ（あるいは，角速度）が変化することは“共存”します．両者は異なる考え方なのです．さらに，その角運動量はベクトルですから，それが一定であれば，運動は二次元的，すなわち，ある平面内に限定されることになります．

調和振動子の全エネルギーが保存量になることは，解析解から分かりました．今，数値解を検討することから，新たな保存量として面積速度（角運動量）が，すなわち，平面内の軌道が，ある時間内に掃いていく面積は，常に一定になるということが分かったわけです．

そして，この性質は調和振動子に留まらず，力がある点から生じる**“中心力と呼ばれる形式”を取る場合には，必ず成り立つ**のです．

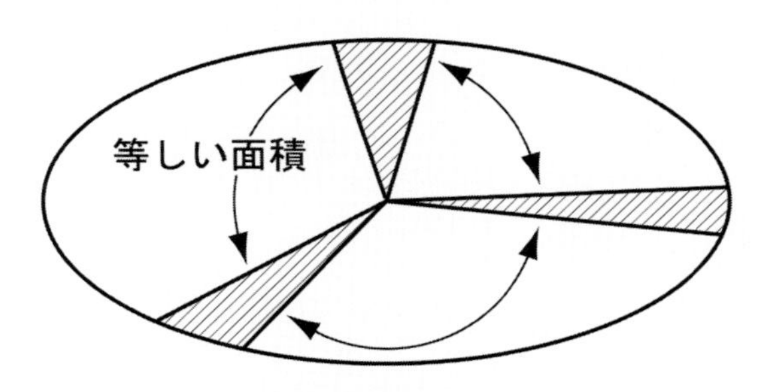

面積速度の保存

静の安定・動の安定

第54章の"不倒条件"を充たしていれば，物体は倒れません．質量と重心の位置は，物体の安定を考える場合に，非常に重要な要素です．しかし，これは静止している場合の議論であって，物体が動いている場合は，それだけでは足りません．静と動では違うのです．

下図は，DVDの空ケースに，磁石を錘として対称的に附けたものです．左右とも錘の数は同じですから，全体の質量は同じです．また，対称的に附けているので，重心位置は共に円の中心にあります．質量も重心位置も同じ二種類のケースですが，両者を回転させた瞬間に，その違いは明らかになります．左に比べ，右側の方が遅いのです．

同じモータ，同じ電源でも，質量が外側に分布している場合の方が，回転しづらいのです．回転に対する"抵抗の度合い"が，質量の分布の仕方によって変わるわけです．スケートのスピンで，選手が両手を広げて減速，頭の上に重ねて加速している場面を，見たことがあると思いますが，その理由が，この装置によって示されているわけです．

これは，「角運動量と角速度の違い」を示す，より身近な例です．

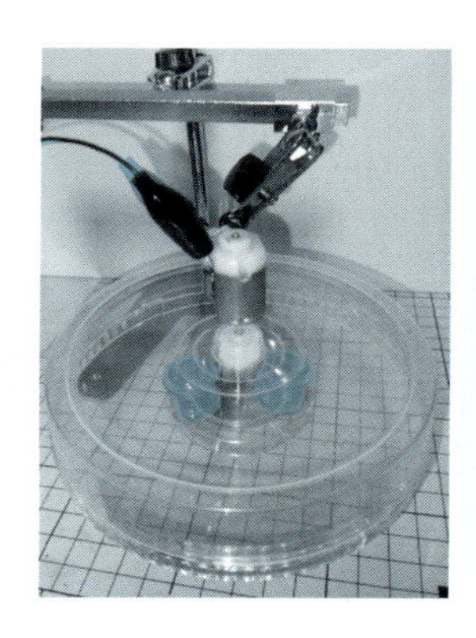

角運動量は同じ・角速度は違う

独楽は，「動的な安定」を論じるための最高の教材です．

次の図は，二個のモータによって，タイヤが二つの異なる軸方向に回転するように作った玩具です．モータＢによりタイヤが回転し，その全体が下のモータＡで上下方向を軸として回転します．どちらか一方のモータだけが回転している場合には，全体は安定してます．ところが，二個を同時に回転させると，全体がグラグラと揺れ出します．

第57章で示しましたように，角速度はベクトルとして加・減されます．この場合，二個のモータの同時回転によって，角速度が足し合わされて，装置全体の斜めの方向を軸とする回転が，引き起こされたのです．その結果，全体が揺れ動いて見えるわけです．

静的には倒れるものでも，動的には立たせておくことができます．例えば，モータＡのみを回転させておくと，“不倒条件”を外れた状態でも，なお倒れません．

保存する角運動量が，回転軸を不動のものにするのです．これが回る独楽が倒れない理由です．

そして，床との摩擦などで理想の状態が壊れた後でも，独楽は，この玩具が示すような「二つの回転軸を持つ状態」として，長い時間，倒れずに回り続けるのです．

これは，独楽の“みそすり運動”として広く知られています．

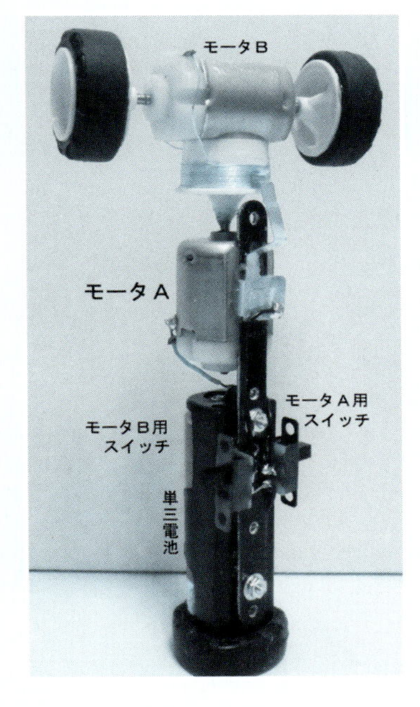

二軸ジャイロ

68 数値解析 II：逆二乗力の場合

解析解は大切です．それは，単に“正しい”という枠を超えて，“新しい発想”を引き出すための基礎にもなるという意味で，何よりも重要視されるのです．その一方で，数値による解法は強力です．それは，近似ではあっても，汎用性があります．広い範囲の問題に対して，まったく同じ手法で，これを解くことができるのです．

力の分解と計算手法

そこで，万有引力に代表される逆二乗力による質点の運動について，数値的に解いてみましょう．作業手順は，調和振動子の場合とほぼ同じですが，一つだけ重要な相違点があります．それは，「**変数別に式を分離することができない**」という点です．

万有引力の名で論じられる力 $\mathbf{F}$，その大きさ F は，以下の形式：

$$F = -\frac{GMm}{r^2}$$

で書かれました．分母の r は，力の等方性（特別の方向を持たない）を反映したもので，$r = \sqrt{x^2+y^2+z^2}$ などと表されるべき三次元的な量です．また，この式は原点と対象を結ぶ方向にだけ働く力，すなわち，中心力であることを示しています．

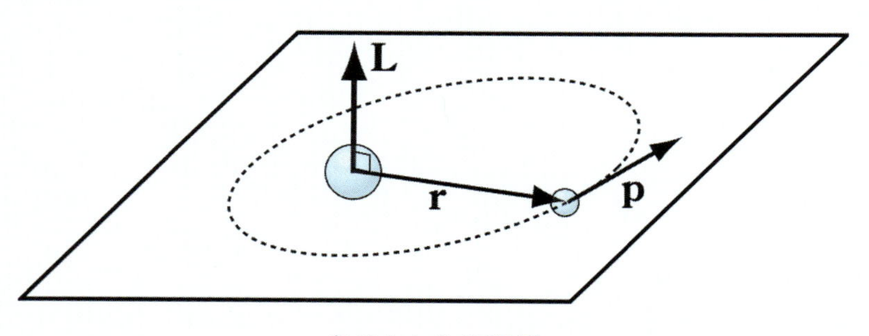

各ベクトルの関係

中心力であれば，角運動量が保存します．角運動量が保存するということは，角運動量ベクトル$\mathbf{L}$の**方向も大きさも一定**であるということです．そして，その方向とは，位置と運動量が作る平面に垂直なものでした．垂直であることが常に保たれるということは，対象の運動は平面内に限定されることになります．

よって，中心力により生じる運動は，一つ次元を減らして，二次元の問題になります．保存される角運動量の方向を，仮にz軸とすれば，距離rは$\sqrt{x^2+y^2}$により表されることになります．

そこで，位置(x, y)におけるFを，相似を利用して分解しますと

$$\frac{F_x}{F}=\frac{x}{r}\ \text{より，}\ F_x=F\frac{x}{r},\qquad \frac{F_y}{F}=\frac{y}{r}\ \text{より，}\ F_y=F\frac{y}{r}$$

となります．よって，“解くべき問題”は，$GM=1$として

$$\frac{\mathrm{d}v_x}{\mathrm{d}t}=\frac{F_x}{m}=\frac{F}{m}\frac{x}{r}=-\frac{GMm}{mr^2}\frac{x}{r}=\frac{x}{r^3}.\ \text{同様にして，}\ \frac{\mathrm{d}v_y}{\mathrm{d}t}=-\frac{y}{r^3}$$

となりますが，rの中にx, yが含まれているために，二つの式をx単独，y単独という形で，変数別に分離することができないのです．

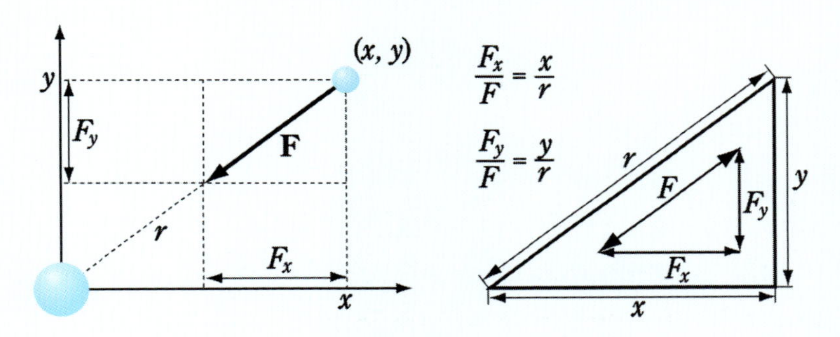

力の分解

したがって，計算は一段階ごとに r の値を求めて，それを x, y 相互に反映させる方法で行わねばなりません．具体的には，以下の流れになります——速度を平均化する手法などは，前例の通りです．

A 列にカウント，B 列に位置 x，C 列に平均化した速度 $\bar{v}_x$，D 列に y，E 列に $\bar{v}_y$，F 列に距離 r，G 列に面積 S を割り当てます．

刻みを $\varepsilon = 0.1$，初期条件を $x_0 = 0.5$, $y_0 = 0$, $(v_x)_0 = 0$, $(v_y)_0 = 1.63$ とします．これを受けて，各列の二行目に以下を入力します．

先ず，B 列には，0.5 を，C 列には，`=(0)−(0.1/2)*B2/F2∧3` を，D 列には，0 を，E 列には，`=(1.63)−(0.1/2)*D2/F2∧3` を，F 列には，`=SQRT(B2∧2+D2∧2)` を入力します．

続いて，三行目の入力です．B 列には，`=B2+0.1*C2` を，C 列には，`=C2−0.1*B3/F3∧3` を，D 列には，`=D2+0.1*E2` を，E 列には，`=E2−0.1*D3/F3∧3` を，G 列には，`=(B2*D3−B3*D2)/2` を入力して，44 行目までその内容を複写します．なお，F 列に関しては，二行目を末尾まで複写して下さい．

計算が終了した段階で，B 列・D 列を選択し，「散布図」に渡すことで，グラフが描かれます——縦横比が 1 になるように調整します．

結果の検討

計算は，一周期が完了するまで，グラフは，軌道の最初と最後が明確になるように，一段階手前まで表示しているのは，前例と同様です．

初期条件もまた，前例に倣いましたが，結果は大きく異なりました．共に楕円軌道になってはいますが，そこには大きな違いがあります．

調和振動子が描く楕円は，力の中心と楕円の中心が一致したものでした．しかし，ここで求めた逆二乗力の場合には，力の中心は楕円の焦点に移っています――これは，証明を要する事柄ですが，先ずは図形としての“見た目”から仮定しておくことにします．G 列は，すべて 0.041 になっていますので，面積速度は保存されています．

以下，計算結果から読み取れることを列挙します．

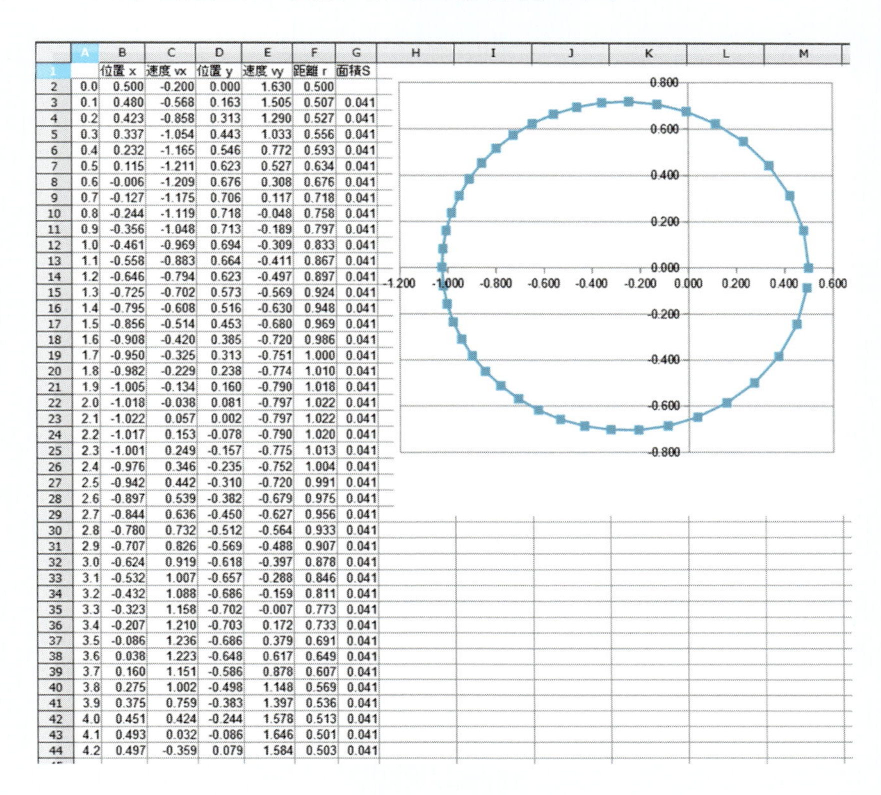

	A	B	C	D	E	F	G
1		位置 x	速度 vx	位置 y	速度 vy	距離 r	面積S
2	0.0	0.500	-0.200	0.000	1.630	0.500	
3	0.1	0.480	-0.568	0.163	1.505	0.507	0.041
4	0.2	0.423	-0.858	0.313	1.290	0.527	0.041
5	0.3	0.337	-1.054	0.443	1.033	0.556	0.041
6	0.4	0.232	-1.165	0.546	0.772	0.593	0.041
7	0.5	0.115	-1.211	0.623	0.527	0.634	0.041
8	0.6	-0.006	-1.209	0.676	0.308	0.676	0.041
9	0.7	-0.127	-1.175	0.706	0.117	0.718	0.041
10	0.8	-0.244	-1.119	0.718	-0.048	0.758	0.041
11	0.9	-0.356	-1.048	0.713	-0.189	0.797	0.041
12	1.0	-0.461	-0.969	0.694	-0.309	0.833	0.041
13	1.1	-0.558	-0.883	0.664	-0.411	0.867	0.041
14	1.2	-0.646	-0.794	0.623	-0.497	0.897	0.041
15	1.3	-0.725	-0.702	0.573	-0.569	0.924	0.041
16	1.4	-0.795	-0.608	0.516	-0.630	0.948	0.041
17	1.5	-0.856	-0.514	0.453	-0.680	0.969	0.041
18	1.6	-0.908	-0.420	0.385	-0.720	0.986	0.041
19	1.7	-0.950	-0.325	0.313	-0.751	1.000	0.041
20	1.8	-0.982	-0.229	0.238	-0.774	1.010	0.041
21	1.9	-1.005	-0.134	0.160	-0.790	1.018	0.041
22	2.0	-1.018	-0.038	0.081	-0.797	1.022	0.041
23	2.1	-1.022	0.057	0.002	-0.797	1.022	0.041
24	2.2	-1.017	0.153	-0.078	-0.790	1.020	0.041
25	2.3	-1.001	0.249	-0.157	-0.775	1.013	0.041
26	2.4	-0.976	0.346	-0.235	-0.752	1.004	0.041
27	2.5	-0.942	0.442	-0.310	-0.720	0.991	0.041
28	2.6	-0.897	0.539	-0.382	-0.679	0.975	0.041
29	2.7	-0.844	0.636	-0.450	-0.627	0.956	0.041
30	2.8	-0.780	0.732	-0.512	-0.564	0.933	0.041
31	2.9	-0.707	0.826	-0.569	-0.488	0.907	0.041
32	3.0	-0.624	0.919	-0.618	-0.397	0.878	0.041
33	3.1	-0.532	1.007	-0.657	-0.288	0.846	0.041
34	3.2	-0.432	1.088	-0.686	-0.159	0.811	0.041
35	3.3	-0.323	1.158	-0.702	-0.007	0.773	0.041
36	3.4	-0.207	1.210	-0.703	0.172	0.733	0.041
37	3.5	-0.086	1.236	-0.686	0.379	0.691	0.041
38	3.6	0.038	1.223	-0.648	0.617	0.649	0.041
39	3.7	0.160	1.151	-0.586	0.878	0.607	0.041
40	3.8	0.275	1.002	-0.498	1.148	0.569	0.041
41	3.9	0.375	0.759	-0.383	1.397	0.536	0.041
42	4.0	0.451	0.424	-0.244	1.578	0.513	0.041
43	4.1	0.493	0.032	-0.086	1.646	0.501	0.041
44	4.2	0.497	-0.359	0.079	1.584	0.503	0.041

なお，この種の問題に関連する用語は，多くの場合，原点に不動の太陽があり，それに引かれる惑星の運動を論じるという設定から生まれたものです．例えば，両者がもっとも接近している点のことを，**近日点**と呼びます――文字通り，日（太陽）に近い点という意味です．この場合なら，初期条件である $x = 0.5$ が近日点になります．

再び x 軸を過ぎるのは，周期の半分の時刻になりますが，その点は原点からもっとも遠い点でもあるので，これを**遠日点**といいます．この場合は，時刻 2.1 での値：$x = -1.022$ が遠日点になります．

近日点距離と遠日点距離の平均が，楕円の長半径 A になります．

$$A = (0.5+1.022)/2 = 0.761.$$

この値に離心率 e を掛けた Ae は，楕円の中心と焦点間の距離になります．また，これは A から近日点距離を引いたものに等しいので

$$Ae = 0.761e = 0.761-0.5 = 0.261 \text{ より，} e \approx 0.343$$

となることが分かります――離心率は，楕円の潰れ方の指標です．

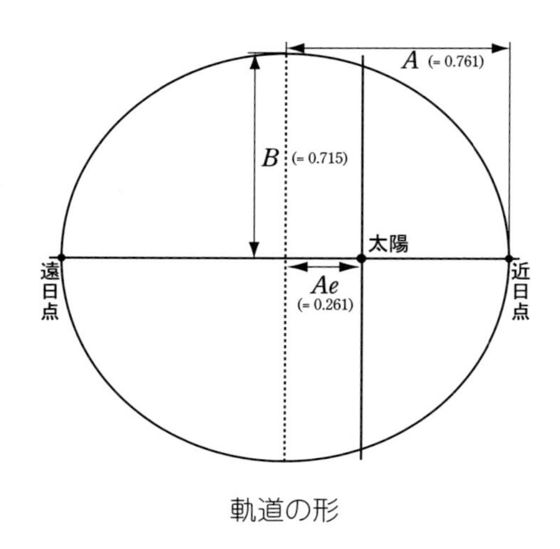

軌道の形

さらに，離心率の定義式に戻れば，短半径 B の値：

$$e=\sqrt{1-B^2/A^2}\ \text{より，}\ B=A\sqrt{1-e^2}\approx 0.715$$

が求められます．こうして得た長・短半径と離心率にしたがって楕円を描き，表計算の結果と比較すれば，軌道が確かに楕円に沿ったものになっているか否かを，図形的に確かめることができます．

また，時間を消去した図形である軌道上に，一定の時間間隔で打たれた点の粗密（特に近日点・遠日点附近）から，再び時間の関係を読み取れば，まったく同じ楕円軌道であっても，その力学が調和振動子によるものか，逆二乗力によるものかの区別ができます．

さて，地球表面に一様な重力を作り出す逆二乗力が，より大きなスケールに立てば，楕円軌道を生み出すことが数値的に確かめられました．しかし，すべての軌道が楕円になるわけではありません．

ホンの少し，初期条件を変えるだけで，二度と再び帰って来ない軌道が画面上に現れるでしょう．これこそ数値計算の醍醐味，楽しみです．皆さんも是非，挑戦して下さい．宇宙は我が手の中にあります．

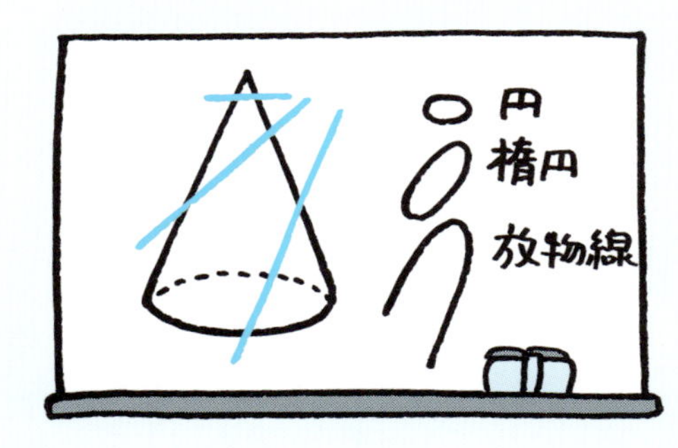

69 バネの自由落下

本章では，コイル状のバネが主役を務めます．これは，ここまでに議論した様々な要素，例えば，「バネ」「自由落下」「重心」「剛性」「自然数の和」「二乗数の和」「角運動量」「図式解法」「表計算」「グラフ」などを含んだ，本書を締め括るに相応しい総合的な問題です．

重心位置を実測から求める

扱うのは“スリンキー”の名で親しまれている柔らかいバネの玩具です．市販されているものに，特別の規格はありません．金属製やプラスチック製，サイズも大小様々です．一番入手しやすいもの，安価なものを選んで下さい．ここで用いましたのは，プラスチック製，高さ 64 mm，44 回巻きのものです．価格は百円でした

バネは均一な材料で作られていますので，その重心は高さ 32 mm の所にあります．そこで，この部分に附箋を貼りました．

この一端を手で持ち上げますと，バネ自身の重さで伸びていき，充分伸びきったところで安定します．この時，重心位置が全体のどの辺りに移るか，これが最初の問題です．先ずは，実測によって，これを求めます．バネの写真を印刷して，各部の長さを定規で測ります．

バネは，自重により 720 mm まで伸びて落ち着きました．これを A4 用紙一杯に印刷したところ，全長は 280 mm に縮小されました．そこで，バネの幅の中央に直線を引き，その直線をバネの螺旋が過ぎる点（一周当たり一つ）に印を附けて，上端からの距離を測ります．

先ず，バネを単位質量を持った 44 枚の円板が，垂直方向に並んだものと見做し，さらに，これを質点で置き換えます．この時，バネ全体の重心は，第 49 章で議論した，トルクの均衡から求められます．

特にこの場合，すべての質量が 1 に等しいので，トルクは“長さと同じ数値”になります．よって，測定値の単純な和を，上端を除く質点の個数 43 で割ることで，上からの重心位置 185.21 mm を得ます．全長 280 mm との比を取れば，およそ 0.66 になります．

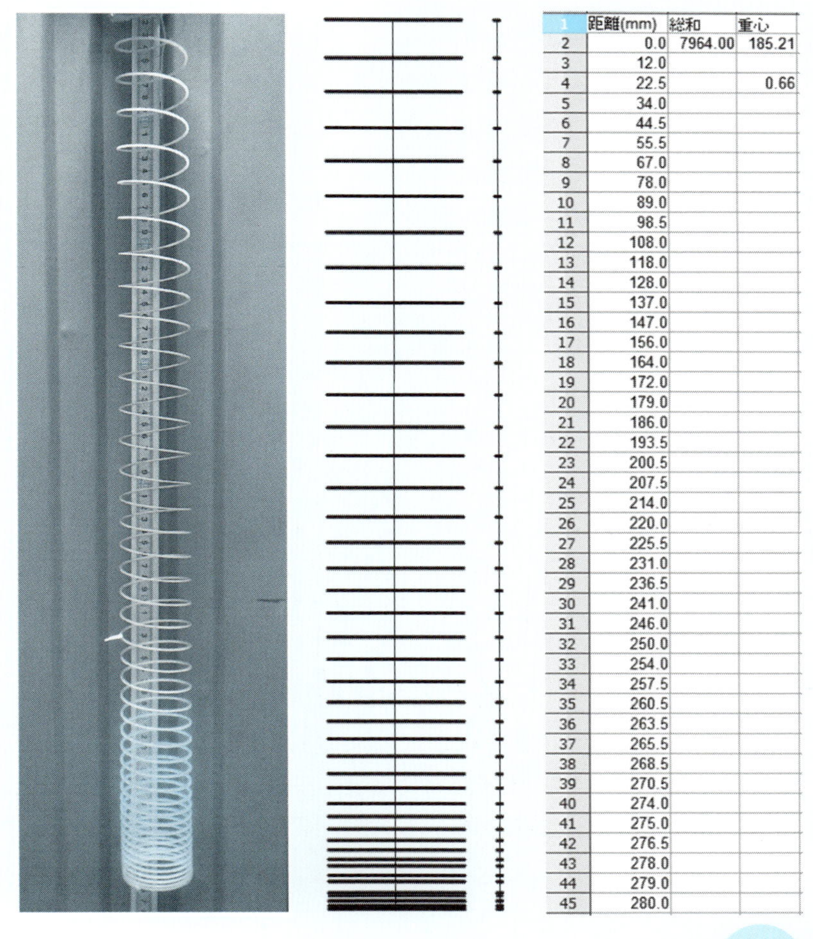

1	距離(mm)	総和	重心
2	0.0	7964.00	185.21
3	12.0		
4	22.5		0.66
5	34.0		
6	44.5		
7	55.5		
8	67.0		
9	78.0		
10	89.0		
11	98.5		
12	108.0		
13	118.0		
14	128.0		
15	137.0		
16	147.0		
17	156.0		
18	164.0		
19	172.0		
20	179.0		
21	186.0		
22	193.5		
23	200.5		
24	207.5		
25	214.0		
26	220.0		
27	225.5		
28	231.0		
29	236.5		
30	241.0		
31	246.0		
32	250.0		
33	254.0		
34	257.5		
35	260.5		
36	263.5		
37	265.5		
38	268.5		
39	270.5		
40	274.0		
41	275.0		
42	276.5		
43	278.0		
44	279.0		
45	280.0		

バネを簡略化する

重心位置を計算から求める

求められた比を，バネの長さ 720 mm に掛けて，実際の重心位置：475.2 mm を得ます．下端から測れば，これは全長の約 1/3 の所になりますが，この 1/3 という数値は，三角形の重心を思い出させます．この値について考えるために，重心を計算から求めてみましょう．

先ずは，モデル作りからはじめます．コイル状のバネを，直線状のバネをつないだもので置き換えます．バネは均質で，すべて自然長 1，質量 1 を持ち，バネ定数も等しいものと仮定します．

よって，個々のバネの重心は，その中央にあります．そして，これらのバネの直列接続を考えるのです――直列の意味は，第 62 章で論じた通りです．

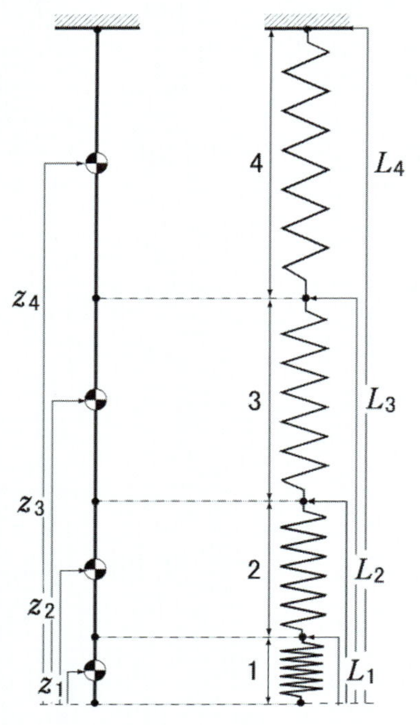

設定を簡潔にするために，下につながれたバネの本数 n によって，上のバネはその長さが $(n+1)$ 倍になるものとします．先ずは，四本のバネの場合を例に，考察をはじめましょう．バネは，下から番号を振ります．長さも下端を基準にすれば，番号と長さが一致します．

先ず，その全長から求めます．仮定により，個々のバネの長さは，1, 2, 3, 4,… となります．この和が全長になるわけですから，第 16 章で得ました，n までの自然数の総和を求める式：

$$\frac{1}{2}n(n+1)$$

が，そのまま n 個の全長になります．以後，これを L_n と表します．

続いて，n 番目のバネの重心位置 z_n を求めます．

先ず，一番下のバネの重心は，1 上がって，その半分 1/2 だけ下がった所にあります．すなわち，$z_1 = 1/2$ です——全長 1 の半分です．

次のバネの重心 z_2 は，上に $1+2$ だけ上がって，2/2 だけ下がった所です．このように，n 番目のバネの重心位置 z_n は，そのバネまでの全長 L_n から，自身の長さの半分を引いたものになるわけです．

式で表せば，下から順に，次の形式になっていることが分かります．

$$z_1 = L_1 - \frac{1}{2},\quad z_2 = L_2 - \frac{2}{2},\quad z_3 = L_3 - \frac{3}{2},\quad z_4 = L_4 - \frac{4}{2}.$$

よって，個別の重心 z_n は，以下の簡潔な形にまとめられます．

$$z_n = L_n - \frac{n}{2} = \frac{1}{2}n(n+1) - \frac{n}{2}$$
$$= \frac{n^2}{2}.$$

以上の結果を用いて，四本のバネ全体の重心 Z_4 は，先例と同様に，トルクの均衡から求められます．すなわち，質量 m を記号として残して書けば，以下の関係が成り立つということです．

$$mz_1 + mz_2 + mz_3 + mz_4 = 4mZ_4$$

これを Z_4 について解いて，次の結果を得ます．

$$Z_4 = \frac{1}{4} \times (z_1 + z_2 + z_3 + z_4) = \frac{1}{4} \times \left(\frac{1^2}{2} + \frac{2^2}{2} + \frac{3^2}{2} + \frac{4^2}{2}\right) = \frac{15}{4}.$$

こうして，四本の場合の全体の重心位置が，下から $15/4 = 3.75$ にあることが分かりました．

この位置が，バネ全体に占める割合は，この場合の全長：$L_4 = 10$ で割って，0.375 となります．

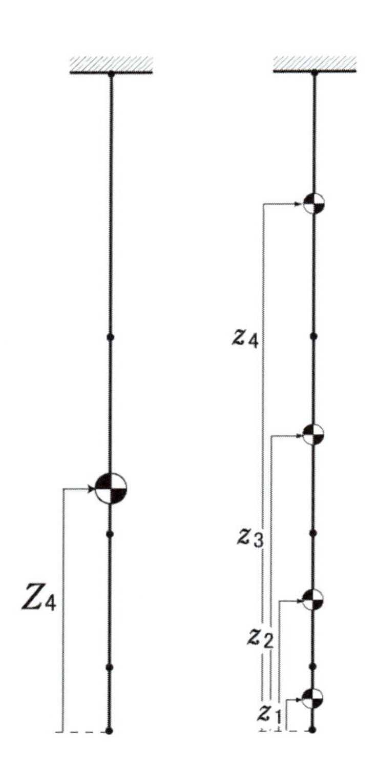

では，この結果を一般化しましょう．n 本のバネがつながっている場合を考えます．それは，以下の関係より Z_n を求めることです．

$$mz_1+mz_2+mz_3+\cdots+mz_n=nmZ_n.$$

これには，第16章で得た二乗数の和の式：

$$\frac{1}{6}n(n+1)(2n+1)$$

が役に立ちます．これを用いて，Z_n は

$$\begin{aligned}Z_n&=\frac{1}{n}(z_1+z_2+z_3+\cdots+z_n)\\&=\frac{1}{2n}(1^2+2^2+3^2+\cdots+n^2)\\&=\frac{1}{2n}\times\frac{1}{6}n(n+1)(2n+1)=\frac{1}{12}(n+1)(2n+1)\end{aligned}$$

となります．全長の比としての重心は，以下のようになります．

$$\begin{aligned}\frac{Z_n}{L_n}&=\frac{(n+1)(2n+1)/12}{n(n+1)/2}\\&=\frac{1}{6n}(2n+1)=\frac{1}{3}+\frac{1}{6n}.\end{aligned}$$

この結果は，n が大きくなればなるほど，重心が下から 1/3 の位置に近づくことを示しています．例えば，今回用いましたコイル状のバネを，44 連結の直線状のバネだと見做せば，以下のようになります．

$$\frac{1}{3}+\frac{1}{264}\approx0.337.$$

長さ 720 mm に掛けて，上からの値に直せば，485.28 mm になります．

自由落下と重心の動き

重心位置を異なる二つの方法で調べました．次は，このバネを自由落下させます．その結果を大いに期待して，実験をはじめて下さい．

その時，**そこに何が見え，何を感じ，何を考えましたか．**

落下の初期段階では，最下端はまったく動きません．上端が下まで降りて，バネの本来の長さに戻ってから，ようやく全体が落下をはじめます．それは明々白々な事実として“見えました”．

また，上端は一定の速度で下がってくるように“感じます”．しかし，自由落下ですから，少なくとも重心は等加速度運動をしていると“考えられます”．以上の三点は，**確実な観察の結果**であり，**近似的な推察**であり，物理学の理論にしたがった**論理的な結論**です．

上・下端の運動は，映像を“見る”ことで調べられます．ここでは，“目には見えない”時々刻々と変化する重心の運動について考えます．

自由落下がはじまった瞬間から，バネは他とは離れて独立した存在です．個々のバネの間に働く力が，如何なるものであっても，それが重心の運動状態を変えることはありません．自由落下するエレベーターの中で，どんなに激しく動いても，その運動を加速させることも，減速させることもできない，それと同じことです．

よって，重心が自由落下運動をすることは観察とは無関係に，一般的な物理理論の帰結として，最初から考慮されるべき事柄なのです．このことを確認するための一つの方法は，バネの真横に錘を吊るし，両者を同時に落とすことです．“そこで何が起こるか”を見ることです．バネと錘による自由落下の饗宴です．

両者を同時に着地させるには，錘をどの位置に置けばいいでしょうか．その位置こそ，重心問題の答を与えてくれるはずです．

そこで，錘の高さを変えて実験を繰り返したところ，上から 470 mm の位置に設定した場合にのみ，両者はちょうど同時に着地しました．右端の写真以降，バネと錘は完全に並んだまま落ちて行きます．

バネと錘の自由落下

バネの写真計測から，バネの各部を質点に近似していく方法を用いて，重心位置 475.2 mm を得ました．また，直線状のバネによってモデル化することで，計算値 485.28 mm が求められました．

そして今，落下実験により 470 mm という値を得たわけです．

どの方法も荒い近似に過ぎないものですが，それでも何とか値は得られました．誰もが，何時でも何処でも，安全に繰り返し行うことができる実験です．不思議さを感じたら，先ずはその虜になって下さい．答は本の中にではなく，目の前の現象の中にこそあるのです．

機会があれば，風呂の中でも落として下さい．これは自由落下ではありません．では，何が"不自由"なのでしょうか．その時，如何なる現象が見えるでしょうか．水は，どんな役割を果たすのでしょうか．

仮説をグラフにする

さて，ここまでに実験で得た"感触"を，仮説として採用しましょう．

バネが自然の長さに戻るまでの間に議論を限定すれば，「上端は等速で移動する」「重心は等加速度で移動する」「下端は静止している」ということになります．さらに，「伸びきったバネの重心は，下端から 1/3 の位置にある」を附け加え，以上の四点を前提に考えます．以降，すべての要素は下端からの高さ（単位 mm）で測ります．

先ずは，重心から．運動開始時の重心の高さは $720/3 = 240$ であり，終了時は $64/2 = 32$ となりますから，自由落下の位置と時刻の関係：$h = gt^2/2$ より，以下のようにして，所要時間が求められます．

$$240 - 32 = \frac{1}{2} \times 9800 \times t^2 \text{ より，} \ t = \sqrt{\frac{208}{4900}} \approx 0.206[\mathrm{s}].$$

この時間の間に，上端は 720 mm から自然長の 64 mm まで，等速で移動するわけです．よって，その速度は以下のように決まります．

$$v = \frac{720-64}{0.206} \approx 3184\,[\mathrm{mm/s}].$$

結果をグラフにしましょう．A 列には時刻を 0.01 刻みで，B 列には 240-4900*A2∧2 の複写を，C 列には 720-3184*A2 の複写を入力します．そして，三列を選択状態にして，「挿入」「グラフ」「線（点および線）」を選びます．描かれたグラフが実験結果を再現しているか否か，が仮説の正否に関わってくるわけです．さて，どうでしょうか．

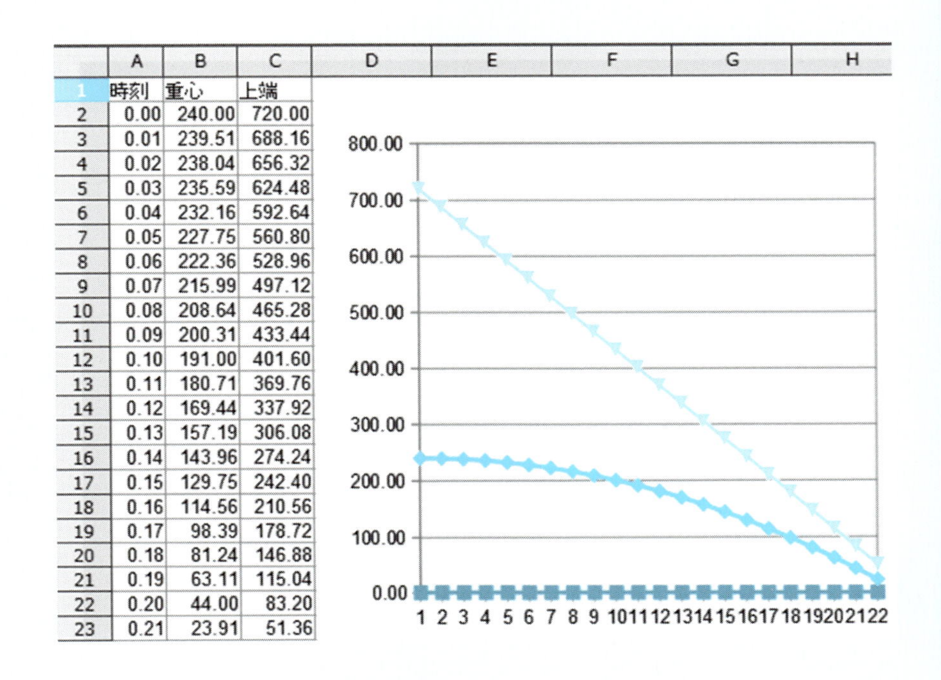

	A	B	C
1	時刻	重心	上端
2	0.00	240.00	720.00
3	0.01	239.51	688.16
4	0.02	238.04	656.32
5	0.03	235.59	624.48
6	0.04	232.16	592.64
7	0.05	227.75	560.80
8	0.06	222.36	528.96
9	0.07	215.99	497.12
10	0.08	208.64	465.28
11	0.09	200.31	433.44
12	0.10	191.00	401.60
13	0.11	180.71	369.76
14	0.12	169.44	337.92
15	0.13	157.19	306.08
16	0.14	143.96	274.24
17	0.15	129.75	242.40
18	0.16	114.56	210.56
19	0.17	98.39	178.72
20	0.18	81.24	146.88
21	0.19	63.11	115.04
22	0.20	44.00	83.20
23	0.21	23.91	51.36

自由落下の実験結果から得た“仮説”，その仮説を元に数値計算から描かれたグラフは，再び実験結果を再現しているように見えます．

しかし，調べたいことは，まだまだあります．例えば，重心から上端，下端を見た時，それらは如何なる動きをしているでしょうか．興味は尽きません．肉眼で観察できる現象ですが，スロー映像を見れば，“不思議な感覚”はさらに増すでしょう．ネットで，slinky drop を鍵に検索して下さい．様々な動画が見附かるはずです．

平面上のバネの運動

さて最後は，バネを転がしてみましょう．床の上に投げ出すようにして，転がして下さい．車輪を転がすのと同じ要領で，上手くバネ全体が回転するようにできれば，バネは自然に転がっていくはずです．

その時，まさに円筒のように，バネは自身の形を保ったまま動いていきます．しかし，このバネの形を静止状態で実現させようとしても，決して上手くいきません．バネは，ダラリと寝てしまいます．

この違いは，角運動量にあります．バネ全体が上手く回転している場合は，バネに角運動量が与えられており，その角運動量が保存する，すなわち，値をそのまま保とうとするため回転が続きます．

さらに，角運動量はベクトルであり，それが一定であるとは，“回転の方向も一定になる”という意味をも含みますので，バネは潰れることなく，うねりながらも特定の方向へと動き続けるわけです．

もし，摩擦や空気抵抗など，バネの運動を妨げる要素が無ければ，その運動量，及び角運動量が保存することから，バネは等速直線運動を続けながら，一定の割合で回り続けます．これは，決して無茶な設定ではありません．宇宙空間では，普通に考えられる状況なのです．

下図は，左から右へ，下から上へと続く定点観測映像です．動きながら，回りながら，縮みながら，忙しく変化する様子が写っています．

振子やバネの運動は，生命活動を含む様々な物理現象に見られる普遍的なものです．よって，これを学ぶことで，多くの物理現象の本質に一気に迫れる可能性があるわけです．だからこそ重要なのです．

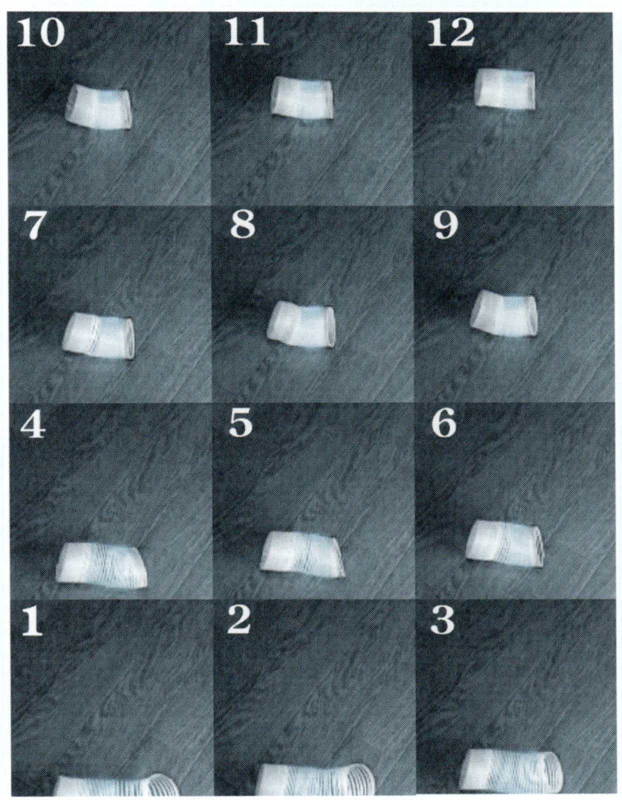

バネの回転運動

70 科学者になろう

最終章になりました．ここでは，本書全体のまとめとして，構成上の特徴について考察し，続いて内容について振り返ります．そして，科学研究に関わることは，人の運・不運とは別次元の，自分自身への挑戦，すなわち，人生の喜びそのものであることを論じます．

名を避ける

本書は，はじめて物理学を本格的に学ぼうと志した人のために書きました．そのために，様々な工夫を凝らしています．しかし，それらの工夫は“はじめてではない人”，概略を何処かで聞いた，何処かで読んだことがある人には，むしろ読みにくさにつながるものでしょう．

どんな分野の本であっても，その内容を学ぼうとするなら，すべてを白紙に戻して，はじめての気持ちで接しなければ，あらゆることが，手の中から滑り落ちて，何も得ることなく終るでしょう．

これを先入観といいます．初学者には，この先入観が“あまりない”ので，読書の流れが自然なものになります．一方，先入観の強い人，既に何かを知っているという自負の強い人は，新しいことを学ぶに際して，非常な困難に遭遇しがちです．こうした人達が感じる本書の読みにくさの第一は，“徹底的に名を排除した”ことにあるはずです．

定義，定理，公式，法則，原理，その他，人名，固有名詞など，名によって記憶されているものは山のようにあります．学校で学ぶほとんどのことは，この名によって整理され，名を覚えているか否かで，その理解の程度までが判断されています．テストの成績も，名を多く覚えている人は良く，そうでない人は悪くなりがちです．

しかし，名とその本質は異なります．名を覚えて，その名に代表されているはずの“中身を忘れてくる”ようでは，何もなりません．それは，**本の索引だけを丸ごと暗記する**ようなもので，何かを理解したこと，身に附けたことにはならないのです．

この悪循環から逃れて，名ではなく本質を理解するための一番の方法は，名によらず，対象そのものを相手に格闘することからはじめるやり方です．当然，他者との会話を成立させるためには，共通の名称が必要ですが，世の中でどう呼ばれているか，その名を知るのは，中身を理解した後でも充分に間に合うのです．

そもそも，それが名の本来の役割だったはずなのですが，すべてに効率を重んじる風潮が強くなると，賢いことよりも賢そうに見えること，中身よりも名に精通していることが優先されてしまうようです．

名を集める

では，本書で扱った内容，それが如何なる名称で呼ばれているか，ここにまとめておきましょう．この名を見て，それが何を意味しているか，どのような内容を持っているかを，直ぐに思い附くことができるようなら，充分に中身を理解しているといえるかもしれません．

先ず「方程式」という用語は，一度も登場しません．「公式」も，内容を伴うものとしては登場しません——敢えて含めれば「ヘロンの式」です．「原理」は，固有名詞としては「等価原理」として一度．「定理」もまた，「三平方の定理」としてだけ登場します．これらは，「力」と同様に，濫用が目立つ用語なので，特に慎重に取り除きました．

本来の意味での「関数」は，「三角関数」のみ，他は表計算ソフトの処理手続の意味で登場します．「法則」は，“力の法則”というような一般的な意味では用いていますが，固有名詞的には，「万有引力の法則」「電荷の保存法則」のみです——単なる名称の問題としては，「フックの法則」「オームの法則」「クラークの法則」が登場します．

和（積）の交換法則，平行四辺形の法則，面積公式，体積公式，換算公式，二等分定理，円周角定理，相似条件・合同条件，内項の積・外項の積，作用・反作用の法則，慣性の法則，運動方程式，等時性，エネルギーの保存法則，運動量の保存法則，角運動量の保存法則，ニュートンの三法則，ケプラーの三法則，余弦定理，慣性モーメント等々．

内容は紹介しながらも，特にその名を記さなかったものも，上記の他に色々とあります．もちろん，このように，名称を敢えて記さないことだけで，その弊害を消し去ることなどできませんが，それでもなお，これは意味のある試みだと考えています．

中身を理解した人が，それをまとめるため，記憶の便のために，名を利用することは当然の話ですが，名から入って中身へと向かうには，色々な壁があるということです．もちろん，それができる人もいます．しかし，できない人も多く居て，またその弊害が大きいのです．

名前を掲げ，短い要約を附けて，表にまとめる．枠で囲んで色分けまでする．これはすべて読者側の仕事です．それを著作側に求め，それに叶った本ばかりを読もうとすることで失うものがある，本来学ぶべきものを，学ぶ機会を逸してしまう，ということなのです．

以上のことは，既に本文で何度も触れた通り，その繰り返しです．

物語の縦糸・横糸

読みにくさの第二は，数学的な内容が分散していることでしょう．

これも，はじめて学ぶ読者にとっては，関係の無い話ですが，一部のことでも知っている，聞いたことがある人にとっては，同系統の内容が繰り返し繰り返し，少しずつ変化して登場してくる様子には，何か落ち着かないものを感じられるかもしれません．

その代表は，微積分とベクトルでしょう．そこで，この弱点を補うために，これらの索引は「五十音順ではなく登場順」で記しました．この索引内“目次”を活用して，全体の流れを読み取って下さい．

物語を紡ぐには，縦糸と横糸のつながり，その拡がりが必要です．物理学は直線的には学べないので，必然的に繰り返しが多くなります．繰り返す度に少しずつ，必要となる数学も，心構えも変わります．

物理と数学を，縦糸・横糸と見れば，どちらの流れを優先するか．それは場面ごとに変わります．完成した全体を紡がれた物語として見れば，「確かに縦も横も必要であった」と理解して貰えるでしょうが，その途中では，単なる混乱状態にしか見えないかもしれません．

本書では，“現場で調達する方法”を徹底しました．そのために，道具の解説は，必要があるまでは登場しません．必要の無いことには，触れてもいません．逆に，重要な項目は何度も繰り返し登場します．

こうした方法は，実際に物理学者や工学者が，自分自身の研究方針として採用している方法でもあります．実際，理工学の研究者で，自身が使わない数学にまで目配りをしている人は，極めて少数派です．

扱った内容

三部構成の本書は，先ず第一部冒頭での，物理学の本質的部分についての紹介からはじまりました．そして，全編を通して強調してきたことは，物理学は数学のように直線的には学べないことでした．

物理学の学習に実験は必須です．そのもっとも安全な実験として，初等幾何学を採り上げました．我が国初のフィールズ賞受賞者である**小平邦彦博士**は，晩年に初等幾何学の復権を唱え，その意義の広報と理論の精密化に全身全霊を持って取り組まれました．今なお世に充ち満ちている，“初等幾何学軽視の風潮”に我慢がならなかったのです．

本書では，一向に風の吹かない数学界へのアプローチではなく，これを物理の方向から復権させることを提案しています．重要なことは，子供の頃から図形に親しむと共に，コンパスや定木の扱いから生まれる，“学問と自分自身の一体感”を感じて貰うことですから，数学だ物理だという分類など，何の意味も持たないのです．

続いて，折紙や簡単な玩具を通して，初等幾何学で扱われてきた内容を，物理的に検証しました．相似や合同，円，及び円周率といった基本的な要素を，自分の手で確かめる“実験科学としての在り方”を追求しました．そこから，測定値に関する問題が自然に浮かび上がってきます．これは本格的な物理実験の基礎となる体験です．

自らの手で図形を描き，測りました．図解という言葉には，“図により理解する”という意味と共に，かつては“図により問題を解く”，すなわち，図式解法（アナログ計算機）としての意味もあったのです．

第二部では，重力相互作用が主役を演じました．そして，本書全体の鍵を握っている「力」に関する問題を，様々な方向から提起しました．本書を読み進むにしたがって，力はベクトルであったりなかったりしますが，このことが，力の表現の難しさを象徴しています．

実際的な意味での「力の遣り取り」は，面に対して行われます．したがって，作用・反作用の関係は，同じ面を共有する圧力・応力の関係から導かれるものです——これらは共にベクトルではありません．

しかし，面を共有していることから，その面を小さくした極限，すなわち，“点”に作用していると見做すことができて，そのことから，力をベクトルとして考えることに正当性が与えられたわけです．

また，質量と慣性の関係を議論し，自由落下の詳細を音を頼りに調べました．運動，すなわち，状態の時間的な変化を求めるために，微分・積分を用いました．エネルギーや「仕事」など，力学における主要な考え方を，簡単な例から導きました．これだけの準備をして，ようやく重心の考え方に辿り着けました．

第三部では，ミクロの世界と電磁相互作用について知り，電荷の作用と物の硬さの理由について考えました．振子の運動を解析解から調べ，その理想型として調和振動子を導入しました．様々な振子を紹介すると共に，地震計の仕組と地震に関する情報の意味を調べました．

調和振動子を軸に，物質の剛性を調べ，力と位置の双対性から，位置情報の重要性について論じました．剛性から筋肉へと話題を進め，輪ゴムによる玩具によって筋肉を抽象化し，その本質を探りました．

力を編集したり，伝送したりする新しい技術を紹介し，そこから生まれる様々な可能性について議論しました．これは世界最新の技術であると同時に，日本発の極めて独創性の高い研究であることから，今後の応用面での発展が，強く強く望まれている分野なのです．

数値解析の手法を用いて，逆二乗力から楕円軌道が導かれることを，表計算ソフトを駆使することで示しました．最後に，総合的な問題として，コイル状のバネの自由落下を扱いました．

本書が扱っている範囲は，非常に狭いものです．物理学の一分野としての力学，その力学の中でも，初歩の初歩に徹した題材しか扱っていません．ただし，その扱いは常に本質に届くよう意を払いました．

一つの学問を学ぼうとする際に，「部分と全体の関係」を意識することは，何より重要です．物理学の全体的な構造と基礎的な題材のつながり，その位置附けを強く意識しなければ，迷子になるばかりです．そのための相対性理論であり，量子力学なのです．先端的な話題に関しても，単に知識を増やすために，扱っているわけではありません．

本書には，著者自身の研究成果も含まれているため，専門家であっても，内容のすべてに精通している人は，そうは居ないでしょう．よって，先入観無しに読んで頂ける未知の部分が，必ず何処かにあるはずです．既習の方は，是非その気持ちで各章を読んでみて下さい．

また，全体の構成や話題の展開に留まらず，細かな説明や誘導にも，予備知識に頼らない独自の方法を提案しています．既存の方法と比べれば，多少の歯応えはあるでしょうが，むしろ消化は良いはずです．

ただし，これは伝統的方法を否定しているわけではありません．長く親しまれてきた方法には，それだけの理由があります．狙いは，既存の方法では充たされない部分の補完にあります．そうした方法に馴染めない人達のために，異なる考え方を提示することにあります．

科学者の喜び

さて，科学者になるためには，何が必要でしょうか．

その第一は好奇心です．そして，第二も第三も，やはり好奇心，その好奇心から引き出される熱心さ，一途さです．理解力も必要でしょうし，記憶力もある程度のものはやはり必要です．しかし，何よりも必要なのは，私達の身の回りにある，この自然界の成り立ちの不思議に対して，それを確かに不思議だと感じる感受性なのです．

俗に言う“頭の良さ”とは，名を管理する記憶力と，それを操る手際の鮮やかさのことでしょう．しかし，この能力が新しいアイデアを受け入れる壁になるのなら，それはそのまま“悪さ”に直結します．

科学者に必要なのは，こうした意味での“良さ”ではなく，好奇心と一途さを生涯持ち続け，新しいアイデアを留まることなく提案し続ける心の新鮮さなのです．科学もまた，心でするものなのです．

群れを離れる勇気を持つことが重要です．孤独を恐れず，周囲との違いを受け入れて，それでもなお，自分の道を進む気性が求められます．「君が信じるなら，進め道なき道でも」の気概が必要なのです．

如何なる努力も，どのような才能も，運には勝てません．運の有る無しは，人の生死をも分けます．俗に「努力が運をまねく，運も努力の中」と言いますが，努力で何とかなるようなものは，運とは呼びません．人間の如何なる努力も，一撃で吹き飛ばすのが天災です．その場に遭遇するかしないかは，運としか他に言いようがありません．

こうした考え方に反撥を感じる人は，運を“出会い”という言葉に置き換えて下さい．直ちに合点がいくでしょう．言い換えれば，出会いが無いばかりに，葬られる才能がどれほどあるか，ということです．

問題は，そんな所には無いのです．運があっても無くても，やるのです．成果が出ても出なくても，成功してもしなくても，そうしたこととは無関係に，唯ひたすら好きなことを極めていくのです．

努力が運を呼び込んでも呼び込まなくても，誰に自慢することも恨むこともなく，唯々続けていけばいいのです．科学者になるための道は，人それぞれで異なりますが，辿り着く場所は皆同じです．

愛というものが，人類全体にとって重要であればあるほど，科学もまた重要です．科学は，大自然そのものに対する人間の愛の表現なのですから．科学と藝術はまったく同じ意味で，人間性を育むのです．

自然界の謎を解く，論理の果てを極める，そうした大志とは別に，透明な気持ち，全身に漲る充実感，全力を尽くした満足感，それらを日々感じることができること，それが本当の御褒美です．他人との比較ではない，自分自身への挑戦として，これほど正直なものはありません．得難い人生の喜びが，科学研究の中には溢れているのです．

このことにさえ気附いて貰えれば，本書は成功だと言えるでしょう．

先に読みたかった **後書**

本書では，一貫して「考える」ことを強調し，「覚える」こと，特にその覚え方などに関しては，一切触れませんでした．可能な限り「名」を削り，「できる」ことよりも，「分かる」ことを重視しました．こうした立場は，俗に言うところの「暗記教育」の対案として，しばしば採り上げられるもので，何も目新しいことではありません．ただ，これを徹底するのは，非常に難しいというだけのことです．

本書の弱点

本書は，類書の無い独特の構造を持っていますが，そこには一つ重要な難点があることを正直に語っておく必要があるでしょう．それは，様々な問題に対して疑問を持ち，立ち止まってよく「考える」人は，その努力がテストの点数になかなか反映しないということです．

「できる」よりも，「分かる」を優先しているのですから，当然のことかもしれません．このジレンマを乗り越えるには，暗記力を頼りに「できる」だけを目指している人の，何倍もの時間が必要になります．

この状況は，「分かる」内容が増えていくに連れ，劇的に変化し，遂に大逆転に至るのですが，何よりも「理解」という極めて個人差の大きい問題を含むため，テストという現実的な問題に対処しきれない，要するに「合格のためには間に合わない」可能性が高いのです．

もちろん，暗記全般を否定しているわけではありません．「考える」ことが，常に「覚える」ことよりも上位にありさえすればいいのです．

重要なことは，子供は人間の記憶力の最盛期にあり，記憶に値することは，時期を逃さず徹底的に覚えさせるべきだということです．

したがって，大人からの警告は，常にどこかピントがズレていると言わねばならないでしょう．本書もまた，その例外ではありません．記憶力が衰えきった大人が，その最盛期にある子供に向けて，「暗記教育」の愚を説いたところで，滑稽でしかありません．

子供達は，暗記することを楽しんでいるのです．ならば，大人ができることは唯一つ，彼等の時代に，その生涯に渡って価値を持ち続けるであろう事柄を暗記するように誘導すること，唯それだけです．

その場では，たとえ理解できなくても，将来必ず必要になることが明らかな事柄は，中身の難易を問わず，できる限り親しめるように，覚えられるように，方向附けしてやることです．石版に刻んだ文字のように，強く記憶された内容は，様々な場面で思考を助ける基盤として，人格そのものにまで影響を与え続けるでしょう．

本書は難しいか

さて，入門書としての本書は，“子供達にとって難しい本”でしょうか．一切分からない，何も得るところが無いということを指して，難しいというのなら，本書は難しくはありません．少なくとも数頁に一つや二つ，理解できること，読んで意味が取れること，漢字が読めるようになることなど，何らかの益があることは確信しています．

しかし，一冊丸ごと，すべてを理解したい，一つでも分からないことがあるのは落ち着かない，などと考える人にとっては，非常に難しい本になるでしょう．その気迫には，敬意を表しますが，少なくとも理工学書に対しては，それはほぼ不可能な応接だと知って下さい．

もし，本当に何一つ得るものが無かった，というのであれば，それは内容の難しさではなく，著者の技量の未熟さによるものです．

著者は，早期教育，英才教育に格別の興味はありません．同じ与えるなら本物を，いずれは本物をなら，最初から本物を，と考えるだけです．もちろん，本物を扱うには，本物の技量が必要ですから，その点の力不足は否めないとは思いますが，次の例を考えてみて下さい．

バイオリンには，子供用のサイズがあります．身体の成長に合わせて，何段階もの異なるサイズのものを経た後，ようやく大人用の標準サイズに落ち着きます．サイズだけの問題です．子供に弦四本は難しいからといって，一本弦からはじめましょう，とは誰も言いません．

一本の弦を発音させることが基本だとはいっても，それは四本中の一本を確かに選択する能力を含めてのことです．たとえ，珠玉の名曲が弦一本で弾けるとしても，子供は弦の足りないバイオリンを拒否するでしょう．そうした“洗練”は，子供の好みではないのです．

詰将棋の本なども，三手詰め，五手詰めといった手数による分類だけであって，小学生向けの甘口入門書などというものは存在しません．大人と同様のものを，好き勝手に選んで解いていくだけです．

理工学も同様でしょう．「子供向け」という調整は，その表現のみによって行うべきもので，扱う中身に大人も子供もありません．そもそも難しいかどうか，年齢相応かどうかは，本人が決めることで，周りの大人が事前にどうこうと指図するべきものではありません．

子供の価値観は，“カッコイイ”か，“カワイイ”かが基準です．そう認定されれば，それがどんなに難しくても，どんなに稀なことでも，敢然と立ち向かうのが，すべての子供が持つ独特の嗅覚なのです．

表現上の工夫

内容以前に，文体や構成，イラストの入れ方によっても，読み進む速度は変わってきます．それに伴い，疲労度も変わりますので，表現上の問題は，決して疎かにできないのです．これは，出版の世界でいうところの単なる組版の問題ではありません．著作者の領分です．

本書では，全頁において，見開き単位でイラストと内容が補完しています．文章は，頁内で完結し，次頁へまたがるものはありません．また，一つの段落は，すべて五行以内に収めてあります．行数が増えるにしたがい，“離脱者が増える”というのが著者の経験則です．

文体は平易であることを重んじ，自然な流れに沿って読めるように“柔らかく”していますが，所々に“硬いもの”も挟んでいます．

説明を省略した箇所もありますし，二度三度読み直すことを前提に書いた部分もあります．本書は入門書であって，読了後には，より本格的な学術書へと進んで頂くことを念願して書いているわけですから，多少は“世間の冷たい風”にも慣れて貰う必要があるわけです．

内容的な起承転結と共に，表現上の凸凹も必要なのです．一本調子では読み滑ることが増えるばかりで，充分な読後感が得られません．

また，専門用語の“カッコ良さ”に頼るべき場面もあります．もし，これを子供達が本当に嫌っているのなら，何故アニメの世界には，「光学迷彩」やら「超重力砲」「拡散力場」などといった怪しげな言葉が飛び交っているのでしょうか．同じ憧れるなら，現実の，本物の用語に憧れて貰いたいと思い，真正面から採用した表現も多々あります．

子供は，難しいものに憧れているのです．それはカッコ良さへの憧れであり，大人への憧れなのです．その憧れを奪ってはなりません．

人生における割合

子供の習い事の成果について，嘆きの声をあげている親の姿をよく見ます.「何をやらせても長続きしなくて……」というのが定番のように思います．しかし，続くとは“どれくらいの年月のこと”をいうのでしょうか．五歳児の一年は，全人生の 20％に相当するのです．

五十歳児が余暇にはじめた一年とは十倍，いや百倍以上の密度の差があると言わねばなりません．楽器にしろ，語学にしろ，基本的なところはたちまち習得してしまいます．それでも，なお大人は子供のしていることを侮るのです．書店や図書館などで，子供が読みたそうにしている本を，「あなたには無理だ」と言って奪い去るのです．

大人の十年，百年に相当するのなら，子供の一年は大変な“長続き”ではないでしょうか．子供が，そこで何を学んだか．表には出ていないものまで含めて，しっかりと見てやるべきなのです．

十歳ではじめた少女達の METAL は，僅か六年で全世界を席巻するに至りました．METAL 歴は全人生の 37.5％，芸歴でなら 75％を費やした結果です．その成功の秘密は，本物が近くに居る環境で，一途に精進したことに尽きます．古典芸能や，職人の人生も同様です．彼等は，一筋の道を求めて，全人生の九割近くを修練に費やすのです．

ならば，十歳の少年達が GRAVITY を論じて，必ずや人類未到の領域に達して見せると，互いに誓い合うことに，何の不思議もないでしょう．成長期限定のこの特質を，大人達は本物を“静か”に与えることによって，自由に伸ばしてやるべきなのです．

子供の一途さに応えた大人が本物を与え，本能の赴くままに自由に楽しませたら，人類の宝とも呼ぶべき才能が現れてくるでしょう．

反例を示す

著者には，幼少期からの雑事の記憶が鮮明にあります．それは，現在に至るまで，“ほぼ連続的に”と言いたいほどです —— 実に苦痛です．ここで記した内容の多くは，実際に子供達を長く観察してきたことに加えて，自分自身の記憶に頼るところが大きいものです．

これまでに，様々なスタイルの著作を物してきましたが，それらはすべて，「過去の自分に向けて書いたものだ」ということもできます．本書は難しいか，得るものがあるかないか，その答は自分自身の中にあります．誰も欲しがらないものか，否．誰も理解できないものか，否．著者自身が，その反例になっています．反例は一つで充分です．

もちろん，十歳の頃の自分が，この内容を理解できる，存分に楽しめるとは思いません．しかし，書店で目にするや否や，必ずこれを入手して，寝ても覚めても座右から離そうとはしないでしょう．工作好きの子供にとって，微積分の本は，まさに“魔導書”同然のものです．分かる必要など一つもない，唯々そばに置きたい本なのです．

“カッコイイ”こそ正義であり，子供の価値のすべてです．

確かに，定義から説き起こす微積分は，面倒なものです．しかし，面積は積分であり，速度は微分なのですから，小学校高学年の子供達には，既に理解への道が開かれているわけです．

理科教育の根本には，この“カッコイイ”への追求が必要です．易しくすれば子供は喜ぶという発想では，本気の子供は集まりません．本気でない子供達は，誰より本気でない大人を見抜くことに長けています．媚びた大人に，媚びた子供が，屯しているという嫌な構図です．そして，そこには不誠実だけが残るという悲劇になるのです．

気楽に学ぼう

何かと分類にこだわる人が多いようです．「あなたの専門は何ですか？」「これは数学の本ですか，物理の本ですか？」「対象読者は？」「到達目標は？」等々です．名を覚え、名を分類し，名の下に対象を値踏みする，まさに“名に支配された人”というしかありません．

もし側に，名の力によって，上位に立とうとする人が居るなら，直ちにそこから離れるべきです．大切なのは「面白い研究か」「美しい絵画か」「素晴らしい音楽か」といった本質です．名ではありません．

物理であろうがなかろうが，超弦理論は面白い題材です．何を描こうが何で描こうが，遠近無用，無私の精神は，それを日本画にします．

JAZZ という分類があるのではなく，“JAZZ な人”が奏でる音楽が JAZZ です．METAL な人が奏でれば METAL なのです．それは分類とは無縁な，真に自由な精神を持つ人の意味です．権威や格式と離れ，分類を超越し，純粋に対象と一体化しようとする魂を，分類によって評価しようなどというのは誠に本末転倒，笑止千万な話です．

何に対しても，目的や目標や成果や分類を気にするのは，市場調査の発想です．自分自身の一度きりの人生を，「何％の人がどうしたこうした」といった“確率の世界”にまで貶める必要はありません．

本書には，目的も到達目標も具体的なものは何もありません．対象読者は，“これを楽しむ人”というだけです．楽しむ人が，真に学ぶ人なのです．「ああ楽しかった」という一言が，最高の読書感想文です．

他人の評価に沿った選択ほど愚かなものはありません．自分が楽しめたのなら，それでいいのです．著者自身が楽しんだ数学・物理学の世界を，皆さんにも気楽に楽しんで貰いたい，それが唯一の願いです．

気楽に生きよう

著名人によくある「私はこうして劣等感を克服した」といった話に，何時も大きな疑問を感じています．劣等感は優越感の裏返しに過ぎないもので，他人に対して優越感を持とうとしなければ，克服するも何も，元より存在しないものです．それを克服したという人は，必ずや次なる劣等感に苛まれているでしょう．そこに終りはありません．

敗北感も同様です．勝とうと思わなければ決して負けません．才能の有無も同じこと．それは神のみぞ知る，自力の及ばぬところです．著者は，自分の与えられた才能に充分満足しており，何ができてもできなくても，不満は一切ありません．また，他人に対して優越感を持とうとも，勝とうとも思ったことがないので，劣等感や敗北感，挫折なども無縁です．他人に憧れることはあっても，それは尊敬の意味です．悪魔が「入れ替えてやる」と囁いても，即刻お断りします．その才能で具体的に何をしたか，と詰問されても平気です．仮に何もできなくても，それはそれで結構だと考えています．別に，知力，体力で他人に抜きん出ることだけが，人の才能ではないでしょう．気楽に生き，気楽に学ぶための才能なら，お釣りがくるほど頂きました．

これは一生の間，誰にも共感されなかった考え方ですが，それでも皆さんにお勧めします．特に，余り重要でないことで悩んでいる人には，負担の少ない生き方だと思います．人生の最大の目的は，他人になることではなく，自分になることです．他人との比較は無益です．

学者として生きるほど幸福なことはありません．皆さんも是非！

2016 年 9 月 20 日　水道橋のホテルにて

引用に関する 謝辞

図版「広島県章」(p.110) は，公文書「広島県章および県旗の制定」より解読したものを基礎として，描き方をまとめました．

図版「鶴丸」(p.111) は，日本航空株式会社・JAL ブランドコミュニケーションより許諾を得て引用したものです．

図版「手回し計算機」(p.112) は，株式会社タイガーより許諾を得て，タイガー計算機・製造番号 7111 (1931 年製) を引用したものです．

図版「ポテトを掴む」(p.515) は，慶應義塾大学理工学部システムデザイン工学科・大西公平教授の許諾を得て，引用したものです．

拙書への引用を許可して頂いた，関係各位の皆様に感謝致します．

なお，第 61 章から 63 章の内容は，生体運動制御協同研究委員会における著者の講演「二関節筋：数理モデルの原点に学ぶ」の内容に，その後の発展を加えて，大幅に加筆したものです．著者にとって未知の分野を御紹介頂き，様々な御助言頂いた諸先生方に感謝致します．

本書に続く内容を希望される方は，拙書『呼鈴の科学：電子工作から物理理論へ (講談社現代新書)』において，電磁気学の基礎的な部分を，実験を交えながら簡単に紹介していますので，是非御一読下さい．

また，四つの力に興味を持たれた方には，拙書『ノーベル物理学劇場・仁科から小柴まで　中学生が演じた素粒子論の世界　第十回仁科芳雄博士生誕日記念科学講演会より (東海大学出版部)』があります．

理論の工学的実現に興味のある方には，拙書『はやぶさ・不死身の探査機と宇宙研の物語 (幻冬舎)』をお勧めします．何れも，数式を用いていない一般的な読物として，気楽に楽しんで貰えるものです．

⇒前書に戻る！

索引

―あ―
アインシュタイン……8, 342
アナログ……113

―い―
緯度・経度……74

―う―
運動量……373, 379

―え―
エネルギー……359, 360, 422, 448, 466
エントロピー……149

―お―
黄金比……104
音速……261, 288

―か―
角運動量……546, 551, 566
仮説……14
ガリレイ……9
慣性系……265

―き―
軌道……328
緊急地震速報……450

―く―
屈折……376

―け―
桁の見積……234
原子……204

―こ―
剛性……482, 486, 496, 504, 518, 521
合同……42
誤差……25
弧度法……70

―さ―
差動ギア……456
座標系……60, 150
三角関数……164, 166, 439, 533
三角相当・三辺相当……92

―し―
次元（数学）……54
次元（物理）……48
次元解析……435
思考実験……274, 344
地震計……444
重心……133, 370, 377, 379, 389, 429, 432, 478, 556

自由落下 …… 280, 312, 355
自由粒子 …… 271, 321, 352
重量（重さ）…… 203
初期条件 …… 317
初等幾何学 …… 17
震度 …… 448

—す—

数値解析 …… 528

—せ—

正確・精確 …… 28
積分の目次（登場順）
01：円の面積（扇型）…… 63
02：接線（集積・乗算）…… 137
03：輪ゴムの長さ …… 139
04：円の面積（方眼紙）…… 140
05：記号の操作 …… 314
絶対零度 …… 214, 423

—そ—

相似 …… 43
双対性 …… 400, 518
相転移 …… 461
相補性 …… 3, 401

—た—

楕円 …… 470, 508, 553
単位 …… 48

—ち—

調和振動子 …… 387, 438, 462, 468, 508, 528, 546

—て—

デジタル …… 113
電荷の保存 …… 411
電磁相互作用 …… 406
天秤 …… 221, 353, 380

—と—

等価原理 …… 346
等積変形 …… 155, 306
度数法 …… 69
トルク …… 381, 430

—ね—

熱 …… 422

—の—

ノギス …… 30

—は—

バネ秤 …… 219, 266, 427, 438, 501
ハプティクス …… 515

—ひ—

微分の目次（登場順）
01：円の面積（扇型）…… 63
02：接線（分割・除算）…… 137
03：線の傾き（分数）…… 151
04：弧の近似 …… 168
05：三角関数のグラフ …… 172
06：二度の繰り返し …… 173
07：係数の処理 …… 175
08：平均の速度 …… 244
09：極限値 …… 252
10：微分（極限値）…… 252
11：瞬間の速度 …… 252
12：位置の時間微分 …… 257
13：回転角の時間微分 …… 260
14：記号 …… 302
15：デルタの世界 …… 303
16：積と和の計算 …… 303
17：記号の操作 …… 314
18：定数の微分はゼロ …… 320
19：デルタの世界（数値計算）… 529

—ふ—

ファインマン …… 204, 413
不確定性 …… 409
不確かさ …… 28

―へ―

ベクトルの目次（登場順）
01：矢印 …… 57
02：平行四辺形 …… 58
03：合成 …… 58
04：ゼロベクトル …… 58
05：減算（反転）…… 59
06：矢印の巡回 …… 59
07：分解 …… 60
08：ベクトル（運動）…… 255
09：スカラー（運動）…… 255
10：合成・分解の実験 …… 323
11：スカラー（エネルギー）…… 361
12：スカラー（「仕事」）…… 363
13：ベクトル（重心）…… 383
14：角速度ベクトル …… 455
15：楕円の表記 …… 470
16：縦・横ベクトル …… 494
17：内積 …… 543
18：外積 …… 545
ヘロンの式 …… 191

―ほ―

ボーア …… 8
保存量 …… 355, 372, 467, 546, 547

―ま―

マグニチュード …… 448

―む―

無名数 …… 49, 72, 260

―め―

面積速度 …… 546, 553

―ゆ―

ユークリッド …… 17
有効数字 …… 30

―ら―

ラジアン …… 71

―り―

量子力学 …… 331, 409, 489

著者開発器具
異方性アーム …… 502
クロスボウ電源 …… 287
剛性を持つアーム …… 499
弧度器 …… 71
自在三角形 …… 102, 130
指示器（外心）…… 129
指示器（垂心）…… 130
指示器（図心）…… 132
指示器（内心）…… 131
シンクロナイズド・フォール …… 330
スポイト・ロケット …… 371
相転移モデル …… 461
総和シート（自然数）…… 118
総和シート（二乗数）…… 120
ソニック・フォール …… 282, 337
デュアリティM …… 518
等分器 …… 79, 86, 498
トリプレット・バランサー …… 323
二関節筋
完全対称モデル …… 505
剛性モデル …… 509
六筋モデル …… 505
二軸ジャイロ …… 549
二点支持天秤 …… 428
ニュートンの乳母車 …… 389
把持機構モデル …… 482
ラミエル19 …… 50

著者紹介

吉田　武（よしだ　たけし）

京都大学工学博士（数理工学専攻）

数学・物理学に足場を持つ科学者として，「独創的教育」を目指し，分野・領域の垣根を越えた全方位的な視野の下，理工学教育の更新を試みている．その目的は，全国民の科学に対する理解・関心を，漏れなく「1オングストローム上げる」ことにあり，そのために講義・講演，教育計画の提案，出版企画，編集協力等，多角的に取組んでいる．本書によって，数学四部作：『はじめまして数学リメイク』『虚数の情緒』『新装版オイラーの贈物』『素数夜曲』に加え，物理四部作：『はじめまして物理』『呼鈴の科学』『ケプラー・天空の旋律』『マクスウェル・場と粒子の舞踏』が完成した．

図版・写真・教具設計製作

吉田　武

イラスト（本文・カバー）

大高　郁子（おおたか　いくこ）

イラストレーター

京都精華大学デザイン学科卒業．

はじめまして物理（ぶつり）

2017年 1月31日　第1版第1刷発行

著　者　吉田　武

発行者　橋本敏明

発行所　東海大学出版部

〒259-1292

神奈川県平塚市北金目 4-1-1

TEL：0463-58-7811　FAX：0463-58-7833

振替　00100-5-46614

URL：http://www.press.tokai.ac.jp/

印刷所　株式会社真興社

製本所　誠製本株式会社

ISBN978-4-486-02061-5